Einführung in den Wärme- und Stoffaustausch

Einführung in den Wärme- und Stoffaustausch

Von

Dr.-Ing. habil. Ernst R. G. Eckert

Professor and Director of the Heat Transfer Laboratory
University of Minnesota
Visiting Professor, Purdue University

Dritte neubearbeitete Auflage

Mit 177 Abbildungen

Springer-Verlag Berlin Heidelberg GmbH

1966

ISBN 978-3-642-86494-0   ISBN 978-3-642-86493-3 (eBook)
DOI 10.1007/978-3-642-86493-3

Titel-Nr. 0185

Vorwort zur dritten Auflage

Dem Benutzer der vorliegenden Auflage wird wohl zuerst die Tatsache auffallen, daß für Zahlenrechnungen und Angaben von Stoffwerten im Anhang das internationale MKSA-System verwendet wurde. Es werden also Wärmemengen in Kilojoule, Wärmeströme in Watt und Kräfte in Newton gemessen. Dieses Maßsystem hat wegen seiner offensichtlichen Vorteile bereits in einer Reihe von Ländern starke Verbreitung gefunden. In Großbritannien ist die Umstellung darauf im Gange mit dem Ziel, sie in zehn Jahren zu beenden, und in den USA sind ebenfalls starke Bestrebungen vorhanden, das englische Maßsystem durch das MKSA-System zu ersetzen. Man hat daher damit zu rechnen, daß es in Zukunft in immer größerem Umfang verwendet wird. Zur Erleichterung der heute noch häufig notwendigen Umrechnung vom alten metrischen oder angelsächsischen in das neue Maßsystem sind Umrechnungstabellen im Anhange des Buches vorhanden. Die Verwendung dimensionsloser Parameter in der Lehre vom Wärmeübergang macht im übrigen die Formeln und Beziehungen auch in diesem Buche glücklicherweise unabhängig von dem verwendeten Maßsystem.

In den Text des Buches wurden neben einer allgemeinen Überarbeitung eine Reihe von Abschnitten neu aufgenommen. Im Kapitel über Wärmeleitung werden nun die wesentlichen Gesetzmäßigkeiten der Wärmeleitzahl, das Wärmeleitpotential und das Integralverfahren behandelt. Das Wärmeleitpotential bietet Vorteile bei der Behandlung von Vorgängen in Medien mit temperaturabhängiger Wärmeleitzahl, während das mit dem Kármán-Pohlhausen-Verfahren verwandte Integralverfahren die Analyse verwickelter instationärer Wärmeleitvorgänge stark erleichtert. In dem Kapitel über konvektiven Wärmeübergang wurde der Abschnitt über laminare Rohrströmung erweitert und derjenige über Film- und Schwitzkühlung neu bearbeitet.

Eine wesentliche Überarbeitung erfuhr das Kapitel über Stoffaustausch in dem Bestreben, das Studium dieses Gebietes zu erleichtern. Die Analogiebeziehungen für Stoff- und Wärmeaustausch sind nunmehr an den Anfang gestellt, Diffusionsvorgänge sind systematischer behandelt und gleichzeitiger Wärme- und Stoffaustausch ist kurz besprochen. Es wurde mir gegenüber gelegentlich geäußert, daß der Titel des Buches nicht voll dem Inhalte entspreche, da von den etwa 300 Seiten nur 30 dem Stoffaustausch gewidmet seien. Ich halte diesen Einwand nicht für stichhaltig, denn die oben erwähnte Analogie ermöglicht es in vielen Fällen, die im Buche mitgeteilten Beziehungen für Wärmeübergang in solche für Stoffaustausch umzuwandeln, so daß darüber hinaus nur die

Grenzen für die Analogie und die Besonderheiten, die mit großen Stoffströmen verbunden sind, zu behandeln waren.

Die grundlegenden Überlegungen, die für die Auswahl und Bearbeitung des Stoffes maßgebend waren und in den Vorworten zur ersten und zweiten Auflage erwähnt sind, wurden auch hier beibehalten. Ein Lehrbuch sollte auch die geschichtliche Entwicklung eines Stoffgebietes nicht ganz vernachlässigen. Die Literaturangaben nennen daher, wenn möglich, die ursprüngliche Arbeit, selbst wenn das gleiche Thema in neuerer Zeit eingehender behandelt wurde.

Herrn Dr. KLAUS ELGETI habe ich für die mühevolle Umrechnung der Einheiten in den Zahlenbeispielen und Tabellen und Herrn Dr. WOLFGANG TOLLE für das sorgfältige Lesen der Korrekturen zu danken. Ohne die sachgemäße Mithilfe des Springer-Verlages wäre mir die Fertigstellung der Neuauflage zu dieser Zeit nicht möglich gewesen.

St. Paul (Minnesota), im November 1965

Ernst R. G. Eckert

Vorwort zur zweiten Auflage

Die intensive Forschung auf dem Gebiete des Wärmeüberganges in den Jahren seit der Drucklegung der ersten Auflage dieses Buches hat unsere Kenntnis von Wärmeaustauschvorgängen außerordentlich erweitert und vertieft. Bei der deshalb notwendig gewordenen Neubearbeitung der zweiten Auflage wurde der Grundgedanke beibehalten, durch die Art der Darstellung das Verständnis für die gerade auf diesem Gebiete oft verwickelten physikalischen Vorgänge möglichst zu fördern. Dies und der Charakter einer Einführung in die Lehre vom Wärmeübergang machte eine gewisse Breite in der Behandlung der aufgegriffenen Probleme erforderlich. Auf der anderen Seite war es nach der Meinung von Fachgenossen nicht erwünscht, den Umfang des Buches wesentlich zu erweitern. Der Verfasser hofft, daß trotzdem alle wesentlichen Fälle des Wärmeaustausches und der zu ihrer Behandlung entwickelten analytischen Methoden Aufnahme gefunden haben.

Der Leser wird feststellen, daß der rechnerischen Behandlung des konvektiven Wärmeüberganges eine ideale Flüssigkeit mit konstanten Stoffwerten zugrunde gelegt wurde. Dies bringt nicht nur die Vereinfachung mit sich, daß bei einer solchen Flüssigkeit der Strömungsvorgang und der Wärmeaustausch nicht miteinander verkuppelt sind, sondern ist darüber hinaus eine notwendige Voraussetzung für die Ableitung allgemeiner dimensionsloser Kenngrößenbeziehungen. Meiner Meinung nach war die Einführung einer solchen idealen Flüssigkeit durch W. NUSSELT der wesentliche Schritt in der Entwicklung einer geschlossenen Lehre des Wärmeüberganges. Verschiedene neuere Anwendungen schufen allerdings Bedingungen, bei denen die Stoffwerte stark veränderlich sind. Dementsprechend sind in der Literatur der letzten Jahre derartige Fälle des

Wärmeaustausches vielfach behandelt worden. In dem vorliegenden Buche war eine eingehende Darstellung dieser Untersuchungen aus Platzmangel nicht möglich.

Der Behandlung der Einheiten wurde im Prinzip das im Jahre 1948 eingeführte „Internationale mksa System" zugrunde gelegt, d. h., es wird das Kilogramm als Einheit für die Masse verwendet, und alle spezifischen Größen, wie Enthalpie, spezifische Wärme usw., sind auf die Masse bezogen. Als Einheit für die Kraft wird allerdings noch nicht das Newton, sondern die um den Faktor 9,80665 größere Einheit Kilopond (kp) verwendet. Dies erleichtert die Einführung des neuen Maßsystems wesentlich, da das Kilopond dem Zahlenwerte nach gleich ist der bisher in der technischen Literatur verwendeten Einheit Kilogramm für die Kraft. In dieser Behandlung der Einheiten, die übrigens der in den Vereinigten Staaten von Amerika üblichen völlig entspricht, habe ich mich der Behandlung meines verehrten Kollegen E. Schmidt in der neuesten Auflage seines Buches „Thermodynamik" angeschlossen.

Ich hoffe, daß die zweite Auflage meines Buches eine ebenso günstige Aufnahme in der Fachwelt findet wie die ursprüngliche Fassung.

St. Paul (Minnesota), im November 1958

Ernst R. G. Eckert

Vorwort zur ersten Auflage

Das vorliegende Buch ist aus einer zweistündigen Vorlesung an der Technischen Hochschule in Braunschweig hervorgegangen. Wiederholte Nachfragen aus dem Hörerkreis ergaben, daß auf unserem Büchermarkt eine kurze, straffgefaßte Einführung in das Gebiet des Wärmeaustausches fehlt. Das Werk von Merkel, das seinerzeit dieser Aufgabe gerecht wurde, ist durch die in der Zwischenzeit sehr rasch weitereilende Entwicklung überholt. Die übrigen inzwischen erschienenen, meist ausgezeichneten Bücher über den gleichen Gegenstand sind zum Teil mehr als Nachschlagewerke für die Berechnungen der technischen Praxis gedacht und damit zu umfangreich, zum Teil sind sie auch in ihrer Darstellung für eine Einführung zu schwierig. Die aufgezeigte Lücke soll das vorliegende Buch schließen, indem es eine einfache, knappe Einführung in den Wärme- und Stoffaustausch gibt, die jedoch alles Wesentliche aus dem heutigen Stand dieser Lehre mitteilt. Das Hauptgewicht wurde dabei darauf gelegt, das Verständnis für die beim Wärmeaustausch sich abspielenden physikalischen Vorgänge möglichst zu vertiefen. Dies ist allerdings ohne Rechnung nicht zu erreichen. Es wurde deshalb theoretisch ableitbaren Beziehungen stets der Vorzug vor empirischen Gleichungen gegeben, denn die Berechnung bietet den Vorteil, daß man die Grenzen des Rechenergebnisses stets leichter überblicken kann. Natürlich müssen die Ergebnisse stets an Werten, die aus Versuchen gewonnen wurden, überprüft werden, denn erst, wenn man einen Vorgang theoretisch und experimentell erfaßt hat, kann man behaupten, ihn zu beherrschen.

Die Grundlage jeder Wärmeübergangsberechnung und auch bereits eines vertieften Verständnisses für diesen Vorgang stellt heute neben der von W. NUSSELT auf den Wärmeaustausch angewandten Ähnlichkeitstheorie und den von O. REYNOLDS angegebenen Beziehungen zwischen dem Wärmeaustausch und dem Druckverlust in der turbulenten Strömung, die von L. PRANDTL im Jahre 1904 aufgestellte Grenzschichttheorie dar. Sie wurde daher in dem vorliegenden Buch ausgiebig angewendet. Es wurde allerdings davon abgesehen, die Grenzschichtgleichungen exakt zu lösen, da dies für eine Einführung zu umständliche und umfangreiche Rechnungen erfordert. Es werden vielmehr Näherungslösungen aus dem von KÁRMÁN angegebenen Impulssatz der Grenzschicht und ihrer Wärmestromgleichung abgeleitet. Diese Näherungen, die auch in der Aerodynamik häufig verwendet werden, haben zwar für den Mathematiker das Unbefriedigende an sich, daß ihre Genauigkeit von vornherein nicht ermittelt werden kann, da keine Fehlerabschätzung möglich ist, sie haben sich aber bei sinnvoller Anwendung bisher in allen Fällen bewährt, wo sie durch Versuche nachgeprüft werden konnten. Mit ihrer Hilfe lassen sich Wärmeübergangsrechnungen in recht einfacher Weise und mit für praktische Zwecke genügender Genauigkeit erledigen. Die Genauigkeit, mit der sich auch heute der Wärmeübergang in unseren technischen Apparaten berechnen läßt, darf nämlich nicht überschätzt werden. Durch Einbauten, die zusätzlich Wirbelungen und Störungen in der Anströmung hervorrufen, sind meistens die bei Versuchen eingehaltenen oder der Rechnung zugrunde gelegten Bedingungen nicht voll erfüllt, so daß man bei der Vorausberechnung solcher technischer Apparate im allgemeinen mit einer Ungenauigkeit von etwa 10% rechnen muß.

Bei der Auswahl des Stoffes wurde weniger Wert darauf gelegt, eine große Zahl der derzeit genauesten Formeln anzugeben, als vielmehr die typischen Formen des Wärmeüberganges so eingehend darzustellen, daß man nach ihnen auch die Verhältnisse bei verwandten Vorgängen abschätzen kann. Aus didaktischen Gründen wurde bei der Besprechung des Widerstandes und des Wärmeüberganges durch erzwungene Konvektion nicht wie sonst üblich vom durchströmten Rohr, sondern von der längsangeströmten Platte ausgegangen. Man prägt sich auf diese Weise leichter ein, daß man bei kurzen Rohren auf die Einlaufverhältnisse Rücksicht nehmen muß. Um den heutigen Stand der Lehre vom Wärmeaustausch darzustellen, wurden wichtige neuere Forschungsergebnisse im Kleindruck eingefügt. Sie können beim ersten Lesen ohne Schaden für den Zusammenhang des Stoffes übersprungen werden. Dagegen wird dem Studierenden geraten, die eingefügten Zahlenbeispiele nicht zu überblättern. Manches für praktische Rechnungen Wichtige wurde im Interesse der Kürze der Darstellung in ihnen untergebracht. Die Formeln für die Berechnung der Wärmeübergangszahlen werden durchwegs in dimensionsloser Form angegeben. Die

Verwendung dieser Kenngrößenbeziehungen bietet derart offenkundige Vorteile, daß auch die technische Praxis heute schon weitgehend von ihnen Gebrauch macht. Bei der Darstellung des Wärmeübergangs durch erzwungene Konvektion findet man in der Literatur neben der PRANDTLschen Kennzahl entweder die REYNOLDSsche oder die PECLETsche Kennzahl verwendet. Die REYNOLDSsche Kennzahl ist meiner Ansicht nach vorteilhafter, da sie bei der Durchführung einer Wärmeübergangsrechnung auf jeden Fall zunächst bestimmt werden muß, um beurteilen zu können, ob die Strömung laminar oder turbulent ist. Es wurde daher hier grundsätzlich die NUSSELTsche Kennzahl als Funktion der REYNOLDSschen und der PRANDTLschen angegeben.

Das vorliegende Buch widme ich Herrn Professor Dr.-Ing. ERNST SCHMIDT. Professor SCHMIDT hat durch eine große Zahl grundlegender Arbeiten, besonders während seiner Leitung des Maschinen-Laboratoriums der Technischen Hochschule in Danzig, die Lehre von der Wärmeübertragung in vielen Punkten wesentlich gefördert. Vor allem hat er auch seine ausgezeichnete Experimentierkunst und seine vorbildliche Art, theoretische Überlegungen mit versuchsmäßigen Ergebnissen zu verknüpfen, an eine große Zahl von Mitarbeitern weitergegeben. Dadurch hat seine Forschungsweise heute bereits Schule gemacht. Auch ich darf mich unter seine Schüler rechnen, wenn ich auch erst nach Abschluß meiner Studien in seinen Mitarbeiterkreis eingetreten bin.

Eine Reihe meiner Mitarbeiter haben mich beim Lesen der Korrekturen für das vorliegende Buch unterstützt. Ihnen möchte ich an dieser Stelle für ihre Arbeit danken. Insbesondere gilt mein Dank Herrn Dr. techn. E. SABATHIL, der die letzten Arbeiten von Beginn der Drucklegung an mit großer Sorgfalt durchgeführt hat, da ich sie infolge meiner Abwesenheit von Deutschland nicht selbst vornehmen konnte. Herr Prof. E. SCHMIDT hat ihn dabei in allen wichtigen Fragen beratend unterstützt.

Infolge der Unrast der heutigen Zeit mußten manche beabsichtigten Erweiterungen des Buches unterbleiben. Ich hoffe, daß es dadurch im wesentlichen in seinem Wert nicht beeinträchtigt wurde und daß es seine Aufgabe, einen möglichst weiten Ingenieurkreis an das Verständnis der Wärmeaustauschvorgänge heranzuführen, erfüllen wird. Der Anwendungsbereich der Lehre vom Wärmeübergang ist ja so groß, daß der Ingenieur beinahe auf allen Gebieten der Technik mit Wärmeübergangsfragen in Berührung kommt.

Im Mai 1949   **Ernst R. G. Eckert**

Inhaltsverzeichnis

Formelzeichen

a	Temperaturleitzahl		U	Geschwindigkeit
	Absorptoinskoeffizient		V	Volumen
b	Wanddicke		W	Widerstand
c	Lichtgeschwindigkeit			
	spezifische Wärme		α	Wärmeübergangszahl
	Widerstandszahl		β	Winkel
	Konzentration			thermischer Expansionskoeffizient
d	Durchmesser			Stoffübergangszahl
e	Ausstrahlung		γ	Wichte
f	dimensionslose Stromfunktion		δ	Grenzschichtdicke
g	Erdbeschleunigung		ε	Erwärmungsgrad
	Massenstromdichte			turbulente Austauschgröße
h	Höhe			Emissionsverhältnis
i	Strahlungsintensität		η	dimensionslose Koordinate
k	Wärmedurchgangszahl		ϑ	Temperaturdifferenz
l	Länge		Θ	Temperaturdifferenz
n	Normale		$\varkappa$	elektrische Leitfähigkeit
p	Druck		λ	Wärmeleitzahl
q	Wärmestromdichte			Wellenlänge
r	Radius		μ	Zähigkeit
s	Weglänge		ν	kinematische Zähigkeit
t	Temperatur		ξ	Widerstandsziffer
u	Geschwindigkeit		ϱ	Dichte
v	Geschwindigkeit			spezifischer Widerstand
w	Geschwindigkeit		σ	Oberflächenspannung
	Massenverhältnis		τ	Zeit
x	Koordinate			Schubspannung
	Feuchtigkeitsgehalt		φ	Winkelverhältnis
y	Koordinate			Wärmeleitpotential
z	Koordinate		Φ	Wärmequelle
			χ	relative Feuchtigkeit
A	Absorptionszahl		ψ	Stromfunktion
D	Durchlässigkeitszahl		ω	Raumwinkel
	Diffusionskoeffizient			
E	Elektrische Spannung			Fußzeiger:
F	Heizfläche			
	Oberfläche		a	Anfangswert
G	Massenstrom			außen
	Gewicht		d	Durchgangswert
I	Elektrischer Strom		e	Endwert
L	Länge		g	Groß
	Einlauflänge		i	Innenwert
M	Molekulargewicht		k	Klein
N	Leistung			Kernströmung
	Molzahl		l	Leitung
Q	Wärmestrom		m	Mittelwert
R	Widerstand		M	Mittelwert
	Reflexionszahl		o	Wand
	Gaskonstante		u	Übergang
T	absolute Temperatur		w	Wand

I. Die Grundbegriffe des Wärmeaustausches

1. Die verschiedenen Arten des Wärmeaustausches

Temperaturunterschiede in einem Körper gleichen sich stets im Laufe der Zeit dadurch aus, daß Wärme von den Stellen höherer Temperatur nach denen niederer Temperatur abströmt. Dieser Vorgang spielt sich in allen in der Natur vorkommenden Stoffen ab, in festen Körpern wie in Flüssigkeiten und Gasen. Die Kenntnis der Gesetzmäßigkeiten, nach denen er verläuft, ist für die gesamte Technik von großer Bedeutung, da wir dadurch die Mittel in die Hand bekommen, den Wärmefluß in gewünschter Weise zu steuern. Dabei kann einmal die Aufgabe gestellt sein, die Wärmeströmung möglichst zu begünstigen. Dies ist beispielsweise bei den Wärmeaustauschern der Wärme-, Heiz- und Kühltechnik und der chemischen Industrie der Fall. Auch in den Wärmekraftmaschinen tritt diese Aufgabe immer wieder an uns heran. Eine solche Kraftmaschine besteht nach den Lehren der Thermodynamik im Prinzip aus zwei Wärmespeichern verschiedener Temperatur, zwischen welche die Arbeit leistende Maschine geschaltet ist. Dabei wechselt häufig der Wärmeträger im Laufe des Arbeitsprozesses. Die Wärme muß dann mit möglichst kleinem Temperaturgefälle zwischen den einzelnen Wärmeträgern ausgetauscht werden. Bei der Dampfkraftanlage ist die Wärme zunächst an die Rauchgase gebunden. Im Dampfkessel wird sie an den Dampf weitergegeben. Im Kondensator gibt der Dampf seine Wärme an das Kühlwasser ab und im Kühlturm endlich wird sie an die Luft abgeführt. Bei den Verbrennungsmotoren fällt zwar diese Art des Wärmeaustausches weg, da die Wärme durch Verbrennung unmittelbar in der arbeitsleistenden Luft erzeugt und die Abwärme auch gemeinsam mit den Abgasen aus der Maschine ausgestoßen wird. Trotzdem ist auch für den Bau der Verbrennungsmotoren die Beherrschung des Wärmeübergangs von großer Bedeutung, denn es müssen hier die Zylinderwandungen durch Kühlung mit Luft oder Wasser auf Temperaturen gehalten werden, die der Werkstoff noch verträgt. Deshalb ist die zulässige Leistungsabgabe im Zylinder eines Hochleistungsmotors heute sehr wesentlich durch Kühlprobleme bestimmt. Auch für Gasturbinen, die in immer stärkerem Maße in das Stadium der Betriebsreife kommen, ist die Beherrschung der Wärmeübergangsfragen von grundlegender Bedeutung. In Atomreaktoren und in Raketen ist die Beherrschung der zu übertragenden Wärmemengen dadurch erschwert, daß die Wärmeflüsse je Flächeneinheit außerordentlich groß sind. Besondere Kühlprobleme erwachsen im neuzeitlichen Bau von Flugkörpern – Überschallflugzeugen, Geschossen und Satelliten – aus der Tatsache, daß die Haut der Flugkörper durch Reibung in der Luft große Wärmemengen aufnimmt.

Auf der anderen Seite tritt oft die Aufgabe an uns heran, eine unerwünschte Wärmeübertragung möglichst weitgehend zu verhindern. Dies kann durch Anordnung einer Wärmedämmschicht aus einem Material, das die Wärme schlecht leitet, geschehen. Auch die Unterbindung von Wärmeverlusten bestimmt in weitem Maße den Wirkungsgrad thermodynamischer Prozesse. Jede Verringerung der Temperatur ohne Arbeitsleistung vergrößert die Entropie, bringt also einen unerwünschten Verlust an mechanischer Energie mit sich.

In einem festen Körper kommt die Wärmeströmung dadurch zustande, daß die Wärmeenergie von einem Molekül zum anderen weitergegeben wird. Dieser Vorgang wird als *Wärmeleitung* bezeichnet. Der gleiche Vorgang spielt sich auch in Flüssigkeiten und Gasen ab. In diesen Stoffen sind die Moleküle aber nicht mehr an einen bestimmten Platz gebunden, sondern wechseln auch in dem ruhenden Stoff ständig ihren Ort. Auch hierdurch wird Wärmeenergie transportiert. Diesen Vorgang bezieht man ebenfalls in den Wärmetransport durch Leitung ein. Daneben gibt es aber in Flüssigkeiten und Gasen noch eine andere Form der Wärmeübertragung. Es kann nämlich die Wärme hier auch dadurch von einer Stelle zur anderen transportiert werden, daß sie mit dem strömenden Stoff (durch makroskopische Bewegungen) mitgeführt wird. Dieser Vorgang wird *Wärmeübergang durch Konvektion* oder *Mitführung* genannt. Eine dritte Art des Wärmeaustausches kommt durch *Strahlung* zustande. Feste Körper wie Flüssigkeiten und Gase haben die Fähigkeit Wärmeenergie auch in Form von elektrischen Wellen auszusenden und umgekehrt solche Strahlungsenergie durch Absorption aufzunehmen. In den technischen Geräten sind oft alle drei Arten an der Wärmeübertragung beteiligt und überlagern sich dann gegenseitig. Für ein Studium dieser Erscheinungen dagegen ist es notwendig, die verschiedenen Arten klar auseinanderzuhalten, da sie verschiedenen Gesetzen gehorchen. Wir wollen uns zunächst mit dem Vorgang der Wärmeleitung und der Konvektion befassen. Die Wärmestrahlung wird in einem späteren Abschnitt gesondert behandelt.

2. Wärmeleitzahl, Wärmeübergangszahl, Wärmedurchgangszahl

Bei technischen Berechnungen interessiert uns vor allem die Größe der Wärmemenge, die je Zeiteinheit zwischen zwei Flüssigkeiten und Gasen verschiedener Temperatur ausgetauscht wird, wenn beide Stoffe durch eine Wand voneinander getrennt sind. Man bezeichnet diese Wärmeströmung als *Wärmedurchgang*. Nach dem in der Einleitung Gesagten ist es bereits klar, daß es sich dabei um eine Überlagerung verschiedener Vorgänge handelt. Zunächst muß die Wärme in dem einen Gas bzw. der einen Flüssigkeit an die Trennwand herangeschafft werden. Danach muß sie die Trennwand durchsetzen und schließlich von der anderen Oberfläche in das kühlere Gas bzw. die kältere Flüssigkeit hineinströmen. Im vorliegenden Abschnitt soll die Berechnung des Wärmedurchganges für den einfachsten Fall, nämlich eine ebene Wand bei zeitlich unveränderlichen Temperaturen, behandelt werden, um so in die Grundgesetze des Wärmeaustausches einzuführen. Die Einzelvorgänge werden dann in den folgenden Abschnitten eingehend untersucht.

Wir betrachten also zunächst eine ebene Wand von der Dicke b, deren beide Oberflächen auf verschiedenen, aber zeitlich und örtlich konstanten Temperaturen t_{w1} und t_{w2} gehalten werden (Abb. 1). Die Wärmemenge, die je Zeiteinheit infolge dieser Temperaturdifferenz durch die Fläche F der Wand hindurchströmt, bezeichnen wir als *Wärmestrom* Q[1]. Für sie gilt das Fouriersche Gesetz[2]

$$Q = \frac{\lambda}{b} F (t_{w1} - t_{w2}).$$ (1)

Dabei ist λ ein Stoffwert, die *Wärmeleitzahl* oder Wärmeleitfähigkeit. Aus Gl. (1) läßt sich seine Dimension leicht ableiten:

$$\lambda = \frac{Q b}{F (t_{w1} - t_{w2})} \left[\frac{W}{m\,grd} \right].$$

Die Wärmemenge, die je Zeiteinheit durch die Einheit der Oberfläche hindurchtritt, wird als *Wärmestromdichte* q bezeichnet. Für diese gilt daher die Gleichung:

$$q = \frac{Q}{F} = \frac{\lambda}{b} (t_{w1} - t_{w2}).$$ (2)

Im Dampfkesselbau wird die Wärmestromdichte auch Heizflächenbelastung genannt. Innerhalb der Wand fällt die Temperatur, wie in Abb. 1 angegeben, geradlinig von dem Wert t_{w1} auf t_{w2}, wenn die Wärmeleitzahl temperaturunabhängig ist.

Die Größe der Wärmeleitzahl ist für eine Reihe von Stoffen im Anhang des Buches mitgeteilt. Man sieht daraus, daß unter den festen Körpern die Metalle die größten Wärmeleitzahlen haben. Zum Beispiel hat Eisen eine Wärmeleitzahl von etwa 60 W/m grd, Kupfer von etwa 350 W/m grd. Metallegierungen haben wesentlich kleinere Wärmeleitzahlen als die reinen Stoffe. Beispielsweise hat nichtrostender V 2 A-Stahl nur mehr eine Wärmeleitzahl von 15 W/m grd. Nichtmetalle haben Wärmeleitzahlen von etwa 0,04 bis 2,5 W/m grd, durch solche Körper

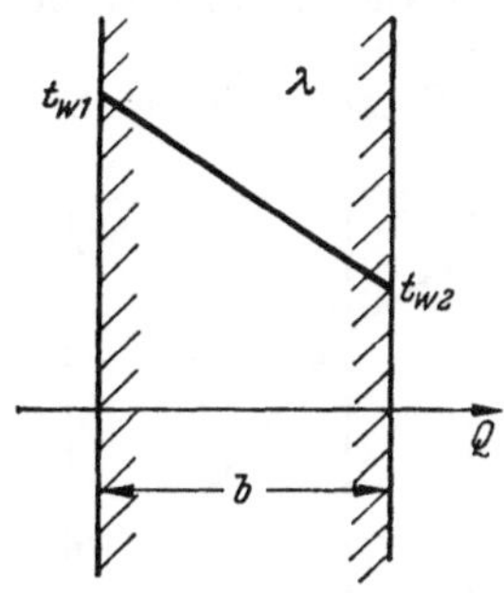

Abb. 1. Stationäre Wärmeleitung durch eine ebene Wand.

strömt also nur $^1/_{1000}$ bis $^1/_{100}$ der Wärmemenge, die bei gleicher Temperatur und gleichen Abmessungen durch Metalle fließt. Die Wärmeleitzahl von Flüssigkeiten beträgt etwa 0,1 bis 0,5 W/m grd. Diejenige von Gasen ist nochmals um eine Zehnerpotenz kleiner. Gase besitzen daher

---

[1] Anders als in der Thermodynamik, wo Q eine Wärmemenge schlechthin ohne Bezug auf die Zeit bedeutet.

[2] JEAN BAPTISTE JOS. FOURIER, 1768–1830.

von allen Stoffen die kleinsten Wärmeleitzahlen. Die kleinen Wärmeleitzahlen der Wärmeisolierstoffe (Kieselgur, Schlackenwolle, Torf, Kork) sind dadurch bedingt, daß sie sehr porös sind. Die Wärmeströmung in diesen Stoffen spielt sich daher im wesentlichen als Wärmeleitvorgang in der Luft, die in den Poren enthalten ist, ab. Der feste Stoff hat lediglich die Aufgabe, die Luft daran zu hindern, daß sie infolge der Temperaturunterschiede in Bewegung kommt und durch Konvektion zusätzlich Wärme transportiert.

Das Fouriersche Gesetz für den Wärmeleitvorgang hat große Ähnlichkeit mit dem Ohmschen Gesetz der Elektrotechnik. Wir sehen dies sofort, wenn wir Gl. (1) auf die folgende Form bringen:

$$t_{w1} - t_{w2} = \frac{b}{\lambda F} Q \tag{3}$$

und es mit dem Ohmschen Gesetz

$$E = RJ \tag{4}$$

vergleichen. Dem elektrischen Strom J entspricht hier der Wärmestrom Q. Als treibende Kraft für den elektrischen Strom ist eine Spannungsdifferenz E, für den Wärmeleitvorgang eine Temperaturdifferenz $t_{w1} - t_{w2}$ erforderlich. Dem Ohmschen Widerstand R entspricht hier der Ausdruck $b/\lambda F$, der *Wärmeleitwiderstand* genannt und mit R_l bezeichnet wird

$$R_l = \frac{b}{\lambda F} . \tag{5}$$

Dem spezifischen Widerstand in der Elektrotechnik $\varrho = R \frac{F}{b}$ entspricht hier der Kehrwert der Wärmeleitfähigkeit, der spezifische Wärmeleitwiderstand $1/\lambda$.

Setzt sich eine ebene Wand aus mehreren, beispielsweise drei Schichten von verschiedenem Material mit den Wärmeleitfähigkeiten λ_1, λ_2, λ_3 zusammen und bezeichnen wir die Temperaturen an den Trennflächen der einzelnen Schichten mit t_{w2} und t_{w3} (Abb. 2), so können wir für jede Schicht die Gl. (3) anschreiben.

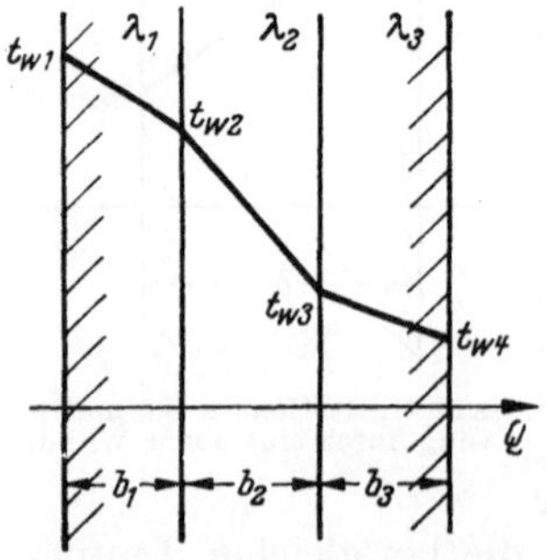

$$t_{w1} - t_{w2} = \frac{b_1}{\lambda_1 F} Q ,$$

$$t_{w2} - t_{w3} = \frac{b_2}{\lambda_2 F} Q ,$$

$$t_{w3} - t_{w4} = \frac{b_3}{\lambda_3 F} Q .$$

Abb. 2. Stationäre Wärmeleitung durch eine zusammengesetzte Wand.

Durch Zusammenzählen sämtlicher Gleichungen erhalten wir den Ausdruck

$$t_{w1} - t_{w4} = \left(\frac{b_1}{\lambda_1 F} + \frac{b_2}{\lambda_2 F} + \frac{b_3}{\lambda_3 F} \right) Q = (R_{l1} + R_{l2} + R_{l3}) Q . \tag{6}$$

Mit dieser Gleichung berechnet sich der Wärmestrom Q aus den Temperaturen der beiden Oberflächen t_{w1} und t_{w4}. Der Wärmeleitwiderstand der zusammengesetzten Wand ist gleich der Summe der Leitwiderstände der einzelnen Schichten. Es gilt hierfür also das gleiche Gesetz wie bei hintereinandergeschalteten Widerständen in der Elektrotechnik.

In den Wärmeaustauschern der Technik haben wir es meist mit Trennwänden zu tun, die Flüssigkeiten oder Gase voneinander trennen. Wir kennen dann nicht die Temperatur der beiden Oberflächen der Trennwand, sondern nur die Temperatur der Flüssigkeiten auf beiden Seiten der Wand. In Abb. 3 sind diese Temperaturen mit t_1 und t_2 bezeichnet. Mißt man das Temperaturfeld in den Flüssigkeiten aus, so erhält man im allgemeinen einen Verlauf, wie er in Abb. 3 dargestellt ist. Das Temperaturgefälle drängt sich auf eine verhältnismäßig schmale Schicht von der Dicke δ unmittelbar an der Wand zusammen, während in größerer Entfernung von der Wand meist nur kleine Temperaturunterschiede

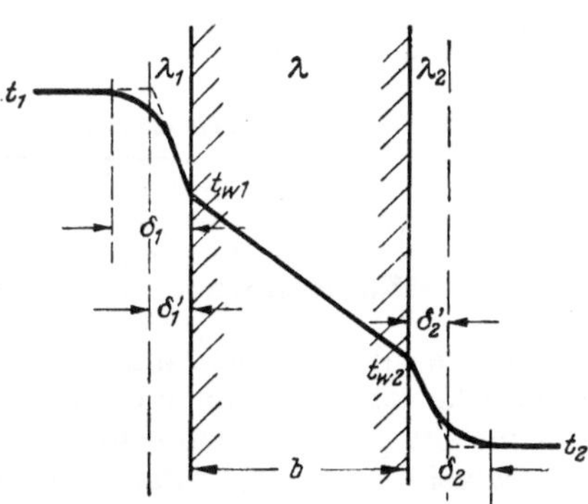

Abb. 3. Stationärer Wärmedurchgang durch eine ebene Wand.

vorhanden sind. Man kann sich diesen Temperaturverlauf vereinfacht durch den gestrichelten geknickten Linienzug ersetzen und dann so erklären, daß an der Wand eine dünne ruhende Flüssigkeitsschicht (ein Flüssigkeitsfilm von der Dicke δ') haftet, während die Flüssigkeit außerhalb dieses Filmes durch Mischbewegungen alle Temperaturunterschiede ausgleicht. Dieses Bild vereinfacht zwar den wirklichen Vorgang sehr stark, wie wir im Späteren sehen werden, es erfaßt aber doch das Wesentliche und hat den Vorteil, eine klare Anschauung zu geben. Im Film spielt sich die Wärmeübertragung durch Leitung wie in einer ruhenden Wand ab. Der Temperaturverlauf im Film ist daher wieder geradlinig und der Wärmestrom folgt damit aus Gl. (1), wobei die Wärmeleitzahl λ der Flüssigkeit oder des Gases und die Filmdicke δ' einzusetzen sind. Man erhält so für den Wärmeübergang an die Wand die Gleichung

$$Q = \frac{\lambda}{\delta'} F\,(t - t_w)\,. \tag{7}$$

Aus ihr läßt sich der Wärmestrom Q berechnen, sobald die Filmdicke δ' bekannt ist. Diese hängt allerdings sehr stark von den äußeren Bedingungen ab, z. B. von der Geschwindigkeit, mit der die Flüssigkeit an der Wand entlang streicht, von der Form der Wand, von ihrer Oberflächenbeschaffenheit und ähnlichem. Es hat sich in der Technik eingebürgert, nicht unmittelbar mit der Filmdicke δ' zu rechnen, sondern mit dem Ausdruck λ/δ'. Man nennt diese Größe *Wärmeübergangszahl* und bezeichnet sie mit dem Buchstaben α. Damit erhält man die bereits von NEWTON (1643—1727) verwendete Gleichung

$$Q = \alpha F\,(t - t_w)\,. \tag{8}$$

Die Wärmeübergangszahl α wurde zunächst längere Zeit als Stoffwert angesehen. Erst die neuere Entwicklung der Lehre vom Wärmeübergang erkannte die verwickelten Beziehungen, denen diese Größe folgt. In unserem Buche ist der Ermittlung der Wärmeübergangszahl ein längerer Abschnitt gewidmet. Um einen ersten Anhalt zu geben, ist die Größenordnung, mit der sie unter technischen Bedingungen auftritt, in Tab. 1 zusammengestellt.

Tabelle 1. *Größenordnung von Wärmeübergangszahlen*

Strömende Luft.	10– 100 W/m²grd
Strömendes Wasser	500– 5000 W/m²grd
Siedendes Wasser	500– 6000 W/m²grd
Kondensierender Wasserdampf	5000–15000 W/m²grd

Da die Wärmeübergangszahl der Quotient aus Wärmeleitzahl und Filmdicke ist, hat man zu erwarten, daß Gase infolge ihrer kleineren Wärmeleitzahl auch schlechtere Wärmeübergangszahlen aufweisen als Flüssigkeiten. Tab. 1 bestätigt diese Schlußfolgerung.

Wendet man die Gl. (8) auf die beiden Oberflächen in Abb. 3 an, so ergibt sich

$$Q = \alpha_1 F\,(t_1 - t_{w1})\,,$$

$$Q = \alpha_2 F\,(t_{w2} - t_2)\,.$$

Auch diese Gleichungen können wieder auf die dem Ohmschen Gesetz entsprechende Form gebracht werden:

$$\left.\begin{aligned}
t_1 - t_{w1} &= \frac{1}{\alpha_1 F}\,Q\,,\\[2mm]
t_{w2} - t_2 &= \frac{1}{\alpha_2 F}\,Q\,.
\end{aligned}\right\} \tag{9}$$

Die Größe $\dfrac{1}{\alpha F}$ bezeichnet man als *Wärmeübergangswiderstand* $R_{\ddot{u}}$

$$R_{\ddot{u}} = \frac{1}{\alpha F}\,. \tag{10}$$

Nimmt man zu den Gl. (9) noch Gl. (3) hinzu und summiert alle, so erhält man eine Beziehung zwischen dem Wärmestrom durch die Trennwand und den beiden Temperaturen t_1 und t_2 (Abb. 3):

$$\left.\begin{aligned}
t_1 - t_{w1} &= \frac{1}{\alpha_1 F}\,Q\,,\\[2mm]
t_{w1} - t_{w2} &= \frac{b}{\lambda F}\,Q\,,\\[2mm]
t_{w2} - t_2 &= \frac{1}{\alpha_2 F}\,Q\,,\\[2mm]
t_1 - t_2 &= \left(\frac{1}{\alpha_1 F} + \frac{b}{\lambda F} + \frac{1}{\alpha_2 F}\right)Q = (R_{\ddot{u}1} + R_l + R_{\ddot{u}2})Q = R_d Q\,.
\end{aligned}\right\} \tag{11}$$

Die Summe der Einzelwiderstände wird als *Wärmedurchgangswiderstand* R_d bezeichnet. Auch hier gilt für den Gesamtvorgang wieder das gleiche Gesetz wie bei hintereinandergeschalteten Widerständen. In technischen Rechnungen werden an Stelle der Widerstände meist die Wärmeleitzahlen und Wärmeübergangszahlen benutzt. Hierfür gelten die folgenden Beziehungen, die sofort aus Gl. (11) folgen

$$Q = kF(t_1 - t_2) ; \qquad (11\,\mathrm{a})$$

$$\frac{1}{k} = \frac{1}{\alpha_1} + \frac{b}{\lambda} + \frac{1}{\alpha_2} . \qquad (11\,\mathrm{b})$$

Die Größe k wird *Wärmedurchgangszahl* genannt; sie hat die Dimension W/m² grd. Bei einer Wand, die aus mehreren Schichten mit verschiedenen Wärmeleitzahlen λ_i und den Dicken b_i besteht, tritt an die Stelle des mittleren Gliedes in der Gl. (11 b) die Summe $\sum \dfrac{b_i}{\lambda_i}$.

Zahlenbeispiel. Eine ebene Eisenwand von 10 mm Dicke wird auf beiden Seiten von Luft bespült, wobei die Wärmeübergangszahlen $\alpha_1 = \alpha_2 = 10$ W/m² grd betragen (Tab. 1). Die Größe des Wärmedurchgangswiderstandes und der Wärmedurchgangszahl sind zu berechnen. Nach Gl. (11) gilt

$$R_d = \frac{1}{F}\left(\frac{1}{\alpha_1} + \frac{b}{\lambda} + \frac{1}{\alpha_2}\right) = \frac{1}{F}\left(\frac{1}{10} + \frac{0,01}{60} + \frac{1}{10}\right)\frac{\mathrm{m}^2\,\mathrm{grd}}{\mathrm{W}} = \frac{12,01}{60\,F}\frac{\mathrm{m}^2\,\mathrm{grd}}{\mathrm{W}} .$$

Die Wärmedurchgangszahl ist $k = \dfrac{1}{F\,R_d} = 5\,\dfrac{\mathrm{W}}{\mathrm{m}^2\,\mathrm{grd}}$. Der Wärmeleitwiderstand der Eisenwand ist also für den Wärmedurchgang vollkommen bedeutungslos. Will man den Wärmedurchgang verbessern, so hat es keinen Sinn, den Wärmeleitwiderstand zu verringern. Man muß vielmehr die Wärmeübergangszahlen vergrößern.

Zahlenbeispiel. Eine 10 mm starke Eisenwand und eine 20 mm starke Aluminiumwand sind aufeinander gelegt, wobei zwischen beiden ein Luftspalt von $^1/_{100}$ mm verbleibt. Der Wärmeleitwiderstand der zusammengesetzten Wand soll berechnet werden. Nach Formel (6) und Zahlentafel 3 im Anhang ist

$$R_t = \frac{1}{F}\left(\frac{b_1}{\lambda_1} + \frac{b_2}{\lambda_2} + \frac{b_3}{\lambda_3}\right) = \frac{1}{F}\left(\frac{0,01}{60} + \frac{10^{-5}}{0,0208} + \frac{0,02}{197}\right)\frac{\mathrm{m}^2\,\mathrm{grd}}{\mathrm{W}}$$

$$= \frac{1}{F}(1,67 \cdot 10^{-4} + 4,81 \cdot 10^{-4} + 1,01 \cdot 10^{-4})\frac{\mathrm{m}^2\,\mathrm{grd}}{\mathrm{W}} = \frac{7,49 \cdot 10^{-4}}{F}\frac{\mathrm{m}^2\,\mathrm{grd}}{\mathrm{W}} .$$

Obwohl der auch bei sorgfältiger Montage wohl nicht zu vermeindende Luftspalt sehr klein ist, wird vor allem durch ihn der Wärmeleitwiderstand der zusammengesetzten Wand bedingt. Der Leitwiderstand ohne Luftspalt wäre $\dfrac{3,01 \cdot 10^{-4}}{F}\dfrac{\mathrm{m}^2\,\mathrm{grd}}{\mathrm{W}}$, also weniger als die Hälfte des obigen.

3. Gleichstrom, Gegenstrom, Kreuzstrom

Im vorhergehenden Abschnitt wurde der Wärmeaustausch zwischen zwei Gasen oder Flüssigkeiten unter der Voraussetzung behandelt, daß die Temperaturen auf beiden Seiten der Heizfläche konstant sind. In Wirklichkeit ändern sich die Temperaturen der beiden Flüssigkeiten beim Entlangstreichen längs der Heizfläche infolge des Wärmeaustausches. Es ist dann in die Formeln des vorhergehenden Abschnittes eine mittlere Temperaturdifferenz einzusetzen, die im folgenden berechnet werden soll.

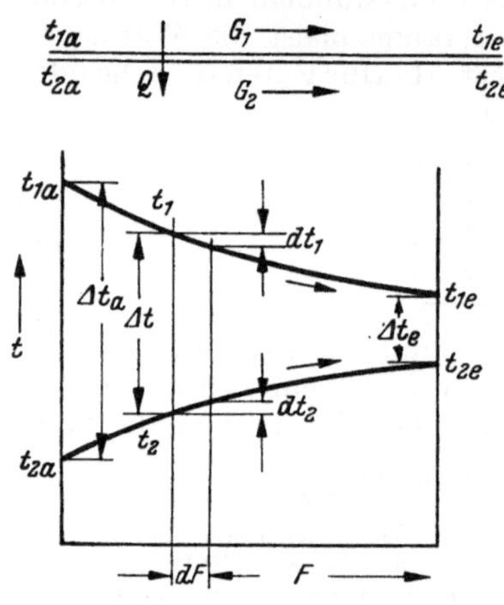

Abb. 4. Temperaturverlauf beim Wärmeübergang im Gleichstrom.

Wir betrachten zunächst den Fall, daß beide Flüssigkeiten an der Heizfläche in der gleichen Richtung entlangstreichen (Abb. 4), diese Flüssigkeitsführung wird *Gleichstrom* genannt. In Abb. 4 ist auch der Temperaturverlauf der beiden Flüssigkeiten beim Entlangstreichen längs der Heizfläche F eingezeichnet. Wir betrachten ein Flächenelement von der Größe dF. Die Flüssigkeitstemperaturen an dieser Stelle sind t_1 und t_2. Die Temperaturdifferenz zwischen beiden Flüssigkeiten soll im weiteren mit Δt bezeichnet werden. Für die betrachtete Stelle gilt also:

$$\Delta t = t_1 - t_2. \tag{12}$$

Der Wärmestrom dQ durch das Flächenelement dF ist durch die Gl. (11a) aber mit den hier verwendeten Bezeichnungen durch

$$dQ = k\, dF\, \Delta t \tag{13}$$

gegeben. Die Wärmedurchgangszahl k soll konstant längs der Heizfläche sein. Infolge des Wärmeaustausches kühlt sich die wärmere Flüssigkeit um den Betrag dt_1 ab. Es gilt dafür die Beziehung:

$$dQ = -G_1 c_1 dt_1, \tag{14}$$

wenn G_1 die in der Zeiteinheit an der Heizfläche entlangströmende Flüssigkeitsmenge, der Mengenstrom, und c_1 ihre spezifische Wärme ist. Das Produkt $G_1 c_1$ stellt also den Wasserwert des Flüssigkeitsstromes dar. In gleicher Weise erwärmt sich die kältere Flüssigkeit um den Betrag dt_2 gemäß der Gleichung

$$dQ = G_2 c_2 dt_2. \tag{15}$$

G_2 und c_2 sind der Mengenstrom und die spezifische Wärme der zweiten Flüssigkeit. Durch Differenzieren der Gl. (12) erhält man

$$d\,(\Delta t) = dt_1 - dt_2. \tag{16}$$

Ersetzt man hierin die Temperaturdifferentiale aus Gl. (14) und (15), so ergibt sich

$$d(\Delta t) = -\left(\frac{1}{G_1 c_1} + \frac{1}{G_2 c_2}\right) dQ = -\mu\, dQ, \tag{17}$$

wenn für den Klammerausdruck die Abkürzung μ eingeführt wird. Gl. (17) kann ohne weiteres integriert werden. Bezeichnet man die Temperaturdifferenz am Anfang der Heizfläche also bei $F = 0$ mit Δt_a und am Ende mit Δt_e, so erhält man

$$\Delta t_a - \Delta t_e = \mu Q. \tag{18}$$

Setzt man in Gl. (17) den Wärmestrom dQ aus Gl. (13) ein, so ergibt sich die Beziehung

$$\frac{d(\Delta t)}{\Delta t} = - \mu k d F \tag{19}$$

und integriert über die ganze Heizfläche F unter Beachtung der Randbedingung (bei $F = 0$ ist $\Delta t = \Delta t_a$)

$$\ln \frac{\Delta t_e}{\Delta t_a} = - \mu k F. \tag{20}$$

Die Temperaturdifferenz am Ende der Heizfläche kann also mit Hilfe der Gleichung

$$\boxed{\Delta t_e = \Delta t_a\, e^{-\mu k F}} \tag{21}$$

berechnet werden. Ersetzt man schließlich die Größe μ in Gl. (18) aus Gl. (20), so erhält man für den gesamten Wärmestrom durch die Heizfläche F die Beziehung

$$Q = k F \frac{\Delta t_a - \Delta t_e}{\ln \dfrac{\Delta t_a}{\Delta t_e}}. \tag{22}$$

Der Bruch auf der rechten Seite der Gleichung stellt nichts anderes dar als die gesuchte mittlere Temperaturdifferenz Δt_m. Man kann also den Wärmestrom mit Hilfe der folgenden Formeln berechnen:

$$\boxed{\begin{aligned} Q &= k F \Delta t_m \\[4pt] \Delta t_m &= \frac{\Delta t_a - \Delta t_e}{\ln \dfrac{\Delta t_a}{\Delta t_e}} \end{aligned}} \tag{23, 24}$$

Eine zweite Möglichkeit der Flüssigkeitszuführung ist die, daß man beide Flüssigkeiten gegensinnig strömen läßt, wie dies in Abb. 5 dargestellt ist. Man nennt diese Art der Flüssigkeitsführung *Gegenstrom*. Die Berechnung der mittleren Temperaturdifferenz für diesen Fall geht genau so vor sich wie für den Gleichstrom, es tritt lediglich in Gl. (15) ein Minuszeichen auf, da sich

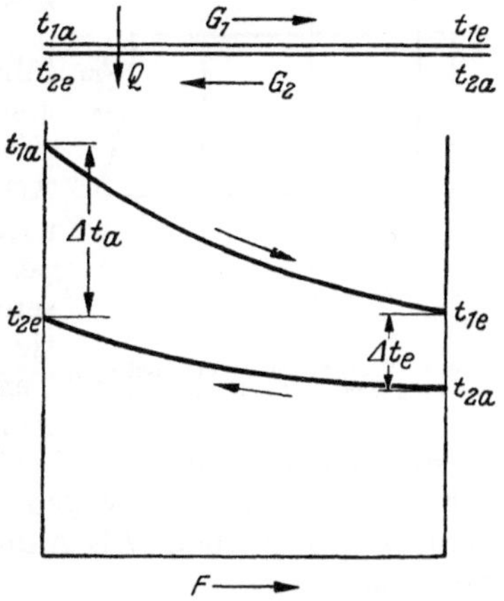

Abb. 5. Temperaturverlauf beim Wärmeübergang im Gegenstrom.

auch die kältere Flüssigkeit abkühlt, wenn man längs der Heizfläche F in positiver Richtung fortschreitet. Die Größe μ ergibt sich damit zu

$$\mu = \frac{1}{G_1 c_1} - \frac{1}{G_2 c_2}. \tag{25}$$

Die Gln. (21), (23) und (24) des vorhergehenden Abschnittes bleiben auch für Gegenstrom die gleichen.

Die nach Gl. (24) berechnete mittlere Temperaturdifferenz ist stets kleiner als der arithmetische Mittelwert Δt_M der Anfangs- und Endtemperaturdifferenzen:

$$\Delta t_M = \frac{\Delta t_a + \Delta t_e}{2} . \tag{26}$$

Das Verhältnis b des logarithmischen Mittels nach Gl. (24) zum arithmetischen Mittel ist in Tab. 2 in Abhängigkeit von dem Verhältnis $\Delta t_a/\Delta t_e$

Tabelle 2. *Verhältnis der logarithmischen mittleren Temperaturdifferenz Δt_m zum arithmetischen Mittel Δt_M für Gleich- und Gegenstrom ($\Delta t_m = b\,\Delta t_M$)*

$\frac{\Delta t_a}{\Delta t_e}$	b	$\frac{\Delta t_a}{\Delta t_e}$	b	$\frac{\Delta t_a}{\Delta t_e}$	b	$\frac{\Delta t_a}{\Delta t_e}$	b
1,0	1,000	2,0	0,962	3,0	0,910	6,0	0,798
1,2	0,998	2,2	0,952	3,5	0,889	7,0	0,770
1,4	0,991	2,4	0,942	4,0	0,867	8,0	0,748
1,6	0,981	2,6	0,928	4,5	0,846	9,0	0,729
1,8	0,971	2,8	0,918	5,0	0,829	10,0	0,710

Die in der Tabelle angegebenen b-Werte gelten auch für die Kehrwerte $\Delta t_e/\Delta t_a$.

der Temperaturdifferenzen angegeben. Diese Tabelle kann zur einfacheren Bestimmung des logarithmischen Mittelwertes benutzt werden. Man berechnet das arithmetische Mittel und vervielfacht dieses mit dem in der Tabelle angegebenen Faktor b.

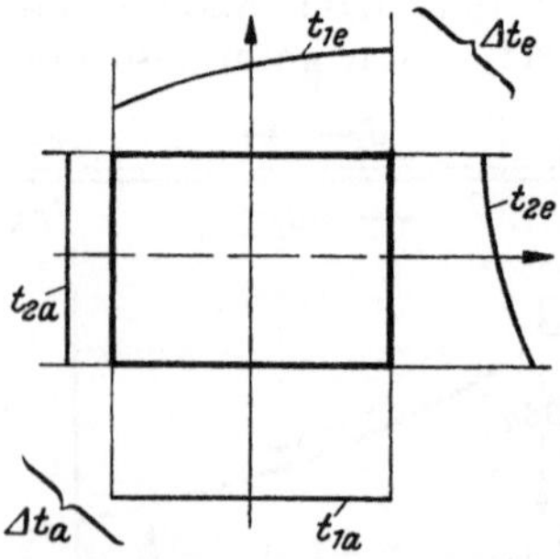

Eine dritte Möglichkeit der Flüssigkeitsführung ist die, daß man die beiden Flüssigkeiten senkrecht zueinander strömen läßt. Dies wird *Kreuzstrom* genannt. Eine solche Art der Flüssigkeitsführung ist in Abb. 6 dargestellt. Die Berechnung der mittleren Temperaturdifferenz ist in diesem Fall bedeutend schwieriger als beim Gleich- und Gegenstrom, sie wurde von W. Nusselt durchgeführt[1]. Die Temperatur der beiden Flüssigkeiten beim Austritt aus der Heizfläche ist hier über den Austrittsquerschnitt veränderlich, wie dies in Abb. 6 dargestellt ist. Unter den Bezeichnungen t_e wollen wir nunmehr die mittleren Austrittstemperaturen verstehen. Als Anfangstemperaturdifferenzen bezeichnen wir die Größe

$$\Delta t_a = t_{1a} - t_{2a}, \tag{27}$$

Abb. 6. Temperaturverlauf beim Wärmeübergang im Kreuzstrom.

wobei unter t_{2a} die Eintrittstemperatur des kälteren Stoffes gemeint ist, entsprechend als Endtemperaturdifferenz den Ausdruck

$$\Delta t_e = t_{1e} - t_{2e}, \tag{28}$$

---

[1] Nusselt, W.: Z. VDI 55 (1911) 2021 und Forsch. Ing.-Wes. 1 (1930) 417.

mit t_{1e} als mittlerer Austrittstemperatur des wärmeabgebenden und t_{2e} des wärmeaufnehmenden Stoffes. Die mittlere Temperaturdifferenz hängt in diesem Falle nicht nur von dem Verhältnis $\Delta t_a/\Delta t_e$ ab, sondern auch von dem Verhältnis $G_1 c_1/G_2 c_2$ der Wasserwerte der beiden Flüssigkeiten. Aus der Tab. 3 die nach den Ergebnissen der Untersuchung von Nusselt berechnet wurde, kann das Verhältnis der mittleren Temperaturdiffe-

Tabelle 3. *Verhältnis b der wahren mittleren Temperaturdifferenz Δt_m zum arithmetischen Mittel Δt_M für Kreuzstrom ($\Delta t_m = b\,\Delta t_M$)*

$\dfrac{G_1 c_1}{G_2 c_2}$ $\Big\backslash$ $\dfrac{\Delta t_e}{\Delta t_a}$	0,9	0,8	0,7	0,6	0,5	0,4	0,3	0,2	0,1
0	0,998	0,993	0,986	0,978	0,962	0,939	0,902	0,836	0,707
0,2	0,998	0,993	0,987	0,981	0,971	0,958	0,936	0,902	0,848
0,5	0,998	0,993	0,988	0,982	0,977	0,968	0,654	0,935	0,913
1	0,998	0,993	0,989	0,983	0,978	0,974	0,961	0,948	0,933

$\dfrac{G_1 c_1}{G_2 c_2}$ $\Big\backslash$ $\dfrac{\Delta t_e}{\Delta t_a}$	0	$-0,1$	$-0,2$	$-0,3$	$-0,4$	$-0,5$	$-0,6$	$-0,7$	$-0,8$
0	0								
0,2	0,762	0,630							
0,5	0,874	0,819	0,750	0,632	0,519				
1	0,912	0,876	0,835	0,766	0,710	0,618	0,500	0,380	0,220

Die in dieser Tabelle angegebenen b-Werte gelten auch für die Kehrwerte $G_2 c_2/G_1 c_1$.

renz Δt_m zum arithmetischen Mittel Δt_M entnommen und damit die mittlere Temperaturdifferenz selbst wie vorher bei Gleich- und Gegenstrom bestimmt werden.

Die kleinste Heizfläche bei einem vorgegebenen Wärmestrom und vorgegebenen Anfangs- und Endtemperaturdifferenzen erhält man bei der Flüssigkeitsführung im Gegenstrom. Der Gleichstrom benötigt die größte Heizfläche. Der Gegenstrom ist auch insofern günstiger als der Gleichstrom, als man bei ihm erreichen kann, daß die Austrittstemperatur t_{2e} der beheizten Flüssigkeit größer ist als die Austrittstemperatur t_{1e} der wärmeabgebenden Flüssigkeit (Abb. 5). Auch beim Kreuzstrom läßt sich das erreichen (in dem Gebiet der negativen Werte $\Delta t_e/\Delta t_a$ in Tab. 3).

Der Kreuzstrom liegt hinsichtlich Heizflächengröße zwischen den beiden anderen Möglichkeiten. Der Unterschied in der Heizflächengröße ist am stärksten, wenn die Wasserwerte der beiden Flüssigkeiten gleich groß sind. Überwiegt der Wasserwert einer Flüssigkeit, so werden die Unterschiede kleiner. Wird der Wasserwert der einen Flüssigkeit unendlich groß, so ist über-

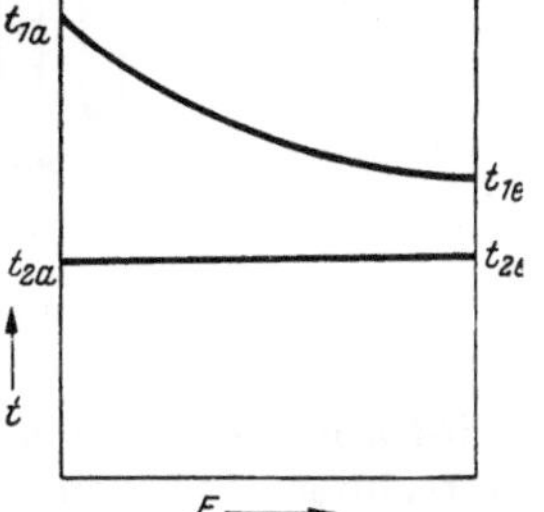

Abb. 7. Temperaturverlauf des Wärmeübergangs, wenn der Wasserwert der Flüssigkeit auf einer Seite der Heizfläche unendlich groß ist.

haupt kein Unterschied in der Heizflächengröße mehr vorhanden. Dieser Fall ist in Abb. 7 dargestellt. Die Temperatur der einen Flüssigkeit

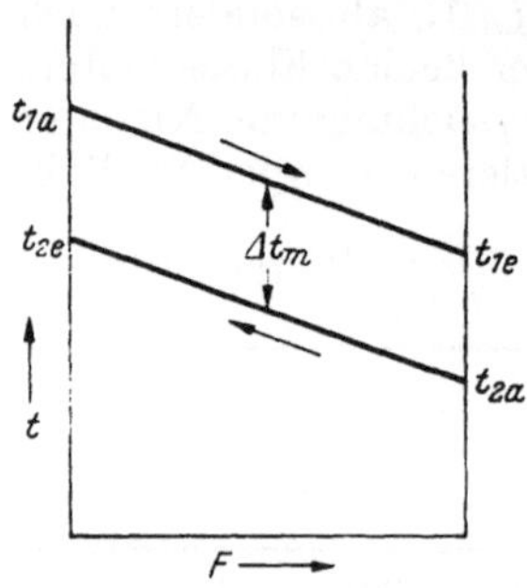

Abb. 8. Temperaturverlauf beim Wärmeübergang im Gegenstrom bei gleichen Wasserwerten der Flüssigkeiten auf beiden Seiten der Heizfläche.

bleibt nunmehr längs der Heizfläche konstant und man kann hier eigentlich von Gleichstrom, Gegenstrom oder Kreuzstrom überhaupt nicht mehr sprechen. Praktisch tritt der in Abb. 7 angegebene Temperaturverlauf beispielsweise beim Verdampfen oder Kondensieren einer Flüssigkeit auf. Ist der Wasserwert beider Flüssigkeiten gleich, so wird bei der Flüssigkeitsführung im Gegenstrom nach Gl. (25) $\mu = 0$ und gemäß Gl. (18) die Anfangstemperaturdifferenz Δt_a gleich der Endtemperaturdifferenz Δt_e. Auch das logarithmische und das arithmetische Mittel haben dann die gleiche Größe

$$\Delta t_m = \Delta t_M = \Delta t_a. \tag{29}$$

Die Temperaturen ändern sich in diesem Fall linear längs der Heizfläche. Es ergibt sich daher ein Temperaturverlauf, wie er in Abb. 8 dargestellt ist.

Die Heizfläche braucht nicht die Gestalt einer ebenen Wand zu haben wie in den Abb. 4 bis 6. Auch die Abkühlung von Flüssigkeiten und Gasen beim Durchströmen eines Rohrbündels läßt sich mit den abgeleiteten Formeln behandeln (Abb. 9). Genau gelten diese Beziehungen allerdings nur, wenn die Zahl der Rohrreihen sehr groß ist, praktisch

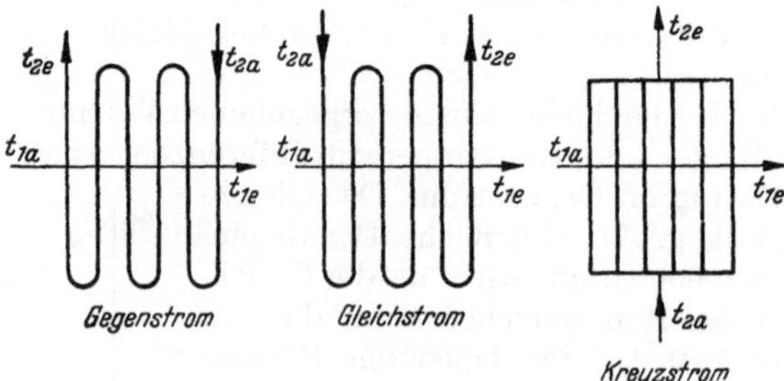

Abb. 9. Wärmeübergang bei Gegenstrom, Gleichstrom und Kreuzstrom an Rohrbündel.

wird aber auch bei einer kleineren Anzahl oft mit den gleichen Formeln gerechnet. Bei den vorstehenden Berechnungen wurde vorausgesetzt, daß die Wärmedurchgangszahl k längs der Heizfläche konstant ist. In Wirklichkeit trifft dies häufig nicht zu, man ist dann gezwungen, die gesamte Heizfläche in Einzelabschnitte zu zerlegen, für die jeweils sich die Wärmedurchgangszahl nur so wenig ändert, daß sie genügend genau konstant angenommen werden kann und diese Einzelabschnitte nach den mitgeteilten Formeln durchzurechnen.

Für Gegenstrom und Gleichstrom erhält man einen geschlossenen Ausdruck auch für den Fall, daß sich die Wärmedurchgangszahl linear längs der Heizfläche ändert. Die Gleichung

$$Q = F \frac{k_e \Delta t_a - k_a \Delta t_e}{\ln \dfrac{k_e \Delta t_a}{k_a \Delta t_e}} \tag{30}$$

tritt nun an die Stelle der Gln. (23) und (24)[1].

In neuerer Zeit hat sich ein anderes Berechnungsverfahren für Wärmetauscher eingebürgert, das auf einem dimensionslosen Kennwert basiert, der Erwärmungsgrad oder thermischer Gütegrad genannt wird. Dieser Gütegrad ε ist in der folgenden Weise definiert

$$\varepsilon = \frac{t_{e,k} - t_{a,k}}{t_{1a} - t_{2a}} . \tag{31}$$

Dabei ist im Zähler der Unterschied zwischen Ein- und Austrittstemperatur der Flüssigkeit mit dem kleineren Wasserwert verwendet. Der Nenner ist die Differenz der Eintrittstemperaturen beider Flüssigkeiten. Der Erwärmungsgrad läßt sich für die verschiedenen Flüssigkeitsführungen als Funktion des Verhältnisses

$$M = \frac{G_k c_k}{G_g c_g}$$

der Wasserwerte der Flüssigkeiten (g zeigt die Flüssigkeit mit dem größeren Wasserwerte an) und der Kennzahl $N = \dfrac{kF}{G_k c_k}$ berechnen.

Für Gleichstrom gilt beispielsweise

$$\varepsilon = \frac{1 - e^{-N(1+M)}}{1 + M} \tag{32}$$

und für Gegenstrom

$$\varepsilon = \frac{1 - e^{-N(1-M)}}{1 - M e^{-N(1-M)}} . \tag{33}$$

Für eine Reihe von anderen Flüssigkeitsführungen wurden die Formeln und Diagramme für den Erwärmungsgrad in der Literatur mitgeteilt[2].

Die Verwendung des Erwärmungsgrades bietet verschiedene Vorteile. Beispielsweise läßt sich die folgende Aufgabe in einfacher Weise lösen: Es seien die Wasserwerte beider Flüssigkeiten, ihre Eintrittstemperaturen, die Heizfläche und die Wärmedurchgangszahl gegeben. Die übertragene Wärmemenge Q soll berechnet werden. Die Kennzahlen M und N lassen sich aus den mitgeteilten Werten berechnen. Damit erhält man aus Gl. (32) oder (33) und (31) den Temperaturanstieg $t_{ek} - t_{ak}$ und die Gleichung

$$Q = G_k c_k (t_{ek} - t_{ak}) \tag{34}$$

---

[1] NIKURADSE, J.: Verh. Intern. Congr. Angew. Mech., 3. Congr. Bd. 1, 8, S. 239, Stockholm 1930.

[2] BOŠNJAKOVIĆ, F., M. VILIĆIĆ u. B. SLIPČEVIĆ: Einheitliche Berechnung von Rekuperatoren. VDI-Forsch.-Heft 432 (1951).

ergibt den gesuchten Wärmestrom. Mit den Gln. (23) und (24) kann die gleiche Aufgabe nur durch Probieren gelöst werden. Eine eingehende Behandlung, die auch Regeneratoren einschließt, kann in der ausgezeichneten Abhandlung von H. HAUSEN[1] nachgelesen werden.

Zahlenbeispiel. Es sollen $G_1 = 100$ kg/h Wasser von 20° auf 140° mit Rauchgasen von 300° erwärmt werden. Die Rauchgasmenge soll $G_2 = 400$ kg/h betragen, die spezifische Wärme der Rauchgase sei $c_p = 1{,}05$ kJ/kg grd, die Wärmedurchgangszahl $k = 20$ W/m² grd. Es soll die Heizflächengröße F für Gleichstrom, Gegenstrom und Kreuzstrom berechnet werden.

Zunächst läßt sich aus einer Wärmebilanz für alle Fälle gemeinsam die Abkühlung der Rauchgase ermitteln. Die Wärmeaufnahme des Wassers ist $100 \cdot 4{,}20 \times (140 - 20) = 50400$ kJ. Aus der Bedingung, daß die Wärmeabgabe der Rauchgase ebenso groß sein muß, folgt die Endtemperatur: $50400 = 400 \cdot 1{,}05 (300 - t_e)$, $t_e = 180\ °C$).

Bei Gleichstrom gilt nun für den Temperaturverlauf das Schema: $\left[280° \left(\dfrac{300° \rightarrow 180°}{20° \rightarrow 140°} \right) 40° \right]$. Die Anfangstemperaturdifferenz $\varDelta t_a$ ist daher: $\varDelta t_a = 280°$ und die Endtemperaturdifferenz $\varDelta t_e = 40°$. Das arithmetische Mittel wird $\varDelta t_M = \dfrac{280 + 40}{2} = 160°$ und das Verhältnis $\dfrac{\varDelta t_a}{\varDelta t_e} = \dfrac{280}{40} = 7$. Aus Tab. 2 entnimmt man $b = 0{,}770$. Damit erhält man die mittlere Temperaturdifferenz $\varDelta t_m = 0{,}770 \cdot 160 = 123°$. Aus Gl. (23) folgt:

$$F = \frac{50400\ \text{kJ/h}}{20\ \text{W/m}^2\,\text{grd} \cdot 123\ \text{grd}} = 5{,}69\ \text{m}^2 .$$

Für *Gegenstrom* ergeben sich aus dem Schema $\left[160° \left(\dfrac{300° \rightarrow 180°}{140° \leftarrow 20°} \right) 160° \right]$ die Temperaturdifferenzen $\varDelta t_a = \varDelta t_e = 160°$. Damit wird $\varDelta t_M = 160°$, $\varDelta t_e/\varDelta t_a = 1$, $b = 1$. Das logarithmische Mittel ist daher

$$\varDelta t_m = 160° \quad \text{und} \quad F = \frac{50400\ \text{kJ/h}}{20\ \text{W/m}^2\,\text{grd} \cdot 160\ \text{grd}} = 4{,}38\ \text{m}^2 .$$

Für *Kreuzstrom* ist nach dem nebenstehenden Schema: $\varDelta t_a = 280°$, $\varDelta t_e = 40°$,

$\varDelta t_M = \dfrac{280 + 40}{2} = 160°$, $\dfrac{\varDelta t_e}{\varDelta t_a} = 0{,}143$. Da $\dfrac{G_1 c_1}{G_2 c_2} = 1$ ist, folgt durch Interpolation aus Tab. 3: $b = 0{,}940$ und damit $\varDelta t_m = 0{,}940 \cdot 160 = 150°$. Die Heizflächengröße wird damit:

$$F = \frac{50400\ \text{kJ/h}}{20\ \text{W/m}^2\,\text{grd} \cdot 150\ \text{grd}} = 4{,}67\ \text{m}^2 .$$

Der Gegenstrom benötigt also die kleinste, der Gleichstrom die größte Heizfläche. Bei einer weiteren Aufwärmung des Wassers steigt die Heizflächengröße für Gleichstrom sehr stark an. Für 160 °C Wasseraustrittstemperatur ist die Endtemperaturdifferenz $\varDelta t_e = 0$ und daher die Heizfläche ∞. Größere Aufwärmungen lassen sich also mit Gleichstrom überhaupt nicht, sondern nur mit Gegenstrom und Kreuzstrom erreichen.

---

[1] HAUSEN, H.: Wärmeübertragung im Gegenstrom, Gleichstrom und Kreuzstrom, Berlin/Göttingen/Heidelberg: Springer 1950.

II. Wärmeleitung

4. Fouriers Wärmeleitungsgleichung

Im Abschn. 2 war ein spezieller Fall eines Wärmeleitvorganges untersucht worden. Im vorliegenden Kapitel wollen wir uns mit der Berechnung anderer schwieriger zu erfassender Vorgänge beschäftigen und in diesem Abschnitt zunächst die hierfür geltenden Differentialgleichungen ableiten. Dabei wollen wir auch instationäre Vorgänge einbeziehen, bei denen die Temperaturen zeitlichen Änderungen unterworfen sind.

Zunächst sei noch eine Einschränkung in der Art der Stoffe vorgenommen, in denen sich der Wärmeleitvorgang abspielt. Wir wollen voraussetzen, daß im Aufbau der Stoffe keine Richtung von irgendeiner anderen ausgezeichnet ist und daß als Folge davon die Wärmeleitzahl den gleichen Wert hat, unabhängig davon in welcher Richtung sie gemessen wird. Solche Stoffe werden als *isotrop* bezeichnet. Die meisten im Ingenieurwesen verwendeten Stoffe können als isotrop angesehen werden. Ausnahmen sind beispielsweise Holz, das in der Faserrichtung Wärme besser leitet als in der hierzu senkrechten Richtung, oder gewisse

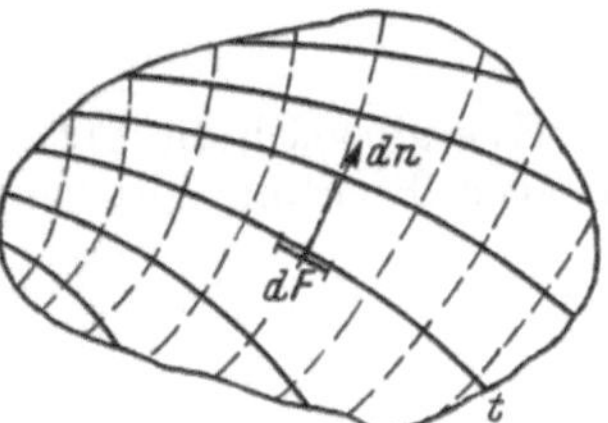

Abb. 10. Isothermen und Wärmestromlinien.

geschichtete Kunststoffe. Der Wärmeleitvorgang in einem solchen nichtisotropen Stoff wird an einem Beispiel in einem späteren Abschnitt behandelt. Sonst wird in diesem Kapitel Isotropie vorausgesetzt.

Ein klares Bild von dem Temperaturfeld in einem Körper von beliebiger Gestalt, in dem sich ein instationärer Wärmeleitvorgang abspielt, können wir in der folgenden Weise gewinnen. Wir denken uns die Temperaturen zu einem bestimmten Zeitpunkt eingefroren und suchen nun in dem Körper Flächen konstanter Temperaturen auf. In Abb. 10 sind die Schnittlinien dieser Isothermenflächen mit der Zeichenebene eingetragen. Wir können sofort die Aussage machen, daß sich die Isothermenflächen nirgends berühren oder schneiden können. Wäre dies der Fall, dann würden an bestimmten Stellen zwei Temperaturen gleichzeitig herrschen, was unmöglich ist. Wir wollen nun in unserem Körper Linien einzeichnen, die überall senkrecht auf den Isothermenflächen stehen und diese Linien „Wärmestromlinien" nennen. In Abb. 10 sind solche Wärmestromlinien gestrichelt angedeutet. Man muß sich aber vergegenwärtigen, daß diese Linien im allgemeinen räumlich gekrümmt sind. Die Bedeutung der Wärmestromlinien wird im folgenden klar werden.

Nunmehr möge ein Punkt 1 ins Auge gefaßt werden. Ein Flächenelement dF in der Isothermenfläche t liegend, hat die Flächennormale ∂n.

Der Wärmestrom, der je Zeiteinheit durch dF fließt, ist dann durch
FOURIERS Gleichung

$$dQ = - \lambda\, dF\, \frac{\partial t}{\partial n} \tag{35}$$

gegeben. Das Minuszeichen in der Gleichung bringt zum Ausdruck, daß
der Wärmestrom in Richtung des Temperaturgefälles, also eines negativen Temperaturanstieges $\partial t/\partial n$ vor sich geht. Die partiellen Differentialzeichen zeigen an, daß man innerhalb des Körpers den Temperaturabfall
lediglich in Richtung n (bei festgehaltener Zeit) in Betracht zieht. Für die
Wärmestromdichte q_n je Flächeneinheit von dF gilt die Gleichung

$$q_n = - \lambda\, \frac{\partial t}{\partial n} \tag{36}$$

Es ergibt sich die Frage, wie man den Wärmestrom durch ein in beliebiger Richtung orientiertes Flächenelement bestimmen kann. In
Abb. 11 sei s die beliebig herausgegriffene Richtung und dF_s das zugehörige Flächenelement. Das Flächenelement dF in der Isothermenfläche t
sei so gewählt, daß seine Berandung
die gleichen Wärmestromlinien erfaßt
wie die Berandung von dF_s. Der je
Flächeneinheit durch dF fließende
Wärmestrom sei q_n und jener durch dF_s
sei q_s. Das Material, in dem sich der
Wärmeleitvorgang abspielt, möge die
Fähigkeit haben, je Zeit- und Volumseinheit die Wärmemenge $-\Phi$ zu speichern. Nunmehr sei eine Wärmebilanz
an dem Volumselement vorgenommen, das durch die beiden Flächen dF
und dF_s und die berandenden Wärmestromlinien gebildet wird. Wärme
strömt nur durch die Fläche dF zu und durch dF_s ab. Es gilt daher

$$q_n dF - q_s dF_s = - \Phi\, dV .$$

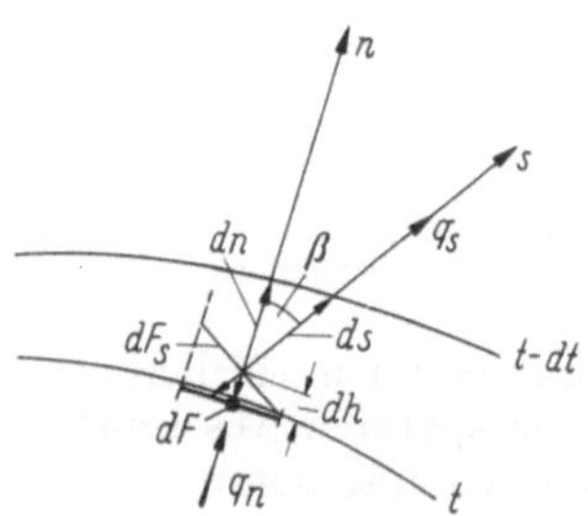

Abb. 11. Ableitung der Wärmeleitungsgleichung.

Aus der Zeichnung kann man ablesen:

$$dF_s = \frac{dF}{\cos \beta} , \quad dV = dF\, dh .$$

Damit ergibt sich

$$q_n - \frac{q_s}{\cos \beta} = - \Phi\, dh .$$

Die rechte Seite der Gleichung ist unendlich klein gegenüber der linken und kann daher gleich Null gesetzt werden.

$$q_n - \frac{q_s}{\cos\beta} = 0$$

oder

$$q_s = q_n \cos\beta .$$

Aus der Zeichnung ersieht man, daß die Isothermen t und $t\text{-}dt$ auf den Geraden n und s die Strecken dn und ds abschneiden und daß die Beziehung $dn = ds \cos\beta$ besteht. Damit wird

$$q_s = q_n \cos\beta = -\lambda \frac{\partial t}{\partial n}\cos\beta = -\lambda \frac{\partial t}{\partial s} . \tag{37}$$

Die Gl. (37) zeigt, daß die Wärmestromdichte in jeder beliebigen Richtung gleich ist dem Produkt aus der Wärmeleitzahl λ und dem Temperaturgefälle $-\partial t/\partial s$ in dieser Richtung. Das Temperaturgefälle hat seinen Größtwert in Richtung der Normalen auf der Isothermenfläche. Diese Richtung wird in Abb. 10 durch die Wärmestromlinien angegeben. In Richtung der Wärmestromlinien ist also die Wärmestromdichte am größten. In etwas unpräziser Form wird dies oft durch die Feststellung ausgedrückt, daß die Wärme in Richtung der Normalen zu den Isothermenflächen fließe. Dies ist übrigens nur in isotropen Körpern der Fall, wie aus Abschn. 8 hervorgehen wird.

Auch zu der allgemeinen Wärmeleitungsgleichung (35) läßt sich eine vollkommen gleichartig aufgebaute Beziehung für die Elektrizitätsleitung in einem beliebig geformten Körper angeben. Das Ohmsche Gesetz kann für diesen Fall in folgender Weise angeschrieben werden

$$dJ = \varkappa\, dF \frac{\partial U}{\partial n} .$$

In dieser Gleichung entspricht wieder der elektrische Strom J dem Wärmestrom Q in Gl. (35), ebenso die Spannungsdifferenz ∂U dem Temperaturunterschied ∂t und die elektrische Leitfähigkeit $\varkappa$ (der Kehrwert des spezifischen Widerstandes ϱ) der Wärmeleitzahl λ. Die Gleichartigkeit der beiden Beziehungen bringt es mit sich, daß bei gleichen Randbedingungen die Gestalt des elektrischen Spannungsfeldes in einem von elektrischem Strom durchsetzten Körper mit der des Temperaturfeldes eines wärmedurchströmten Körpers vollkommen übereinstimmt. Da sich elektrische Spannungen leichter messen lassen als Temperaturen, kann diese Tatsache dazu ausgenutzt werden, um das Temperaturfeld und den Wärmedurchgang an einem elektrischen Modell auszumessen. Will man beispielsweise den Wärmedurchgang durch eine Rohrisolierung bestimmen, in der aus baulichen Gründen

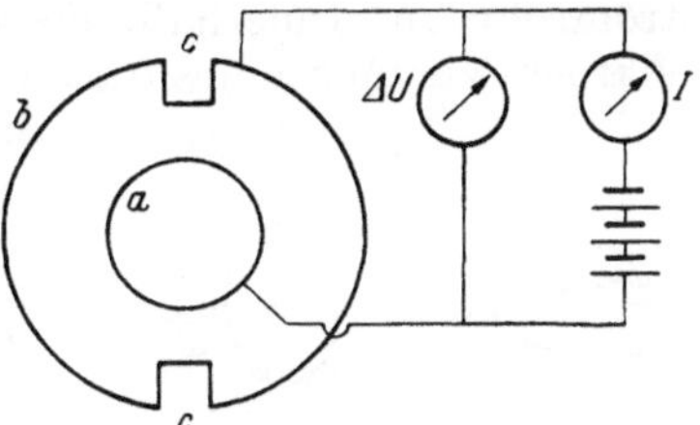

Abb. 12. Elektrisches Modell zur Bestimmung der Wärmeleitung durch eine Rohrisolierung.

nach Abb. 12 oben und unten eine Nut c angebracht werden muß, wobei die Rohrwand a und die äußere Oberfläche b der Isolierung konstante Temperatur haben, so kann man in einem elektrolytischen Trog zwei Stromschienen a und b von der Gestalt der äußeren und inneren Begrenzung der Rohrisolierung anbringen. Mißt man den elektrischen Strom J, der nach Anlegen einer Spannungsdifferenz ΔU

zwischen den beiden Stromschienen durch den Elektrolyten hindurch übergeht, so läßt sich hieraus der Wärmeverlust der Rohrisolierung leicht berechnen. Nach obiger Gleichung ist der elektrische Strom J für geometrisch ähnliche Körper proportional dem Produkt $\varkappa l\,\Delta U$, wobei l eine die Größe des elektrischen Modells kennzeichnende Länge und ΔU die Spannungsdifferenz zwischen beiden Stromschienen ist[1]. Auf der anderen Seite besteht für die Rohrisolierung von vorgegebener Form die Beziehung, daß der Wärmestrom proportional ist dem Produkt $\lambda\,l'\Delta t$, wobei l' wieder den Längenmaßstab festlegt. Der Proportionalitätsfaktor hat in beiden Gleichungen dieselbe Größe, wenn das elektrische Modell eine geometrisch ähnliche Nachbildung der Rohrisolierung darstellt. Bildet man das Verhältnis des Wärmestroms zum elektrischen Strom, so fällt daher der Proportionalitätsfaktor heraus und es ergibt sich die Beziehung

$$\frac{Q}{J} = \frac{\lambda}{\varkappa}\,\frac{l'}{l}\,\frac{\Delta t}{\Delta U},$$

aus der sich der Wärmeverlust Q bei einem vorgegebenen Temperaturunterschied Δt zwischen der Rohrwand a und der äußeren Oberfläche der Isolierung b berechnen läßt, wenn man den Stromübergang J zwischen den beiden Schienen des elektrischen Modells beim Anlegen der Spannungsdifferenz U gemessen hat. Das Längenverhältnis l/l' ist die Maßstabsvergrößerung oder -verkleinerung des Modells. Auch das Temperaturfeld in der Rohrisolierung läßt sich an dem elektrischen Modell leicht bestimmen. Es müssen nämlich die Linien konstanter Temperatur mit jenen konstanter Spannung beim elektrischen Modell übereinstimmen.

5. Die Differentialgleichung des Temperaturfeldes

Die Gln. (35) bis (37) sind die grundlegenden Beziehungen, die den Wärmeleitvorgang beschreiben. Sie genügen jedoch zu einer Berechnung des Temperaturfeldes noch nicht, da sie zwei Unbekannte, nämlich den Wärmestrom Q und die Temperatur t enthalten. Um den Wärmestrom zu eliminieren, muß man eine Wärmebilanz an einem beliebig herausgegriffenen Volumsteilchen ausführen. In diesem Abschnitt soll dies für zwei Fälle vorgenommen werden.

Für eine Reihe von technisch wichtigen Fällen kann man von vornherein die Gestalt der Isothermenflächen angeben. Es erweist sich dann eine Untersuchung des Wärmeflusses innerhalb eines von Wärmestromlinien gebildeten Stromrohres als vorteilhaft. Abb. 13 deutet ein solches Stromrohr an. Innerhalb desselben sei durch ein Flächenelement dF senkrecht zur Achse des Stromrohres und ein zweites ebenfalls zur Achse normales und um dn entferntes Flächenteilchen ein Kontrollvolumen abgegrenzt. Wenn die Temperatur t in Richtung n abfällt, dann wird ein Wärmestrom dQ durch dF in das Volumselement eintreten und ein Wärmestrom dQ' dasselbe verlassen. Durch die aus Stromlinien gebildete Mantelfläche des Volumens fließt keine Wärme.

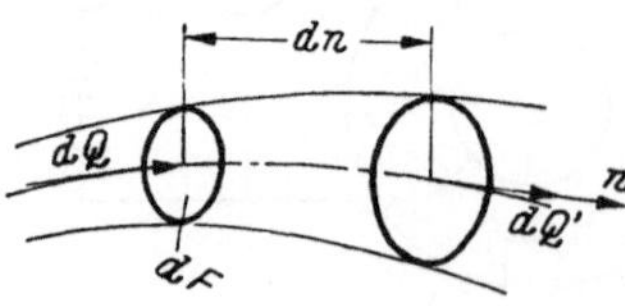

Abb. 13. Wärmestromröhre.

Innerhalb des Kontrollvolumens mögen Wärmequellen mit einer Stärke Φ je Zeit- und Volumseinheit vorhanden sein. Eine Wärmebilanz muß dann zum Ausdruck bringen, daß die Differenz der zu- und abgeführ-

---

[1] Die Aufstellung der Beziehungen für ähnliche Körper ist in Abschn. 38 eingehend behandelt.

ten Wärmeströme und die je Zeiteinheit erzeugte Wärme in dem Volumselement gespeichert werden muß. Mit der Wärmekapazität c und der Dichte ϱ ist die je Zeiteinheit gespeicherte Wärme

$$c \varrho \, dF \, dn \frac{\partial t}{\partial \tau},$$

wenn τ die Zeit angibt.

Die Wärmebilanz ergibt dann

$$dQ - dQ' + \Phi \, dF \, dn = c \varrho \, dF \, dn \frac{\partial t}{\partial \tau}. \tag{38}$$

Der mathematische Ausdruck für die Tatsache, daß sich der Wärmestrom in n Richtung nur stetig ändert, wenn man unendlich große Wärmequellen und Wärmekapazitäten ausschließt, ist

$$dQ' = dQ + \frac{\partial}{\partial n} (dQ) \, dn. \tag{39}$$

Mit Gl. (35) ergibt sich

$$dQ - dQ' = \frac{\partial}{\partial n} \left(\lambda \, dF \frac{\partial t}{\partial n} \right) dn,$$

und aus Gl. (38) wird

$$\boxed{\frac{\partial t}{\partial \tau} = \frac{1}{c \varrho \, dF} \frac{\partial}{\partial n} \left(\lambda \, dF \frac{\partial t}{\partial n} \right) + \frac{\Phi}{\varrho c}}. \tag{40}$$

Dies ist die Differentialgleichung für den Temperaturverlauf entlang einer Wärmestromlinie. Die Wärmeleitzahl λ wurde unter dem Differentialzeichen belassen, da sie im allgemeinen sowohl von der Temperatur als auch von dem Orte abhängen kann. In einem homogenen Stoffe ist sie ortsunabhängig. Dagegen zeigen die Tabellen im Anhang, daß die Wärmeleitzahl stets mehr oder weniger temperaturabhängig ist.

Die Gl. (40) möge nun auf einige wichtige Sonderfälle angewendet werden.

Die ebene Wand. Hierunter sollen alle Fälle verstanden werden, in denen Wärme nur in einer Richtung strömt. Es müssen dann die Isothermenflächen parallele Ebenen sein. Senkrecht zu ihnen verlaufen die Wärmestromlinien als parallele Gerade. Damit läßt sich sofort aussagen, daß $dF =$ konst. ist. Wenn man noch die Richtung n in x umbenennt, erhält man aus Gl. (40)

$$\boxed{\frac{\partial t}{\partial \tau} = \frac{1}{\varrho c} \frac{\partial}{\partial x} \left(\lambda \frac{\partial t}{\partial x} \right) + \frac{\Phi}{\varrho c}} \tag{41}$$

oder für $\lambda =$ konst. und $\Phi = 0$

$$\frac{\partial t}{\partial \tau} = a \frac{\partial^2 t}{\partial x^2}, \tag{42}$$

2*

wobei die Stoffwerte in der Größe

$$a = \frac{\lambda}{\varrho c} \tag{43}$$

zusammengefaßt sind, die man *Temperaturleitzahl* nennt.

Der Zylinder. Wärmeströmung mit zylindrischer Symmetrie ist dadurch gekennzeichnet, daß die Isothermenflächen konzentrische Zylinderflächen und die Wärmestromlinien radiale Strahlen sind. Wenn man die in Abb. 14 durch den Öffnungswinkel $d\beta$ gekennzeichnete Stromröhre mit der Länge 1 senkrecht zu der Zeichenfläche ins Auge faßt, kann man schreiben: $dF = r\,d\beta$. Aus Gl. (40) wird

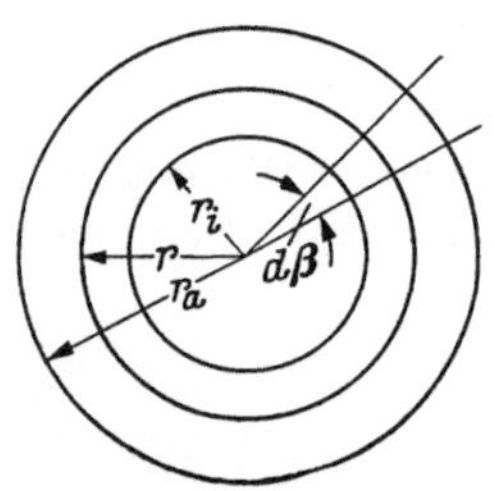

Abb. 14. Zylinder und Kugel.

$$\frac{\partial t}{\partial \tau} = \frac{1}{\varrho c r} \frac{\partial}{\partial r}\left(\lambda r \frac{\partial t}{\partial r}\right) + \frac{\Phi}{\varrho c} \tag{44}$$

Für $\lambda = $ konst. und $\Phi = 0$ wird dann

$$\frac{\partial t}{\partial \tau} = \frac{a}{r} \frac{\partial}{\partial r}\left(r \frac{\partial t}{\partial r}\right)$$

oder

$$\frac{\partial t}{\partial \tau} = a\left(\frac{\partial^2 t}{\partial r^2} + \frac{1}{r} \frac{\partial t}{\partial r}\right).$$

Die Kugel. In einer Wärmeströmung mit sphärischer Symmetrie sind die Isothermenflächen konzentrische Kugelflächen und die Wärmestromlinien radiale Strahlen. Abb. 14 kann auch als Darstellung einer solchen Konfiguration angesehen werden, nur muß man nun $d\beta$ als einen räumlichen Winkel deuten. Damit wird $dF = r^2 d\beta$ und

$$\frac{\partial t}{\partial \tau} = \frac{1}{\varrho c r^2} \frac{\partial}{\partial r}\left(\lambda r^2 \frac{\partial t}{\partial r}\right) + \frac{\Phi}{\varrho c}. \tag{45}$$

Für $\lambda = $ konst. und $\Phi = 0$ ergibt sich

$$\frac{\partial t}{\partial \tau} = \frac{a}{r^2} \frac{\partial}{\partial r}\left(r^2 \frac{\partial t}{\partial r}\right)$$

oder

$$\frac{\partial t}{\partial \tau} = a\left(\frac{\partial^2 t}{\partial r^2} + \frac{2}{r} \frac{\partial t}{\partial r}\right).$$

Man sieht, daß sich die das Temperaturfeld beschreibenden Differentialgleichungen für die wichtigsten Sonderfälle in einfacher Weise aus Gl. (40) ergeben. Auf Lösungen der Gleichungen mit zylindrischer oder Kugelsymmetrie für vorgegebene Randbedingungen wird hier nicht weiter eingegangen. Sie sind in dem Buche von GRÖBER, ERK und GRIGULL[1] ausführlich beschrieben.

Wenn man die Gestalt der Wärmestromlinien von vornherein nicht weiß, dann muß die Wärmebilanz für ein beliebig orientiertes Kontrollvolumen aufgestellt werden. Wir wollen die Betrachtung für ein kartesisches Koordinatensystem durchführen.

6. Die dreidimensionale Temperaturgleichung

In diesem Abschnitt wird die Wärmeleitungsgleichung in ihrer allgemeinsten Form für ein rechtwinkliges Koordinatensystem abgeleitet. Wir denken uns dazu aus dem betrachteten Körper einen kleinen Quader mit den Seitenlängen dx, dy und dz herausgeschnitten (Abb. 15). Durch die Fläche 1 dieses Quaders strömt gemäß Gl. (35) die Wärmemenge

$$dQ_x = - \lambda \frac{\partial t}{\partial x} dy\, dz. \quad (46)$$

Beim Fortschreiten um dx hat sich dieser Wärmestrom im allgemeinen geändert, so daß durch die Fläche 2 der Wärmestrom

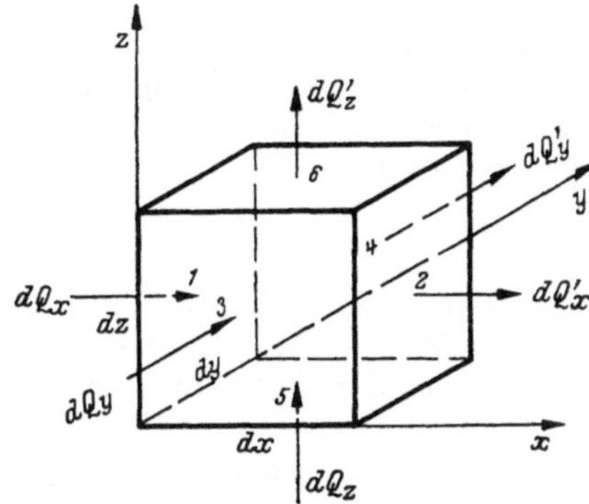

Abb. 15. Zur Ableitung der Differentialgleichung der Wärmeleitung.

$$dQ'_x = dQ_x + \frac{\partial (dQ_x)}{\partial x} dx = - \lambda \left[\frac{\partial t}{\partial x} + \frac{\partial}{\partial x}\left(\lambda \frac{\partial t}{\partial x} \right) dx \right] dy\, dz \quad (47)$$

den Quader verläßt. Der Überschuß des durch die Fläche 2 austretenden Wärmestroms über den durch die Fläche 1 eintretenden ist also

$$dQ'_x - dQ_x = - \frac{\partial}{\partial x}\left(\lambda \frac{\partial t}{\partial x} \right) dx\, dy\, dz. \quad (48)$$

In gleicher Weise ergibt sich der Überschuß des Wärmestromes durch die Fläche 4 gegenüber dem durch die Fläche 3 zu

$$dQ'_y - dQ_y = - \frac{\partial}{\partial y}\left(\lambda \frac{\partial t}{\partial y} \right) dx\, dy\, dz \quad (49)$$

und der Überschuß des Wärmestromes durch die Fläche 6 gegen den durch 5 zu

$$dQ'_z - dQ_z = - \frac{\partial}{\partial z}\left(\lambda \frac{\partial t}{\partial z} \right) dx\, dy\, dz. \quad (50)$$

---

[1] GRÖBER/ERK/GRIGULL: Die Grundgesetze der Wärmeübertragung, 3. Aufl., Berlin/Göttingen/Heidelberg: Springer 1955.

Die Summe der durch die drei Gln. (48), (49) und (50) gegebenen Wärmeströme gibt die Wärmemenge an, die in der Zeiteinheit den Quader verläßt

$$-\left[\frac{\partial}{\partial x}\left(\lambda\,\frac{\partial t}{\partial x}\right)+\frac{\partial}{\partial y}\left(\lambda\,\frac{\partial t}{\partial y}\right)+\frac{\partial}{\partial z}\left(\lambda\,\frac{\partial t}{\partial z}\right)\right]dx\,dy\,dz. \tag{51}$$

Wird je Raum- und Zeiteinheit die Wärmemenge Φ entwickelt, so ist die Wärmeerzeugung in dem betrachteten Quader

$$\Phi\,dx\,dy\,dz. \tag{52}$$

Der Unterschied zwischen der Wärmeerzeugung im Quader und der durch Leitung den Quader verlassenden Wärme wird dazu benutzt, den Quader selbst aufzuheizen. Die Temperatur des Quaders ist t, seine Temperaturänderung je Zeiteinheit daher $\partial t/\partial \tau$. Bezeichnen wir die Dichte des Quaders mit ϱ und seine spezifische Wärme je Masseneinheit mit c, so ist die zur Temperatursteigerung erforderliche Wärmemenge gegeben durch

$$c\varrho\,\frac{\partial t}{\partial \tau}\,dx\,dy\,dz. \tag{53}$$

Diese Wärme muß nach dem Gesagten gleich sein der Differenz der erzeugten Wärme [Gl. (52)] und der abströmenden Wärme [Gl. (51)]. Man kommt so zu der Differentialgleichung

$$\begin{aligned}c\varrho\,\frac{\partial t}{\partial \tau}\,dx\,dy\,dz &= \Phi\,dx\,dy\,dz +\\ &+\left[\frac{\partial}{\partial x}\left(\lambda\,\frac{\partial t}{\partial x}\right)+\frac{\partial}{\partial y}\left(\lambda\,\frac{\partial t}{\partial y}\right)+\frac{\partial}{\partial z}\left(\lambda\,\frac{\partial t}{\partial z}\right)\right]dx\,dy\,dz.\end{aligned} \tag{54}$$

Dividiert man die Gleichung durch ϱc, so erhält man die allgemeine Fouriersche Wärmeleitungsgleichung

$$\frac{\partial t}{\partial \tau}=\frac{1}{c\varrho}\left[\frac{\partial}{\partial x}\left(\lambda\,\frac{\partial t}{\partial x}\right)+\frac{\partial}{\partial y}\left(\lambda\,\frac{\partial t}{\partial y}\right)+\frac{\partial}{\partial z}\left(\lambda\,\frac{\partial t}{\partial z}\right)\right]+\frac{\Phi}{c\varrho}. \tag{55}$$

Für konstante Wärmeleitzahl und mit der Abkürzung $\lambda/c\varrho = a$ wird daraus

$$\boxed{\;\frac{\partial t}{\partial \tau}=a\left(\frac{\partial^2 t}{\partial x^2}+\frac{\partial^2 t}{\partial y^2}+\frac{\partial^2 t}{\partial z^2}\right)+\frac{\Phi}{c\varrho}\;}. \tag{56}$$

Die Größe

$$\boxed{\;a=\frac{\lambda}{c\varrho}\;} \tag{57}$$

nennt man *Temperaturleitzahl*, sie ist eine Stoffeigenschaft und in den Tabellen im Anhang für eine Reihe fester, flüssiger und gasförmiger Körper zusammengestellt. Ist die Wärmeerzeugung $\Phi = 0$, so stellt die Temperaturleitzahl die einzige Stoffgröße dar, die in die Wärmeleitungsgleichung eingeht. Wie schnell der Temperaturausgleich in einem Körper ohne innere Wärmeerzeugung verläuft, hängt daher nur von der Größe der Temperaturleitzahl ab. Aus den Tabellen im Anhang sieht man, daß von den festen Körpern die Metalle die größten Temperaturleitzahlen besitzen. Flüssigkeiten haben Temperaturleitzahlen von etwa der gleichen Größenordnung wie Nichtmetalle, die Temperaturleitzahl der Gase dagegen liegt in der Größenordnung der Metalle. In einem ruhenden Gas gleichen sich daher Temperaturunterschiede etwa ebenso schnell wie in einem Metall aus. In einer ruhenden Flüssigkeit wird hierfür eine größere Zeit benötigt, und zwar von der gleichen Größenordnung wie in einem Nichtmetall.

A. Zeitlich unveränderliche Wärmeleitung

7. Die ebene Wand

Die Gl. (2), die die Wärmestromdichte für stationäre Wärmeströme durch eine ebene Wand angibt, möge hier nochmals aus der allgemeinen Differentialgleichung abgeleitet werden. Für zeitlich unveränderliche Wärmeströmung und für eine Wand ohne Wärmequellen wird aus Gl. (41)

$$\frac{d}{dx}\left(\lambda\frac{dt}{dx}\right) = 0.$$

Die partiellen Differentialzeichen wurden in totale verändert, da nunmehr x die einzige unabhängige Veränderliche ist.

Integration ergibt

$$\lambda\frac{dt}{dx} + \text{konst.} = 0.$$

Vergleich mit Gl. (36) zeigt, daß die Konstante nichts anderes als die Wärmestromdichte angibt. Wenn man ein homogenes Material mit temperaturveränderlicher Wärmeleitzahl zugrunde legt, erhält man durch Trennung der Variablen und Integration

$$q\int_{x=0}^{x=b} dx = -\int_{t_{w1}}^{t_{w2}} \lambda\,dt.$$

Man kann nun eine mittlere Wärmeleitzahl durch die folgende Definition einführen und erhält

$$\bar{\lambda} = \frac{1}{t_{w2} - t_{w1}}\int_{t_{w1}}^{t_{w2}} \lambda\,dt \tag{58}$$

$$q = \frac{\bar{\lambda}}{b}\,(t_{w1} - t_{w2}). \tag{59}$$

Die Ableitung zeigt, daß bei temperaturabhängiger Wärmeleitzahl der durch Gl. (58) gegebene Mittelwert in Gl. (1) und (2) einzuführen ist.

8. Die geschichtete Wand

Als Beispiel eines nicht isotropen Materials soll nunmehr eine Wand betrachtet werden, die aus einer großen Zahl dünner Schichten zusammengesetzt ist. Wenn die Schichten parallel zur Wandoberfläche verlaufen, wie in Abb. 16a dargestellt ist, dann ist die Wärmestromdichte entsprechend Gl. (6)

$$q_n = \frac{1}{\sum \dfrac{b_i}{\lambda_i}} \, (t_{w1} - t_{w2}) \, .$$

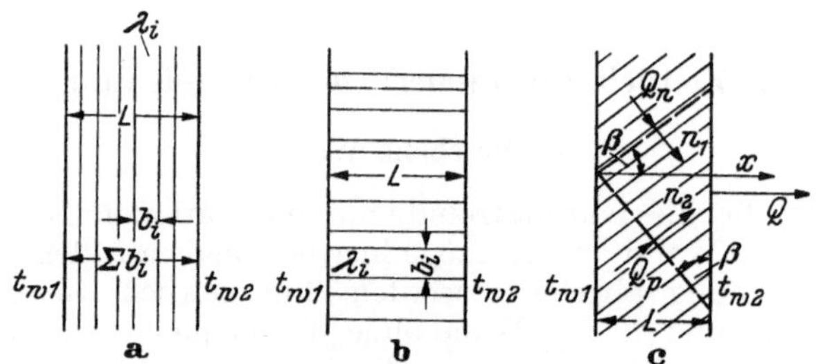

Abb. 16a–c. Wärmeleitung durch geschichtete Wände.

Man kann die Gleichung auf die Form der Gl. (2) zurückführen, wenn man eine gleichwertige Wärmeleitzahl

$$\lambda_n = \frac{\sum b_i}{\sum \dfrac{b_i}{\lambda_i}} \tag{60}$$

einführt.

Man erhält mit $\sum b_i = L$

$$q_n = \frac{\lambda_n}{L} \, (t_{w1} - t_{w2}) \, .$$

λ_n stellt die Wärmeleitzahl des geschichteten Stoffes für Wärmeströmung normal zur Schichtung dar. Für Wärmeströmung parallel zu den Schichten, Abb. 16b, erhält man die Wärmestromdichte, wenn man die Wärmeströmung durch alle Schichten zusammenzählt.

$$q_p = \frac{\sum \lambda_i b_i}{\sum b_i} \frac{(t_{w1} - t_{w2})}{L} \, .$$

Mit einer äquivalenten Wärmeleitzahl

$$\lambda_p = \frac{\sum \lambda_i b_i}{\sum b_i} \tag{61}$$

nimmt die Gleichung wieder die Form an

$$q_p = \frac{\lambda_p}{L} \, (t_{w1} - t_{w2}) \, .$$

Die Wärmeleitzahl des geschichteten Stoffes parallel zur Faserrichtung ist entsprechend Gl. (61) im allgemeinen verschieden von der Wärmeleitzahl normal zur Faserrichtung.

Nunmehr sei der Wärmefluß durch die geschichtete Wand betrachtet, wenn die Schichtung unter dem Winkel β gegen die Wandnormale geneigt ist. Hierzu sei die Wärmebilanz für das von den gestrichelt angedeuteten Flächen begrenzte Kontrollvolumen in Abb. 16c betrachtet. Im Beharrungszustand kann keine Wärme gespeichert werden. Wenn keine Wärmequellen vorhanden sind, gilt daher

$$Q_n + Q_p = Q$$

mit den in der Abb. 16c eingetragenen Wärmeflüssen.

Für Q_n gilt

$$Q_n = - \lambda_n F_n \frac{\partial t}{\partial n_1} \quad \text{und} \quad \frac{\partial t}{\partial x} = \frac{t_{w2} - t_{w1}}{L}$$

$$F_n = \frac{L}{\cos \beta}, \qquad d n_1 = \frac{d x}{\sin \beta},$$

vorausgesetzt, daß die Dimension normal zur Zeichenebene gleich 1 ist.

Damit wird

$$Q_n = \lambda_n \tan\beta \, (t_{w1} - t_{w2}).$$

In gleicher Weise erhält man mit

$$F_p = \frac{L}{\sin \beta} \quad \text{und} \quad d n_2 = \frac{d x}{\cos \beta}$$

$$Q_p = \lambda_p \frac{1}{\tan \beta} (t_{w1} - t_{w2}).$$

Damit ergibt sich

$$Q = \left(\lambda_n \tan\beta + \frac{\lambda_p}{\tan \beta} \right) (t_{w1} - t_{w2}).$$

Da die Fläche, durch welche Q die Wand verläßt, gleich $\dfrac{L}{\sin \beta \cos \beta}$ ist, drückt die folgende Gleichung die Wärmestromdichte q durch die Wand je Einheit der Oberfläche aus.

$$q = (\lambda_n \sin^2 \beta + \lambda_p \cos^2 \beta) \frac{t_{w1} - t_{w2}}{L} \tag{62}$$

Eine etwas langwierige Rechnung zeigt, daß die Wärmestromdichte ihren größten Wert für eine Richtung erreicht, die unter dem Winkel γ gegen die Schichtung geneigt ist. Es gilt

$$\tan\gamma = \frac{\tan \beta}{\lambda_p / \lambda_n}. \tag{63}$$

Aus den Darlegungen in Abschn. 4 folgt, daß die Wärmestromlinien in der Richtung der größten Wärmestromdichte verlaufen. Damit ergibt sich aus Gl. (63), daß in der geschichteten Wand die Wärmestromlinien nicht senkrecht zur Oberfläche sind. Dies ist nur der Fall wenn λ_p und λ_n den gleichen Zahlenwert haben.

9. Das Rohr

Im Hinblick auf die technischen Anwendungen ist neben der stationären Wärmeströmung durch die Wand jene durch das Rohr am wichtigsten. Abb. 17 gibt den Schnitt durch ein Rohr vom Außenhalbmesser r_a

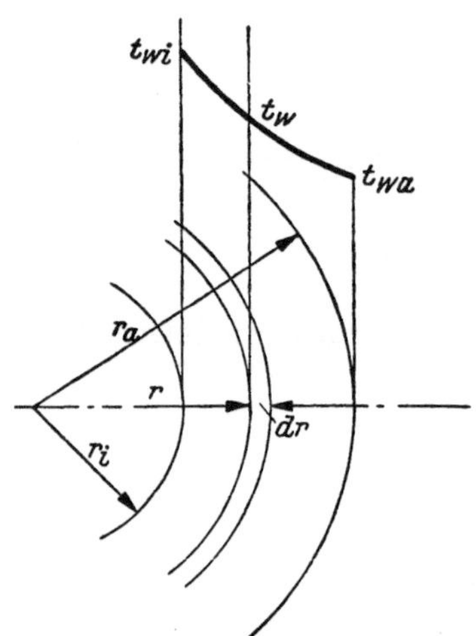

Abb. 17. Stationäre Wärmeleitung in einer Rohrschale.

und dem Innenhalbmesser r_i wieder. Durch zwei Zylinderflächen mit dem Halbmesser r und $r + dr$ denken wir uns eine dünne Schale aus dem Rohr von der Länge l in Achsenrichtung herausgeschnitten und wenden auf diese die Gl. (35) an. Für dF können wir hier die ganze Oberfläche $2 r \pi l$ der Rohrschale einsetzen, da es von vornherein klar ist, daß auf Zylinderflächen um die Achse die Temperatur jeweils konstante Werte annimmt. Damit ergibt sich für den Wärmestrom durch die Schale[1]:

$$Q = - \lambda 2 r \pi l \frac{dt}{dr} . \qquad (64)$$

Die Wärmeleitzahl λ ist bei allen Stoffen nach den Tabellen im Anhang mehr oder weniger temperaturabhängig. Wir müssen also in der vorstehenden Gleichung wie in Gl. (44) λ als Funktion der Temperatur t ansehen. Da dies jedoch die Lösung der Wärmeleitungsgleichung erschwert und auf der anderen Seite die Temperaturabhängigkeit nicht so groß ist, daß sie den Vorgang wesentlich beeinflußt, setzt man λ meist als konstant voraus. Nur bei sehr großen Temperaturunterschieden, wie etwa im Mauerwerk industrieller Öfen, kann diese Vereinfachung unzulässig werden. Wir wollen in den folgenden Untersuchungen λ als Konstante behandeln. Es läßt sich leicht zeigen, daß die hier abgeleiteten Beziehungen auch für temperaturabhängige Wärmeleitzahl ihre Gültigkeit beibehalten, wenn man den in Gl. (58) definierten Mittelwert einführt. Im Beharrungszustand muß durch jede Zylinderfläche der gleiche Wärmestrom Q fließen. Q ist dann unabhängig von r, und die Gl. (64) kann ohne weiteres integriert werden. Wir trennen dazu die Veränderlichen

$$\frac{dr}{r} = - \frac{\lambda 2 \pi l}{Q} dt .$$

---

[1] Da die Temperatur nur vom Radius abhängt, treten die totalen Differentialzeichen d an die Stelle der partiellen ∂.

Die Ausführung der Integration zwischen den Grenzen r_a und r_i ergibt

$$\ln \frac{r_a}{r_i} = \frac{\lambda \, 2\,\pi\,l}{Q}\,(t_{w\,i} - t_{w\,a})\,.$$

Den Wärmestrom durch das Rohr erhalten wir durch Auflösen nach Q

$$Q = \lambda \, \frac{2\,\pi\,l}{\ln \dfrac{r_a}{r_i}}\,(t_{w\,i} - t_{w\,a})\,. \tag{65}$$

Wir können die Gleichung auch auf eine Form bringen, die der Gl. (1) für die ebene Wand vollkommen entspricht, indem wir einen mittleren Radius r_m einführen

$$Q = \lambda \, \frac{2\,\pi\,r_m\,l}{r_a - r_i}\,(t_{w\,i} - t_{w\,a})\,, \tag{66}$$

$$r_m = \frac{r_a - r_i}{\ln \dfrac{r_a}{r_i}} \tag{67}$$

Vergleicht man Gl. (66) mit Gl. (1), so sieht man, daß beim Rohr an Stelle der Fläche F der ebenen Wand eine mittlere Fläche $2\,\pi\,r_m\,l$ und an Stelle der Wanddicke b die Dicke der Rohrwand $r_a - r_i$ steht. Der mittlere Rohrradius ist wieder gemäß Gl. (67) durch das logarithmische Mittel gegeben, genau so wie die mittlere Temperaturdifferenz für Gleich- und Gegenstrom [Gl. (24)]. Zur einfachen Bestimmung des mittleren Rohrhalbmessers kann daher Tab. 2 benutzt werden. An die Stelle der Temperaturdifferenz $\varDelta t_a$ in Gl. (24) tritt jetzt r_a und an die Stelle von $\varDelta t_e$ der Innenradius r_i.

Schließen wir auch den Wärmeübergang an der Außen- und Innenwand des Rohres mit in die Betrachtung ein, so haben wir für die Wärmeabgabe der Außenwand gemäß Gl. (8) zu schreiben

$$Q = \alpha_a \, 2\,\pi\,r_a\,l\,(t_{w\,a} - t_a)\,, \tag{68}$$

wobei α_a die Wärmeübergangszahl an der Außenwand und t_a die Flüssigkeits- oder Gastemperatur außerhalb des Rohres ist. In gleicher Weise gilt für den Wärmeübergang an der Rohrinnenwand

$$Q = \alpha_i \, 2\,\pi\,r_i\,l\,(t_i - t_{w\,i})\,, \tag{69}$$

α_i ist die Wärmeübergangszahl an der Rohrinnenwand und t_i die Flüssigkeitstemperatur innerhalb des Rohres. Lösen wir die drei Gln. (66), (68) und (69) nach den Temperaturdifferenzen auf und summieren sie, so erhalten wir

$$t_i - t_a = \left(\frac{1}{\alpha_a\,r_a} + \frac{1}{r_m}\,\frac{r_a - r_i}{\lambda} + \frac{1}{\alpha_i\,r_i} \right) \frac{Q}{2\,\pi\,l}\,.$$

Der Wärmestrom ergibt sich damit zu

$$Q = \frac{2\,\pi\,r_m\,l}{\dfrac{r_m}{r_a\,\alpha_a} + \dfrac{r_a - r_i}{\lambda} + \dfrac{r_m}{r_i\,\alpha_i}}\,(t_i - t_a)\,. \tag{70}$$

Diese Gleichung unterscheidet sich von der entsprechenden für die ebene Wand [Gl. (11)] dadurch, daß die Wärmeübergangszahlen mit dem Verhältnis des jeweiligen Rohrhalbmessers zum mittleren Rohrhalbmesser vervielfacht sind. Für ein dünnwandiges Rohr haben alle Rohrhalbmesser praktisch die gleiche Größe. Es läßt sich daher in diesem Fall unmittelbar mit der Gleichung für die ebene Wand rechnen. Ist das Rohr aus mehreren Schichten von verschiedener Wärmeleitfähigkeit zusammengesetzt, so tritt an die Stelle des mittleren Gliedes im Nenner der Gl. (70) eine

Summe $\sum \dfrac{r_m}{r_{mi}} \dfrac{r_a - r_i}{\lambda}$. Die vorstehend abgeleiteten Beziehungen werden vor allem für die Berechnung von Rohrisolierungen benötigt.

Zahlenbeispiel. Eine Rohrleitung für Heißdampf von 200 °C mit 100 mm Durchmesser ist mit einer Isolierung aus Schlackenwolle von 50 mm Dicke versehen. Die Außentemperatur beträgt 20 °C. Es ist der Wärmeverlust je 1 m Rohrlänge zu berechnen.

Die Wärmeübergangszahl von Heißdampf an die Rohrwand soll 50 W/m² grd betragen (etwa wie Luft, Tab. 1), die Wärmeübergangszahl von der äußeren Oberfläche an die Raumluft sei 5 W/m² grd. Das arithmetische Mittel zwischen Innenradius r_i und Außenradius r_a ist $r_M = 75$ mm; das Verhältnis $\dfrac{r_a}{r_i} = 2$. Damit entnimmt man aus Tab. 2: $b = 0{,}962$ und erhält das logarithmische Mittel $r_m = b r_M = 0{,}962 \cdot 75 = 72{,}2$ mm. Die Wärmeleitzahl von Schlackenwolle ist bei der mittleren Temperatur der Isolierung, die etwa 100 °C betragen wird, etwa $\lambda = 0{,}04$ W/m grd. Nun kann man in Gl. (70) eingehen:

$$Q = \frac{2\pi}{\dfrac{1}{0{,}1 \cdot 5} + \dfrac{0{,}05}{0{,}0722 \cdot 0{,}04} + \dfrac{1}{0{,}05 \cdot 50}}\; 180\,\frac{\mathrm{W}}{\mathrm{m}}$$

$$= \frac{360\,\pi}{2 + 17{,}3 + 0{,}4}\,\frac{\mathrm{W}}{\mathrm{m}} = 57{,}4\,\frac{\mathrm{W}}{\mathrm{m}}\,.$$

Man sieht, daß für die Größe des Wärmeverlustes allein der Wärmeleitvorgang (das mittlere Glied im Nenner) entscheidend ist. Die Wärmeübergangszahlen brauchen daher zur Behandlung gar nicht genau bekannt zu sein. Ebenso konnte bei der Berechnung der Wärmedurchgang durch die eiserne Rohrwand ohne weiteres vernachlässigt werden.

10. Die Kugel

Für einen kugelförmigen, dickwandigen Behälter vom Innenhalbmesser r_i und vom Außenradius r_a läßt sich der Wärmestrom im Beharrungszustand ebenso einfach berechnen wie für das Rohr. Wir denken uns durch zwei Kugelflächen vom Halbmesser r und $r + dr$ eine dünne Schicht aus der Kugelwand herausgeschnitten und betrachten die Wärmeströmung durch diese Schicht. Die Fläche, durch die die Wärmeströmung vor sich geht, hat nunmehr die Größe $4\,r^2\pi$, die Schichtdicke beträgt dr. Führt man beide Größen in die Gl. (35) ein, so erhält man wieder eine einfache Differentialgleichung, durch deren Integration sich ergibt

$$\boxed{\,Q = \frac{4\pi\lambda}{\dfrac{1}{r_i} - \dfrac{1}{r_a}}\,(t_i - t_a)\,}\,. \tag{71}$$

Auch der Wärmeübergang an der Außen- und Innenwand der Kugel kann in die Betrachtung in gleicher Weise wie beim Rohr einbezogen werden.

11. Die Wärmeleitzahl

Für eine Auswertung der in den vorangegangenen Abschnitten mitgeteilten Gleichungen benötigt man den Zahlenwert der Wärmeleitzahl. Solche Werte für verschiedene Materialien werden am zuverlässigsten versuchsmäßig bestimmt, wobei im Prinzip jede geometrische Anordnung, für die man eine Lösung der Fourierschen Wärmeleitungsgleichung besitzt, herangezogen werden kann. Besonders häufig legt man stationäre Verhältnisse zugrunde, wie sie in den Abschn. 1 bis 10 behandelt wurden. Das zu untersuchende Material wird dazu in die Form einer ebenen Platte, einer Zylinder- oder Kugelschale gebracht und die beiden Oberflächentemperaturen und der Wärmestrom Q werden gemessen. Damit läßt sich aus den Gln. (58), (59), (66), (67), (71) die Wärmeleitzahl λ berechnen. Der Wärmestrom Q wird dabei meist nicht unmittelbar gemessen, sondern aus der zugeführten Energie bestimmt, die den Beharrungszustand aufrecht erhält. Es muß dann nur vorgesorgt werden, daß die gesamte zugeführte Energie die Versuchseinrichtung in der Form des gesuchten Wärmestromes Q verläßt. Das läßt sich bei der Kugelschale leicht erreichen, ist jedoch bei der zylindrischen oder ebenen Anordnung schwieriger zu erzielen. In den letztgenannten Fällen vermeidet man Wärmeverluste, die einen Meßfehler bedingen würden, durch sogenannte Schutzheizungen.

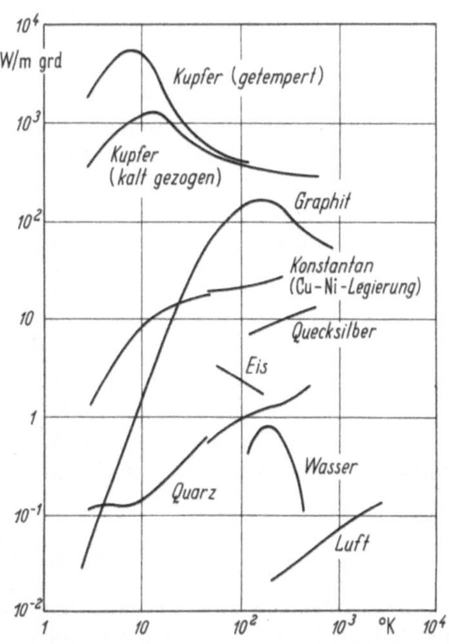

Abb. 18. Wärmeleitzahlen verschiedener Materialien.

Werte der Wärmeleitzahl für verschiedene Materialien sind im Anhang des Buches zusammengestellt. Abb. 18 gibt einen Überblick über das Verhalten dieses Stoffwertes für einige Materialien in einem großen Temperaturbereich. In der Einleitung wurde bereits erwähnt, daß Wärmeleitung in festen Körpern so zustande kommt, daß sich in Schwingungen gespeicherte Energie von einem Atom zum anderen fortpflanzt. In elektrisch leitenden Materialien gibt es jedoch noch einen zweiten Mechanismus für den Energietransport. In solchen Stoffen sind die Elektronen nicht an einen festen Platz gebunden, sondern wandern im Raum umher, etwa wie die Moleküle in einem Gase. Dies ist der Grund dafür, daß elektrische Leiter wesentlich größere Wärmeleitzahlen haben als elektrische Nichtleiter. Aus der Tatsache, daß der Transport von elektrischer Ladung wie von Wärmeenergie durch die gleiche Bewegung der Elektronen bewirkt wird, läßt darauf schließen, daß eine Beziehung zwischen der elektrischen Leitfähigkeit σ und der Wärmeleitzahl λ besteht. Eine solche wurde auch von G. WIEDEMANN, F. LORENZ und L. LORENZ gefunden. Sie lautet

$$\frac{\lambda}{\sigma T} = C\,.$$

Die Konstante C hat für reine Metalle einen Zahlenwert von ungefähr 23 WΩ/grd². Metallegierungen haben wesentlich kleinere Wärmeleitzahlen als reine Metalle. Für sie ist auch die WIEDEMANN-LORENZ-Beziehung nicht erfüllt.

Abb. 18 zeigt, daß sich der Bereich der Wärmeleitzahlen verschiedener Substanzen über einen Bereich von 5 Zehnerpotenzen erstreckt. Dieser Bereich ist immer noch klein, verglichen mit dem Bereich der elektrischen Leitfähigkeiten, wo die Werte für gute elektrische Leiter um 25 Zehnerpotenzen größer sind als die für Isolatoren. Dies kommt daher, daß Elektrizität nur durch Elektronenbewegung weitertransportiert wird, Wärme jedoch auch durch elastische Wechselwirkung zwischen benachbarten Atomen. Es ist daher viel leichter, Elektrizität auf gewünschten Bahnen zu leiten als Wärme, eine Tatsache, die die Schwierigkeit genauer Messungen auf dem Gebiete der Wärmeübertragung erklärt.

12. Der Stab

Als nächstes soll ein zylindrischer Stab betrachtet werden, der an seiner Mantelfläche von einem Gas oder einer Flüssigkeit gekühlt wird und dessen eine Stirnfläche auf einer gut wärmeleitenden Wand aufsitzt und damit eine vorgegebene Temperatur t_1 hat (Abb. 19). Die Querschnittsfläche des Stabes sei F, ihr Umfang U, die Höhe des Stabes h. Die Wärmeübergangszahl α an der Oberfläche des Stabes soll über die Höhe h unveränderlich sein, ebenso der Querschnitt F und der Umfang U. Durch zwei um dx voneinander entfernte Schnitte denken wir uns ein Volumelement in der Entfernung x von der Wand aus dem Stab herausgeschnitten. Für den Wärmestrom Q durch den Querschnitt in der Entfernung x gilt die Gleichung

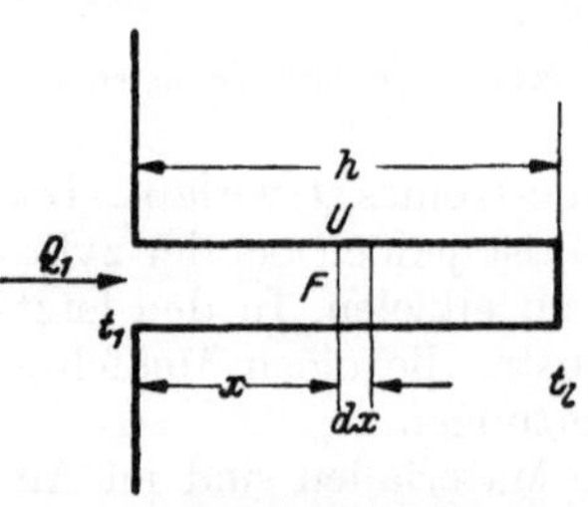

Abb. 19. Rippe von rechteckigem Querschnitt.

$$Q = -\lambda F \frac{dt}{dx}, \tag{72}$$

wenn t die Temperatur des Stabes in der Entfernung x ist. Hat das Gas oder die Flüssigkeit die Temperatur t_l, so fließt durch die Mantelfläche des betrachteten Volumenteilchens ein Wärmestrom

$$dQ = \alpha\, U\, dx\, (t - t_l)\,.$$

Infolge dieser Wärmeabgabe an die Luft ändert sich der Wärmestrom in x-Richtung mit wachsender Entfernung x. Durch den Querschnitt in der Entfernung $x + dx$ fließt daher die Wärmemenge

$$Q' = Q - \frac{dQ}{dx}\,dx = -\lambda F\frac{dt}{dx} + \lambda F\frac{d^2 t}{dx^2}\,dx\,. \tag{73}$$

Im Beharrungszustand muß die Differenz der durch die Gln. (72) und (73) gegebenen Wärmemengen gleich der Wärmeabgabe an die Luft sein. Man erhält daher für die Stabtemperatur t die Differentialgleichung

$$\alpha\, U\, (t - t_l) = \lambda F\frac{d^2 t}{dx^2}\,. \tag{74}$$

Schreiben wir für die Temperaturdifferenz $t - t_l = \vartheta$, so wird aus Gl. (74)

$$\frac{d^2 \vartheta}{dx^2} = \frac{\alpha\, U}{\lambda F}\,\vartheta\,. \tag{75}$$

Eine partikuläre Lösung dieser Differentialgleichung können wir durch den folgenden Ansatz gewinnen

$$\vartheta = e^{m x}\,. \tag{76}$$

Führen wir diesen Ausdruck in Gl. (75) ein, so erhalten wir die Bestimmungsgleichung $m^2 = \dfrac{\alpha\, U}{\lambda E}$ und daraus

$$\boxed{\, m = \sqrt{\frac{\alpha\, U}{\lambda F}}\, }\,. \tag{77}$$

Die allgemeine Lösung der Differentialgleichung zweiter Ordnung muß zwei Konstante haben, wir können sie daher in der folgenden Form ansetzen, da auch $-m$ eine Lösung der Bestimmungsgleichung ist,

$$\vartheta = C_1\, e^{m x} + C_2\, e^{-m x}\,. \tag{78}$$

Die Konstanten C_1 und C_2 können nun durch die Randbedingungen festgelegt werden. Eine Randbedingung wurde schon eingangs angegeben. Es soll nämlich die Stabtemperatur an der Stelle $x = 0$ den vorgeschriebenen Wert t_1 haben. Als zweite Randbedingung haben wir zu beachten, daß die am Stabende ankommende Wärmemenge dort an die Luft abgegeben wird. Es muß also die Gleichung

$$-\lambda\left(\frac{d\vartheta}{dx}\right)_{x = h} = \alpha\,\vartheta_{\,x = h} \tag{79}$$

gelten. Besitzt der Stab eine im Vergleich zur Dicke große Höhe h, so wird der Wärmestrom durch die Stirnfläche des Stabes nur sehr klein sein gegenüber der von der Mantelfläche abgegebenen Wärmemenge. Wir können uns dann die Rechnung vereinfachen, indem wir die Wärmeabgabe durch die Stirnfläche vernachlässigen. Die zweite Randbedingung lautet mit dieser Vereinfachung

$$\left(\frac{d\vartheta}{dx}\right)_{x=h} = 0. \tag{80}$$

Aus den beiden Randbedingungen gewinnen wir nun die Bestimmungsgleichungen für die Konstanten C_1 und C_2

$$\vartheta_1 = t_1 - t_l = C_1 + C_2, \tag{81}$$

$$0 = C_1\, m\, e^{mh} - C_2\, m\, e^{-mh}. \tag{82}$$

Wenn wir aus beiden Gleichungen die Konstanten berechnen und diese in die Lösung der Differentialgleichung einführen, erhalten wir für die Übertemperatur des Stabes die Gleichung

$$\vartheta = \vartheta_1 \frac{e^{m(h-x)} + e^{-m(h-x)}}{e^{mh} + e^{-mh}} = \vartheta_1 \frac{\cosh m(h-x)}{\cosh mh}. \tag{83}$$

Die Übertemperatur am Stabende wird damit

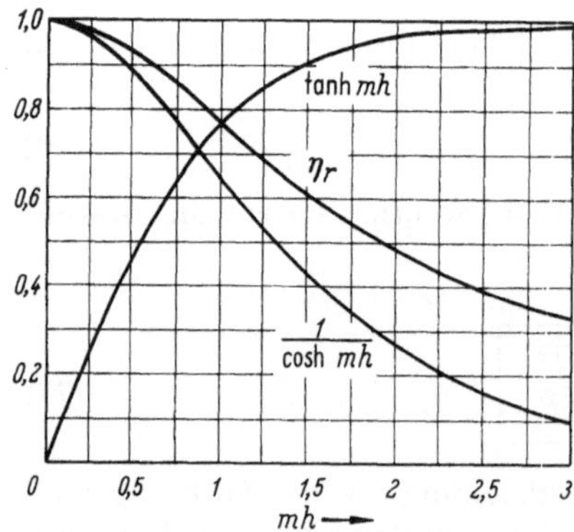

Abb. 20. Funktionen zur Berrehnung der Wärmeleitung im Stab.

$$\boxed{\vartheta_2 = \frac{\vartheta_1}{\cosh mh}} \tag{84}$$

und der Wärmestrom durch die Grundfläche des Stabes (bei $x = 0$)

$$Q_1 = -\lambda F \left(\frac{d\vartheta}{dx}\right)_{x=0}$$

$$= m\,\lambda\,F\,\vartheta_1 \left(\frac{\sinh m(h-x)}{\cosh mh}\right)_{x=0}$$

$$= m\,\lambda\,F\,\vartheta_1 \tanh mh. \tag{85}$$

Die beiden Funktionen $1/\cosh mh$ und $\tanh mh$ sind in Abb. 20 und in Tab. 4 angegeben.

Tabelle 4. *Zur Berechnung der Wärmeleitung im Stab*

mh	0	0,5	1	1,5	2	3	4	5	6
$\cosh mh$	1	1,1276	1,543	2,352	3,762	10,07	27,31	74,21	501,7
$\tanh mh$	0	0,4621	0,7616	0,9052	0,9640	0,9951	0,9993	0,9999	1
η_r	1	0,9242	0,7616	0,6035	0,4820	0,3317	0,2498	0,1999	0,1666

Aus Abb. 20 ersieht man, daß die Wärmeabgabe Q_1 des Stabes mit zunehmender Stabhöhe zunächst stark anwächst, daß dieses Wachstum aber dann immer langsamer wird und sich asymptotisch einem Grenzwert nähert. Die Übertemperatur des Stabendes nimmt umgekehrt mit wachsender Höhe zunächst ab und nähert sich asymptotisch dem Wert 0.

Mit der genaueren Randbedingung Gl. (79) ergibt sich nach einer umständlicheren Rechnung

$$Q_1 = m\,\lambda\,F\,\vartheta_1 \frac{\dfrac{\alpha}{\lambda}\,\dfrac{1}{m} + \tanh m\,h}{1 + \dfrac{\alpha}{\lambda}\,\dfrac{1}{m}\,\tanh m\,h}. \tag{86}$$

Man sieht nunmehr genauer, wann die vereinfachte Bedingung Gl. (80) zulässig ist. Es geht nämlich Gl. (86) in Gl. (85) über, wenn $\dfrac{\alpha}{\lambda}\,\dfrac{1}{m} \ll \tanh m\,h$ ist.

Das durchgerechnete Beispiel findet in der Technik folgende wichtige Anwendung: Zur Temperaturmessung in einer Rohrleitung, die von Flüssigkeiten oder Gasen durchströmt wird(Heißdampf), wird üblicherweise in die Rohrwand nach Abb. 21 eine Hülse eingeschweißt und in diese das Quecksilberthermometer eingeführt[1]. Besitzt das strömende Mittel eine Temperatur, die sich stark von der Lufttemperatur außerhalb der Rohrleitung unterscheidet, so weist die Rohrwand einen Temperaturunterschied gegenüber dem strömenden Gas auf, und es entsteht sehr leicht ein Meßfehler dadurch, daß die Thermometerhülse von der Rohrwand gekühlt wird. Dieser Meßfehler läßt sich nach Gl. (84) berechnen. Aus Abb. 20 oder Tab. 4 kann leicht die Länge h entnommen werden, die die Hülse haben muß, damit die Temperaturdifferenz des Meßstutzens gegen das Gas an der Stelle, wo die Quecksilberkugel sich befindet, einen gewissen zugelassenen Betrag nicht überschreitet.

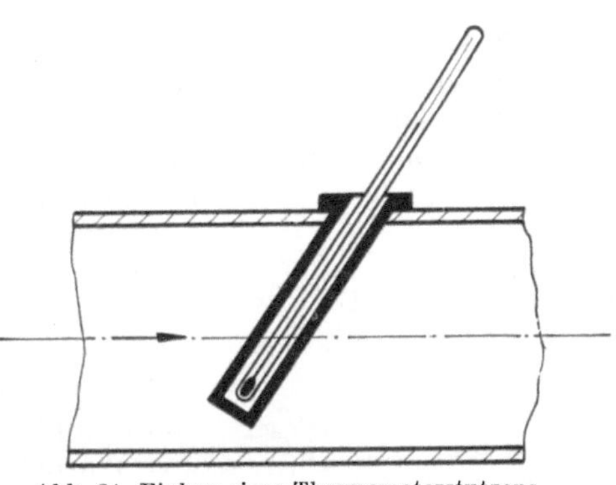
Abb. 21. Einbau eines Thermometerstutzens in eine Rohrleitung.

Eine weitere Anwendung finden die mitgeteilten Gleichungen bei der Berechnung von Rippenheizflächen. Darauf wird im nächsten Abschnitt eingegangen.

Zahlenbeispiel. In eine Heißdampfleitung von 100 mm lichter Weite soll ein Thermometerstutzen aus Eisen nach Abb. 21 mit 15 mm Durchmesser eingebaut werden. Durch die Leitung strömt Dampf von 1 b und 300 °C mit 20 m/s Geschwindigkeit. Es soll die Länge berechnet werden, die der Stutzen haben muß, damit der Temperaturfehler kleiner als $^{1}/_{2}\%$ des Temperaturunterschieds zwischen Dampf und Rohrwand wird. Die Wärmeübergangszahl, berechnet als quer angeströmte Zylinder nach Abschn. 39, ergibt sich zu 105 W/m² grd. Ist die Wandstärke des Stut-

---

[1] DIN 1953 Temperaturmessungen bei Abnahmeversuchen und in der Betriebsüberwachung (früher Temperaturmaßregeln), Ausgabe Juli 1953. Berlin 15 oder Köln: Beuth-Vertrieb.

zens $s = 1\,\text{mm}$, so wird der Querschnitt der Thermometerhülse, durch den die Wärme abströmt, $F = d\,\pi\,s$; der Umfang $= d\,\pi$, daher

$$m = \sqrt{\frac{\alpha\,U}{\lambda\,F}} = \sqrt{\frac{\alpha}{\lambda\,s}} = \sqrt{\frac{105}{60\cdot10^{-3}}\frac{1}{m}} = 41{,}8\,\frac{1}{m}\,.$$

Will man den Temperaturmeßfehler unter $^{1}/_{2}\%$ des Unterschiedes ϑ_1 zwischen Dampf- und Rohrwandtemperatur halten, so muß man nach Tab. 4 dem Produkt $m\,h$ mindestens die Größe 6 geben. Damit ergibt sich die Länge des Stutzens zu

$$h = \frac{6}{41{,}8} = 0{,}144\,\text{m}\,.$$

Man muß also den Stutzen wie in Abb. 21 schräg einbauen, um die erforderliche Länge unterzubringen.

13. Rippenheizflächen

Im Abschn. 2 wurde gezeigt, daß der Wärmedurchgangswiderstand einer ebenen Wand durch den größten Teilwiderstand bestimmt wird. Ist der größte Teilwiderstand einer der beiden Wärmeübergangswiderstände, so kann man die Wärmeabgabe der Heizflächen dadurch günstiger gestalten, daß man sie auf der Seite mit dem größeren Wärmeübergangswiderstand. d. h. der kleineren Wärmeübergangszahl. mit Rippen versieht. Solche Rippenheizflächen werden in der Technik sehr häufig angewandt. beispielsweise als Rauchgasspeisewasservorwärmer von Dampfkesseln. als Heizkörper für Dampf- und Warmwasserheizungen, bei elektrischen Transformatoren u. dgl. Im folgenden soll die *ebene* Rippenheizfläche untersucht werden, die sich rechnerisch am einfachsten behandeln läßt. Für eine ebene Heizfläche, die mit prismatischen Rippen besetzt ist (Abb. 22). können die Gleichungen des vorhergehenden

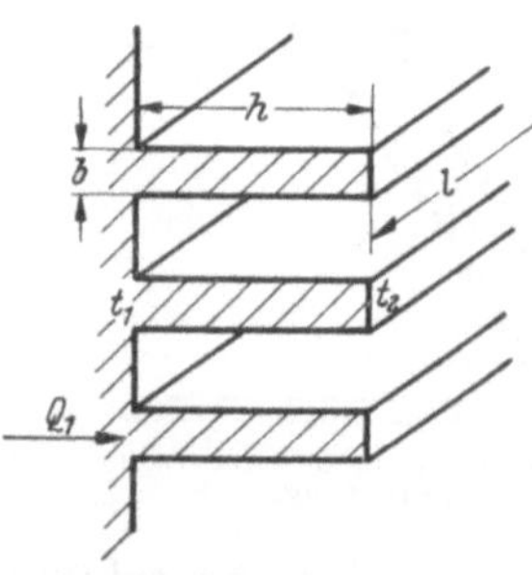

Abb. 22. Heizfläche besetzt mit Rippen von rechteckigem Querschnitt.

Abschnittes unmittelbar übernommen werden. Mit den Bezeichnungen in Abb. 22 ist die Querschnittsfläche der Rippe F gleich $b\,l$ und der Umfang U gleich $2\,l$, wenn die Rippenlänge groß ist gegenüber der Dicke b. Damit ergibt sich die Kennzahl m zu

$$m = \sqrt{\frac{2\,\alpha}{\lambda\,b}}\,. \tag{87}$$

Die Wärmeabgabe der Rippe erhält man aus Gl. (85) bzw. (86). Bei solchen Heizflächen interessiert zunächst die Frage, wann die Verwendung einer Rippenheizfläche günstiger ist als die einer ebenen Wand. Die Beantwortung dieser Frage muß in verschiedener Weise erfolgen, je nachdem der Preis, der Raumbedarf, der Materialaufwand oder anderes der Betrachtung zugrunde gelegt wird. Wir wollen uns zunächst mit der Frage befassen, wann überhaupt die Wärmeabgabe einer Wand von vorgegebener Größe durch Anbringung von Rippen gesteigert werden kann.

Offenbar ist dies dann der Fall, wenn die Wärmeabgabe einer angebrachten Rippe mit der Höhe h anwächst, denn wenn das Gegenteil der Fall ist, ist es zweckmäßig, die Rippe möglichst kurz zu machen, d.h. im Grenzfall überhaupt wegzulassen. Die Grenze der Anwendbarkeit einer Rippe liegt daher bei den Werten für die Stoffgrößen und Abmessungen, bei denen sich die Wärmeabgabe mit der Rippenhöhe nicht ändert, d.h.

$$\frac{dQ_1}{dh} = 0 \tag{88}$$

ist.

Für die vorliegende Untersuchung müssen wir auf die verwickeltere Gl. (86) zurückgreifen. Die Faktoren λ, F, m und ϑ_1 werden bei der gegenwärtigen Betrachtung konstant gehalten. Daher genügt es, den Bruch nach h zu differenzieren. Der beim Differenzieren entstehende Ausdruck wird gleich 0, wenn sein Zähler 0 oder der Nenner gleich ∞ ist. Das letztere bringt nur die triviale Aussage, daß für $\lambda = 0$ die Gl. (88) erfüllt ist. Wir schreiben also nur den Zähler des Differentialquotienten an.

$$\left(1 + \frac{\alpha}{\lambda}\frac{1}{m}\tanh mh\right) m \frac{1}{\cosh^2 mh} - \left(\frac{\alpha}{\lambda}\frac{1}{m} + \tanh mh\right)\frac{\alpha/\lambda}{\cosh^2 mh} = 0 . \tag{89}$$

Die Gleichung läßt sich in den folgenden Ausdruck kürzen:

$$m - \frac{\alpha^2}{\lambda^2}\frac{1}{m} = 0 .$$

Führt man noch den Wert für die Kennzahl m aus Gl. (87) ein, so ergibt sich

$$\frac{2\lambda}{\alpha b} = 1 . \tag{90}$$

Wir können die Gleichung auch in der folgenden Form schreiben

$$\frac{1}{\alpha} = \frac{b/2}{\lambda}$$

und sehen daraus, daß die Grenze für eine günstige Verwendung der Rippe dann erreicht ist, wenn der Wärmeübergangswiderstand $1/\alpha$ gleich dem Wärmeleitwiderstand einer ebenen Wand von der halben Rippendicke $b/2$ ist. Wir müssen uns nun allerdings bewußt sein, daß die wirklichen Verhältnisse von den bei der vorliegenden Rechnung zugrunde gelegten bei kurzen Rippen einigermaßen abweichen. Die Wärmestromlinien und die Isothermen in einer solchen Rippe werden etwa den Verlauf haben, wie er in Abb. 23 eingetragen ist. Bei unserer Berechnung wurde da

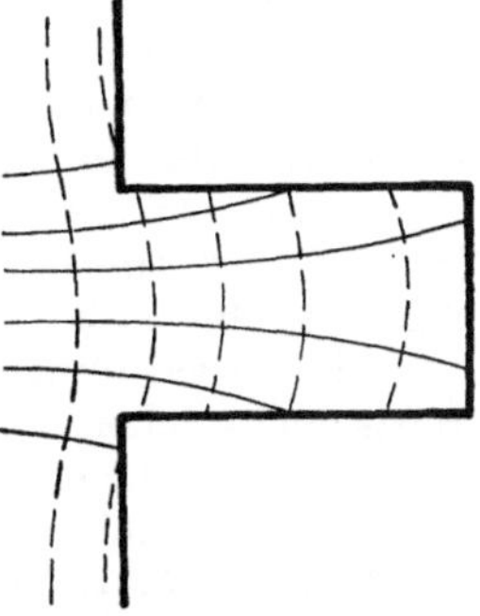

Abb. 23. Wärmestromlinien und Isothermen in der Rechtecksrippe.

gegen vorausgesetzt, daß sich die Temperatur nur in x-Richtung ändert, also die Krümmung der in Abb. 23 gestrichelt eingetragenen Isothermen vernachlässigt. Dadurch wird auch der Zahlenwert für die Kenngröße in Gl. (90) beeinflußt. Wir können jedoch erwarten, daß die Anbringung einer Rippe sicher günstig ist, wenn etwa die Bedingung erfüllt ist:

$$\frac{2\,\lambda}{\alpha\,b} > 5\,. \tag{91}$$

Zahlenbeispiel. Für eine Rippe aus Eisen mit einer Dicke von 3 mm ergibt eine zahlenmäßige Durchrechnung folgendes Bild. Die Wärmeleitzahl von Eisen kann aus den Tabellen im Anhang entnommen werden: Wir setzen im Mittel $\lambda = 60\ \dfrac{\mathrm{W}}{\mathrm{m\,grd}}$. Erfolgt der Wärmeübergang von der Rippe an die Luft, so ist nach Tab. 1 mit einer Wärmeübergangszahl von 10 bis $100\ \dfrac{\mathrm{W}}{\mathrm{m^2\,grd}}$ zu rechnen. Setzen wir den größeren Grenzwert in die Gl. (91) ein, so ergibt sich die Größe der Kennzahl

$$\frac{2\,\lambda}{\alpha\,b} = 400\,.$$

Die Anbringung einer Rippe ist also hier unbedingt vorteilhaft. Beim Wärmeübergang an Wasser bewegt sich die Wärmeübergangszahl nach Tab. 1 etwa zwischen 500 und $5000\ \dfrac{\mathrm{W}}{\mathrm{m^2\,grd}}$. Rechnen wir auch hier mit dem größeren Grenzwert, so wird die Kennzahl $\dfrac{2\,\lambda}{\alpha\,b} = 8$. Der Wert ist also schon recht niedrig, und es ist zweifelhaft, ob die Anbringung der Rippe hier noch einen Zweck hat. Die Kennzahl läßt sich durch Wahl eines Baustoffes mit größerer Wärmeleitfähigkeit und durch Verringern der Rippendicke vergrößern. Da man aber mit der Rippendicke nicht wesentlich unter 3 mm herabgehen kann und auch die Wärmeleitzahl im günstigsten Falle bei Verwendung von Kupfer nur auf den 5fachen Betrag anwächst, bringt eine Verwendung von Rippenheizflächen bei Flüssigkeiten nie sehr viel.

Um bei einer Verringerung der Rippendicke, die nach Gl. (91) zweckmäßig ist, die gesamte Wärme abgebende Oberfläche beizubehalten, muß der Abstand der Rippen entsprechend kleiner gehalten werden. Diese Verringerung des Rippenabstandes findet eine Grenze darin, daß die Wärmeübergangszahl abfällt, sobald die Grenzschichten, die sich nach Abb. 3 an den Oberflächen der Rippen ausbilden, gegenseitig berühren. Der Abstand zweier Rippen darf also nicht viel kleiner als die doppelte Grenzschichtdicke gehalten werden. Die Berechnung der Grenzschichtdicken wird in späteren Abschnitten mitgeteilt. Als vorläufiger Anhalt soll die Angabe dienen, daß Luft von normalem Druck und normaler Temperatur bei einer Geschwindigkeit von 20 m/s, wenn sie an einer Platte von 20 cm Länge vorbeistreicht, eine Grenzschicht von 2 mm Dicke ausbildet. Bei freier Konvektion, wenn die Luftströmungen nur durch die Erwärmung der Luft am Heizkörper erzeugt werden, sind die Grenzschichtdicken größer und haben die Größenordnung 1 cm.

Für verschiedene technische Anwendungen interessiert auch die Fragestellung, wann bei einer Rippenheizfläche die größte Wärmeabfuhr mit dem kleinsten Materialaufwand zu erreichen ist. Nach diesem Gesichtspunkt werden beispielsweise zweckmäßig die Kühler von Fahrzeugmotoren bemessen, bei denen das Gewicht möglichst klein gehalten werden soll. Das Gewicht G der betrachteten Rechtecksrippe ist

$$G = \gamma\,l\,F_1 = \gamma\,l\,b\,h\,, \tag{92}$$

wenn γ das spez. Gewicht (die Wichte) des Rippenwerkstoffes und F_1 der Rippenquerschnitt $b\,h$ (Abb. 22) ist. Von den in der Gleichung enthaltenen Abmessungen ist uns die Rippenlänge l vorgegeben, während die Dicke b und die Höhe h nun so verändert werden sollen, daß bei festgehaltenem Gewicht G, d.h. bei festgehaltenem Querschnitt $F_1 = b\,h$ die Wärmeabgabe der Rippe ein Maximum wird. Ersetzt man in Gl. (85), in der $m = \sqrt{\dfrac{2\,\alpha}{\lambda\,b}}$ und $F = b\,l$ bedeutet, die Rippenhöhe durch den Querschnitt F_1, so erhält man[1]

$$Q_1 = l\,\sqrt{2\,\alpha\,\lambda\,b}\;\vartheta_1 \tanh\left(\sqrt{\frac{2\,\alpha}{\lambda\,b}\,\frac{F_1}{b}}\right). \tag{93}$$

Dieser Ausdruck wird zu einem Maximum, wenn $dQ_1/db = 0$ ist. Durch Differenzieren von Gl. (93) und Nullsetzen des Differentialquotienten ergibt sich

$$\frac{1}{2\sqrt{b}}\tanh\left(\sqrt{\frac{2\,\alpha}{\lambda\,b}\,\frac{F_1}{b}}\right) - \sqrt{b}\,\sqrt{\frac{2\,\alpha}{\lambda}}\,F_1\,\frac{3}{2\,b^2\sqrt{b}}\cdot\frac{1}{\cosh^2\left(\sqrt{\frac{2\,\alpha}{\lambda\,b}\,\frac{F}{b_1}}\right)} = 0. \tag{94}$$

Führt man die folgende Abkürzung ein

$$\sqrt{\frac{2\,\alpha}{\lambda\,b}\,\frac{F_1}{b}} = u, \tag{95}$$

so wird daraus

$$\tanh u = \frac{3\,u}{\cosh^2 u}. \tag{96}$$

Diese Gleichung kann nur numerisch oder graphisch nach u aufgelöst werden, z.B. indem man beide Seiten der Gleichungen über u aufträgt und den Schnittpunkt der Kurven bestimmt. Auf diese Weise erhält man $u = 1{,}419$. Die größte Wärmeabfuhr bei vorgegebener Querschnittsfläche erhält man daher, wenn die Gleichung $h\,\sqrt{\dfrac{2\,\alpha}{\lambda\,b}} = 1{,}419$ eingehalten wird. Wir können sie auch in folgender Form schreiben

$$\boxed{\;\frac{h}{b/2} = 1{,}419\,\sqrt{\frac{2\,\lambda}{\alpha\,b}}\;}. \tag{97}$$

Das Verhältnis der Rippenhöhe zur halben Rippendicke hängt nach dieser Gleichung von der gleichen Kennzahl ab, auf die wir schon vorher stießen. Die Übertemperatur der Endfläche der Rechtecksrippe von kleinstem Materialaufwand ist

$$\vartheta_2 = \frac{\vartheta_1}{\cosh u} = 0{,}457\,\vartheta_1. \tag{98}$$

---

[1] SCHMIDT, E.: Z. VDI 70 (1926) 885. Für eine mit Nadeln besetzte Heizfläche wurden die gleichen Berechnungen von R. FOCKE [Forsch. Ing.-Wes. 13 (1942) 34–42] durchgeführt.

3 E

Mit Hilfe dieser Beziehung läßt sich durch Messen der Temperatur ϑ_2 sehr leicht nachprüfen, ob bei einer Rippe die für den Materialaufwand günstigsten Verhältnisse eingehalten sind.

Wäre die Rippe nicht vorhanden, so würde an der Fläche der Rippenwurzel $b\,l$ die Wärmemenge $Q' = \alpha\,b\,l\,\vartheta_1$ an die Wand übergehen. Das Verhältnis der durch die Rippenwurzel abfließenden Wärmemenge Q_1 zum Wärmestrom Q' ist daher nach Gl. (93) bei der Rippe günstigsten Baustoffaufwandes

$$\frac{Q_1}{Q'} = \sqrt{\frac{2\,\lambda}{\alpha\,b}}\,\tanh u = 0{,}889\,\sqrt{\frac{2\,\lambda}{\alpha\,b}}\,. \tag{99}$$

Mit Hilfe dieser Gleichung läßt sich sofort übersehen, wie stark die Wärmeabfuhr durch die Wand gesteigert werden kann, indem man Rippen vorsieht.

Zahlenbeispiel. Für eine Rippe aus Eisen mit 3 mm Dicke wurden die Kennzahlen bereits auf S. 36 berechnet. Führt man die Zahlenwerte in Gl. (97) ein, so erhält man für den Wärmeübergang an Luft ein günstigstes Längenverhältnis $\dfrac{h}{b/2} = 28{,}4$ für den Wärmeübergang an Wasser $\dfrac{h}{b/2} = 4{,}02$. Für Aluminiumrippen von 1 mm Dicke mit einer Wärmeleitzahl $\lambda = 210\,\dfrac{\mathrm{W}}{\mathrm{m\ grd}}$ wird die Kennzahl für den Wärmeübergang an Luft $\dfrac{2\lambda}{\alpha\,b} = 4200$ und damit das günstigste Längenverhältnis $\dfrac{h}{b/2} = 92{,}0$, für den Wärmeübergang an Wasser ist $\dfrac{2\lambda}{\alpha\,b} = 84$ und damit $\dfrac{h}{b/2} = 13{,}01$.

Je geringer der Wärmeübergangswiderstand im Verhältnis zum Wärmeleitwiderstand ist, um so dicker muß daher die Rippe ausgeführt werden. Eisenrippen für den Wärmeübergang an Wasser haben nach dieser Rechnung meist wenig Sinn.

Praktisch ausgeführt werden bei den Zylindern von luftgekühlten Flugmotoren Rippen von 1 mm Dicke und bis zu 20 mm Höhe bei 4 mm Teilung. Der Zylinderkopf aus Aluminium erhält Rippen, die heute bei 1,5 mm Dicke bis zu 35 mm Höhe haben (bei einer Teilung von 6 mm). Diese Rippenabmessungen kommen den nach Gl. (97) berechneten bereits recht nahe. Auch die Kühler von flüssigkeitsgekühlten Flugmotoren haben sehr dünne Rippen (etwa 0,1 bis 0,2 mm Dicke bei 5 mm Höhe). Der stationäre Maschinenbau, bei dem die Gewichtsersparnis keine so ausschlaggebende Rolle spielt, begnügt sich dagegen mit wesentlich dickeren und kürzeren Rippen (z.B. Rippenrohr für Rauchgasvorwärmer mit 4 bis 5 mm Dicke, 15 bis 25 mm Höhe und 15 bis 20 mm Teilung, Rippenrohr für Warmwasserheizung mit 1 bis 3 cm Dicke, 30 bis 40 mm Höhe, 10 bis 20 mm Teilung).

Es ist nun noch die Frage offen, ob man den Materialaufwand durch Wahl einer anderen Querschnittsform für die Rippe verringern kann. Die Untersuchung anderer Rippenformen verlangt allerdings einen bedeutend größeren mathematischen Aufwand als die Rechtecksrippe. Eine eingehende Berechnung darüber wurde von E. Schmidt[1] durchgeführt. Die wichtigsten Ergebnisse dieser Berechnung sind die folgenden: Für eine *Dreiecksrippe* nach Abb. 24 von kleinstem Materialaufwand ist das Längenverhältnis

$$\frac{h}{b/2} = 1{,}309\,\sqrt{\frac{2\,\lambda}{\alpha\,b}}\,. \tag{100}$$

---

[1] Vgl. Fußn. 1, S. 37.

Die Übertemperatur der Rippenspitze ist

$$\vartheta_2 = 0{,}277\,\vartheta_1 . \tag{101}$$

Die Dicke b der Dreiecksrippe verhält sich zu der der Rechtecksrippe bei gleicher Wärmeleistung wie 1,31 zu 1 und die Querschnittsfläche der Rechtecksrippe zu der der Dreiecksrippe wie 1,44 zu 1. Durch Verwendung einer Dreiecksrippe kann also 44% an Material gegenüber einer Rechtecksrippe gespart werden.

Der Materialaufwand der Rechtecksrippe ergibt sich aus Gl. (93), indem man die Abkürzung u nach Gl. (95) einführt und nach F_1 auflöst:

$$F_1 = \left(\frac{Q_1}{\vartheta_1}\right)^3 \frac{1}{l^3} \frac{u}{\tanh^3 u} \frac{1}{\sqrt{16\,\alpha^4\,\lambda^2}} = \frac{2{,}109}{4\,l^3\,\alpha^2\,\lambda} \left(\frac{Q_1}{\vartheta_1}\right)^3 . \tag{102}$$

Aus diesem Ausdruck ersieht man, daß es für die Wärmeabfuhr Q_1 bei vorgegebener Übertemperatur ϑ_1 zweckmäßig ist, die Rippenquerschnittsflächen F_1 in möglichst viele kleine Einzelrippen aufzuteilen, denn wenn man den Wärmestrom etwa verdoppeln will, so wächst der Querschnitt einer einzelnen Rippe nach Gl. (102) auf das Achtfache. Dagegen benötigt man nur den doppelten Querschnitt, wenn man an Stelle einer Vergrößerung der Rippe zwei Rippen von der ursprünglichen Größe verwendet.

Die Gl. (102) bietet auch die Möglichkeit, verschiedene Baustoffe auf ihre Zweckmäßigkeit für Rippenheizflächen zu vergleichen. Nach Gl. (102) ist die Querschnittsfläche verkehrt proportional der Wärmeleitzahl λ, das

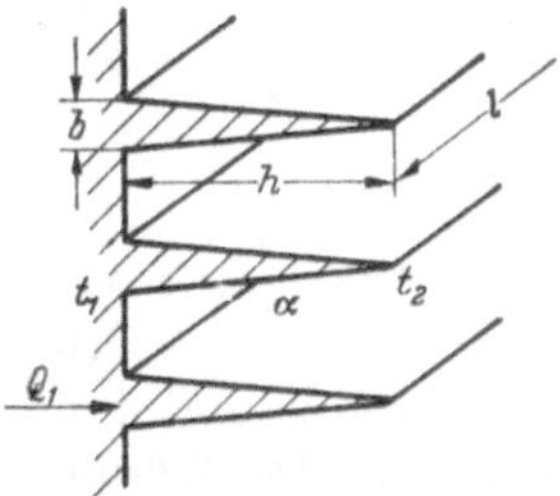

Abb. 24. Heizfläche besetzt mit Dreiecksrippen.

Gewicht also verhältnisgleich dem Ausdruck ϱ/λ. In Tab. 5 ist der Quotient ϱ/λ für einige Baustoffe angegeben und in einer weiteren Spalte auf den kleinsten Wert für reines Aluminium bezogen. Man ersieht daraus, daß durch Verwendung von Aluminium über die Hälfte des Rippengewichtes gegenüber Kupfer gespart werden kann; bei Verwendung von unlegiertem Stahl dagegen ist mehr als das Zehnfache und bei hochlegiertem Stahl sogar bis zum Dreißigfachen an Baugewicht in Rechnung zu stellen. Noch etwas günstiger als Duraluminium ist Magnesium. Es hat

Tabelle 5. *Bewertungszahlen von Rippen*

Werkstoff	Wärmeleitzahl λ W/m grd	Dichte ϱ kg/m³	$\dfrac{\varrho}{\lambda}$ $\dfrac{\text{kg grd}}{\text{m}^2\ \text{W}}$	$\dfrac{\varrho/\lambda}{(\varrho/\lambda)_{Al}}$
Kupfer	372	10 500	28,1	2,39
Aluminium, rein . . .	229	2 700	11,8	1
Duraluminium	165	2 700	16,3	1,39
Magnesium	143	1 740	12,1	1,03
Stahl (unlegiert) . . .	58	7 850	135	11,5
V2A-Stahl	15	8 000	533	31,7

also beispielsweise keinen Zweck, die Rippen eines Flugzeugmotoren-zylinders an Stelle von Aluminium etwa in Kupfer auszuführen. Da-gegen bringt der Übergang von Eisen auf Aluminium eine beträchtliche Ersparnis.

Es ist nun noch von Interesse zu untersuchen, welche Querschnitts-form eine Rippe hat, die einen vorgeschriebenen Wärmestrom mit klein-stem Baugewicht überträgt. Es ist einleuchtend, daß in einer solchen Rippe alle Teile thermisch gleich-mäßig belastet sein müssen, d.h., daß die Wärme-stromdichte örtlich konstant sein soll. Der Beweis hierfür wurde von E. SCHMIDT erbracht[1]. Die Wärme-stromlinien müssen demgemäß parallele Gerade sein, wie dies in Abb. 25 angedeutet ist. Dementsprechend fällt die Temperatur linear längs der Rippe ab. Im oberen Teil der Abbildung ist dies dargestellt, wobei angenommen ist, daß an der Spitze der Rippe die Temperatur t_l der Kühlflüssigkeit erreicht sei. Die Temperatur t der Rippe in der Entfernung x von der Spitze ist dann

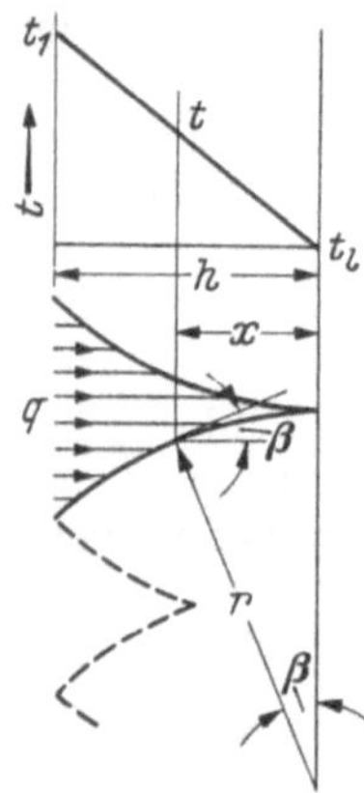

Abb. 25. Rippe günstigsten Baustoffaufwandes.

$$t = t_l + \frac{x}{h}\,(t_1 - t_l)\,.$$

Die konstante Wärmestromdichte in Richtung der Rippenachse sei q. Ein Element der Rippenoberfläche in der Entfernung x möge um den Winkel β gegen die Rippenachse ge-neigt sein. Die Wärmestromdichte durch die Rippenoberfläche ist dann $q \sin \beta$, und mit der Wärmeübergangszahl α zwischen Rippenoberfläche und Kühlmittel ergibt sich

$$q \sin \beta = \alpha\,(t - t_l) = \alpha\,\frac{x}{h}\,(t_1 - t_l)\,.$$

Diese Gleichung bestimmt den Winkel β

$$\sin \beta = \frac{\alpha\,(t_1 - t_l)}{q\,h}\,x\,.$$

Der Bruch auf der rechten Seite ist eine Konstante, und die Gleichung selbst stellt damit einen Kreisbogen dar, da für diesen entsprechend Abb. 25 gilt

$$\sin \beta = \frac{x}{r}\,.$$

Auf die Tatsache, daß die Rippe günstigsten Baustoffaufwandes von Kreisbögen begrenzt wird, wurde von F. WEINIG hingewiesen. Wenn sich die Kreisbögen in der Rippenspitze berühren, wie in Abb. 25, dann ist die Rippentemperatur an der Spitze gleich der Flüssigkeitstemperatur. Die Rippe kann jedoch auch aus kürzeren Bögenstücken zusammengesetzt werden, wie das im unteren Teil der Abbildung gestrichelt dargestellt ist.

---

[1] Vgl. Fußn. 1, S. 37.

Die so berippte Oberfläche überträgt immer noch den gleichen Wärmestrom bei gleichem Temperaturunterschied, wenn sich die Wärmeübergangszahl gegenüber den langen Rippen nicht geändert hat. Der Unterschied im Baustoffaufwand zwischen einer Dreiecksrippe und einer von Kreisbögen begrenzten Rippe ist nur geringfügig, und man wird sich daher meist mit der leichter herstellbaren Dreiecksrippe begnügen.

Für eine ingenieurmäßige Berechnung der zur Übertragung einer vorgeschriebenen Wärmemenge nötigen Rippenfläche wird häufig ein Gütegrad herangezogen. Man findet in der Literatur zwei verschieden definierte Gütegrade. Der erste vergleicht den von der Rippe tatsächlich übertragenen Wärmestrom mit jenem, der von der Rippenbasis ohne Rippe übertragen würde. Für die ebene Rechtecksrippe wurde der Gütegrad in Gl. (99) bereits berechnet. Er ist danach

$$\eta_h = \sqrt{\frac{2\,\lambda}{\alpha\,b}}\, \tanh \sqrt{\frac{2\,\alpha}{\lambda\,b}}\,h. \tag{103}$$

Der zweite Gütegrad η_r vergleicht den tatsächlichen Wärmestrom Q_1 mit jenem Q_m, der von der Rippe übertragen würde, wenn sie eine unendlich große Wärmeleitzahl hätte. In diesem Falle wäre kein Temperaturgefälle vorhanden, und die Rippenoberfläche hätte die Temperatur t_1. Dementsprechend gilt

$$Q_m = \alpha\,2\,l\,h\,\vartheta,$$

wenn man die Rippendicke b als klein gegen l und h voraussetzt. Der Rippengütegrad ist

$$\eta_r = \frac{1}{h}\, \sqrt{\frac{\lambda\,b}{2\,\alpha}}\, \tanh \sqrt{\frac{2\,\alpha}{\lambda\,b}}\,h. \tag{104}$$

Dieser Gütegrad hat sich stärker eingebürgert, da er für verschiedene Rippenquerschnittsformen nicht sehr stark verschieden ist. In Tab. 4 und Abb. 20 ist der Gütegrad η_r für einen Stab eingetragen. Für die Rechtecksrippe hat er denselben Wert. Für die Rechtecksrippe günstigsten Baustoffaufwandes hat der Gütegrad η_r den Wert 0,615, und für die günstigste Dreiecksrippe ist er 0,72.

Es soll nicht unerwähnt bleiben, daß die in diesem Abschnitt durchgeführten Berechnungen im folgenden Sinne nur als Näherungen anzusehen sind. In allen Berechnungen wurde die Wärmeübergangszahl als konstant über die Rippenoberfläche behandelt. In Wirklichkeit ist das oft nicht der Fall. Insbesondere wurde versuchsmäßig festgestellt, daß an der Rippenwurzel die Wärmeübergangszahl oft kleiner ist als in der Umgebung der Rippenspitze. Bei entsprechend kritischer Anwendung jedoch behalten die Rechnungsergebnisse ihren Wert.

14. Die Wand mit Wärmequellen

Die bisherigen Betrachtungen erfahren eine Erweiterung, wenn in dem Körper, in dem die Wärmeströmung untersucht wird, auf irgendeine Weise Wärme entsteht, wenn in dem Körper, wie man sich ausdrückt,

„Wärmequellen" vorhanden sind. Dies ist z. B. in einem elektrischen Leiter der Fall, in dem infolge.des Ohmschen Widerstandes elektrische Energie in Wärme umgesetzt wird. In Kernreaktoren wird die Spaltungs-energie in den das Uranium enthaltenden Konstruktionsteilen in Wärmeenergie umgewandelt und durch Leitung an die Wandungen der Kühlkanäle transportiert, wo sie von einer Kühlflüssigkeit übernommen wird. Die Berechnung der Temperaturfelder, die durch diese Wärmeentwicklung entstehen, interessiert auch bei elektrischen Maschinen und Apparaten. Die größten Schwierigkeiten bei der Entwicklung raschlaufender Motoren und Generatoren bietet die Beherrschung der Abfuhr dieser Ver-

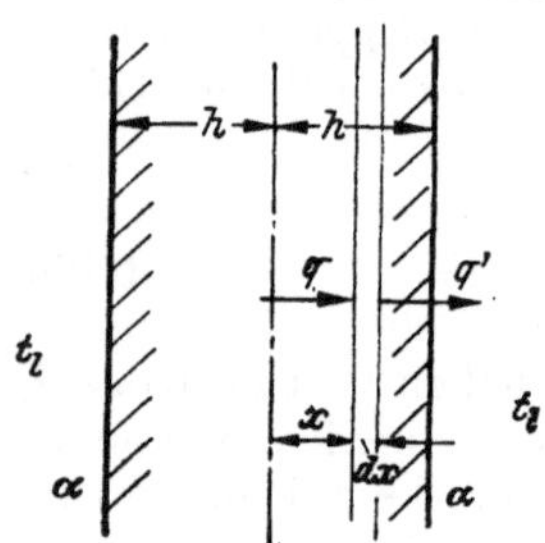

Abb. 26. Zur Erläuterung der stationären Wärmeleitung in der ebenen Wand mit Wärmequellen.

lustwärme. Auch das Bauwesen hat sich mit solchen Erscheinungen zu befassen. In dicken Betonwänden müssen unter Umständen besondere Mittel angewendet werden, um beim Abbinden des Betons unzulässig hohe Temperatursteigerungen durch die damit verbundene Wärmeentwicklung zu verhindern. Bei Staudämmen aus Beton mußte man aus diesem Grunde verschiedentlich zu einer Kühlung durch eingelegte Kühlschlangen greifen. Auch die Strömungsverluste in Gasen und Flüssigkeiten werden in Wärme umgesetzt. Die damit verbundene Temperatursteigerung erreicht in Gasen bei hohen Strömungsgeschwindigkeiten recht große Werte. Im Ölfilm von schnellaufenden Lagern treten durch die innere Reibungswärme beachtliche Temperaturunterschiede auf. Mit den letzteren Erscheinungen wollen wir uns erst in einem späteren Abschnitt befassen. Hier soll nur der Vorgang in festen Körpern untersucht werden, und zwar der Fall, der sich rechnerisch am einfachsten behandeln läßt, nämlich die ebene Wand. Wir betrachten in ihr eine unendlich dünne Schicht, die durch zwei um den Betrag dx voneinander entfernten Ebenen aus der Wand herausgeschnitten wird (Abb. 26). Die Koordinate x soll dabei von der Mitte der Wand aus gezählt werden. In der Wand seien gleichmäßig verteilte Wärmequellen vorhanden, durch die je Raum- und Zeiteinheit die Wärmemenge Φ erzeugt wird. Φ soll also unabhängig von x sein. Die Wand möge auf beiden Seiten an ein Gas mit der Temperatur t_l grenzen, die Wärmeübergangszahl an beiden Oberflächen sei α. Die Temperatur der Wand an der Stelle x soll mit t und die Übertemperatur über die Gastemperatur mit ϑ bezeichnet werden. Die Wärmestromdichte durch die Ebene an der Stelle x ist durch die Gleichung

$$q = -\lambda \frac{dt}{dx} = -\lambda \frac{d\vartheta}{dx} \tag{105}$$

gegeben. An der Stelle $x + dx$ hat sie dann den Betrag

$$q' = q + \frac{dq}{dx}dx = -\lambda \frac{d\vartheta}{dx} - \lambda \frac{d^2\vartheta}{dx^2}dx. \tag{106}$$

Die Differenz $q' - q$ muß gleich der Wärmemenge sein, die in der Wandschicht von der Dicke $d\,x$ entwickelt wird:

$$q' - q = \Phi\,d\,x.\tag{107}$$

Aus den Beziehungen (105) bis (107) erhält man damit die Differentialgleichung

$$\Phi = -\lambda\frac{d^2\,\vartheta}{d\,x^2}.\tag{108}$$

Durch zweimalige Integration ergibt sich ihre Lösung

$$\vartheta = -\frac{\Phi}{2\,\lambda}\,x^2 + C_1\,x + C_2.\tag{109}$$

Die Randbedingungen zur Bestimmung der Konstanten C_1 und C_2 sind die folgenden: In der Mitte der Platte ($x = 0$) muß aus Symmetriegründen die höchste Temperatur auftreten und daher der Temperaturverlauf eine waagerechte Tangente haben. An der Plattenoberfläche ($x = h$) muß die durch Leitung zuströmende Wärme an das umgebende Gas abgeführt werden. Die Randbedingungen lauten also

$$\left(\frac{d\,\vartheta}{d\,x}\right)_{x=0} = 0.\tag{110}$$

$$-\lambda\left(\frac{d\,\vartheta}{d\,x}\right)_{x=h} = \alpha\,\vartheta_{x=h},\tag{111}$$

Bestimmt man mit ihrer Hilfe die Konstanten, so erhält man für die Übertemperatur in der Platte den Ausdruck

$$\vartheta = \frac{\Phi}{2\,\lambda}\,(h^2 - x^2) + \frac{\Phi\,h}{\alpha}.\tag{112}$$

Der Temperaturverlauf in einer Platte mit gleichmäßiger Wärmeentwicklung hat daher die Gestalt einer Parabel. Er ist in Abb. 27 dargestellt. Die größte Übertemperatur ergibt sich aus Gl. (112) für $x = 0$ zu

$$\vartheta_M = \frac{r}{2\,\lambda}\,h^2 + \frac{r\,h}{\alpha}.\tag{113}$$

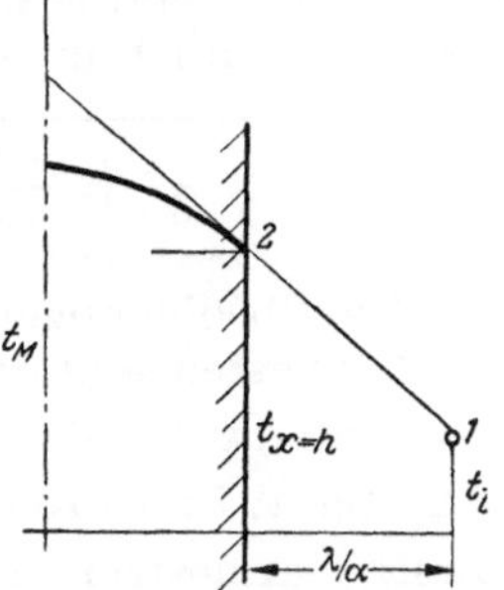

Abb. 27. Temperaturfeld in einer ebenen Wand mit gleichmäßig darin verteilten Wärmequellen.

Der Temperaturgradient an der Oberfläche läßt sich durch die in Abb. 27 angegebene Konstruktion sehr einfach finden. Man trägt in der Entfernung von λ/α von der Oberfläche die Temperatur t_l als Ordinate auf und verbindet den so erhaltenen Punkt 1 mit dem durch die Oberflächentemperatur festgelegten Punkt 2. Die Richtung der Verbindungsgeraden der beiden Punkte gibt das Temperaturgefälle an der Wand an. Man erkennt dies sofort, wenn man Gl. (111) nach $d\vartheta/d\,x$ auflöst

$$\left(\frac{d\,\vartheta}{d\,x}\right)_{x=h} = -\frac{\vartheta_{x=h}}{\lambda/\alpha}.\tag{114}$$

Zahlenbeispiel. Eine aus isoliertem Kupferdraht gewickelte, zylindrische Transformatorenspule hat einen Innendurchmesser von 160 und einen Außendurchmesser von 240 mm. Der Bruchteil $\varphi = 0,6$ vom gesamten Querschnitt der Spule soll Kupfer sein, der Rest entfällt auf die Isolierung. Die Stromdichte in den Leitern sei $j = 2\,\mathrm{A/mm^2}$, der spezifische Widerstand von Kupfer ist $\varrho = 0,02\,\Omega\,\mathrm{mm^2/m}$. Die Wärmeentwicklung je Raumeinheit in der Spule ist daher

$$r = \varrho\, j^2 \varphi = 0,6 \cdot 4\,\frac{\mathrm{A^2}}{\mathrm{mm^4}} \cdot 0,02\,\frac{\Omega\,\mathrm{mm^2}}{\mathrm{m}} \cdot 10^6\,\frac{\mathrm{mm^2}}{\mathrm{m^2}} = 48\,000\,\frac{\mathrm{W}}{\mathrm{m^3}}\,.$$

Die Wärmeübergangszahl auf beiden Oberflächen der Spulen, die mit Luft von 20° bespült sein sollen, sei $\alpha = 20\,\dfrac{\mathrm{W}}{\mathrm{m^2\,grd}}$, die Wärmeleitzahl der Spule $\lambda = 0,3\,\mathrm{W/m\,grd}$ (Mikanit, Glimmer). Wenn wir die Spule angenähert als ebene Wand von der Dicke $2h = 4\,\mathrm{cm}$ behandeln, ergibt sich die höchste Übertemperatur in ihr nach Gl. (79)

$$\vartheta_M = \frac{48\,000 \cdot 4 \cdot 10^{-4}}{2 \cdot 0,3} + \frac{48\,000 \cdot 2 \cdot 10^{-2}}{20} = 80,0°\,.$$

Die Temperatur t_M der Spulenmitte ist also $80,0 + 20 = 100\,°\mathrm{C}$. Die genaue Berechnung des Temperaturfeldes in der als Hohlzylinder behandelten Spule, die umständlicher ist, ergibt dafür den Wert $101\,°\mathrm{C}$ (nach den VDI-Vorschriften sind $105\,°\mathrm{C}$ zulässig). Man sieht, daß die Berechnung als ebene Wand auch bei recht dickwandigen Rohren noch brauchbare Ergebnisse liefert.

15. Mehrdimensionale, zeitlich unveränderliche Wärmeleitvorgänge

Die bisher betrachteten Wärmeleitvorgänge waren mit guter Näherung einer eindimensionalen Behandlung zugänglich. Wenn die Wärmeströmungen einen wesentlich mehrdimensionalen Charakter haben, wird eine Vorausbestimmung der sich ergebenden Temperaturfelder wesentlich schwieriger.

Eine analytische Lösung muß die Differentialgleichung des Vorganges und die vorgegebenen Randbedingungen befriedigen. In kartesischen Koordinaten ergibt sich die Differentialgleichung des Temperaturfeldes für einen zeitlich unveränderlichen Vorgang aus Gl. (55) zu

$$\boxed{\frac{\partial}{\partial x}\left(\lambda\,\frac{\partial t}{\partial x}\right) + \frac{\partial}{\partial y}\left(\lambda\,\frac{\partial t}{\partial y}\right) + \frac{\partial}{\partial z}\left(\lambda\,\frac{\partial t}{\partial z}\right) + \Phi = 0} \qquad (115)$$

Die Randbedingungen können in verschiedener Weise vorgegeben sein. Am häufigsten sind die folgen Formen:

1. Entlang der Berandung ist die Temperatur t vorgegeben.

2. Der Wärmestrom q durch die Berandungsfläche ist vorgeschrieben. Dieser Wärmestrom muß von der Randfläche in das Innere des untersuchten Bereiches durch Leitung abgeführt werden. Dementsprechend gilt an der Berandung:

$$q = -\lambda\,\frac{\partial t}{\partial n}\,,$$

wenn n die Normale auf die Randfläche anzeigt. Ein vorgeschriebener Wärmefluß q ist also mathematisch gleichbedeutend mit einer Angabe des Temperaturgradienten an der Berandungsfläche.

3. Wird die Berandung von einer Flüssigkeit bespült, dann ist im allgemeinen die Temperatur t_f der Flüssigkeit und die konvektive Wärmeübergangszahl bekannt. Aus der Bedingung, daß die von der Flüssigkeit an die Berandung übertragene Wärme durch Leitung ins Innere des betrachteten Bereiches abfließen muß, erhält man die entlang der Berandung geltende Beziehung:

$$\alpha\,(t_f - t) = -\,\lambda\,\frac{\partial t}{\partial n},$$

in der n wieder die Normale zur Berandung anzeigt.

Beispiele für diese drei Formen können in den bereits behandelten Fällen eindimensionaler Wärmeströmung aufgesucht werden.

Die Gl. (115) ist eine inhomogene, partielle Differentialgleichung, und Lösungen sind bisher nur für vereinzelte Sonderfälle bekannt. Die Aufgabe der Berechnung vereinfacht sich wesentlich, wenn man die Wärmeleitzahl als konstant ansehen kann. In diesem Falle lautet die Differentialgleichung des Temperaturfeldes

$$\boxed{\frac{\partial^2 t}{\partial x^2} + \frac{\partial^2 t}{\partial y^2} + \frac{\partial^2 t}{\partial z^2} + \frac{\Phi}{\lambda} = 0}\,, \tag{116}$$

eine lineare, partielle Differentialgleichung von einer Form, wie sie auf verschiedenen Gebieten der Physik angetroffen wird. Die Gleichung ist daher vielfach mathematisch behandelt worden. Sie wird „POISSONsche Gleichung“ genannt. Wenn innerhalb des untersuchten Bereiches keine Wärmequellen vorhanden sind ($\Phi = 0$), vereinfacht sich die Gleichung weiter zu

$$\boxed{\frac{\partial^2 t}{\partial x^2} + \frac{\partial^2 t}{\partial y^2} + \frac{\partial^2 t}{\partial z^2} = 0}\,. \tag{117}$$

Eine Differentialgleichung dieser Form heißt „LAPLACEsche Gleichung“. Platzmangel verbietet, auf analytische Lösungsmethoden der POISSONschen und LAPLACEschen Gleichungen einzugehen. Dagegen sollen einige experimentelle Analogiemethoden kurz besprochen werden, die sich aus der Tatsache ergeben, daß die Gln. (116) und (117) verschiedene physikalische Vorgänge beschreiben.

Die POISSONsche Gleichung gilt beispielsweise für die Strömung von Elektrizität in einem Leiter mit Ohmschem Widerstand. In diesem Vorgange entsprechen t dem örtlichen elektrischen Potential, Φ elektrischen Stromquellen und λ dem Kehrwert des spezifischen Ohmschen Widerstandes. Wenn man imstande ist, an einem Leiter, dessen Gestalt dem Bereich des untersuchten Wärmeleitvorganges entspricht, entsprechende Randbedingungen vorzusehen, dann kann man durch Ausmessen des Potentialfeldes Auskunft über das entsprechende Temperaturfeld erhalten. Als Leiter wird häufig eine Flüssigkeit verwendet, ein Gedanke, der zur Entwicklung des elektrolytischen Troges führte.

Als Beispiel soll ein elektrolytischer Trog besprochen werden, der den zweidimensionalen Wärmeleitvorgang innerhalb einer elektrischen Spule untersucht[1]. Abb. 28 stellt einen Querschnitt durch die Spule dar. Wärme wird innerhalb der Drähte a als Ohmsche Wärme erzeugt. Es möge vorausgesetzt werden, daß in jedem Draht die gleiche Wärmemenge Q ent-

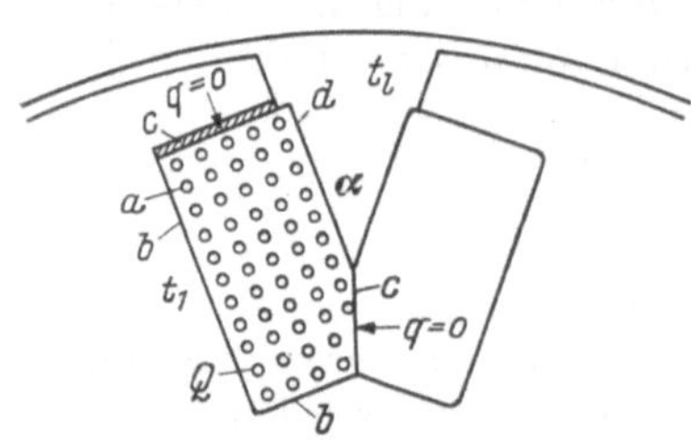

Abb. 28. Querschnitt durch eine Wicklungsspule in einem Elektromotor.

wickelt wird. Diese Wärme fließt durch den mit Isolierung ausgefüllten Raum zwischen den Drähten zur Spulenoberfläche. Von der Oberfläche sei der Rand b auf einer bekannten Temperatur t_1 gehalten. Die Ränder c seien wärmemäßig gut isoliert, so daß durch sie keine Wärme strömt. Rand d werde von einem Kühlluftstrom mit der Temperatur t_l bespült, der den Rand entsprechend einer Wärmeübergangszahl α kühlt. Man erkennt, daß bei diesem Problem alle drei Gruppen von Randbedingungen auftauchen, denn durch die Oberfläche der Drähte, die ebenfalls als Berandung angesehen werden kann, fließt ein vorgeschriebener Wärmestrom Q. Abb. 29 ist ein Photo eines elektrolytischen Troges, der ein Modell des Wärmeleitvorganges darstellt. Der Trog selbst ist aus Bakelit, einem elektrischen Isolator, gebaut. Dem Rand b mit konstanter Temperatur entspricht der Kupferleiter b, dem Rand c der Spule entspricht der Bakelitrand c. An den Rand d ist eine Reihe von länglichen Trögen angeschlossen, die am Ende durch einen kammartigen Kupferleiter e abgeschlossen sind. Die Leiter a innerhalb der Spule sind in Abb. 29 durch

Abb. 29. Elektrolytischer Trog zum Studium des Wärmeleitvorganges in der Spule nach Abb. 28

Kupferstifte a dargestellt. Der Trog wird so justiert, daß sein Boden horizontal ist, und mit einem schwachen Elektrolyten angefüllt. Die Schienen b und e werden auf elektrische Potentiale E_1 und E_l gebracht, die den

---

[1] ECKERT, E. R. G., J. P. HARTNETT, T. F. IRVINE u. R. BIRKEBAK: Trans. Amer. Inst. Electr. Engrs. 18 (1959) Teil II, S. 5.

Temperaturen t_1 und t_l verhältnisgleich sind. Die Stifte a sind über hochohmige Widerstände parallel mit einer weiteren Potentialquelle verbunden, deren Potential hoch ist gegenüber den Potentialen E_1 und E_l. Unter diesen Umständen fließt ein elektrischer Strom von den Stiften a nach den Schienen b und e, und es ist leicht einzusehen, daß das Potentialfeld innerhalb des Elektrolyten, das sich abtasten läßt, dem Temperaturfeld innerhalb der Spule verhältnisgleich ist. Der Wärmeübergangswiderstand entlang des Randes d der Spule ist im Modell durch den Widerstand des Elektrolyten in der Reihe kleiner Tröge dargestellt. Der richtige Wert dieses Widerstandes läßt sich durch Verschieben der kammartigen Schiene e einstellen. Die Hochohmwiderstände hinter den Stiften a sorgen dafür, daß von jedem Stift die gleiche Strommenge in den Elektrolyten eintritt.

Der elektrolytische Trog kann auch zum Studium rotationssymmetrischer Wärmeströmungen verwendet werden. In diesem Falle wird der Boden des Troges geneigt, so daß der vom Elektrolyten erfüllte Raum die Gestalt eines Keiles hat, der einem Ausschnitt aus der rotationssymmetrischen Konfiguration entspricht. Im Prinzip lassen sich natürlich auch dreidimensionale Strömungen in einem tiefen Trog untersuchen, nur wird dann die Ausmessung recht umständlich. Zweidimensionale Vorgänge können auch an einem Modell studiert werden, das man aus einem elektrizitätsleitenden Papier ausschneidet. Solches Papier mit einem spezifischen Widerstand von 2000 Ωcm ist im Handel erhältlich. Stromzuführungen lassen sich bequem durch Aufpinseln von Silberfarbe anbringen (siehe hierzu S. 17).

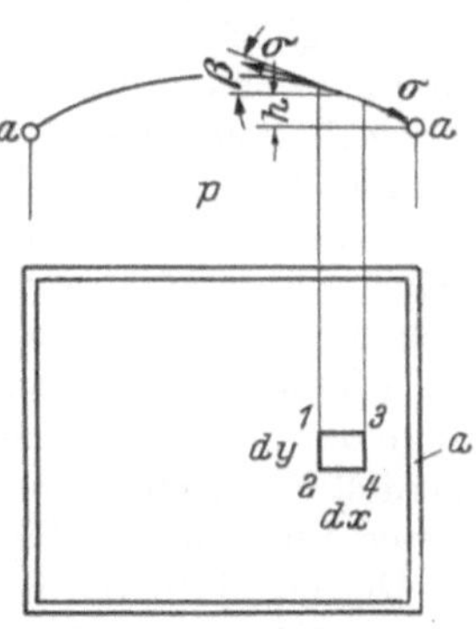

Abb. 30. Seifenhautgleichnis.

Ein anderes Analogieverfahren für einen zweidimensionalen Wärmeleitvorgang kann auf dem von L. PRANDTL angegebenen Seifenhautgleichnis aufgebaut werden. Es läßt sich zeigen, daß die Durchbiegung einer dünnen Membran durch die POISSONsche Gleichung beschrieben wird, solange sie klein ist. Zu dem Zwecke sei die in Abb. 30 im Auf- und Grundriß dargestellte Membran betrachtet, die über den steifen Rand a gespannt ist. Ein leichter Überdruck p biege die Membran schwach durch. Die Durchbiegung sei mit h bezeichnet. Es sei das Gleichgewicht in vertikaler Richtung eines kleinen Ausschnittes 1–2–3–4 aus der Membran mit Seitenlänge dx und dy betrachtet. Entlang des Randes, senkrecht zu ihm und innerhalb der Membranfläche wirkt die durch die Vorspannung bestimmte Spannung σ je Längeneinheit. Die Kraft $\sigma\, dy$ entlang des Randes 1–2 hat eine vertikale Komponente $\sigma\, dy \sin \beta$, wenn β den Neigungswinkel der Membran an der betrachteten Stelle angibt. Es gilt $\tan \beta = \dfrac{\partial h}{\partial x}$, und da der Winkel β klein ist, erhält man für die vertikale Komponente der Spannung entlang 1–2: $\sigma\, dy \dfrac{\partial h}{\partial x}$. Die vertikale Komponente der

Spannung entlang des Randes 3–4 läßt sich dann schreiben

$$\sigma\, d\, y \,\frac{\partial h}{\partial x} + \sigma\, d\, y \,\frac{\partial^2 h}{\partial x^2}\, d\, x\,.$$

In gleicher Weise erhält man die vertikale Kraft entlang des Randes 1–3 zu $\sigma\, d\, x \dfrac{\partial h}{\partial y}$ und die Kraft entlang 2 bis 4 zu

$$\sigma\, d\, x \,\frac{\partial h}{\partial y} + \sigma\, d\, x \,\frac{\partial^2 h}{\partial y^2}\, d\, y\,.$$

Diese Kräfte müssen im Gleichgewicht stehen mit der vom Überdruck p erzeugten Kraft $p\, d\, x\, d\, y$. Die Bilanz ergibt

$$\boxed{\;\frac{\partial^2 h}{\partial x^2} + \frac{\partial^2 h}{\partial y^2} + \frac{p}{\sigma} = 0\;}\,. \tag{118}$$

Ein Vergleich mit Gl. (116) zeigt, daß die Höhenlage h eines Punktes der Membranfläche der Temperatur t eines entsprechenden Punktes im Wärmeleitbereich entspricht. Der Quotient p/σ aus Überdruck und Spannung σ entspricht dem Quotienten Φ/λ aus Wärmequellenstärke und Wärmeleitzahl. Bequem verwirklichen lassen sich eine örtlich konstante Quellenstärke Φ (durch einen konstanten Überdruck p) und vorgeschriebene Temperaturen entlang des Randes (entsprechend der Höhenlage h des Randes). Die LAPLACEsche Gleichung (117) läßt sich verwirklichen, wenn der Druck auf beiden Seiten der Membrane der gleiche ist. Experimentell läßt sich die Membran durch eine dünne Gummihaut oder noch besser durch eine Seifenhaut darstellen.

Die Gl. (115) für veränderliche Wärmeleitzahl läßt sich durch Einführen eines sogenannten Wärmeleitpotentials φ in eine lineare Differentialgleichung umwandeln, wenn die Wärmeleitzahl λ temperaturabhängig ist. Die folgende Gleichung definiert das Wärmeleitpotential

$$d\varphi = \lambda\, d\, t \tag{118a}$$

oder integriert

$$\varphi = \int\limits_{t_0}^{t} \lambda\, d\, t\,, \tag{118b}$$

wobei irgendeine Temperatur t_0 als Bezugstemperatur gewählt werden kann. Damit geht Gl. (116) in die folgende Beziehung über

$$\frac{\partial^2 \varphi}{\partial x^2} + \frac{\partial^2 \varphi}{\partial y^2} + \frac{\partial^2 \varphi}{\partial z^2} + \Phi = 0\,, \tag{118c}$$

eine Gleichung, die mit Gl. (115) für $\lambda = 1$ identisch ist. Damit lassen sich alle analytisch oder experimentell gewonnenen Lösungsverfahren auf Gl. (118c) anwenden. Aus dem so gewonnenen φ-Feld läßt sich das Temperaturfeld leicht bestimmen, da Gl. (118b), die für eine vorgegebene Wärmeleitzahl $\lambda = \lambda\,(t)$ von vornherein ausgewertet werden kann, den Zusammenhang zwischen φ und t angibt. Die Randbedingungen nach 1 und 2 auf S. 44 lassen sich ohne weiteres in φ ausdrücken und bereiten keine besonderen Schwierigkeiten. Die Randbedingung nach 3 dagegen wird nichtlinear, so daß das Verfahren für diese weniger geeignet ist.

16. Das Relaxationsverfahren

Eine numerische Berechnung eines mehrdimensionalen, zeitlich unveränderlichen Wärmeleitvorganges läßt sich bequem mit Hilfe des Relaxationsverfahrens[1] vornehmen. Dieses Verfahren hat den Vorteil, daß temperatur- und ortsveränderliche Wärmeleitzahlen und verwickelte Randbedingungen keine besonderen Schwierigkeiten bereiten. Das Verfahren sei hier zunächst für einen zweidimensionalen Wärmeleitvorgang besprochen. Gemäß Abb. 31 unterteilt man den vorgegebenen Bereich durch ein Gitterwerk von Linien, die voneinander um Δx und Δy entfernt sind. Die Temperatur wird bei dem Relaxationsverfahren, das im wesentlichen ein Differenzenverfahren ist, nur für die Schnittpunkte der Gitterlinien berechnet. Ein beliebig herausgegriffener Punkt sei 0. Zur Berechnung der Temperatur dieses Punktes

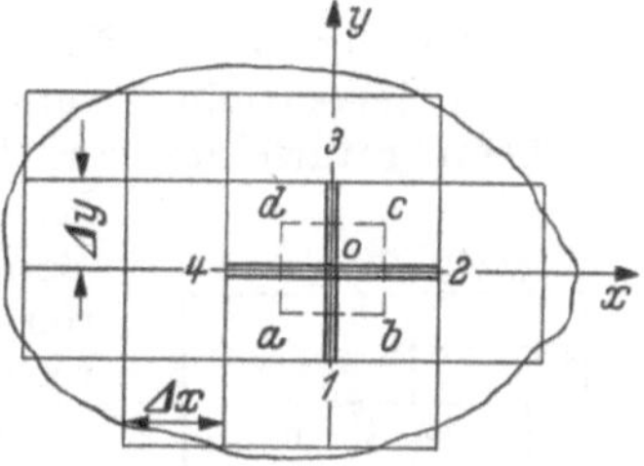

Abb. 31. Zur Ableitung der Relaxationsgleichung.

wird eine Wärmebilanz für das Volumenelement a–b–c–d mit Seitenlängen Δx und Δy (und 1 senkrecht zur Zeichenebene) aufgestellt. Zu diesem Zwecke denkt man sich außerdem den Wärmeleitvorgang durch die Fläche a bis b in einem Stab vereinigt, der den Punkt 1 mit 0 verbindet. Der Querschnitt des Stabes sei gleich dem der Fläche a bis b, nämlich gleich Δx. Seine Länge sei Δy. Daher ist der Wärmestrom Q_{1-0} in diesem Stabe

$$Q_{1-0} = \lambda_{1-0}\,\Delta x\,\frac{t_1 - t_0}{\Delta y},$$

wenn λ_{1-0} den Mittelwert der Wärmeleitzahlen in den Punkten 1 und 0 und t die entsprechenden Temperaturen bedeutet. Entsprechende Ausdrücke lassen sich für die Wärmeströme von den Punkten 2, 3 und 4 nach 0 anschreiben.

$$Q_{2-0} = \lambda_{2-0}\,\Delta y\,\frac{t_2 - t_0}{\Delta x},$$

$$Q_{3-0} = \lambda_{3-0}\,\Delta x\,\frac{t_3 - t_0}{\Delta y},$$

$$Q_{4-0} = \lambda_{4-0}\,\Delta y\,\frac{t_4 - t_0}{\Delta x}.$$

---

[1] Diese Methode wurde in den letzten Jahren entwickelt und vielfach angewendet: R. V. SOUTHWELL: Relaxation Methods im Engineering Science, Oxford University Press 1940. H. W. EMMONS: The numerical Solution of Heat-conduction Problems. Trans. Amer. Soc. Mech. Eng. 65 (1943) 607–612. G. M. DUSINBERRE: Numerical Analysis of Heat Flow, New York: McGraw-Hill 1949.

Die Summe der vier Ausdrücke stellt den Wärmestrom Q_0 in das Volumenelement a–b–c–d dar. Sind in dem Material außerdem Wärmequellen mit einer Stärke Φ_0 je Volumeneinheit vorhanden, dann ist die Wärmeerzeugung innerhalb des Volumenelementes $\Phi_0 \Delta x \Delta y$. Im stationären Zustand muß die Summe aus $\Phi_0 \Delta x \Delta y$ und Q_0 gleich Null sein. Daraus ergibt sich die Gleichung

$$\left.\begin{aligned}
&\lambda_{1-0}\frac{\Delta x}{\Delta y}t_1 + \lambda_{2-0}\frac{\Delta y}{\Delta x}t_2 + \lambda_{3-0}\frac{\Delta x}{\Delta y}t_3 + \lambda_{4\ 0}\frac{\Delta y}{\Delta x}t_4 - \\
&- \left(\lambda_{1-0}\frac{\Delta x}{\Delta y} + \lambda_{2-0}\frac{\Delta y}{\Delta x} + \lambda_{3-0}\frac{\Delta x}{\Delta y} + \lambda_{4-0}\frac{\Delta y}{\Delta x}\right)t_0 + \Phi_0 \Delta x \Delta y = 0,
\end{aligned}\right\} \tag{119}$$

die die Parallele zur Differentialgleichung (115) darstellt.

    Beim Relaxationsverfahren nimmt man nun zunächst eine Schätzung des Temperaturfeldes vor, d.h., man nimmt die Temperaturen an allen Knotenpunkten innerhalb des vorgeschriebenen Bereiches an. Mit den geschätzten Temperaturen läßt sich die linke Seite der Gl. (119) berechnen, denn die Längen Δx und Δy wurden bei der Wahl des benutzten Gitterwerkes festgelegt, und die Wärmeleitzahlen können aus einer für das untersuchte Material vorgegebenen Beziehung $\lambda = f(t, x, y)$ unter Zugrundelegung der geschätzten Temperaturen ermittelt werden. Wenn man das Temperaturfeld nicht zufälligerweise richtig geschätzt hat, wird die linke Seite der Gl. (119) nicht Null ergeben, sondern einen endlichen Wert, den man *Residuum* nennt. Man kann für alle Knotenpunkte diese Residua berechnen. Das Relaxationsverfahren gibt nun an, wie man durch Korrekturen der geschätzten Temperaturen die Residua in einer Anzahl von Schritten immer mehr verringern kann.

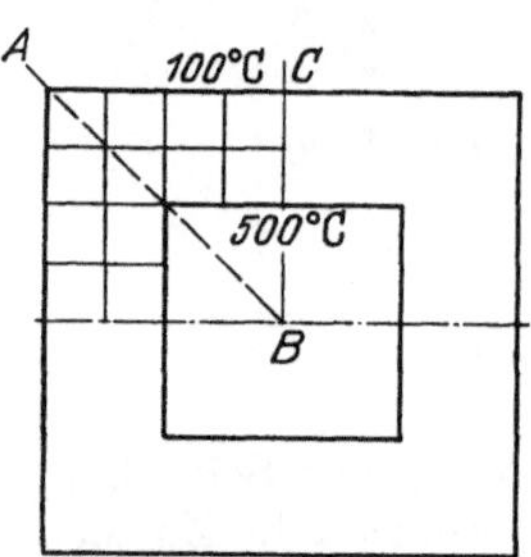

Abb. 32. Zur Berechnung der Temperaturverteilung in einer hohlen Säule.

    Die Durchführung des Verfahrens läßt sich am besten an einem konkreten Beispiel besprechen. Es soll das Temperaturfeld innerhalb einer dickwandigen hohlen Säule von quadratischem Querschnitt bestimmt werden. Abb. 32 stellt einen Querschnitt durch die Säule dar. Die innere Oberfläche möge eine Temperatur von 500 °C und die äußere Oberfläche eine solche von 100 °C haben. Die Dimension der Säule senkrecht zur Zeichenebene sei genügend groß, so daß Wärmeströmungen in Richtung dieser Dimension vernachlässigt werden können. Das für die Berechnung verwendete Gitterwerk ist in Abb. 32 ebenfalls eingetragen. Aus Symmetriegründen genügt es, den Bereich A–B–C zu untersuchen, und dieser ist in Abb. 33 nochmals in größerem Maßstab dargestellt. Die Aufgabe besteht nun darin, die Temperaturen in den Knotenpunkten a, b, c und d zu finden. Zunächst muß eine Schätzung dieser Temperaturen vorgenommen werden. Die geschätzten Temperaturen (300 °C) sind in Abb. 33 links von den Knotenpunkten eingetragen. Für den vorkommenden Temperaturbereich (100 bis 500 °C) möge die Wärmeleitzahl als konstant angesehen werden können ($\lambda_{1-0} = \lambda_{2-0} = \lambda$). Wärmequellen seien nicht vorhanden ($\Phi_0 = 0$). Für das verwendete quadratische Netzwerk gilt $\Delta x = \Delta y$. Damit vereinfacht sich die Gl. (119) zu

$$t_1 + t_2 + t_3 + t_4 - 4t_0 = 0. \tag{120}$$

Diese Bedingung zwischen der wahren Temperatur t_0 und den vier benachbarten wahren Temperaturen muß in jedem der Knotenpunkte a, b, c und d erfüllt sein. Für die geschätzten Temperaturen dagegen gilt

$$t_1 + t_2 + t_3 + t_4 - 4t_0 = R, \tag{121}$$

wenn R das Residuum darstellt.

Mit dieser Gleichung lassen sich die Residua in den Knotenpunkten berechnen. Sie sind in Abb. 33 rechts von den Punkten a bis d in der ersten Zeile eingetragen. Das Residuum für Punkt a ist -400, für die anderen Punkte 0. Man nimmt nun eine Korrektur der Temperatur in Punkt a vor, die das Residuum dieses Punktes auf 0 bringt. Diese Korrektur -100 °C ist links von Punkt A eingetragen. Eine Neuberechnung der Residua ergibt die Werte in der zweiten Zeile rechts von den Knotenpunkten.

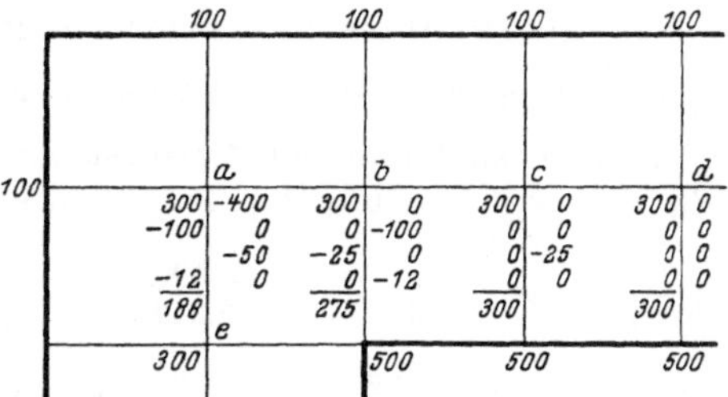

Abb. 33. Relaxationsschema für die Säule nach Abb. 32.

Als nächster Schritt wird eine Korrektur der Temperatur in Punkt b vorgenommen. Dies ergibt die Residua in der dritten Zeile. Der Wert -50 in Punkt a ergibt sich aus der Tatsache, daß aus Symmetriegründen die Temperatur in Punkt e ebenfalls um $-25°$ verringert werden muß. Das Verfahren wird so lange wiederholt, bis alle Residua kleiner sind als ein als zulässig angesehener Grenzwert. Zum Schluß werden die Temperaturen aus der ursprünglichen Schätzung und den vorgenommenen Korrekturen berechnet. In Abb. 33 wurde dies nach dem vierten Schritte durchgeführt. Die berechneten Temperaturen sind: 188 °C in Punkt a, 275 °C in Punkt b, 300 °C in den Punkten c und d.

Die Erweiterung des Verfahrens auf Materialien mit veränderlicher Wärmeleitzahl und mit Wärmequellen sollte dem Leser keine Schwierigkeiten bereiten. Man muß dann Gl. (119) zur Berechnung der Residua heranziehen. Das verwendete Gitter wird vorteilhafterweise der untersuchten Körperform angepaßt. Rechteckige oder trapezförmige Gitter oder solche, die aus konzentrischen Kreisen und radialen Strahlen bestehen, können verwendet werden. Für ein anisotropes Material, das in x- und y-Richtung verschiedene Wärmeleitzahlen λ_x und λ_y hat, empfiehlt sich ein rechteckiges Gitter mit Maschenweiten, die so gewählt sind, daß die Bedienungsgleichung

$$\frac{\Delta x}{\Delta y} = \sqrt[]{\frac{\overline{\lambda_x}}{\lambda_y}}$$

erfüllt ist. Mit dieser Beziehung für $\lambda = $ konst. und $\Phi = 0$ vereinfacht sich die Gl. (119) in die einfach zu handhabende Gl. (120).

Ist an den Berandungen nicht die Temperatur, sondern der Wärmefluß vorgegeben, dann muß man die Temperaturen auch an den Schnitt-

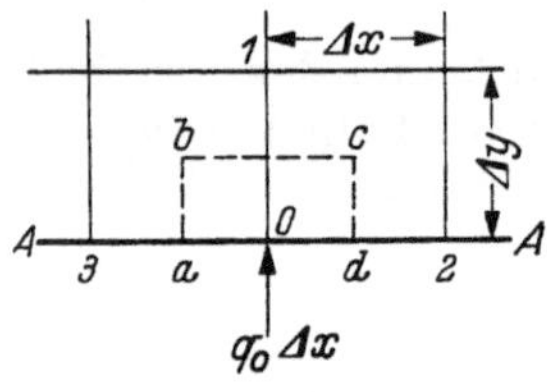

Abb. 34. Randbedingung für das Relaxationsverfahren.

punkten, die in der Oberfläche liegen, berechnen. Die hierzu notwendige Beziehung soll mit Hilfe der Abb. 34 abgeleitet werden, die einen Ausschnitt aus dem Gitterwerk darstellt. Die Linie A–A entspreche der Berandung des Körpers, und die Wärmebilanz werde für das Volumenelement a, b, c und d aufgestellt. Der Wärmeleitvorgang durch die Berandung des Volumenteilchens wird durch Wärmeleitung in den Stäben 0 bis 1 (mit Querschnitt Δx), 0 bis 2 (mit Querschnitt $\dfrac{\Delta y}{2}$) und 0 bis 3 (mit Querschnitt $\dfrac{\Delta y}{2}$) ersetzt. Wenn Wärmequellen mit der Stärke Φ_0 im Punkte 0 vorhanden sind und der Wärmestrom in die Körperoberfläche an der Stelle 0 je Flächeneinheit q_0 ist, dann ergibt die Wärmebilanz

$$\left.\begin{aligned}
&\lambda_{1\text{-}0}\frac{\Delta x}{\Delta y}t_1 + \lambda_{2\text{-}0}\frac{\Delta y}{2\,\Delta x}t_2 + \lambda_{3\text{-}0}\frac{\Delta y}{2\,\Delta x}t_3 - \\
&- \left(\lambda_{1\text{-}0}\frac{\Delta x}{\Delta y} + \lambda_{2\text{-}0}\frac{\Delta y}{2\,\Delta x} + \lambda_{3\text{-}0}\frac{\Delta y}{2\,\Delta x}\right)t_0 + \Phi_0\frac{\Delta x\,\Delta y}{2} + q_0\,\Delta x = 0.
\end{aligned}\right\} \quad (122)$$

Diese Gleichung ist für alle Punkte der Berandung zu verwenden, an denen der Wärmestrom q vorgegeben ist. Ist statt dessen die Temperatur einer angrenzenden Flüssigkeit t_f und die Wärmeübergangszahl α bekannt, dann hat man in Gl. (122) den Wärmefluß q_0 durch den Ausdruck $\alpha\,(t_f - t_0)$ zu ersetzen.

Wenn die Wärmeleitzahl temperaturveränderlich ist, läßt sich wieder mit Vorteil das Wärmeleitungspotential verwenden. Man ersetzt dann die Gl. (119) durch die einfachere Beziehung

$$\frac{\Delta x}{\Delta y}(\varphi_1 + \varphi_3) + \frac{\Delta y}{\Delta x}(\varphi_2 + \varphi_4) - 2\left(\frac{\Delta x}{\Delta y} + \frac{\Delta y}{\Delta x}\right)\varphi_0 + \Phi_0\,\Delta x\,\Delta y = 0, \quad (122a)$$

berechnet mit den vorgegebenen Randbedingungen zunächst das Potential φ und gewinnt in einem letzten Schritt das Temperaturfeld aus der Gl. (118b).

Die Genauigkeit des Verfahrens, wie aller Differenzenverfahren, wird um so größer, je kleiner die gewählte Maschenweite ist. Der Rechenaufwand wird am kleinsten, wenn man zunächst mit einer groben Maschenweite beginnt, mit dieser eine Anzahl von Schritten ausführt und dann erst auf die kleinere Maschenweite übergeht. Bei einiger Übung läßt sich der Rechenaufwand auch durch „Überkompensieren" verringern. Dabei reduziert man in jedem Schritt das Residuum nicht auf Null, sondern bringt eine Korrektur an der Temperatur t_0 an, die ein kleines Residuum von entgegengesetztem Vorzeichen erzeugt. Bei genügend kleiner Maschenweite läßt sich eine unregelmäßige Berandung, wie in Abb. 31 gezeigt, durch einen gebrochenen Linienzug, den das Gitter vorschreibt, mit genügender Genauigkeit ersetzen.

Ein Bild über die Genauigkeit der Relaxationsverfahren bei konstanter Wärmeleitzahl läßt sich dadurch gewinnen, daß man die Gl. (119) aus der Differentialgleichung (115) ableitet. Die Temperatur im Punkte 2 (Abb. 31) läßt sich durch die Temperatur t_0 mit Hilfe einer TAYLORschen Reihe ausdrücken:

$$t_2 = t_0 + \frac{\Delta x}{1!}\left(\frac{\partial t}{\partial x}\right)_0 + \frac{\Delta x^2}{2!}\left(\frac{\partial^2 t}{\partial x^2}\right)_0 + \frac{\Delta x^3}{3!}\left(\frac{\partial^3 t}{\partial x^3}\right)_0 + \cdots$$

Für die Temperatur t_4 erhält man

$$t_4 = t_0 - \frac{\Delta x}{1!}\left(\frac{\partial t}{\partial x}\right)_0 - \frac{\Delta x^2}{2!}\left(\frac{\partial^2 t}{\partial x^2}\right)_0 - \frac{\Delta x^3}{3!}\left(\frac{\partial^3 t}{\partial x^3}\right)_0 + \cdots,$$

wenn man berücksichtigt, daß nun Δx in der negativen x-Richtung zu zählen ist. Addition der beiden Gleichungen ergibt

$$t_2 + t_4 - 2t_0 = (\Delta x)^2\left(\frac{\partial^2 t}{\partial x^2}\right)_0 + \cdots$$

In der gleichen Weise erhält man

$$t_1 + t_3 - 2t_0 = (\Delta y)^2\left(\frac{\partial^2 t}{\partial y^2}\right)_0 + \cdots$$

und aus diesen beiden Gleichungen, wenn man Glieder von vierter und höherer Ordnung vernachlässigt,

$$\frac{1}{(\Delta x)^2}(t_2 + t_4 - 2t_0) + \frac{1}{(\Delta y)^2}(t_1 + t_3 - 2t_0) = \left(\frac{\partial^2 t}{\partial x^2}\right)_0 + \left(\frac{\partial^2 t}{\partial y^2}\right)_0.$$

Wenn man zu beiden Seiten der Gleichung den Ausdruck Φ_0/k addiert, wird die rechte Seite identisch mit POISSONS Gleichung (116). Man überzeugt sich leicht, daß die linke Seite identisch ist mit Gl. (119) für konstante Wärmeleitzahl. Gl. (119) beschreibt daher den Wärmeleitvorgang, wenn in der TAYLOR-Entwicklung Glieder von vierter und höherer Ordnung vernachlässigbar klein sind. Dies kann man durch entsprechend kleine Maschenwerte erreichen. Praktisch überzeugt man sich von der Genauigkeit einer durchgeführten Relaxationsrechnung am besten, indem man sie mit einer kleineren Maschenweite einige Schritte weiterführt.

B. Zeitlich veränderliche Wärmeleitung

17. Das Thermometerproblem

Zeitliche Temperaturänderungen in einem Körper, der Wärme mit einer umgebenden Flüssigkeit austauscht, lassen sich in einfacher Weise berechnen, wenn der Körper kleine Abmessungen und eine große Wärmeleitzahl hat. Es können dann nur kleine Temperaturunterschiede innerhalb des Körpers vorhanden sein, die man mit guter Näherung vernachlässigen kann. Eine wichtige Anwendung für solche Rechnungen ist die Aufgabe, den Meßfehler zu berechnen, der entsteht, wenn man eine zeitlich veränderliche Temperatur in einer Flüssigkeit mit einem Thermometer mißt. Infolge der endlichen Wärmekapazität des Thermometers hinkt die angezeigte Temperatur stets hinter dem wahren Wert nach. Eine Berechnung der Größenordnung dieses Fehlers ist für eine Beurteilung der Genauigkeit einer Temperaturmessung wesentlich.

Wir betrachten einen Körper mit dem Volumen V und der Oberfläche F. Seine Dichte sei ϱ und seine spezifische Wärme c. Der Körper sei von einer Flüssigkeit mit der zeitlich veränderlichen Temperatur t_f bespült, wobei die Wärmeübergangszahl zwischen der Flüssigkeit und der Körperoberfläche α sei. Da der Körper versucht, seine Temperatur t der Flüssigkeitstemperatur anzupassen, wird sich die Temperatur t ebenfalls zeitlich ändern. Die Körpertemperatur t soll berechnet werden.

Von der Flüssigkeit wird dem Körper je Zeiteinheit eine Wärmemenge $\alpha F (t_f - t)$ zugeführt. Der Körper verwendet diese Wärme, um seine Temperatur zu steigern. Daraus ergibt sich die Wärmebilanz

$$\varrho c V \frac{dt}{d\tau} = \alpha F (t_f - t).$$

Mit der Abkürzung $B = \dfrac{\alpha F}{\varrho c V}$ ergibt sich die lineare, inhomogene Differentialgleichung erster Ordnung

$$\frac{dt}{d\tau} + B t = B t_f. \tag{123}$$

Lösungen dieser Gleichung sollen für einige charakteristische Fälle besprochen werden.

a) Die ursprünglich konstante Temperatur t_0 der Flüssigkeit ändert sich zur Zeit $\tau = 0$ plötzlich auf den Wert t_f, der nachher wieder konstant bleibt. Die Temperatur des Körpers ist ursprünglich (für $\tau = 0$) gleich der Flüssigkeitstemperatur t_0 und wird sich nach genügend langer Zeit der Temperatur t_f angleichen.

Es wird also eine Lösung der Gl. (123) gesucht, die die Bedingungen: $t = t_0$ für $\tau = 0$ und $t = t_f$ für $\tau = \infty$ erfüllt. Diese Lösung ist

$$t = t_f + (t_0 - t_f)\, e^{-B\tau},$$

wie man sich durch Einsetzen leicht überzeugen kann. Der Temperaturfehler eines Thermometers

$$\boxed{t - t_f = (t_0 - t_f)\, e^{-B\tau}} \tag{124}$$

klingt allmählich mit der Zeit τ auf Null ab. Ein Maß für die Schnelligkeit dieses Abklingens gewinnt man, wenn man die Zeit angibt, in der der ursprüngliche Fehler auf die Hälfte abgesunken ist. Aus der Gleichung

$$\frac{t_0 - t_f}{2} = (t_0 - t_f)\, e^{-B\tau_H}$$

erhält man für die *Halbwertzeit*

$$\tau_H = \frac{0{,}693}{B} = 0{,}693 \frac{\varrho\, c\, V}{\alpha\, F}\,.$$

Es läßt sich leicht nachprüfen, daß man 3,3mal so lange warten muß, bis der Temperaturfehler auf 1/10 des ursprünglichen Wertes verringert ist, und 6,6mal so lange, bis er sich auf 1/100 verkleinert hat.

Die gleiche Rechnung gibt auch den Meßfehler an, den man begeht, wenn man ein Thermometer plötzlich in eine Flüssigkeit eintaucht.

b) Der Körper befinde sich in einer Flüssigkeit, deren Temperatur linear mit der Zeit ansteigt gemäß der Gleichung

$$t_f = M\,\tau\,.$$

Die Lösung der Gl. (123) läßt sich aus einer partikularen Lösung der vollständigen, inhomogenen Gleichung und der allgemeinen Lösung der zugehörigen homogenen Gleichung zusammensetzen. Die letztere beschreibt offensichtlich ein zeitliches Abklingen der Temperatur t. Wenn man nur in der Temperatur t für eine Zeit interessiert ist, die genügend weit von dem Beginn des Vorganges entfernt ist, genügt es, eine partikuläre Lösung der Gl. (123) aufzusuchen. Eine solche gewinnt man mit dem Ansatz

$$t = M\,\tau + C,$$

wobei C eine Konstante bedeutet. Durch Einsetzen in die Differentialgleichung erhält man $C = -M/B$ und

$$t = M\,\tau - \frac{M}{B} = t_f - M\,\frac{\varrho\, c\, V}{\alpha\, F}\,.$$

Ein Thermometer in einer Flüssigkeit mit einer zeitlich linear ansteigenden Temperatur hinkt daher um einen konstanten Betrag

$$\boxed{\,t - t_f = -\left(\frac{d\,t_f}{d\,\tau}\right)\frac{\varrho\, c\, V}{\alpha\, F}\,} \tag{125}$$

hinter der Temperatur der Flüssigkeit nach.

c) Die Flüssigkeit möge eine periodische Schwankung mit der Kreisfrequenz ω um einen Mittelwert $\bar{t}_f$ ausführen, gemäß der Gleichung

$$t_f = \bar{t}_f + t_{fA}\,\sin\omega\,\tau\,.$$

Wenn man sich wieder auf die Temperatur t genügend lange nach dem Beginn des Vorganges beschränkt, wird sie durch die folgende Gleichung beschrieben:

$$\boxed{\,t = \bar{t}_f + \frac{t_{fA}}{\sqrt{1 + \dfrac{\omega^2}{B^2}}}\,\sin\left(\omega\,\tau - \arctan\frac{\omega}{B}\right)\,}\,. \tag{126}$$

Von seiner Richtigkeit kann man sich durch Einsetzen in die Differentialgleichung (123) leicht überzeugen.

Man erkennt, daß die Amplitude der Temperaturschwingung eines Thermometers im Verhältnis $1/\sqrt{1 + \omega^2/B^2}$ kleiner ist als die Amplitude der Temperaturschwingung der Flüssigkeit und daß die Thermometeranzeige auch in der Phase der Temperatur der Flüssigkeit nachhinkt. Eine beliebige periodische Temperaturschwingung der Flüssigkeit läßt sich durch eine FOURIER-Entwicklung in eine Summe harmonischer Schwingungen zerlegen. Für jeden Summand kann man den Temperaturmeßfehler aus der obigen Gleichung berechnen. Solche Untersuchungen sind wesentlich, wenn man die turbulenten Temperaturschwankungen in einem Flüssigkeitsstrom mit einem Thermoelement oder einem Widerstandsthermometer oder die turbulenten Geschwindigkeitsschwankungen mit einem Hitzdrahtgerät messen will. Sie gestatten eine Abschätzung der zu erwartenden Meßfehler.

18. Zeichnerische und numerische Ermittlung von Wärmeströmungen

Die exakte Lösung der Wärmeleitungsgleichung (55) oder (56) bereitet erhebliche mathematische Schwierigkeiten. Mit der Lösung dieser Gleichung hat sich bereits FOURIER beschäftigt und hierbei die Methode der Fourierschen Reihen entwickelt[1]. Dagegen gelangt man durch ein angenähertes zeichnerisches Verfahren, das von E. SCHMIDT[2] angegeben wurde, in vielen Fällen sehr schnell zu einer Lösung. Wir besprechen dieses Verfahren wieder für den Fall einer ebenen Wand. Für diese geht bei Abwesenheit von Wärmequellen und bei konstanter Wärmeleitzahl die Wärmeleitungsgleichung in die folgende Form über

$$\frac{\partial \vartheta}{\partial \tau} = a \frac{\partial^2 \vartheta}{\partial x^2}. \tag{127}$$

Diese Gleichung wird nun in eine Differenzengleichung umgewandelt, indem man die Zeit in kleine, aber endliche Intervalle $\Delta \tau$ und ebenso die Plattendicke in Intervalle Δx zerlegt denkt und die Temperatur nur in diesen Intervallen betrachtet (Abb. 35). Die Gl. (127) schreibt sich als Differenzengleichung

$$\frac{\Delta \vartheta_\tau}{\Delta \tau} = a \frac{\Delta^2 \vartheta_x}{\Delta x^2}. \tag{128}$$

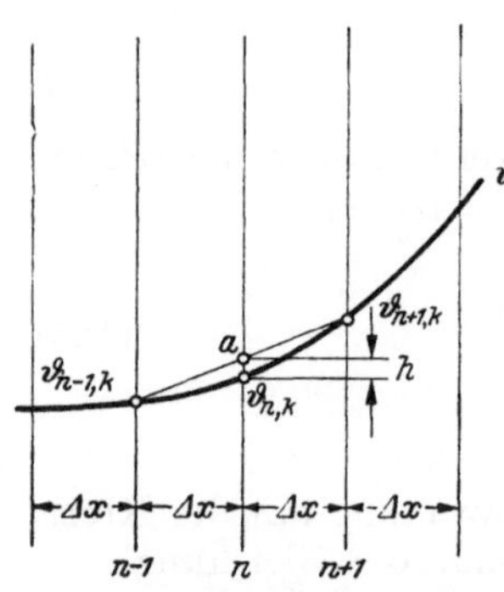

Abb. 35. Erklärung des Differenzierverfahrens nach E. SCHMIDT.

Die Fußzeiger weisen darauf hin, ob die Zeit τ oder der Ort x bei der Differenzenbildung $\Delta \vartheta$ verändert ist. Man zählt nun die Längeninter

---

[1] FOURIER: Analytische Theorie der Wärme, Berlin 1884.

[2] SCHMIDT, E.: Beiträge zur technischen Mechanik und technischen Physik (FÖPPL-Festschrift). Berlin: Springer 1924; s. auch E. SCHMIDT: Einführung in die Technische Thermodynamik, 10. Aufl., Berlin/Göttingen/Heidelberg: Springer 1963, S. 353.

valle und die Zeitintervalle fortlaufend. Eine beliebige Stelle in der Platte möge so die Nummer n (Abb. 35) und ein beliebiger Zeitpunkt die Nummer k erhalten. Wir können dann die Größe $\varDelta\vartheta_\tau$ in folgender Form anschreiben

$$\varDelta\vartheta_\tau = \vartheta_{n,k+1} - \vartheta_{n,k} \qquad (129)$$

und ebenso die Größe

$$\varDelta\vartheta_x = \vartheta_{n+1,k} - \vartheta_{n,k}.$$

Der Ausdruck $\varDelta^2\vartheta_x$ ist die Differenz zweier aufeinanderfolgender Differenzen, es ergibt sich dafür also

$$\varDelta^2\vartheta_x = (\vartheta_{n+1,k} - \vartheta_{n,k}) - (\vartheta_{n,k} - \vartheta_{n-1,k}) = \vartheta_{n+1,k} - 2\vartheta_{n,k} + \vartheta_{n-1,k}. \qquad (130)$$

Damit geht die Differenzengleichung (128) in folgende Form über

$$\vartheta_{n,k+1} - \vartheta_{n,k} = a\,\frac{\varDelta\tau}{\varDelta x^2}(\vartheta_{n+1,k} - 2\vartheta_{n,k} + \vartheta_{n-1,k}). \qquad (131)$$

Aus ihr kann der Temperaturverlauf zur Zeit $k+1$ berechnet werden, wenn man den Temperaturverlauf zur Zeit k kennt. Durch fortgesetzte Anwendung der Gleichung läßt sich so aus einer gegebenen Anfangstemperaturverteilung der weitere Verlauf schrittweise bestimmen. An die Stelle der Berechnung kann die in Abb. 35 dargestellte einfache zeichnerische Ermittlung treten. In der Abbildung ist der Temperaturverlauf zur Zeit k eingezeichnet. Man verbindet nun jeweils die Temperaturpunkte, die um zwei $\varDelta x$-Intervalle voneinander entfernt sind, durch eine gerade Linie, in Abb. 35 beispielsweise den Punkt $\vartheta_{n-1,k}$ auf der Ordinate $n-1$ mit dem Punkt $\vartheta_{n+1,k}$ auf der Ordinate $n+1$ durch eine Gerade. Auf diese Weise kommt man zum Schnittpunkt a. Die mit h bezeichnete Strecke hat dann die folgende Größe

$$h = \frac{\vartheta_{n-1,k} + \vartheta_{n+1,k}}{2} - \vartheta_{n,k} = \frac{1}{2}(\vartheta_{n+1,k} - 2\vartheta_{n,k} + \vartheta_{n-1,k}). \qquad (132)$$

Sie stimmt daher mit der durch Gl. (131) festgelegten Temperaturdifferenz bis auf den Unterschied überein, daß an Stelle des Faktors 1/2 in Gl. (131) der Ausdruck $a\,\varDelta\tau/\varDelta x^2$ steht. Da man aber bei gewähltem Längenintervall $\varDelta x$ über das Zeitintervall $\varDelta\tau$ noch frei verfügen kann, läßt es sich stets so einrichten, daß die Bedingung $a\,\varDelta\tau/\varDelta x^2 = 1/2$ erfüllt ist. Durch die in Abb. 35 angegebene Konstruktion hat man im Punkt a also bereits einen Punkt des Temperaturverlaufes für den Zeitpunkt $k+1$, der um den Betrag

$$\varDelta\tau = \frac{\varDelta x^2}{2a} \qquad (133)$$

später liegt als Zeitpunkt k, gewonnen. In gleicher Weise erhält man durch Ziehen von weiteren Geraden in Abb. 35 weitere Punkte der Temperaturkurve vom Zeitpunkt $k+1$ und kann so ihren ganzen Verlauf lediglich mit dem Lineal bestimmen. Zur Durchführung dieser Konstruktion muß zunächst der Temperaturverlauf in der Wand zu einem bestimmten Zeitpunkt gegeben sein. Kennt man daneben den zeitlichen Verlauf der Oberflächentemperatur, so beginnt man mit dem Zeichnen des Temperaturverlaufes in der Wand nach der Zeit $\Delta\tau$ an der Ober-

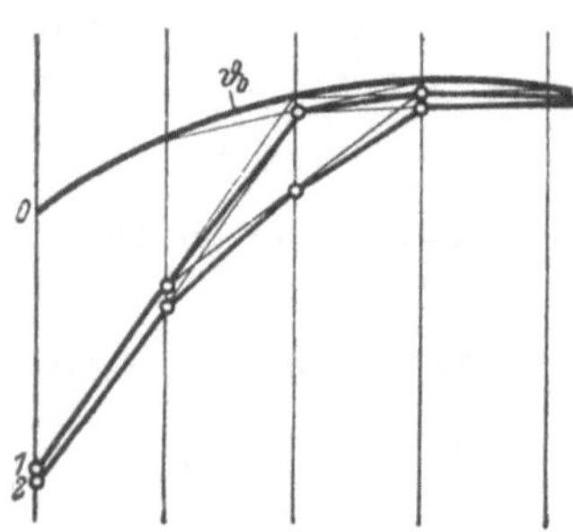

fläche, wie dies in Abb. 36 angedeutet ist. Hierbei sind also in dieser Abbildung der Temperaturverlauf ϑ_0 zur Zeit $\tau = 0$ und die Temperaturen der Oberfläche (Punkt 0, 1, 2 usw.) vorgegeben. Häufig kennt man dagegen nur den Verlauf der Temperatur ϑ_f außerhalb der Wand und der Wärmeübergangszahl α an der Oberfläche. Man führt dann die Unterteilung in Schichten zweckmäßiger so durch, wie in Abb. 37 angegeben. Durch die Oberflächenbedingung

Abb. 36. Zeitlich veränderliche Oberflächentemperatur.

$$- \lambda \frac{d\vartheta}{dx} = a\,(\vartheta - \vartheta_f) \qquad (134)$$

ist in diesem Fall die Richtung der Temperaturverteilungskurve an der Oberfläche zu jedem Zeitpunkt festgelegt. Zeichnerisch bedeutet die Bedingung, daß die Tangente an die Temperaturkurve im Oberflächenpunkt durch einen Richtpunkt gehen muß, dessen Entfernung von der Wand λ/α und dessen Ordinate die Umgebungstemperatur ϑ_f ist. Auf diesen Zusammenhang wurde bereits in Abb. 27 hingewiesen. Er kann hier in folgender Weise ausgenutzt werden. Wir können uns die vorgegebene Temperaturverteilung 1, 2, 3 zum Beginn des Ausgleichsvorganges (Abb. 37) durch die Gerade $r - a$ über die Oberfläche der Wand hinaus verlängert

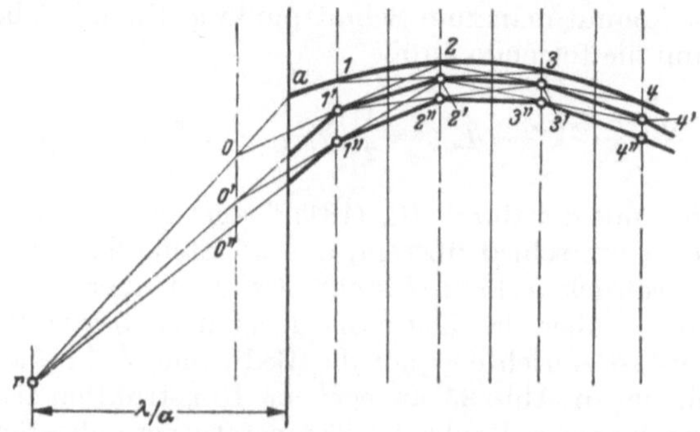

Abb. 37. Die Behandlung des Wärmeüberganges an einer Oberfläche beim Differenzenverfahren.

denken und mit unserer Konstruktion beginnen, indem wir Punkt 0 mit 2, 1 mit 3 usw. durch gerade Linien verbinden. Wir erhalten so die neue Temperaturkurve 1′, 2′, 3′. Auch diese kann wieder durch Verbindung mit dem Richtpunkt verlängert werden und ergibt so vor der Oberfläche den Punkt 0′. Damit wird die Konstruktion wiederholt und so fort. Ändert sich im Laufe der Zeit die Umgebungstemperatur ϑ_f oder die Wärmeübergangszahl, so läßt sich das durch eine Verschiebung des

Richtpunktes in vertikaler bzw. horizontaler Richtung leicht berücksichtigen. Dies ist ein Vorteil des zeichnerischen Verfahrens gegenüber einer rechnerischen Behandlung der Differentialgleichung, bei der die Berücksichtigung einer veränderlichen Wärmeübergangszahl zu großen mathematischen Schwierigkeiten führt. Das Verfahren wurde in letzter Zeit weiter ausgebaut[1], so daß sich auch andere Körperformen, wie z.B. der Zylinder oder die Kugel. damit behandeln lassen. Die Gl. (130) läßt sich auch rechnerisch statt zeichnerisch auswerten. Ebenso kann das in Abschn. 16 beschriebene Relaxationsverfahren leicht auf instationäre Vorgänge ausgedehnt werden.

Das Verfahren ist für einen instationären Vorgang sogar einfacher, da in diesem Falle das gesamte Temperaturfeld zu einem bestimmten Zeitpunkte vorgegeben ist. Gl. (119) muß nun um einen Ausdruck vermehrt werden, der die gespeicherte Wärme darstellt

$$\left.\begin{aligned}
&\lambda_{1-0}\frac{\Delta x}{\Delta y}t_1 + \lambda_{2-0}\frac{\Delta y}{\Delta x}t_2 + \lambda_{3-0}\frac{\Delta x}{\Delta y}t_3 + \lambda_{4-0}\frac{\Delta y}{\Delta x}t_4 - \\
&-\left(\lambda_{1-0}\frac{\Delta x}{\Delta y}+\lambda_{2-0}\frac{\Delta y}{\Delta x}+\lambda_{3-0}\frac{\Delta x}{\Delta y}+\lambda_{4-0}\frac{\Delta y}{\Delta x}\right)t_0 + \Phi_0\,\Delta x\,\Delta y = \\
&= \varrho c\,\Delta x\,\Delta y\,\frac{t_{0,\Delta\tau}-t_0}{\Delta\tau}\,.
\end{aligned}\right\} \quad (135)$$

Dabei bedeuten $t_0, t_1 \ldots t_4$ die vorgegebenen Temperaturen. $t_{0,\Delta\tau}$ ist die Temperatur, die der Knotenpunkt 0 nach einem Zeitintervall $\Delta\tau$ annimmt. Nach Wahl der Größe von $\Delta\tau$ verbleibt $t_{0,\Delta\tau}$ als einzige Unbekannte in Gl. (135). Berechnung dieser Temperatur für alle Knotenpunkte ergibt ein neues Temperaturfeld, und Wiederholung des Verfahrens erlaubt den zeitlichen Temperaturverlauf zu ermitteln. Das Verfahren ist besonders für die Verwendung einer elektronischen Rechenmaschine geeignet. In diesem Falle läßt sich durch eine genügende Zahl von Iterationsschritten der stationäre Beharrungszustand so rasch annähern, daß dieses Verfahren dem in Abschn. 16 geschilderten auch für die Ermittlung eines stationären Temperaturfeldes überlegen ist, wenn eine digitale elektronische Rechenmaschine zur Verfügung steht.

Zahlenbeispiel (aus E. Schmidt: Technische Thermodynamik): Es soll der Temperaturverlauf in einer Betonmauer bestimmt werden, die zunächst eine konstante Temperatur von 20 °C hat, wenn die Temperatur der Umgebung plötzlich auf 0 °C absinkt. Die Temperaturleitzahl von Beton ist nach dem Anhang $a = 0,002$ m²/h, seine Wärmeleitzahl $\lambda = 1,0$ W/m grd, die Wärmeübergangszahl sei $\alpha = 5$ W/m² grd. Die Dicke der Wand sei 0,4 m. Sie werde in acht Schichten von 5 cm Dicke unterteilt. Die Entfernung des Richtpunktes von der Oberfläche ist $s = \lambda/\alpha = 0,2$ m. Die Durchführung der zeichnerischen Ermittlung zeigt Abb. 38. Dabei ergeben sich die Temperaturfelder in einer Zeitfolge $\Delta\tau = \dfrac{(\Delta x)^2}{2a} = \dfrac{5}{8}$ Std. Nach 5 Std. wurde die Schichtdicke Δx verdoppelt und nach 20 Std. vervierfacht, um Zeichenarbeit zu sparen. Um einen Anhalt über die Genauigkeit des zeichnerischen Verfahrens zu

---

[1] Schmidt, E.: Forsch. Ing.-Wes. 13 (1942) 166–185. Einige Ergänzungen zu dem Verfahren wurden von H. Pfriem [Z. VDI 86 (1942) 703–709 und Wärmeu. Kältetechnik 45 (1943) 33–38] mitgeteilt.

geben, sind auch die durch eine exakte Lösung von Gl. (127) gewonnenen Punkte in Abb. 38 eingetragen. Man sieht, daß die Übereinstimmung sehr gut ist. Nach Abb. 38 dauert es etwa 2 Tage, bevor die Betonwand durchgekühlt ist. Ziegelmauerwerk hat eine Temperaturleitzahl $a = 0,001$ m²/h. Bei diesem spielt sich also der Abkühlungsvorgang noch langsamer ab.

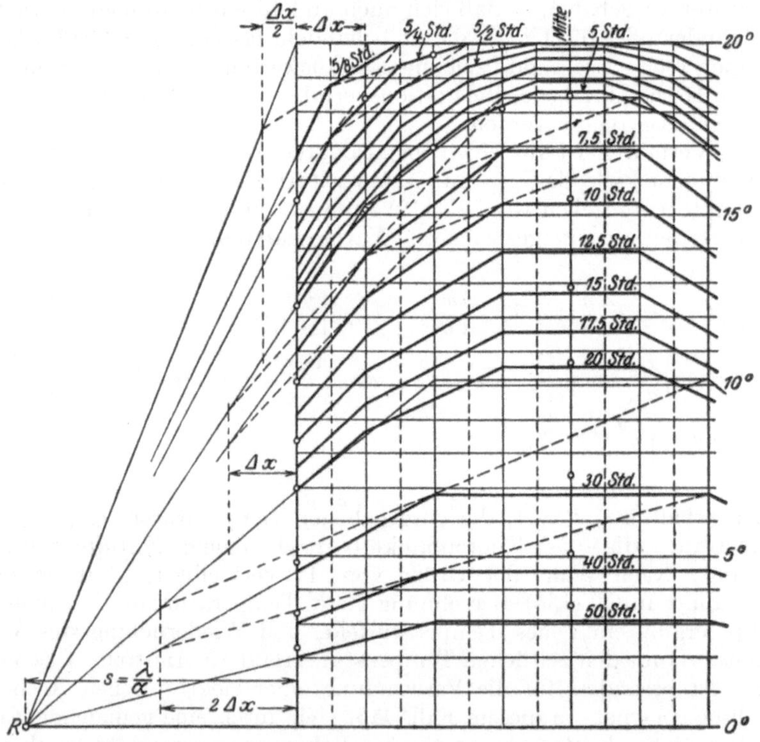

Abb. 38. Abkühlungen einer 0,4 m dicken Betonplatte (aus E. Schmidt, Thermodynamik, 7. Auflage, S. 352).

19. Analytische Lösungen

Verfahren zu einer strengen Lösung der Fourierschen Wärmeleitungsgleichung sind heute weitgehend ausgebildet. Sie sind aber im allgemeinen auf Materialien mit konstanten Stoffwerten beschränkt und auch in der Wahl der Randbedingungen nicht ganz frei. Es soll daher zunächst ein angenähertes Verfahren, das Integralverfahren, besprochen werden, das im letzten Jahrzehnt in Anlehnung an ein ähnliches Verfahren zur Lösung von Grenzschichtgleichungen (s. Abschn. 23) entwickelt wurde. Es wurde von H. D. Landahl erstmals 1953 auf biophysikalische Vorgänge und von A. K. Veinik 1959 auf Wärmeleitungsvorgänge angewandt und sei hier an Hand eines einfachen Beispieles besprochen.

Eine ebene Wand großer (unendlicher) Dicke habe zunächst eine einheitliche Temperatur $t = 0$. Zum Zeitpunkt $\tau = 0$ werde die Temperatur einer der Oberflächen auf den Wert t_0 gebracht, der fortan konstant bleibt. Man hat dann zu erwarten, daß der Temperaturanstieg sich allmählich in das Innere der Wand fortpflanzt und dabei eine Schicht erfaßt, deren Dicke zunächst Null ist und mit der Zeit anwächst. Abb. 39 stellt das Temperaturfeld zu einem Zeitpunkte dar, zu dem der Temperaturanstieg bis zum Betrag δ vorgedrungen ist. Die Ausdehnung der Platte sei derart, daß der Vorgang als eindimensional angesehen werden kann. Eine exakte Lösung desselben geht dann von Gl. (127) aus, die eine Wärmebilanz für eine unendlich dünne Schicht in der Wand darstellt. Für das Integralverfahren dagegen stellt man eine Wärmebilanz für die ganze Schicht von der Dicke δ (Abb. 39) auf. Parallel zur Oberfläche möge die Schicht die Fläche 1 haben.

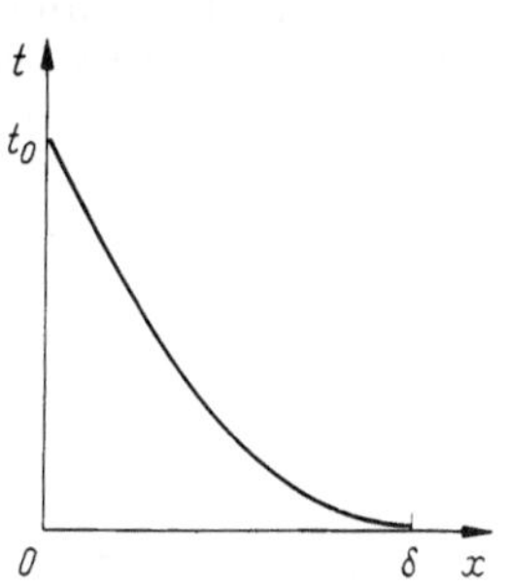

Abb. 39. Instationäres Temperaturprofil.

Die in dieser Schicht gespeicherte Wärme ist $\int\limits_0^\delta \varrho\, c\, t\, dx$, wenn t die Temperatur in der Entfernung x von der Oberfläche bedeutet. Die gespeicherte Wärme ändert sich je Zeiteinheit um den Betrag $\dfrac{d}{d\tau} \int\limits_0^\delta \varrho\, c\, t\, dx$.

Durch die Oberfläche dringt je Zeiteinheit ein Wärmestrom $q_0 = -\lambda \left(\dfrac{\partial t}{\partial x}\right)_{x=0}$ ein. Durch die Ebene in der Entfernung $x = \delta$ fließt dagegen kein Wärmestrom, da das Temperaturgefälle dort Null ist. Damit lautet die Wärmebilanz

$$\frac{d}{d\tau} \int\limits_0^\delta \varrho\, c\, t\, dx = -\lambda \left(\frac{\partial t}{\partial x}\right)_{x=0}. \tag{134a}$$

Die Stoffwerte seien der Einfachheit halber als konstant vorausgesetzt. Damit vereinfacht sich die Gl. (134a) zu

$$\frac{d}{d\tau} \int\limits_0^\delta t\, dx = -a \left(\frac{\partial t}{\partial x}\right)_{x=0}. \tag{134b}$$

Um zu einer Lösung der Gleichung zu kommen, macht man nun einen Ansatz für das Temperaturprofil in der Schicht mit der Dicke δ, der eine Reihe von Faktoren enthält, die man so bestimmt, daß das Temperaturfeld Bedingungen erfüllt, denen auch das wahre Temperaturfeld unterliegt. Im vorliegenden Falle kennt man die folgenden Randbedingungen:

$$\text{für } x = 0 : t = t_0 .$$

$$\text{für } x = \delta : t = 0 , \frac{\partial t}{\partial x} = 0 .$$

Damit hat man 3 Bedingungen und kann den Ansatz für das Temperaturprofil entsprechend wählen. Am einfachsten ist der Asnatz

$$t = a + b\,x + c\,x^2, \tag{134c}$$

doch kann auch ein anderer Ansatz mit 3 Faktoren a, b und c verwendet werden. Die letzteren werden nun aus den Randbedingungen bestimmt. Es ergibt sich bei Verwendung der Gl. (134c)

$$a = t_0, \quad b = -2\,\frac{t_0}{\delta}, \quad c = \frac{t_0}{\delta^2},$$

und das Temperaturprofil wird damit

$$t = t_0 \left(1 - 2\,\frac{x}{\delta} + \frac{x^2}{\delta^2}\right). \tag{134d}$$

Dieses wird nun in die Wärmebilanzgleichung (134b) eingeführt. Das Integral auf der linken Seite der Gleichung wird $\int\limits_0^\delta t\,dx = \frac{t_0\,\delta}{3}$ und der Differentialquotient auf der rechten Seite $\left(\frac{\partial t}{\partial x}\right)_{x=0} = -2\,\frac{t_0}{\delta}$. Damit wird die Gl. (134b)

$$\frac{t_0}{3}\,\frac{d\delta}{d\tau} = 2\,a\,\frac{t_0}{\delta}$$

oder

$$\delta\,d\delta = 6\alpha\,d\tau$$

und integriert mit der Bedingung $\delta = 0$ für $\tau = 0$

$$\delta = \sqrt{12\,a\,\tau}. \tag{134e}$$

Die Eindringtiefe δ wächst demnach proportional der Wurzel aus der Zeit τ an, und das Temperaturprofil ist

$$t = t_0 \left(1 - \frac{x}{\sqrt{3\,a\,\tau}} + \frac{x^2}{12\,a\,\tau}\right). \tag{134f}$$

Der Wärmestrom je Einheit der Oberfläche der Platte ist

$$q_0 = -\lambda \left(\frac{\partial t}{\partial x}\right)_{x=0} = 2\,\lambda\,\frac{t_0}{\delta} = \frac{\lambda\,t_0}{\sqrt{3\,\alpha\,\tau}}. \tag{134g}$$

Eine exakte Lösung des vorstehenden Problems führt zu der Gleichung

$$q_0 = \frac{\lambda\,t_0}{\sqrt{\pi\,a\,\tau}}.$$

Das hier dargestellte Näherungsverfahren gibt also den Wärmestrom mit einem Fehler von 2% an, eine Genauigkeit, die für viele Zwecke ausreicht.

Das Verfahren kann auf veränderliche Stoffwerte, auf verwickeltere Randbedingungen und auf Wärmequellen ausgedehnt werden. Eine zusammenfassende Darstellung ist in einem Beitrag von TH. R. GOODMAN „The use of integral methods in heat transfer" im 1. Band der Schriftenreihe „Advances in Heat Transfer"[1] enthalten.

Strenge Lösungen der Differentialgleichung (56) ohne Wärmequellen wurden im Schrifttum vor allem für zwei Fälle angegeben. Einmal für den Ausgleichvorgang, bei dem ein Körper zunächst eine konstante Temperatur hat, worauf die Umgebungstemperatur plötzlich auf einen anderen,

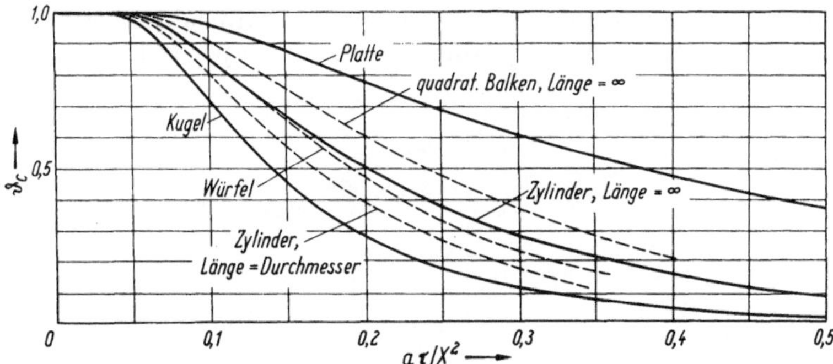

Abb. 40. Abkühlungsverlauf für den Mittelpunkt oder die Achse verschiedener Körper (nach GRÖBER/ERK/GRIGULL).

nachher wieder unveränderlichen Wert geändert wird. Der andere Fall ist ein quasistationärer. Der Körper befindet sich in einer Umgebung, deren Temperatur periodische Schwankungen ausführt. Die Lösungsverfahren für beide Fälle sind in dem Lehrbuch von GRÖBER/ERK/GRIGULL[2] ausführlich besprochen und die Lösungen in Schaubildern zusammengestellt. Es sollen daher in diesem Buche nur einige Ergebnisse mitgeteilt und besprochen werden. Für ein eingehenderes Studium ist die ausgezeichnete Darstellung in dem genannten Buch empfohlen.

Eine Zusammenstellung für Körper verschiedener Form, die zunächst eine einheitliche Temperatur ϑ_0 besitzen und deren Oberfläche plötzlich auf die Temperatur $\vartheta = 0$ abgekühlt wird, zeigt Abb. 40, die dem erwähnten Buch von GRÖBER/ERK/GRIGULL entnommen ist. In der Abbildung ist das Verhältnis der höchsten Temperatur ϑ_m des Körpers während des Abkühlungsvorganges zu seiner Temperatur ϑ_0 zur Zeit $\tau = 0$ über der dimensionslosen Kennzahl $a\tau/X^2$ aufgetragen. Die Länge X bedeutet die halbe Dicke des Körpers, beim Zylinder und der Kugel also den Halbmesser. Die Umgebungstemperatur ist dabei gleich Null gesetzt. Die Wärmeübergangszahl α ist als unendlich groß vorausgesetzt, so daß die Oberfläche der Körper sofort am Beginn des Vorganges zur Zeit $\tau = 0$ die Umgebungstemperatur 0 annimmt. Man sieht aus der Abbildung, daß sich die Platte am langsamsten, die Kugel am schnellsten abkühlt. Für die übrigen Körper liegt die Abkühlungszeit dazwischen. Ist eine Wärme-

---

[1] Advances in Heat Transfer, herausgegeben von TH. F. IRVINE, JR. und I. P. HARTNETT, New York: Academic Press 1964.

[2] GRÖBER/ERK/GRIGULL: Die Grundgesetze der Wärmeübertragung, 3. Aufl., Berlin/Göttingen/Heidelberg: Springer 1955.

übergangszahl von endlicher Größe vorhanden, so wird dadurch der Abkühlungsvorgang verlangsamt. Dies ist für die ebene beidseitig gekühlte Platte in Abb. 41 dargestellt, die nach Diagrammen von W. BACHMANN gezeichnet wurde[1]. Es zeigt sich, daß das Verhältnis $\vartheta_m : \vartheta_0$ der Temperatur in der Mittelebene zur Anfangstemperatur nun von zwei Größen abhängt, der bereits in Abb. 40 verwendeten Kennzahl $a\tau/X^2$ und der Kennzahl $\alpha X/\lambda$. Der Linienzug $\alpha X/\lambda = \infty$ stimmt mit dem entsprechenden in Abb. 40 überein.

Ist die Wärmeleitzahl groß gegenüber der Wärmeübergangszahl, ist also die Kennzahl $\alpha X/\lambda$ klein, dann sind die im Körper während des Ab-

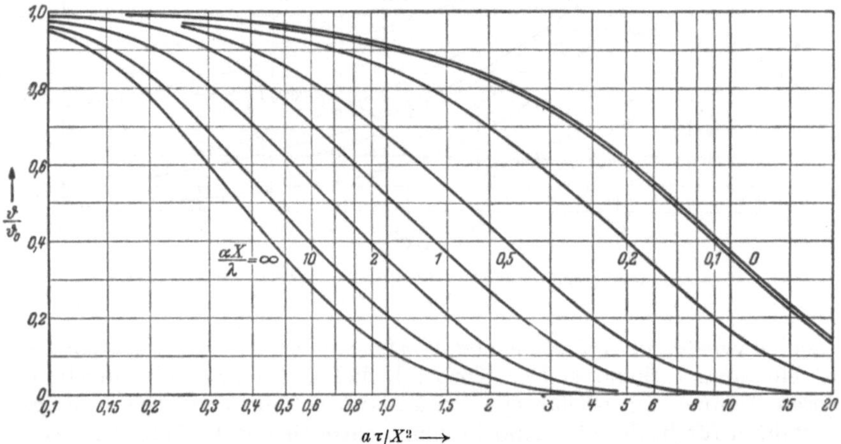

Abb. 41. Abkühlungsverlauf der Mitte einer ebenen Platte von der Dicke $2X$, der Wärmeleitzahl λ und der gleichmäßigen Anfangstemperatur ϑ_0 bei verschiedener dimensionsloser Wärmeübergangszahl $\alpha X/\lambda$ (nach W. BACHMANN).

kühlungsvorganges auftretenden Temperaturunterschiede sehr gering und können im Grenzfall vernachlässigt werden. Man erhält dann für den Verlauf der Übertemperatur ϑ die einfache Beziehung, die auf S. 54 abgeleitet wurde

$$\frac{\vartheta}{\vartheta_0} = e^{-\frac{\alpha}{X c \varrho}\tau} \tag{135}$$

oder in den in Abb. 41 verwendeten Kennzahlen angeschrieben

$$\frac{\vartheta}{\vartheta_0} = e^{-\frac{a\tau}{X^2}\frac{\alpha X}{\lambda}}. \tag{136}$$

Diese Beziehung wird durch den Linienzug mit dem Parameter $\alpha X/\lambda = 0$ in Abb. 41 wiedergegeben. Der zeitliche Temperaturverlauf bei der Abkühlung eines Zylinders und einer Kugel vom Halbmesser X für kleine Werte der Kennzahl $\alpha X/\lambda$ ergibt sich aus Gl. (135) oder (136), wenn man den Exponenten mit 2 bzw. 3 multipliziert.

---

[1] BACHMANN, W.: Tafeln über Abkühlungsvorgänge einfacher Körper, Berlin: Springer 1933.

Zahlenbeispiel. Will man eine zeitveränderliche Temperatur mit einem Thermometer messen, so ist es wichtig, sich ein Bild darüber zu machen, wie schnell das Thermometer dem Vorgang folgt. Einen Anhalt hierüber gibt die „Halbwertzeit" des Thermometers, das ist die Zeit, nach der der anfängliche Unterschied zwischen der wahren Temperatur und der Anzeige des Thermometers nach einer plötzlichen Änderung der ersteren auf die Hälfte abgesunken ist. Diese Halbwertzeit soll für ein Quecksilberthermometer, das in einem Luftstrom eingebaut ist, bestimmt werden. Das Quecksilbergefäß soll zylindrische Form und 3 mm Halbmesser haben. Die Wärmeleitzahl des Quecksilbers ist laut Anhang $\lambda = 9,3$ W/m grd, seine Temperaturleitzahl $a = 18,0 \cdot 10^{-3}$ m²/h. Der Wärmewiderstand der dünnen Glaswand soll vernachlässigt werden. Die Wärmeübergangszahl im Luftstrom sei $\alpha = 50$ W/m² grd.

Damit ist die Kennzahl $\dfrac{\alpha X}{\lambda} = \dfrac{50 \cdot 3 \cdot 10^{-3}}{9,3} = 0,0161$. Ein Vergleich mit den Werten in Abb. 41 läßt es zulässig erscheinen, im vorliegenden Falle die Formel 136 (mit dem Faktor 2 für den Exponenten) anzuwenden. Das Temperaturverhältnis ϑ/ϑ_0 wird in Gl. (136) zu 0,5, wenn der Exponent den Zahlenwert 0,693 hat. Damit erhält man zur Bestimmung der Halbwertszeit τ_H die Gleichung:

$$2\,\frac{a\,\tau_H}{X^2}\,\frac{a X}{\lambda} = 0{,}693 \ .$$

Die Kennzahl $\dfrac{a\,\tau_H}{X^2}$ wird damit $\dfrac{a\,\tau_H}{X^2} = \dfrac{0,693}{2 \cdot 0,0161} = 21,5$ und die Halbwertzeit

$$\tau_H = \frac{9 \cdot 10^{-6} \cdot 21,5}{18,0 \cdot 10^{-3}}\ \mathrm{h} = 0,0108 \cdot 3600\ \mathrm{s}.$$ Nur für zeitliche Temperaturveränderungen, die entsprechend langsamer verlaufen (bei einer sinusförmigen Temperaturschwingung muß die Periodendauer etwa das 10fache sein), kann man damit rechnen, daß der Temperaturverlauf vom Thermometer einigermaßen richtig wiedergegeben wird.

Die Lösungen der Wärmeleitungsgleichung für den quasistationären Fall, bei dem sich die Umgebungstemperatur periodisch mit der Zeit ändert, zeigen, daß die Schwankung der Umgebungstemperatur sich nur bis zu einer gewissen Tiefe in das Körperinnere fortpflanzt. In Abb. 42 ist nach GRÖBER/ERK/GRIGULL der Temperaturverlauf in einer unendlich dicken Wand wiedergegeben. Vorausgesetzt ist, daß sich die Oberflächentemperatur nach der Gleichung

$$\vartheta_0 = \vartheta_{0\,A}\sin\left(2\,\frac{\pi}{\tau_0}\,\tau\right), \tag{137}$$

also sinusförmig mit einer Frequenz $1/\tau_0$ ändert. Die Lösung für den Verlauf der Temperatur ϑ im Innern der Wand läßt sich dann in der folgenden Form darstellen

$$\frac{\vartheta}{\vartheta_{0\,A}} = f\left(\frac{\tau}{\tau_0},\ \frac{x}{2\,\sqrt{\pi\,a\,\tau_0}}\right). \tag{138}$$

Sie hängt also nur von dem Verhältnis der Zeit τ zur Schwingungszeit τ_0 der Temperaturschwingung an der Oberfläche und von der Kenngröße $\dfrac{x}{2\,\sqrt{\pi\,a\,\tau_0}}$ ab, in der x die Entfernung von der Oberfläche und a die Temperaturzahl der Wand bedeutet. In Abb. 42 ist der Temperaturverlauf für einige Zeiten angegeben. Man erkennt daraus, daß die Temperaturschwingung in der Wand immer kleiner wird, je größer x ist, und daß sie auch zeitlich der Temperaturschwingung der Oberfläche nachhinkt. Die

Eindringtiefe der Temperaturschwingung ist um so kleiner, je kleiner die Zeit τ_0, je größer also die Schwingungsfrequenz an der Oberfläche ist. Die Wärmemenge, die je Einheit der Oberfläche während einer solchen Schwingung von der Wand aufgenommen und wieder abgegeben wird, ist durch folgende Gleichung festgelegt

$$q = c\varrho \int_0^\infty 2\vartheta_m \, dx,$$

in der ϑ_m die Einhüllende der Temperaturkurven in Abb. 42 bedeutet. Sie wird durch das Flächenstück angegeben, das zwischen den beiden Ein-

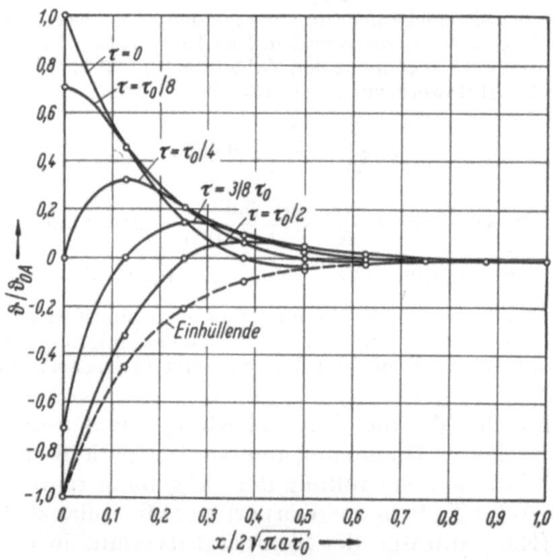

Abb. 42. Gestalt der Wellen der Temperatur beim Eindringen in einen unendlichen dicken Körper (nach GRÖBER/ERK).

hüllenden in Abb. 42 liegt, wenn man es mit der spezifischen Wärme c, der Dichte ϱ der Wand und der Temperaturamplitude τ_{0A} multipliziert. Das Flächenstück ergibt sich zu $\dfrac{1}{\sqrt{2\pi}} \, 2\sqrt{\pi a \tau_0}$, und damit erhält man für die Wärmemenge, die während einer Periode in der Wand aufgespeichert wird, die Gleichung

$$q = 0{,}8 \sqrt{\lambda c \varrho \tau_0} \, \vartheta_{0A}. \tag{139}$$

Solche Temperaturschwingungen sind zum Beispiel für die Wandverluste in Dampfmaschinen und für die Ermittlung der Wärmespannungen, die in Zylinder und Kolben von Verbrennungsmotoren auftreten, bestimmend. Schaubilder, die die Temperaturverhältnisse von zeitveränderlichen Wärmeleitvorgängen für eine große Anzahl von Körperformen und zeitlichen Randbedingungen darstellen, sind in einem Tabellenwerke von P. SCHNEIDER[1] zusammengestellt.

---

[1] SCHNEIDER, P.: Temperature Response Charts, New York: J. Wiley 1963.

Zahlenbeispiel. Es soll bestimmt werden, wie tief die täglichen und jährlichen Temperaturschwankungen in den Erdboden eindringen. Aus dem Anhang entnimmt man die Temperaturleitzahl von Tonboden zu 0,0036 m²/h, die von Sandstein 0,0038–0,0046 m²/h. Wir wollen mit dem kleineren Wert 0,0036 m²/h rechnen. Aus Abb. 42 entnimmt man, daß die Schwingungen für $\dfrac{x}{2\,\sqrt{\pi\,a\,t_0}} = 0,8$ praktisch bereits abgeklungen sind. Für die Tagesschwankungen ist $\tau_0 = 24$ h. Damit ergibt sich $x = 1,6\,\sqrt{\pi\,0,0036\cdot 24}$ m $= 0,833$ m. Bei den Jahresschwankungen ist die Eindringtiefe das $\sqrt{365}$fache, also 15,9 m.

Es ist ebenso zu berechnen, wie tief Temperaturschwingungen in die Zylinderwand einer Kolbenmaschine eindringen, die mit 2000 Umdrehungen je Minute arbeitet. Die Zeitdauer einer Schwingung ist $\tau_0 = \dfrac{1}{60\cdot 2000} = \dfrac{1}{12\cdot 10^4}$ h, die Temperaturleitzahl von Eisen $a = 0,059$ m²/h. Damit ergibt sich die Eindringtiefe $x = 1,6\,\sqrt{\dfrac{\pi\cdot 0,059}{12\cdot 10^4}} = 1,98\cdot 10^{-3}$ m. Die Schwankung dringt also nur etwa 2 mm tief in die Zylinderwand ein. Infolge des endlichen Wärmeüberganges ist auch die Schwankung der Oberflächentemperatur sehr viel kleiner als die der Gase. Nach Messung von A. Meier[1] beträgt sie bei einem Ottomotor mit $n = 2000/\text{min}$ etwa 10°.

Instationäre Wärmeleitungsvorgänge spielen sich auch in den Regeneratoren der Heizungstechnik ab. Unter Regenerator versteht man einen Wärmetauscher, der abwechselnd vom warmen und kalten Gas normalerweise im Gegenstrom durchflossen wird, wobei eine Speichermasse mit großer Wärmekapazität die übergehende Wärme periodisch aufnimmt und wieder abgibt. Solche Regeneratoren mit Steinmauerwerk als Speichermasse werden in der Hüttenindustrie viel verwendet (Winderhitzer für Hochofen). Aus Blechpaketen besteht der im Dampfkesselbau benutzte Ljungström-Lufterhitzer. Auch in der Tieftemperaturtechnik haben sich Regeneratoren aus Metall neuerdings eingebürgert.

Die Berechnung der Regeneratoren hat in dem Buche von H. Hausen[2] eine ausgezeichnete Darstellung gefunden, auf die hier hingewiesen sei.

20. Wärmeleitung mit Änderung des Aggregatzustandes

Der in einen Körper eindringende oder ihm entzogene Wärmestrom kann zu einer Änderung des Aggregatzustandes führen. Der Schmelzvorgang eines festen Körpers oder das Gefrieren einer Flüssigkeit sind Beispiele solcher Vorgänge.

Ein durch einen eindimensionalen Wärmestrom hervorgerufener Gefriervorgang soll in diesem Abschnitt näher betrachtet werden. In Abb. 43 möge a–a die Oberfläche einer Flüssigkeit andeuten, die ursprünglich eine örtlich konstante Temperatur t_0 habe. Zur Zeit $\tau = 0$ möge die Oberfläche der Flüssigkeit plötzlich auf eine Temperatur t_s abgekühlt werden, die niedriger sei als die Gefriertemperatur der Flüssigkeit. Für Zeiten $\tau > 0$ möge die Oberflächentemperatur den konstanten Wert t_s beibehalten. Es wird damit ein Wärmestrom aus dem Innern der Flüssigkeit gegen die Oberfläche hin eingeleitet, und die Flüssigkeit in der Umgebung der Oberfläche beginnt zu gefrieren. Zum Zeitpunkt τ möge eine Zone mit der Dicke ξ gefroren sein. Der Temperaturverlauf entlang der Tiefe x wird zu diesem Zeitpunkt etwa den in Abb. 43 eingetragenen

---

[1] Meier, A.: Forsch. Ing.-Wes. 10 (1939) 41–54.

[2] Hausen, H.: Wärmeübertragung im Gegenstrom, Gleichstrom und Kreuzstrom, Technische Physik in Einzeldarstellungen Bd. 8, Berlin/Göttingen/Heidelberg: Springer; München: Bergmann 1950.

Verlauf haben. Wenn man Konvektionsströmungen in der Flüssigkeit vernachlässigen kann, wird das Temperaturfeld in der festen wie in der flüssigen Zone durch die eindimensionale Wärmeleitungsgleichung (41) beschrieben, wobei die Wärmequellen $\Phi = 0$ sind. Diese Gleichung ist für beide Zonen getrennt zu integrieren, da die Stoffgrößen im allgemeinen für beide Zonen verschiedene Werte haben.

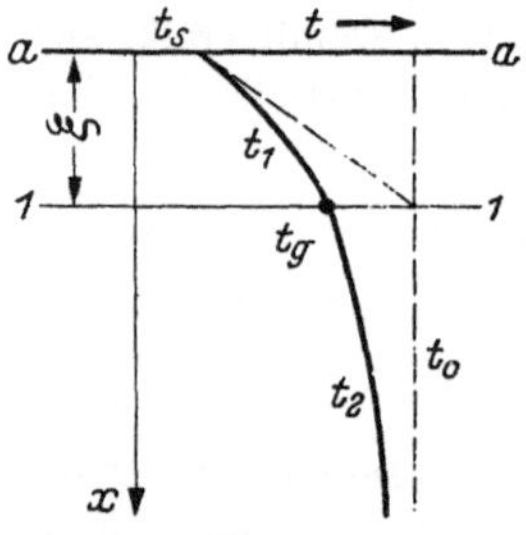

Die Randbedingungen lauten:

$$\text{für} \quad x = 0: \quad t = t_s \,,$$

$$\text{für} \quad x = \xi: \quad t = t_g \,,$$

$$\text{für} \quad x = \infty: \quad t = t_o \,.$$

Abb. 43. Temperaturverlauf in einer gefrierenden Flüssigkeit.

Außerdem muß die Kontinuität des Wärmestromes durch die Grenzfläche 1–1 gewahrt sein in dem Sinne, daß der durch Leitung in der Flüssigkeit an die Grenzfläche herantransportierte Wärmestrom und die je Zeiteinheit durch den Gefriervorgang freiwerdende Wärme gleich dem Wärmestrom ist, der von der Grenzfläche in die feste Zone abfließt. Dieser Vorgang wird durch die folgende Gleichung beschrieben,

$$\lambda_1 \left(\frac{\partial t_1}{\partial x} \right)_{x=\xi} = i \, \varrho_1 \frac{d\xi}{d\tau} + \lambda_2 \left(\frac{\partial t_2}{\partial x} \right)_{x=\xi}, \tag{140}$$

in der λ_1 und ϱ_1 die Wärmeleitzahl und Dichte der festen Zone, λ_2 die Wärmeleitzahl der Flüssigkeit und i die Gefrierwärme bedeuten.

Eine exakte Lösung dieses Problems wurde von F. NEUMANN angegeben mit der Voraussetzung, daß die Stoffwerte temperaturunabhängig sind. Auf eine Besprechung dieser Lösung wird hier nicht eingegangen, dagegen sollen zwei Näherungsverfahren besprochen werden, die den Vorteil haben, daß sie sich leicht auf andere Randbedingungen und auf veränderliche Stoffwerte ausdehnen lassen.

Das erste Näherungsverfahren ist besonders einfach. Es ist aber auf Vorgänge beschränkt, bei denen die Umwandlungswärme i groß ist gegenüber den Wärmekapazitäten $c_1 (t_0 - t_s)$ und $c_2 (t_0 - t_g)$. In diesem Falle läßt sich die Wärmespeicherung in der festen und flüssigen Zone vernachlässigen und das wahre Temperaturprofil durch die gestrichelten Geraden annähern. Auch kann in Gl. (140) der zweite Summand auf der rechten Seite vernachlässigt werden.

Damit wird

$$\frac{d\xi}{d\tau} = \frac{\lambda_1}{i \, \varrho_1} \left(\frac{\partial t_1}{\partial x} \right)_{x=\xi} = \frac{\lambda_1}{i \, \varrho_1} \frac{(t_0 - t_s)}{\xi} \,. \tag{141}$$

Integration ergibt

$$\xi = \sqrt{\frac{2\,\lambda_1 (t_0 - t_s)}{i \, \varrho_1} \, \tau} \,, \tag{142}$$

wenn die Stoffwerte orts- und temperaturunabhängig sind und wenn zur Zeit $\tau = 0$ die Schichtdicke des festen Körpers gleich Null war. Die erstarrte Schicht wächst daher in Dicke proportional der Wurzel aus der Zeit τ an, eine Resultat, das sich auch aus der exakten Lösung der Differentialgleichungen ergab. Es wird dem Leser keine Schwierigkeiten bereiten, das Verfahren auf andere Randbedingungen auszudehnen.

Das in Abschn. 19 geschilderte Integralverfahren läßt sich mit Vorteil auch auf die hier besprochenen Vorgänge anwenden. Es sollte dem Leser nicht schwerfallen, die entsprechenden Wärmebilanzgleichungen aufzustellen.

Berechnungen dieser Art haben in neuerer Zeit ein wichtiges Anwendungsgebiet im Verfahren der Ablationskühlung gefunden, das unter anderem dazu verwendet wird, Raumfahrzeuge durch die Atmosphäre zur Erdoberfläche zurückzubringen, ohne daß sie durch die starke Wärmeentwicklung als Folge der Reibung im Luftstrom zerstört werden. Beim Ablationskühlverfahren wird die Oberfläche des Raumfahrzeuges mit einem Material überzogen, das unter dem Einfluß der Wärmeentwicklung in der Grenzschicht in flüssigen oder gasförmigen Zustand übergeht, durch diesen Vorgang Wärme bindet und eine Schutzschicht zwischen der festen Wand und dem Luftstrom schafft. Das Eindringen der Wärme in das feste Material und in die darunterliegende Wand ist ein Vorgang, der in ähnlicher Weise wie die hier besprochenen Prozesse erfaßt werden kann.

III. Der Wärmeübergang

21. Die verschiedenen Arten des Wärmeüberganges

In dem vorliegenden Abschnitt wird der Wärmeaustausch zwischen einem Gas oder einer Flüssigkeit und einer begrenzenden Wand behandelt. Im Inneren der Flüssigkeit findet dabei der Wärmeaustausch im wesentlichen in der Form statt, daß die von der Wand abgegebene Wärme durch die vorbeiströmende Flüssigkeit mitgenommen wird. Man nennt diese Form der Wärmeströmung Wärmeübergang durch Konvektion. Die Strömung kann dabei der Flüssigkeit oder dem Gas von außen aufgezwungen sein, indem sie beispielsweise durch ein Gebläse erzeugt wird, oder sie wird durch die Temperaturunterschiede, die infolge der Beheizung entstehen, selbst hervorgerufen. Ein Beispiel für die zweite Art des Wärmeüberganges ist die Wärmeabgabe eines Heizkörpers an die Raumluft. Man nennt den Wärmeaustausch zwischen einer Wand und einer infolge äußerer Kräfte vorbeiströmenden Flüssigkeit *Wärmeübergang durch erzwungene Konvektion*, den Wärmeaustausch an ein nur infolge der Temperaturunterschiede in Bewegung gesetztes Gas *Wärmeübergang durch freie Konvektion*. In beiden Fällen konzentriert sich der Wärmeübergangswiderstand, wie bereits im Abschn. 2 dargelegt wurde, meist auf eine dünne Schicht unmittelbar an der Körperoberfläche. Der Wärmeübergang ist durch die Intensität des Wärmeleitvorganges und des konvektiven Transportes innerhalb dieser Grenzschicht bestimmt. Die Wärmeübergangszahl ist daher im wesentlichen von der Dicke dieser Grenzschicht bestimmt, und diese ihrerseits hängt von der Art der Strömung entlang der Oberfläche ab. Für erzwungene Konvektion läßt sich aus den Differentialgleichungen, die den Strömungsvorgang und die Wärmeströmung beschreiben, ableiten, daß das Strömungsfeld und damit auch die Ausbildung der Grenzschicht durch den Wärmeübergang nicht beeinflußt wird, solange die Stoffwerte, die in den Strömungsvorgang eingehen, temperaturunabhängig sind. Die Ausbildung der Grenzschicht ist dann ein rein strömungstechnisches Problem. Wie man aus den Stoffwerttabellen im Anhang sieht, sind zwar alle Stoffwerte mehr oder weniger temperaturabhängig. In vielen Fällen ist aber ihre Temperaturveränderlichkeit nicht so groß, daß sie bestimmend auf den Wärmeübertragungsvorgang einwirkt, solange die vorkommenden Temperaturdifferenzen nicht zu groß sind. Man sieht daher bei einer Berechnung der Wärmeübertragung oft von der Temperaturabhängigkeit der Stoffwerte ab. Dies soll auch in der folgenden Behandlung des Wärmeübergangs im allgemeinen geschehen.

Neben der Tatsache, daß sich Wärmeübergangsvorgänge in einer solchen Flüssigkeit leichter analysieren und deuten lassen, gibt es noch einen zweiten sehr gewichtigen Grund für diese Art der Behandlung. Nur durch eine solche Betrachtung lassen sich allgemeingültige Beziehungen für den Wärmeübergang gewinnen, während eine Berücksichtigung der Temperaturabhängigkeit der Stoffwerte die Betrachtung sofort auf eine bestimmte Flüssigkeit oder bestenfalls auf eine Gruppe von Flüssigkeiten beschränkt. Tatsächlich zeigt ein Studium der historischen Entwicklung, daß der wesentliche Schritt im Ausbau einer Lehre vom Wärmeübergang in der Einführung einer idealen Flüssigkeit mit konstanten Stoffwerten durch W. NUSSELT bestand.

In manchen, gerade heutzutage aktuellen Ingenieuraufgaben liegen allerdings Verhältnisse vor, für die Beziehungen für den Wärmeübergang einer Flüssigkeit mit konstanten Stoffwerten nicht mehr mit zulässiger Näherung verwendet werden können. Dies ist beispielsweise oft in Ölkühlern der Fall, da die Zähigkeit von Öl sehr stark von der Temperatur abhängt. In Gasturbinen, Raketen und Atomreaktoren arbeitet man andrerseits häufig mit großen Temperaturunterschieden, und die Stoffwerte der Arbeitsmittel ändern sich aus diesem Grunde stark. Die Strömungs- und Wärmeaustauschvorgänge werden jedoch in solchen Fällen so verwickelt, daß sie nur für begrenzte Teilbereiche geklärt sind. Einiges hierüber wird in gesonderten Abschnitten im folgenden behandelt. Im übrigen muß für ihr Studium auf die einschlägigen Zeitschriften verwiesen werden.

Als Stoffwert geht auch die Dichte in die Berechnung ein. Für Flüssigkeiten kann diese ohne weiteres als konstante Größe angesehen werden. Bei Gasen dagegen kommt ihre Druckabhängigkeit merklich zur Geltung, sobald die Strömungsgeschwindigkeiten eine bestimmte Grenze überschreiten. Für Luft bei normalen Temperaturen liegt diese Grenze bei etwa 100 m in der Sekunde; allgemeiner kann man sie für beliebige Gase mit etwa einem Drittel der Schallgeschwindigkeit festlegen. Für den Großteil der technischen Anwendungen liegen die vorkommenden Geschwindigkeiten unterhalb dieser Grenze. Man kann dann auch für Gase die Dichte als unveränderliche Größe betrachten, so daß keine Unterschiede mehr zwischen Flüssigkeiten oder Gasen bestehen. Die im folgenden entwickelten Formeln für die Wärmeübergangszahlen gelten in gleicher Weise für Flüssigkeiten und Gase. Der Wärmeübergang an Gase bei hohen Geschwindigkeiten von der Größenordnung der Schallgeschwindigkeit wird in einem besonderen Abschnitt behandelt.

Bei der freien Konvektion wird die Strömung erst durch die Temperaturunterschiede hervorgerufen. Hier sind also der Strömungs- und Wärmeaustauschvorgang von vornherein miteinander gekuppelt.

Die bis heute vorliegenden Arbeiten befassen sich fast ausschließlich mit der Klärung des Wärmeüberganges bei stationären, also zeitlich unveränderlichen Vorgängen. Bei einem zeitveränderlichen Vorgang ändern sich demgegenüber die Verhältnisse, sobald die Temperaturen in den Grenzschichten infolge der Wärmespeicherung merklich nachhinken (etwa wie in Abb. 42). Dies ist infolge der kleinen Grenzschichtdicken erst bei sehr schnellen Änderungen der Fall. Der Wärmeübergang im Zylinder von Schiffsdieselmotoren läßt sich beispielsweise noch mit den stationären Wärmeübergangszahlen erfassen[1].

Da der Wärmeübergang, wie besprochen, durch die hydrodynamischen Vorgänge bestimmt wird, ist eine Vertrautheit mit den letzteren für ein Verständnis des Wärmeüberganges Voraussetzung. Es wird daher im folgenden Abschnitt zunächst das für den Wärmeübergang Wichtigste aus der Strömungslehre wiederholt.

A. Grundbegriffe der Strömungslehre

22. Grenzschicht und Turbulenz

Vor allem zwei Begriffe aus der Strömungslehre sind es, die für ein Verständnis des Wärmeüberganges wesentlich sind, und zwar der schon öfter verwandte Begriff der *Grenzschicht* und zum zweiten jener der *Turbulenz*.

Obwohl Flüssigkeiten und Gase eine meßbare Zähigkeit haben und dadurch an angeströmten Flächen Reibungsspannungen entstehen, kommt man in der Hydromechanik in vielen Fällen mit dem Idealbild einer reibungsfreien Flüssigkeit der Wirklichkeit doch recht nahe. In einer solchen treten im allgemeinen[2] zwei Arten von Kräften auf, nämlich Trägheitskräfte und Druckkräfte. Das Zusammenspiel beider Kräfte längs jedes

---

[1] Pfriem, H.: Nichtstationäre Wärmeübertragung in Gasen, insbesondere in Kolbenmaschinen. VDI-Forsch.-Heft 413 (1942). Sparrow, E. M.: Jet Propulsion 28 (1958) 403. Siegel, R.: Trans. Amer. Soc. Mech. Eng. 80 (1958) 347. Sparrow, E. M., u. J. L. Gregg: Natl. Adv. Comm. Aeron, Tech. Note 4311 (1958).

[2] In Sonderfällen können zusätzliche Kräfte wie Erdanziehung, Zentrifugalkräfte, elektrische Kräfte hinzukommen.

Stromfadens wird durch die BERNOULLIsche Gleichung (D. BERNOULLI, 1700–1782)

$$p + \varrho\,\frac{w^2}{2} = \text{konst.} \tag{145}$$

erfaßt, in der p den Flüssigkeitsdruck, ϱ die Dichte und w die Strömungsgeschwindigkeit bedeuten. In den wirklichen Flüssigkeiten und Gasen treten zu den obigen noch Kräfte, die durch die Zähigkeit hervorgerufen werden. Diese äußern sich als Schubspannungen zwischen den einzelnen mit verschiedener Geschwindigkeit fließenden Stromfäden. In einer Strömung nach Abb. 44, in der die Geschwindigkeiten u parallel zu der Wand a–b gerichtet sind und Geschwindigkeitsunterschiede in y-Richtung senkrecht zur Wand auftreten, entsteht infolge der Zähigkeit in einer zur

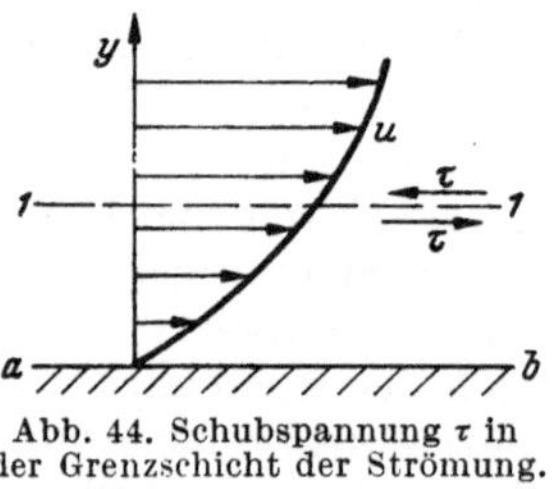

Abb. 44. Schubspannung τ in der Grenzschicht der Strömung.

Wand parallelen Ebene 1–1 eine Schubspannung τ, deren Größe der Ansatz von NEWTON (1642–1727) erfaßt[1]:

$$\tau = \mu\,\frac{d\,u}{d\,y}\,. \tag{146}$$

Die Schubspannung ist damit dem Geschwindigkeitsgefälle senkrecht zur Strömungsrichtung verhältnisgleich. Der Proportionalitätsfaktor μ ist eine Stoffgröße und wird *dynamische Zähigkeit* genannt. Seine Dimension ergibt sich aus der Definitionsgleichung (146) zu Ns/m² oder kg/ms. Neben der dynamischen verwendet man häufig auch die *kinematische Zähigkeit v*, die mit der ersteren durch die folgende Beziehung verknüpft ist:

$$v = \frac{\mu}{\varrho}\,, \tag{147}$$

wobei ϱ die Dichte bedeutet. Die Dimension der kinematischen Zähigkeit ist m²/s. In den Stoffwertetabellen im Anhang sind die Zähigkeiten mitenthalten. Die dynamische Zähigkeit wird in den Handbüchern häufig im physikalischen Maßsystem in Poise (1 P = 1 g/s cm) angegeben. Die dynamische Zähigkeit μ hängt bei Flüssigkeiten wie bei Gasen in stärkerem Maße nur von der Temperatur ab, während die Druckabhängigkeit gering ist. Nur in der Umgebung des kritischen Punktes tritt eine starke Druckabhängigkeit auf. Abb. 171 und 172 des Anhanges zeigen diese Verhältnisse für Wasser und Wasserdampf. Alle anderen Stoffe verhalten sich prinzipiell gleichartig. Die kinematische Zähigkeit v ist bei Flüssigkeiten nach Gl. (147) wegen der kleinen Zusammendrückbarkeit ebenfalls praktisch druckunabhängig. Bei Gasen ist sie nach dem Zustandsgesetz für ideale Gase dem Druck umgekehrt verhältnisgleich. Der Zahlenwert der dynamischen Zähigkeit ist für Flüssigkeiten bedeutend

---

[1] In mehrdimensionalen Strömungsfeldern gelten verwickeltere Gleichungen, siehe z. B. H. SCHLICHTING: Grenzschichttheorie. In diesem Buche werden nur Strömungsfelder behandelt, für die Gl. (146) die Schubspannungen beschreibt.

größer als für Gase und zeigt bei verschiedenen Stoffen auch größere Unterschiede. Bei der kinematischen Zähigkeit drehen sich die Verhältnisse oft um, beispielsweise hat sie für Wasser von Raumtemperatur etwa ein Zehntel der Größe für Luft. Da die Zahlenwerte der Zähigkeit verhältnismäßig klein sind, treten in einer Strömung nach Gl. (146) größere Schubspannungen nur dort auf, wo große Geschwindigkeitsgefälle du/dy vorhanden sind. Diese findet man aber immer an festen Wänden innerhalb einer Strömung. Mißt man das Geschwindigkeitsfeld in unmittelbarer Nähe einer solchen Wand mit einer feinen Sonde aus, so erhält man einen Verlauf, wie er in Abb. 45 dargestellt ist. Die Geschwindigkeit wächst innerhalb einer dünnen Schicht von der Dicke δ von dem Wert 0 an der Wand auf den Betrag an, den sie in etwas größerer Entfernung vom Körper hat. Diese für die ganze Strömungslehre und damit auch für den Wärmeaustausch grundlegende Erkenntnis verdanken wir Ludwig Prandtl (1904). Von ihm stammt auch die Bezeichnung „Grenzschicht". Außerhalb der Grenzschicht ist das Geschwindigkeitsgefälle senkrecht zur Strömungsrichtung fast stets so klein, daß dort die Zähigkeitswirkungen vernachlässigbar sind. Man kann sich daher jede Strömung in zwei Gebiete zerlegt denken, in die Grenzschichten, auf die sich die Zähigkeitswirkung beschränkt, und die Kernströmung außerhalb derselben, die man als reibungsfrei behandeln kann und in der daher auf jedem Stromfaden die Bernoullische Gleichung gilt. Daß die Grenzschichten die Ursache für alle Strömungsablösungen sind und auf diese Weise auch auf die Kernströmung rückwirken, wird im folgenden noch behandelt.

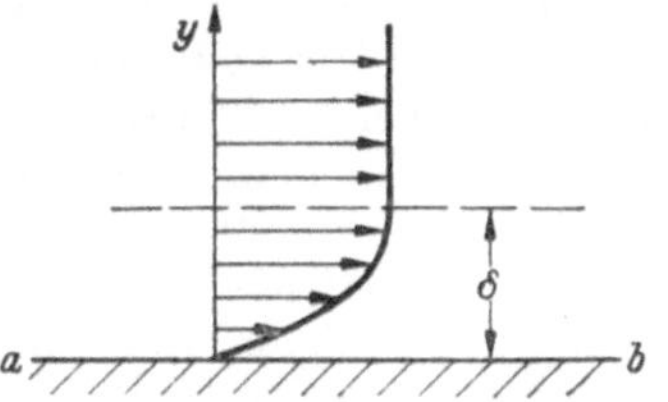

Abb. 45. Grenzschicht der Strömung längs einer ebenen Wand.

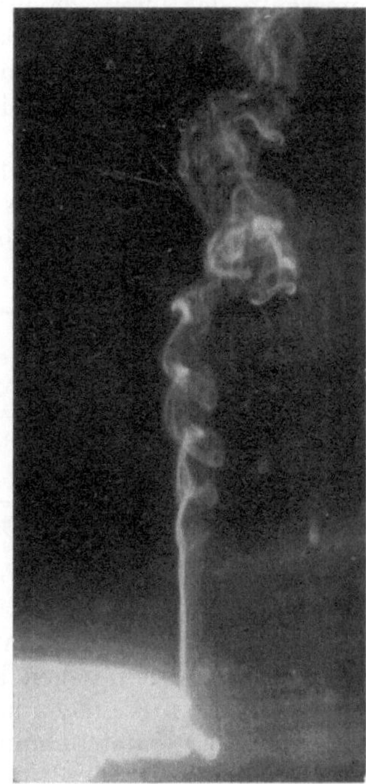

Abb. 46. Laminare und turbulente Strömung des von einer Zigarette aufsteigenden Rauches.

Von Osborne Reynolds wurde im Jahre 1883 erstmalig gezeigt, daß es zwei grundsätzlich verschiedene Strömungsformen gibt, eine *laminare* und eine *turbulente* Strömung. Bei der ersteren laufen die einzelnen Stromlinien vollkommen geordnet und glatt nebeneinander her, während sie bei der turbulenten Strömung in unregelmäßiger Weise miteinander verflochten sind. Bei der letzteren führen also die einzelnen Flüssigkeitsteilchen in unregelmäßiger Weise Schwankungsbewegungen um ihren mittleren Strömungsweg aus. Im täglichen Leben hat man die beiden

Strömungsvorgänge beispielsweise an dem von einer Zigarette aufsteigenden Rauch ständig vor Augen. Der Rauch steigt, wie in Abb. 46 zu sehen ist, zunächst vollkommen ruhig und geradlinig hoch. Nach einer bestimmten Strecke aber wird seine Bahn wellig und gekräuselt, und der Rauchfaden löst sich dabei durch Vermischung mit der Luft rasch auf. Der erste Teil stellt die laminare, der zweite die turbulente Strömungsform dar. In einem Luftstrom kann man Turbulenz beispielsweise durch ein in die Strömung gehaltenes Drahtgitter erzeugen. Auch in jedem Windkanal hat man eine gewisse Turbulenz, die durch das Gebläse und durch die Umlenkschaufeln in den Luftstrom hineinkommt. Durch die Schwankungsbewegungen innerhalb der turbulenten Strömung wird der Wärmeaustausch durch Konvektion begünstigt. Er ist daher in einer turbulenten Strömung wesentlich größer als in einer laminaren. Auch innerhalb der Grenzschicht kann die Strömung turbulent sein. Diese Art der Turbulenz interessiert uns für den Wärmeaustauschvorgang am meisten. An einer längs angeströmten Platte bildet sich beispielsweise eine Grenzschicht aus, wie sie in Abb. 47 dargestellt ist. Ihre Dicke wächst von der Plattenvorderkante nach hinten an. In einer bestimmten kritischen Entfernung x_k von der Vorderkante geht die zunächst laminare Strömung in die turbulente über. Vergrößert man die Anströmgeschwindigkeit U der Platte, so wird die Umschlaglänge x_k immer kleiner, und zwar so, daß das Produkt $U x_k$ ungeändert bleibt. Untersucht man schließlich auch noch Stoffe mit verschiedenen Zähigkeiten, so findet man, daß der Umschlag bei einem bestimmten Wert des dimensionslosen Ausdruckes $U x_k/\nu$ erfolgt. Diese Tatsache wurde zuerst von REYNOLDS festgestellt. Ihm zu Ehren wird der dimensionslose Ausdruck, den man durch Multiplikation einer Ge-

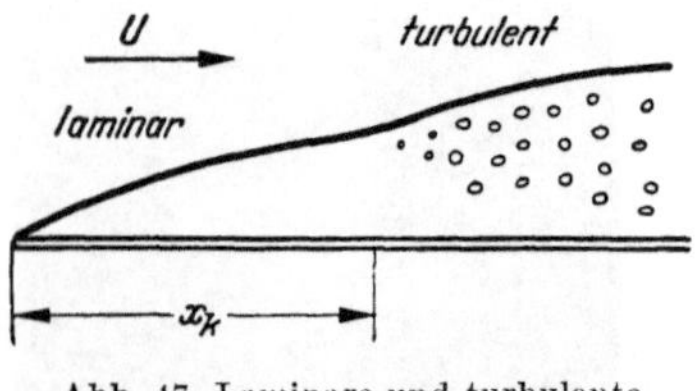

Abb. 47. Laminare und turbulente Grenzschicht der Strömung längs einer ebenen Platte.

schwindigkeit mit einer Länge und Division mit der kinematischen Zähigkeit erhält, als REYNOLDSsche Kennzahl Re bezeichnet. Der Wert der REYNOLDSschen Kennzahl, bei dem die Strömung in die turbulente Form umschlägt, heißt kritische REYNOLDSsche Zahl Re_k. Eine eingehendere Untersuchung zeigt, daß die kritische REYNOLDSsche Kennzahl, bei der der Umschlag erfolgt, von äußeren Umständen beeinflußt werden kann. Ist bereits die ankommende Strömung gestört, etwa durch ein Turbulenzgitter oder durch eine umströmte Kante am Plattenanfang[1] oder ist die Oberfläche der Platte rauh, so erhält man den Umschlag bei einer kleineren kritischen REYNOLDSschen Kennzahl. Vermeidet man diese Störungen, so kann man die kritische REYNOLDSsche Kennzahl nach oben zu verschieben. Beobachtet wurde bisher der Umschlag bei Werten von Re_k zwischen 100000 und 4000000. Durch sehr starke Störungen kann die untere Grenze vermutlich noch weiter herabgedrückt werden. Unter technischen Bedingungen

---

[1] Auch die Abrundung der Vorderkante bei einer etwas dickeren Platte genügt hierzu.

kann man für kritische REYNOLDSsche Zahlen über 500000 stets eine turbulente Grenzschicht erwarten.

Ähnlich wie bei der längs angeströmten Platte liegen die Verhältnisse in einem durchströmten Rohr in der Nähe des Einlaufes. Auch hier bilden sich an den Wänden Grenzschichten aus, die nach Abb. 48 am Rohreinlauf mit der Dicke Null beginnen und nach hinten immer mehr anwachsen.

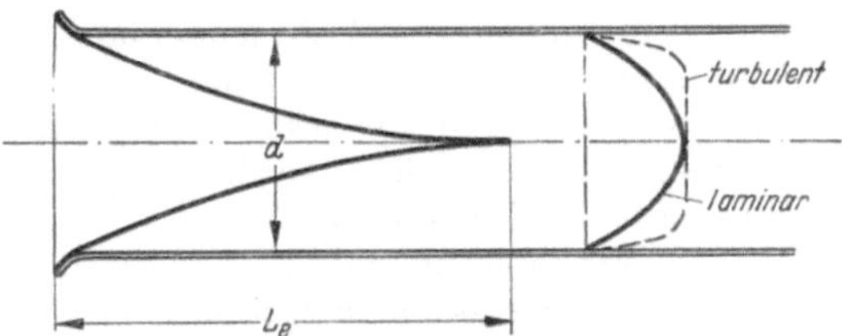

Abb. 48. Grenzschicht und Geschwindigkeitsverteilung beim Einlauf in ein Rohr von Durchmesser d.

Vorausgesetzt ist dabei, daß durch eine entsprechende Ausbildung des Einlaufs die Strömung ohne Ablösung glatt in das Rohr eintritt. In einer bestimmten Entfernung L_e vom Einlauf sind die Grenzschichten so dick geworden, daß sie sich in der Rohrachse gegenseitig berühren. Das Geschwindigkeitsprofil zeigt je nachdem, ob die Grenzschichten an dieser Stelle noch laminar oder bereits turbulent sind, die in Abb. 48 dargestellten Formen einer Parabel oder einer flacher verlaufenden Kurve. Von dieser Stelle ab ändert es seine Form nicht mehr, man spricht im weiteren Verlauf von „ausgebildeter Strömung". Die Einlauflänge L_e ist, wenn man sie mit dem Rohrdurchmesser d dimensionslos macht, nur eine Funktion der REYNOLDSschen Zahl. In der ausgebildeten Strömung nach vollendetem Einlauf hat man turbulente Strömung, wenn die REYNOLDSsche Zahl einen kritischen Wert überschreitet. Bildet man diese mit der über den Querschnitt gemittelten Geschwindigkeit U_m und dem Rohrdurchmesser d, so liegt der kritische Wert für stark gestörten Zulauf bei $Re_k = \dfrac{U_m d}{\nu} = 2300$. Durch sehr sorgfältige Vermeidung aller Störungen hat man auch schon eine kritische REYNOLDSsche Zahl von 500000 erreicht. Unter technischen Bedingungen kann man aber damit rechnen, daß die Strömung stets turbulent ist, wenn die REYNOLDSsche Zahl den Wert 3000 überschreitet.

Die Einzelheiten des Umschlagvorganges sind heute noch in keiner Weise völlig geklärt, wenn auch Stabilitätsuntersuchungen an einer laminaren Grenzschicht von W. TOLMIEN und H. SCHLICHTING einen wesentlichen Fortschritt brachten[1]. Eine Vorhersage des Umschlagpunktes ist daher im allgemeinen das mit der größten Unsicherheit behaftete Glied in einer Berechnung des Wärmeüberganges durch Konvektion.

Eingehendere Beobachtungen zeigen, daß eine gewisse Weglänge in der Strömung erforderlich ist, um von den ersten Anzeichen einer Insta-

---

[1] Siehe H. SCHLICHTING: Grenzschichttheorie, 3. Aufl., Karlsruhe: G. Braun 1958.

bilität in laminarer Strömung zu völlig ausgebildeter Turbulenz fortzu-
schreiten, und daß der Umschlagpunkt meist auch kontinuierlichen zeitlichen Schwankungen unterworfen ist. Die oben mitgeteilten Werte der
kritischen REYNOLDSschen Zahl stellen in diesem Sinne Mittelwerte dar.

23. Die Impulsgleichung der Strömungsgrenzschicht

Für die folgenden Berechnungen des Wärmeüberganges ist es notwendig, sich auch einen quantitativen Einblick in die Verhältnisse innerhalb
der Grenzschicht zu verschaffen, vor allem die Grenzschichtdicke zu bestimmen. Für die laminare Grenzschicht wurde diese Aufgabe in vielen
Fällen bereits exakt durch eine Integration der von L. PRANDTL im Jahre
1904 aufgestellten Differentialgleichungen der Grenzschicht gelöst. Der
Rechenaufwand, der mit einer exakten Integration der Gleichungen verbunden ist, ist aber recht beträchtlich. Wir wollen daher im folgenden eine
auf TH. V. KÁRMÁN[1] und K. POHLHAUSEN[2] zurückgehende Näherungs-
methode zur Berechnung verwenden, die zwar nicht als mathematisch
exakt anzusprechen ist in dem Sinne, daß man den Fehler, der ihren Ergebnissen anhaftet, von vornherein in seiner Größe abschätzen kann, die
sich aber bis jetzt überall bewährt hat, wo sie mit physikalischem Gefühl
angewandt wurde. Ihr Vorteil ist, daß sie auf einfachem Wege zu recht
brauchbaren Ergebnissen führt und sich auch dort anwenden läßt, wo die
exakte Berechnung nicht möglich ist. Die Methode geht von dem *Impulssatz* aus, der sich für eine stationäre Strömung in folgender Weise formulieren läßt:

*Denkt man sich aus dem Strömungsfeld durch eine in sich geschlossene ruhende
Kontrollfläche[3] einen bestimmten Bezirk abgegrenzt, so erfahren die Flüssigkeitsteilchen
beim Durchströmen dieses Bezirkes im allgemeinen eine Änderung ihres Impulses
(Impuls = Masse × Geschwindigkeit). Die Impulszunahme der je Zeiteinheit den Bereich durchströmenden Flüssigkeitsmasse läßt sich aus dem Überschuß des durch die
Kontrollfläche mit der Strömung je Zeiteinheit herausgetragenen Impulses über den
durch die Kontrollflächen hereinfließenden berechnen. Diese Impulsänderung ist gleichbedeutend mit Trägheitskräften, deren Betrag gleich ist der Impulsänderung je Zeiteinheit und die daher im Gleichgewicht stehen müssen mit den äußeren an der Kontrollfläche oder innerhalb derselben auf die Flüssigkeit einwirkenden Kräften.*

Der Impulssatz soll nunmehr auf die ebene Strömung längs einer
Wand nach Abb. 49 angewandt werden. Wir denken uns in die Strömung
ein Koordinatensystem gelegt, dessen x-Achse parallel zur Wand und dessen y-Achse senkrecht dazu steht. Die Geschwindigkeiten sollen im
wesentlichen die Richtung der Wand haben (Komponente u). Kleine
Geschwindigkeitskomponenten v senkrecht zur Wand können jedoch
auch vorhanden sein. Der Impulssatz wird im folgenden für die x-Rich-
tung angesetzt. Die Kontrollfläche bilden wir aus zwei zur Wand senkrecht stehenden Ebenen 1–2 und 3–4, die um den Betrag dx voneinander
entfernt sind und aus einer zur Wand parallelen Ebene 2–4 in der Ent-

---

[1] v. KÁRMÁN, TH.: Z. angew. Math. Mech. 1 (1921) 232–253.
[2] POHLHAUSEN, K.: Z. angew. Math. Mech. 1 (1921) 252–268.
[3] Ruhend relativ zu einem Bezugssystem, in dem die Strömung stationär erscheint.

fernung h von der Wand. Die Größe h soll dabei so gewählt sein, daß sie größer ist als die Grenzschichtdicke δ. Das Strömungsprofil in der Ebene 1–2 hat dann den gezeichneten Verlauf. In der Entfernung y von der Wand herrscht die Geschwindigkeit u parallel zur Wand. Die Anström-geschwindigkeit U wird in der Entfernung δ also noch innerhalb der Strecke h erreicht. Senkrecht zur Zeichenebene soll der an-geströmte Körper unendlich ausgedehnt sein. Die Kontrollflächen mögen in dieser Rich-tung den Abstand 1 m haben. Durch einen Streifen von der Höhe dy an der Stelle y strömt je Zeiteinheit die Flüssigkeitsmasse $\varrho\,u\,dy$. Ihre Bewegungsgröße oder ihren Im-puls in x-Richtung erhalten wir durch Mul-tiplikation mit der Geschwindigkeitskompo-nente u. Der Impuls in x-Richtung, der je Zeiteinheit durch den betrachteten Streifen hindurchtritt (der Impulsstrom durch diesen

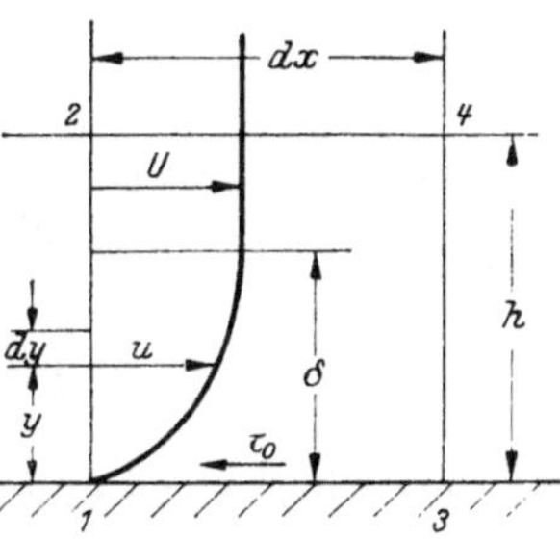

Abb. 49. Zur Anwendung des Impulssatzes auf die Grenz-schichtströmung.

Streifen) ist also $\varrho\,u^2 dy$. Der gesamte Impulsstrom in x-Richtung durch die Kontrollfläche 1–2 ist damit durch folgenden Ausdruck gegeben

$$\varrho \int_0^h u^2\,dy\,.$$

Beim Fortschreiten um dx ändert sich dieser Impulsstrom um den fol-genden Betrag:

$$\varrho\,\frac{d}{dx}\left(\int_0^h u^2\,dy\right)dx\,.$$

Der Überschuß des durch die Grenzfläche 3–4 austretenden über den durch die Fläche 1–2 eintretenden Impulsstrom hat daher die Größe

$$\varrho\,dx\,\frac{d}{dx}\int_0^h u^2\,dy\,.$$

Durch die Wandfläche 1–3 tritt kein Impuls hindurch. Dagegen findet eine Strömung und damit ein Impulstransport durch die Fläche 2–4 statt, der sich folgendermaßen berechnen läßt: Die durch die Fläche 1–2 je Zeiteinheit hindurchfließende Flüssigkeitsmasse ist $\varrho \int_0^h u\,dy$. Beim Fortschreiten um dx ändert sich dieser Durchfluß um den Betrag $\varrho\,\dfrac{d}{dx}\times$

$\times\left(\int_0^h u\,dy\right)dx$. Um diese Größe strömt daher durch die Grenzfläche 3–4 mehr Flüssigkeit aus als durch die Grenzfläche 1–2 eintritt. Dieser Überschuß muß durch die Grenzfläche 2–4 in den betrachteten Bereich hereingekommen sein. Die Geschwindigkeitskomponente der Flüssigkeit in der Grenzfläche 2–4 in x-Richtung ist U. Damit ist der durch die Grenzfläche 2–4 eintretende Impuls in x-Richtung durch den folgenden Ausdruck gegeben:

$$\varrho\, U\, dx\, \frac{d}{dx} \int\limits_0^h u\, dy\,.$$

Durch Gleichsetzen der in negativer x-Richtung wirkenden Kräfte mit der negativen Impulszunahme erhält man die Gleichung

$$\varrho\, U\, \frac{d}{dx} \int\limits_0^h u\, dy - \varrho\, \frac{d}{dx} \int\limits_0^h u^2\, dy = \tau_0 - h\, \frac{dp}{dx}\,, \tag{148}$$

die nun noch etwas umgebaut werden soll. Zunächst erhält man durch partielle Differentiation

$$\frac{d}{dx}\left(U \int\limits_0^h u\, dy \right) = \frac{dU}{dx} \int\limits_0^h u\, dy + U\, \frac{d}{dx} \int\limits_0^h u\, dy\,. \tag{149}$$

Da die Grenzschicht außerordentlich dünn ist, kann sich längs der Flächennormalen 1–2 der Druck p nur um einen vernachlässigbar kleinen Betrag ändern. Außerhalb der Grenzschicht aber wird die Beziehung zwischen dem Druck p und der Geschwindigkeit U durch BERNOULLIS Gleichung (145) beschrieben. Durch Differentiation erhält man daraus

$$\frac{dp}{dx} + \varrho\, U\, \frac{dU}{dx} = 0\,.$$

Da p innerhalb der Grenzschicht nur von x abhängt, läßt sich schreiben

$$h\, \frac{dp}{dx} = \int\limits_0^h \frac{dp}{dx}\, dy = -\varrho\, \frac{dU}{dx} \int\limits_0^h U\, dy\,. \tag{150}$$

Durch Einführen der Gln. (149) und (150) in die Beziehung (148) erhält man die *Impulsgleichung der Strömungsgrenzschicht*

$$\boxed{\;\varrho\, \frac{d}{dx} \int\limits_0^\delta (U - u)\, u\, dy + \varrho\, \frac{dU}{dx} \int\limits_0^\delta (U - u)\, dy = \tau_0\;}\,. \tag{151}$$

Die obere Grenze in den beiden Integralen konnte zu δ geändert werden, da außerhalb der Grenzschicht $U - u = 0$ ist.

In Grenzschichtrechnungen führt man häufig die folgenden Abkürzungen ein:

$$\delta^* = \int\limits_0^\delta \left(1 - \frac{u}{U}\right) dy\,,$$

$$\delta_i = \int\limits_0^\delta \left(1 - \frac{u}{U}\right) \frac{u}{U}\, dy\,.$$

Beide haben die Dimension einer Länge. δ^* wird Verdrängungsdicke und δ_i Impulsdicke der Grenzschicht genannt. Damit läßt sich die Impulsgleichung (151) abgekürzt schreiben

$$\varrho \, \frac{d}{d\,x}\,(U^2\delta_i) + \varrho \,\frac{d\,U}{d\,x}\, U\,\delta^* = \tau_0\,. \tag{152}$$

Da die Grenzschichtdicke sehr klein ist, gilt die Gl. (151) auch für gekrümmte Wände. Die Koordinate x läuft dann in Richtung der Wand, die Koordinate y senkrecht zu ihr. Die Geschwindigkeit U außerhalb der Grenzschicht oder der Druck p längs der Wand muß zur Lösung der Gl. (151) etwa durch Messung vorgegeben sein. Beide sind durch die BERNOULLIsche Gleichung (145) miteinander verknüpft. Die Gl. (151) kann nach einem Vorschlag von v. KARMAN näherungsweise gelöst werden, sobald man die ungefähre Form des Geschwindigkeitsprofiles innerhalb der Grenzschicht kennt. Man kann dann die Integrale in der Impulsgleichung auswerten und erhält so die Grenzschichtdicke und die Größe der Wandschubspannung. Das Ergebnis dieser Näherungsrechnung wird natürlich um so genauer, je richtiger man den Geschwindigkeitsverlauf in der Grenzschicht angenommen hat. Es zeigt sich aber, daß schon durch verhältnismäßig rohe Annahmen recht brauchbare Ergebnisse erzielt werden können.

24. Die längs angeströmte Platte

Wir wollen die Impulsgleichung benutzen, um die Grenzschichtdicke an einer ebenen längs angeströmten Platte auszurechnen. Zunächst soll die *laminare Grenzschicht* behandelt werden. Die Geschwindigkeit U außerhalb der Grenzschicht sei über die Plattenlänge konstant und gleich der Anströmgeschwindigkeit. Damit ist nach der BERNOULLIschen Gleichung auch der Druck längs der Plattenoberfläche unveränderlich. Das Druckglied in der Impulsgleichung entfällt daher im vorliegenden Fall. Der Geschwindigkeitsverlauf innerhalb der Grenzschicht ist, wie Messungen und die exakte Durchrechnung zeigen, durch eine parabelähnliche Kurve gegeben (Abb. 50).

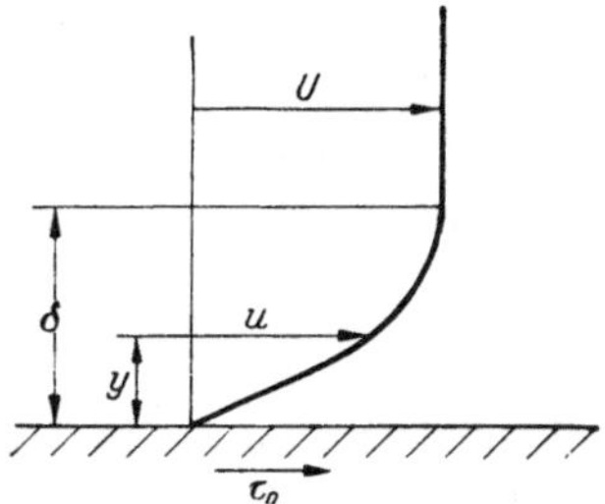

Abb. 50. Geschwindigkeitsverlauf in der laminaren Grenzschicht.

Um zu einem analytischen Ausdruck für dieses Profil zu gelangen, der den wirklichen Verlauf gut annähert, geht man folgendermaßen vor. Man verwendet einen Ansatz mit einer Anzahl von Konstanten, die man so bestimmt, daß der Ansatz bestimmte Bedingungen erfüllt, die für das wahre Geschwindigkeitsprofil gelten. Man weiß, daß

$$\text{für} \quad y = 0: \quad u = 0\,, \tag{153}$$

$$\text{für} \quad y = \delta: \quad u = U \tag{154}$$

sein muß. Außerdem ist es erwünscht, daß das angenäherte Geschwindigkeitsprofil ohne Knick in die Geschwindigkeit U außerhalb der Grenzschicht ausläuft, oder

$$\text{für} \quad y = \delta: \quad \frac{d\,u}{d\,y} = 0\,. \tag{155}$$

Als weitere Beziehung gilt an der ebenen Platte

$$\text{für} \quad y = 0: \quad \frac{d^2\,u}{d\,y^2} = 0\,. \tag{156}$$

Der Grund dafür ist folgender: Da in unmittelbarer Wandnähe die Geschwindigkeiten u sehr klein sind, wirken auf ein herausgegriffenes Flüssigkeitsteilchen an der Wand keine Trägheitskräfte, sondern nur Schubspannungen. Die Gleichgewichtsbedingung für dieses Flüssigkeitsteilchen verlangt dann, daß die Wandschubspannung τ_0 unmittelbar an der ebenen Wand innerhalb der Flüssigkeit zunächst in ihrer Größe erhalten bleibt. Dies bedeutet nach Gl. (146), daß der Geschwindigkeitsgradient du/dy in Wandnähe konstant oder, was dasselbe ist, daß die zweite Ableitung d^2u/dy^2 an der Wand zu Null wird.

Entsprechend den vier Bedingungsgleichungen (153) bis (156) kann man einen Ansatz mit vier Konstanten verwenden, z. B.

$$u = a + b\,y + c\,y^2 + d\,y^3\,. \tag{157}$$

Aus Gln. (153) bis (156) erhält man die Konstanten

$$a = 0\,, \quad b = \frac{3}{2}\,\frac{U}{\delta}\,, \quad c = 0\,, \quad d = -\frac{1}{2}\,\frac{U}{\delta^3}$$

und damit den fertigen Ansatz für den Geschwindigkeitsverlauf

$$\frac{u}{U} = \frac{3}{2}\,\frac{y}{\delta} - \frac{1}{2}\left(\frac{y}{\delta}\right)^3\,. \tag{158}$$

Mit diesem kann nunmehr zunächst das Impulsintegral in Gl. (151) ausgewertet werden

$$J = \varrho \int_0^\delta (U - u)\,u\,dy = \varrho\,U^2 \int_0^\delta \left[\frac{3}{2}\,\frac{y}{\delta} - \frac{1}{2}\left(\frac{y}{\delta}\right)^3\right]\left[1 - \frac{3}{2}\,\frac{y}{\delta} + \frac{1}{2}\left(\frac{y}{\delta}\right)^3\right] d\,y\,.$$

Multipliziert man die beiden Klammern aus und integriert gliedweise, so erhält man

$$J = \frac{39}{280}\,\varrho\,U^2\,\delta\,.$$

Das Geschwindigkeitsgefälle an der Wand ergibt sich aus Gl. (158) zu

$$\left(\frac{d\,u}{d\,y}\right)_0 = \frac{3}{2}\,\frac{U}{\delta}\,.$$

und damit die Wandschubspannung zu

$$\tau_0 = \mu\left(\frac{d\,u}{d\,y}\right)_0 = \frac{3}{2}\,\mu\,\frac{U}{\delta}\,.$$

Führt man diese und das Impulsintegral in die Impulsgleichung (151) ein, so erhält man die folgende Differentialgleichung

$$\frac{39}{280}\,\varrho\,U^2\frac{d\,\delta}{d\,x} = \frac{3}{2}\,\mu\,\frac{U}{\delta}\,.$$

Durch Trennung der Variablen wird daraus

$$\delta\,d\delta = 10{,}77\,\frac{\nu}{U}\,d\,x\,. \tag{159}$$

Die Integration ergibt

$$\delta = 4{,}64\,\sqrt{\frac{\nu\,x}{U}}\,. \tag{160}$$

Die Integrationskonstante ist in der Gleichung berücksichtigt, wenn man x vom Plattenanfang aus zählt, da am Plattenanfang für $x = 0$ auch die Grenzschichtdicke $\delta = 0$ sein muß. Die Grenzschichtdicke wächst nach Gl. (159) mit der Wurzel der Entfernung x vom Plattenanfang. Man schreibt die Gleichung zweckmäßig dimensionslos, indem man das Verhältnis der Grenzschichtdicke zur Entfernung von Plattenanfang x angibt,

$$\frac{\delta}{x} = \frac{4{,}64}{\sqrt{\dfrac{U\,x}{\nu}}}\,.$$

Der Ausdruck unter der Wurzel stellt nichts anderes dar als die mit der Entfernung vom Plattenanfang gebildete REYNOLDSsche Kennzahl, die wir mit Re_x bezeichnen wollen. Man kann daher die Gleichung auch in folgender Form schreiben

$$\boxed{\frac{\delta}{x} = \frac{4{,}64}{\sqrt{Re_x}}}\,. \tag{161}$$

Die Wandschubspannung erhält man damit zu

$$\tau_0 = \frac{0{,}323\,\varrho\,U^2}{\sqrt{Re_x}}\,. \tag{162}$$

An Stelle der Wandschubspannung wird häufig die Widerstandszahl c_f angegeben, die man erhält, wenn man den Widerstand, den die Platte infolge der Strömung erleidet, durch die Fläche und den Staudruck q_s der Anströmgeschwindigkeit teilt. Bei der längs angeströmten Platte muß man zwischen einer örtlichen Widerstandszahl c_f und einer mittleren $c_{f\,m}$ unterscheiden. Die erstere ist nach Gleichung $\tau_0\,dx = c_f\,dx\,\varrho\,\dfrac{U^2}{2}$ gleich

$$c_f = \frac{2\,\tau_0}{\varrho\,U^2}\,.$$

Die zweite ergibt sich aus

$$\int_0^x \tau_0 \, dx = c_{fm} \, x \, \varrho \, \frac{U^2}{2}$$

zu

$$c_{fm} = \frac{2}{x \, \varrho \, U^2} \int_0^x \tau_0 \, dx = \frac{1}{x} \int_0^x c_f \, dx \, .$$

Die Durchrechnung ergibt

$$c_{fm} = \frac{1{,}292}{\sqrt{Re_x}} \, .$$

Durch eine exakte Lösung der Grenzschichtgleichungen erhält man den um 3 % größeren Zahlenwert 1,327. Auch mit Messungen ist eine gute Übereinstimmung vorhanden.

Zahlenbeispiel. Es soll die Dicke der Grenzschicht berechnet werden, die sich an einer längs angeströmten Platte 10 cm vom Plattenanfang entfernt ausbildet, wenn die Platte mit Luft von 20 °C Temperatur und normalem Druck bei 10 m/s Geschwindigkeit angeströmt wird. Die REYNOLDSsche Zahl ergibt sich zu

$$Re_x = \frac{U \, x}{\nu} = \frac{1000 \, \dfrac{\text{cm}}{\text{s}} \cdot 10 \, \text{cm}}{0{,}15 \, \dfrac{\text{cm}^2}{\text{s}}} = 66\,000 \, .$$

Die kinematische Zähigkeit ν ist aus den Tabellen im Anhang entnommen. Das Verhältnis der Grenzschichtdicke zur Entfernung vom Plattenanfang wird damit

$$\frac{\delta}{x} = \frac{4{,}64}{\sqrt{66\,000}} = 0{,}0181 \, .$$

Die Grenzschicht ist daher an dieser Stelle 1,81 mm stark. Man sieht daraus, daß bei den üblichen Geschwindigkeiten und Plattenlängen Grenzschichtdicken in der Größenordnung von einigen mm auftreten.

In der *turbulenten Grenzschicht* bildet sich ein wesentlich anderes Geschwindigkeitsprofil aus als in der laminaren Grenzschicht. Der gemessene Geschwindigkeitsverlauf wird durch den folgenden von PRANDTL stammenden Ansatz recht gut wiedergegeben

$$u = U \left(\frac{y}{\delta} \right)^{1/7} \, . \tag{163}$$

Dieser Ansatz kann allerdings nicht bis an die Wand heran richtig sein, wie man sofort erkennt, wenn man daraus die Wandschubspannung berechnet, denn das Geschwindigkeitsgefälle ergibt sich zu

$$\frac{\partial u}{\partial x} = \frac{1}{7} \frac{U}{\delta^{1/7} \, y^{6/7}} \, ,$$

es wird daher für $y = 0$ unendlich. Dies würde eine unendlich große Wandschubspannung bedingen, was natürlich physikalisch unmöglich ist. In Wahrheit liegen die Verhältnisse so, daß die Turbulenz in Wandnähe immer mehr abklingt. Man kann sich dies nach PRANDTL vereinfacht in der Weise vorstellen, daß unmittelbar an der Wand eine laminare Randschicht vorhanden ist, in der die Geschwindigkeit linear mit der Entfernung y anwächst. Außerhalb der Randschicht gilt dann der Geschwindigkeitsverlauf nach dem 1/7-Potenzgesetz. Die Geschwindigkeiten in den beiden Gebieten schließen mit einem leichten Knick aneinander, wie dies in Abb. 51 dargestellt ist. Die Wandschubspannung τ_0 muß nunmehr aus Messungen entnommen werden. Für nicht zu große REYNOLDSsche Kennzahlen und eine glatte Oberfläche der Wand gilt die Gleichung von BLASIUS

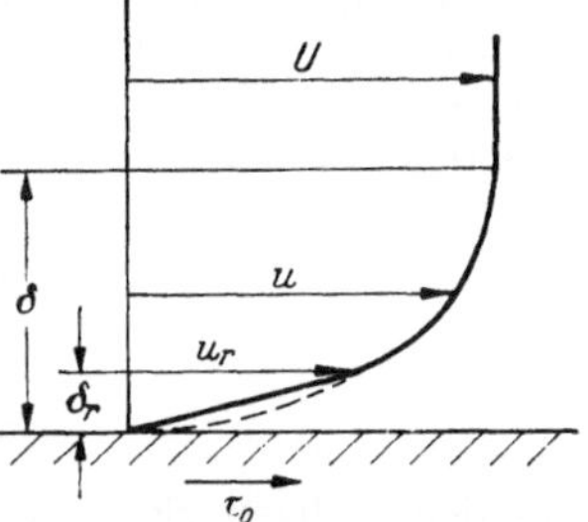

Abb. 51. Geschwindigkeitsverlauf in der turbulenten Grenzschicht.

$$\tau_0 = 0{,}0235\, \varrho\, U^2 \left(\frac{\nu}{U\,\delta}\right)^{1/4}. \qquad (164)$$

Die Gleichung wurde an sich aus Versuchen in durchströmten Rohren gewonnen. Es zeigt sich aber, daß sie auch die Verhältnisse an der angeströmten Wand recht gut wiedergibt.

Die Gl. (164) wurde durch Messungen von SCHULTZ-GRUNOW bis zu einer REYNOLDSschen Zahl $Re_x \sim 10^7$ auch für die Platte bestätigt. Darüber hinaus besteht eine verwickeltere Beziehung für die Schubspannung[1]. Für Wärmeübergangsrechnungen kommen so große REYNOLDSsche Zahlen selten in Frage.

Mit dem Ansatz (163) kann nunmehr wieder das Impulsintegral ausgewertet werden

$$J = \varrho \int\limits_0^\delta u\,(U - u)\,dy = \varrho\, U^2 \int\limits_0^\delta \left(\frac{y}{\delta}\right)^{1/7} \left[1 - \left(\frac{y}{\delta}\right)^{1/7}\right] dy = \frac{7}{72}\,\varrho\, U^2\, \delta\,.$$

Führt man das Impulsintegral J und den Ausdruck Gl. (164) für die Wandschubspannung in die Impulsgleichung ein, so erhält man die Differentialgleichung

$$\frac{7}{72}\,\varrho\, U^2 \frac{d\,\delta}{d\,x} = 0{,}0235\, \varrho\, U^2 \left(\frac{\nu}{U\,\delta}\right)^{1/4}.$$

Durch Trennung der Veränderlichen wird daraus

$$\delta^{1/4}\,d\delta = 0{,}242 \left(\frac{\nu}{U}\right)^{1/4} d\,x\,.$$

Die Integration ergibt

$$\delta = 0{,}384 \left(\frac{\nu}{U}\right)^{1/5} x^{4/5} - \text{konst.} \qquad (165)$$

Nach Abb. 47 beginnt die turbulente Grenzschicht am Umschlagspunkt in der Entfernung x_l vom Plattenanfang. Sie hat dort aber schon eine bestimmte Dicke, da sie ja aus der laminaren Grenzschicht hervorgeht.

---

[1] SCHULTZ-GRUNOW, F.: Neues Reibungswiderstandsgesetz für glatte Platten. Luftfahrtforschung 17 (1940) 239–246.

Nach L. Prandtl[1] bleibt man in guter Übereinstimmung mit Messungen, wenn man annimmt, daß sich die turbulente Grenzschicht vom Umschlagspunkt so ausbildet, als ob sie am Plattenanfang mit der Dicke $x = 0$ begonnen hätte. Für die Länge x hat man damit auch hier die Entfernung von der Vorderkante einzuführen. Damit wird die Konstante in Gl. (165) gleich Null. Macht man die Gleichung dimensionslos, so erhält man das Verhältnis der turbulenten Grenzschichtdicke zur Entfernung vom Plattenanfang

$$\frac{\delta}{x} = \frac{0{,}384}{\left(\dfrac{U\,x}{\nu}\right)^{1/5}} = \frac{0{,}384}{(Re_x)^{1/5}} \,. \tag{166}$$

Auf der rechten Seite der Gleichung steht wieder die mit der Entfernung x gebildete Reynoldssche Kennzahl. Berechnet man die laminare und die turbulente Grenzschichtdicke an der Umschlagstelle, so findet man, daß die letztere größer ist. Dieser Sprung in der Grenzschichtdicke ist in Wahrheit natürlich nicht vorhanden, sondern es geht der Umschlag in einer Übergangszone von bestimmter Länge vor sich, etwa in der Art, wie dies Abb. 52 andeutet.

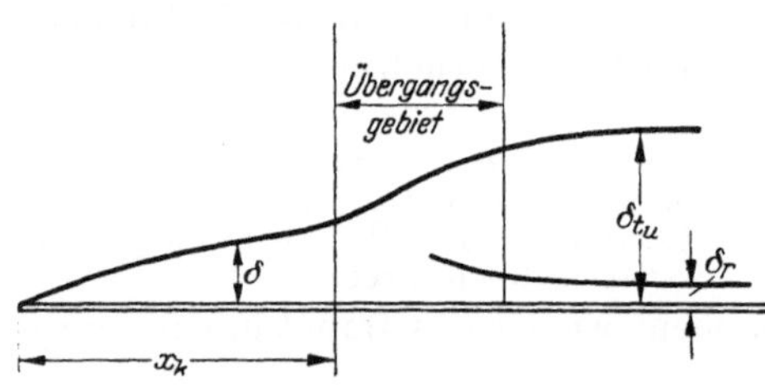

Abb. 52. Laminare und turbulente Grenzschicht an der Platte.

Für die nachfolgenden Wärmeübergangsrechnungen benötigt man auch noch die Dicke δ_r der laminaren Randschicht innerhalb der turbulenten Grenzschicht. Zu ihrer Bestimmung soll zunächst die Geschwindigkeit u_r berechnet werden, die an der Grenze zwischen der laminaren Randschicht und der turbulenten Grenzschicht auftritt. Den geradlinigen Geschwindigkeitsverlauf in der laminaren Randschicht erhält man aus der Schubspannung τ_0 mit der Gleichung

$$\tau_0 = \mu\,\frac{d\,u}{d\,y} = \mu\,\frac{u}{y} \,.$$

Führt man den Ausdruck für τ_0 ein, so ergibt sich

$$u = 0{,}0235\,\frac{\varrho\,U^2}{\mu}\left(\frac{\nu}{U\,\delta}\right)^{1/4} y \,.$$

Löst man diese Gleichung nach y auf und beachtet, daß für $y = \delta_r$ auch $u = u_r$ ist, so erhält man für die Dicke der Randschicht die Gleichung

$$\frac{\delta_r}{\delta} = \frac{u_r}{U}\,\frac{1}{0{,}0235}\left(\frac{\nu}{U\,\delta}\right)^{3/4} \,.$$

---

[1] Ergebnisse der aerodynamischen Versuchsanstalt zu Göttingen, III. Lieferung, Berlin: R. Oldenbourg 1927, S. 4.

Auf der anderen Seite muß an dieser Stelle auch das 1/7-Potenzgesetz gelten

$$\frac{\delta_r}{\delta} = \left(\frac{u_r}{U}\right)^7.$$

Durch Gleichsetzen der beiden letzten Ausdrücke erhält man das Verhältnis der Geschwindigkeit u_r zur Geschwindigkeit U

$$\frac{u_r}{U} = 1.878 \left(\frac{U\,d}{\nu}\right)^{-1/8} = \frac{1{,}878}{Re_\delta^{1/8}}. \tag{167}$$

Der Klammerausdruck auf der rechten Seite der Gleichung ist auch wieder eine REYNOLDSsche Kennzahl, diesmal aber gebildet mit der Grenzschichtdicke. Man kann jedoch diese mit Hilfe der Gl. (165) durch die Entfernung vom Plattenanfang ersetzen und erhält damit für das Geschwindigkeitsverhältnis

$$\boxed{\frac{u_r}{U} = 2{,}11 \left(\frac{\nu}{U\,x}\right)^{0,1} = \frac{2{,}12}{Re_x^{0,1}}}. \tag{168}$$

Die Dicke der Randschicht ergibt sich damit zu

$$\boxed{\frac{\delta_r}{\delta} = \left(\frac{u_r}{U}\right)^7 = \frac{194}{Re_x^{0,7}}}. \tag{169}$$

Die Wandschubspannung erhält man aus der Gleichung

$$\tau_0 = \mu\,\frac{u_r}{\delta_r}$$

zu

$$\tau_0 = \frac{0{,}0296}{Re^{0,2}}\,\varrho\,U^2.$$

Der Gesamtwiderstand der Platte läßt sich nun aus dem Wandschubspannungsverlauf im laminaren und dem im turbulenten Bereich durch Integration über die Plattenlänge ermitteln. Für eine kritische REYNOLDSsche Zahl $U\,x/\nu = 485\,000$ kommt man so zu der von L. PRANDTL angegebenen Formel

$$c_{fm} = \frac{0{,}074}{Re^{1/5}} - \frac{1700}{Re},$$

die durch Versuche gut bestätigt wird.

Einer kritischen REYNOLDSschen Zahl $U\,x/\nu = 85\,000$ entspricht

$$c_{fm} = \frac{0{,}074}{Re^{1/5}} - \frac{300}{Re}.$$

Abb. 53 zeigt den von VAN DER HEGGE-ZYNEN[1] gemessenen Geschwindigkeitsverlauf in der turbulenten Grenzschicht. Auch hier ist wieder wie beim Umschlagspunkt an Stelle einer scharfen Grenze eine Übergangszone vorhanden, in der die Turbulenz in der Richtung auf die Wand zu abklingt.

---

[1] VAN DER HEGGE-ZYNEN, B. G.: Measurements of the velocity distribution in the boundary layer along a plane surface, Delft: J. Waltmann 1924.

Zahlenbeispiel. Es soll die Dicke der turbulenten Grenzschicht in 30 cm Entfernung vom Plattenanfang berechnet werden, wenn die Platte wieder von Luft mit 20 °C, 1 ata und 10 m/s Geschwindigkeit angeströmt wird. Die REYNOLDSsche Zahl ist damit $Re_x = \dfrac{1000 \cdot 30}{0{,}15} = 200000$. Gl. (166) ergibt damit für das Verhältnis der Grenzschichtdicke zur Länge der turbulenten Grenzschicht $\delta/x = 0{,}0333$. Die turbulente Grenzschicht ist also an der betrachteten Stelle 10 mm dick. Das Verhältnis der laminaren Randschicht zur turbulenten Grenzschicht ist nach Gl. (169) $\delta_r/\delta = 0{,}036$. Die laminare Randschicht hat also an der betrachteten Stelle die Dicke 0,36 mm. Infolge dieser geringen Dicke der laminaren Randschicht ist die Schub-

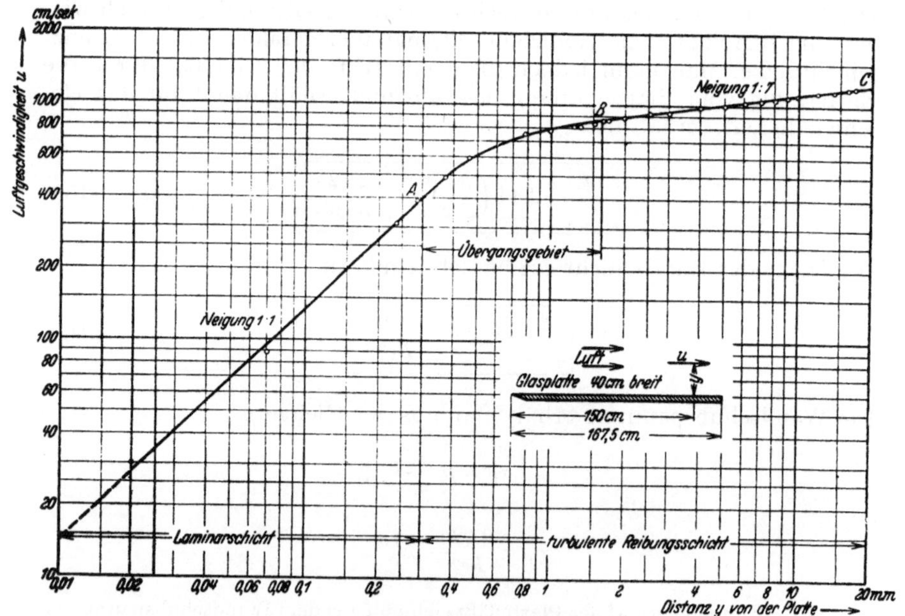

Abb. 53. Geschwindigkeitsverteilung in der Strömungsgrenzschicht vor einer Platte (nach VAN DER HEGGE-ZYNEN).

spannung an der Platte bei turbulenter Strömung stark von der Rauhigkeit der Oberfläche abhängig, während bei laminarer Grenzschicht die Beschaffenheit der Oberfläche praktisch keine Rolle spielt. Man kann sich diese Tatsache so erklären, daß die Rauhigkeiten die Wandschubspannung und damit den Widerstand der Platte erhöhen, sobald sie nicht gut von der laminaren Randschicht überdeckt sind. Genauere Untersuchungen zeigen, daß eine Widerstandszunahme feststellbar ist, wenn die Höhe der Rauhigkeiten etwa ein Drittel der laminaren Randschicht übersteigt. In dem durchgerechneten Zahlenbeispiel hat man also nur eine Platte mit Rauhigkeiten unter 0,1 mm als hydraulisch glatt anzuprechen. Größere Rauhigkeiten beeinflussen den Plattenwiderstand. Die laminare Randschicht wird um so dünner, je größer die Luftgeschwindigkeit ist, während sie nach Gl. (166) und (169) nur sehr wenig von der Länge x abhängt. Bei größeren Luftgeschwindigkeiten muß also die Platte besonders sorgfältig bearbeitet werden, wenn man eine Erhöhung ihres Widerstandes durch die Rauhigkeit vermeiden will. Die Gl. (164) gilt nur für die glatte Platte. Die Gesetzmäßigkeiten für eine rauhe Oberfläche sind wesentlich verwickelter.

25. Exakte Lösung der Grenzschichtgleichungen

In diesem Abschnitt sollen die Grenzschichtgleichungen und ihre Lösung für die laminare Grenzschicht an einer längsangeströmten Platte besprochen werden. Die Strömung einer zählen Flüssigkeit wird im allgemeinen durch die NAVIER-STOKESschen Gleichungen beschrieben. Diese Gleichungen lauten in karthesischen Koordinaten für stationäre Strömung einer Flüssigkeit mit konstanten Stoffwerten

$$\varrho\left(u\,\frac{\partial u}{\partial x} - v\,\frac{\partial u}{\partial y} - w\,\frac{\partial u}{\partial z}\right) = -\frac{\partial p}{\partial x} - \mu\left(\frac{\partial^2 u}{\partial x^2} - \frac{\partial^2 u}{\partial y^2} - \frac{\partial^2 u}{\partial z^2}\right), \quad (170)$$

$$\varrho\left(u\,\frac{\partial v}{\partial x} - v\,\frac{\partial v}{\partial y} - w\,\frac{\partial v}{\partial z}\right) = -\frac{\partial p}{\partial y} - \mu\left(\frac{\partial^2 v}{\partial x^2} - \frac{\partial^2 v}{\partial y^2} - \frac{\partial^2 v}{\partial z^2}\right). \quad (171)$$

$$\varrho\left(\mu\,\frac{\partial w}{\partial x} - v\,\frac{\partial w}{\partial y} - w\,\frac{\partial w}{\partial z}\right) = -\frac{\partial p}{\partial z} - \mu\left(\frac{\partial^2 w}{\partial x^2} - \frac{\partial^2 w}{\partial y^2} - \frac{\partial^2 w}{\partial z^2}\right). \quad (172)$$

Außer diesen Gleichungen, die durch eine Kräftebilanz an einem im Raume feststehenden Volumenelement mit den Abmessungen ∂x, ∂y und ∂z erhalten werden, gilt noch der Ausdruck für die Kontinuität der Strömung

$$\frac{\partial u}{\partial x} - \frac{\partial v}{\partial y} - \frac{\partial w}{\partial z} = 0. \quad (173)$$

Die vier Gln. (170) bis (173) erlauben im Prinzip die Berechnung der vier Unbekannten, der drei Geschwindigkeitskomponenten u, v und w und des Druckes p.

Dieses System von nichtlinearen, partiellen Differentialgleichungen ist jedoch in seinem Aufbau so verwickelt, daß nur eine sehr beschränkte Anzahl von Lösungen gefunden werden konnte und gerade die technisch wichtigen Fälle einer mathematischen Behandlung unzugänglich blieben. Es bedeutet daher einen bahnbrechenden Fortschritt, daß es L. PRANDTL gelang, für normale Flüssigkeiten mit kleinen Zähigkeiten, wie beipsielsweise Wasser und Luft, die NAVIER-STOKESschen Gleichungen durch eine Abschätzung der Größenordnung der einzelnen Glieder so weit zu vereinfachen, daß sie einer Lösung viel zugänglicher wurden. Die Aufstellung der NAVIER-STOKESschen Gleichungen und die Ableitung der Grenzschichtgleichungen soll hier nicht behandelt werden[1].

Wegen der geringen Dickenausdehnung der Grenzschicht lassen sich die Gleichungen, die die Strömung innerhalb der Grenzschicht beschreiben, in einfacher Weise in einem Koordinatensystem darstellen, in dem die x-Achse in Strömungsrichtung entlang der Oberfläche und die y-Achse normal zur Oberfläche verläuft (Abb. 54). Wenn man die Geschwindigkeitskomponenten in den beiden Koordinatenrichtungen mit u und v bezeichnet, lauten die Grenzschichtgleichungen für eine zwei-

---

[1] Der interessierte Leser sei auf die Fachliteratur, vor allem auf das Buch „Grenzschichttheorie" von H. SCHLICHTING verwiesen.

dimensionale, stationäre Strömung einer Flüssigkeit mit konstanten Stoffwerten

$$\varrho\left(u\,\frac{\partial u}{\partial x} + v\,\frac{\partial u}{\partial y}\right) = -\,\frac{\partial p}{\partial x} + \mu\,\frac{\partial^2 u}{\partial y^2}\,, \tag{174}$$

$$\frac{\partial u}{\partial x} - \frac{\partial v}{\partial y} = 0\,. \tag{175}$$

Die erste der beiden Gleichungen ist das Ergebnis einer Kräftebilanz an einem Volumenelement $d x\, d y$, die zweite Gleichung drückt die Kontinuität der Flüssigkeitsströmung aus. L. PRANDTL zeigte, daß $\dfrac{\partial p}{\partial y}$ in der Grenzschicht klein ist und gleich Null gesetzt werden kann. Der Druck wird daher der Grenzschicht von der Außenströmung aufgeprägt und ist für Grenzschichtrechnungen als bekannt anzusehen.

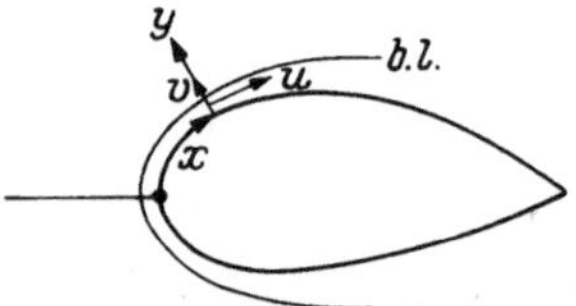

Abb. 54. Koordinatensystem für die Grenzschichtströmung um einen Zylinder.

An einer längs angeströmten Platte ist der Druck auch in x-Richtung konstant. Damit gilt

$$u\,\frac{\partial u}{\partial x} + v\,\frac{\partial u}{\partial y} = \nu\,\frac{\partial^2 u}{\partial y^2}\,, \tag{176}$$

$$\frac{\partial u}{\partial x} + \frac{\partial v}{\partial y} = 0\,. \tag{177}$$

Die folgenden Randbedingungen sind zu erfüllen:

$$\text{für}\quad y = 0:\quad u = 0,\quad v = 0,$$

$$\text{für}\quad y = \infty:\quad u = U\,.$$

Die dritte Randbedingung wurde für $y = \infty$ vorgeschrieben, es wird sich aber aus dem Ergebnis der Berechnung zeigen, daß schon innerhalb eines kleinen Abstandes y die Geschwindigkeit u mit jeder praktisch erforderlichen Genauigkeit in die Geschwindigkeit U der Kernströmung übergeht.

Man kann nun die zwei Differentialgleichungen in eine einzige überführen, wenn man eine neue Veränderliche ψ einführt, die folgendermaßen definiert ist

$$u = \frac{\partial \psi}{\partial y}\,,\qquad v = -\,\frac{\partial \psi}{\partial x}\,. \tag{178}$$

Die Gl. (177) ist damit von vornherein befriedigt, da sie lautet

$$\frac{\partial^2 \psi}{\partial x\,\partial y} = \frac{\partial^2 \psi}{\partial x\,\partial y}\,.$$

Aus Gl. (176) wird

$$\frac{\partial \psi}{\partial y}\,\frac{\partial^2 \psi}{\partial x\,\partial y} - \frac{\partial \psi}{\partial x}\,\frac{\partial^2 \psi}{\partial y^2} = \nu\,\frac{\partial^3 \psi}{\partial y^3}\,. \tag{179}$$

Die Veränderliche ψ wird in der Strömungslehre viel angewendet und als „Stromfunktion" bezeichnet.

LUDWIG PRANDTL schloß nun aus Ähnlichkeitsbetrachtungen, daß es für die längsangeströmte Platte möglich sein muß, die partielle Differentialgleichung (179) in eine totale Differentialgleichung zu verwandeln, wenn man eine neue unabhängige Veränderliche $\eta = \dfrac{y}{2}\sqrt{\dfrac{U}{\nu x}}$ und eine neue abhängige Veränderliche $f = \dfrac{\psi}{\sqrt{\nu x U}}$ einführt und vorschreibt, daß f nur von η abhängt. Die Geschwindigkeitskomponenten ergeben sich in diesen neuen Parametern

$$u = \frac{\partial \psi}{\partial y} = \frac{d f}{d \eta}\frac{\partial \eta}{\partial y}\sqrt{\nu x U} = \sqrt{\nu x U}\frac{d f}{d \eta}\frac{1}{2}\sqrt{\frac{U}{\nu x}} = \frac{U}{2}\frac{d f}{d \eta}, \qquad (180)$$

$$\left.\begin{aligned} v = -\frac{\partial \psi}{\partial x} &= -\sqrt{\nu x U}\frac{d f}{d \eta}\frac{\partial \eta}{\partial x} - \frac{1}{2}\sqrt{\frac{\nu U}{x}}f = \sqrt{\nu x U}\frac{d f}{d \eta}\frac{1}{4 x}y\sqrt{\frac{U}{\nu x}} - \\ &\quad - \frac{1}{2}\sqrt{\frac{\nu U}{x}}f = \frac{1}{2}\sqrt{\frac{\nu U}{x}}\left(\eta\frac{d f}{d \eta} - f\right). \end{aligned}\right\} (181)$$

Wenn man in der gleichen Weise auch die höheren Ableitungen der Stromfunktion berechnet und diese in die Gl. (179) einführt, erhält man

$$\frac{d^3 f}{d \eta^3} + f\frac{d^2 f}{d \eta^2} = 0. \qquad (182)$$

Die Randbedingungen in den neuen Veränderlichen ergeben sich aus Gl. (180) und (181)

$$\left.\begin{aligned} \text{für}\quad \eta &= 0: \quad f = 0; \quad \frac{d f}{d \eta} = 0\\ \text{für}\quad \eta &= \infty: \quad \frac{d f}{d \eta} = 2. \end{aligned}\right\} (183)$$

Eine Lösung der Gl. (182) mit diesen Randbedingungen wurde zum ersten mal von H. BLASIUS[1] angegeben. Er entwickelte hierzu die Veränderliche f in Reihen nach η. Im Folgenden sei ein anderes, von PIERCY und PRESTON[2] angewandtes Verfahren mitgeteilt, das wesentlich einfacher ist und sich besonders gut als Grundlage einer Berechnung mit elektrischen Rechenmaschinen eignet.

Wir wollen hierzu eine Veränderliche $z = \dfrac{d^2 f}{d \eta^2}$ einführen. Gl. (182) schreibt sich dann

$$\frac{d z}{d \eta} + f z = 0.$$

Wenn man vorübergehend f in dieser Gleichung als bekannte Funktion von η ansieht, lassen sich die Veränderlichen trennen

$$\frac{d z}{z} = - f\, d \eta.$$

---

[1] BLASIUS, H.: Z. Math. u. Phys. 56 (1908) 1.
[2] PIERCY, N. A. V., u. G. H. PRESTON: Phil. Mag. 21 (1936) 995.

Integration ergibt

$$z = C_1 e^{-\int f d\eta}.$$

Eine weitere Integration führt gemäß Gl. (180) zu einer Gleichung für die Geschwindigkeit

$$\frac{u}{U} = \frac{C_1}{2} \int e^{-\int f d\eta} d\eta + C_2 .$$

Die zwei Integrationskonstanten können aus den Randbedingungen (183) ermittelt werden. Man erhält so

$$\frac{u}{U} = \frac{\int\limits_{0}^{\eta} e^{-\int\limits_{0}^{\eta} f d\eta} d\eta}{\int\limits_{0}^{\infty} e^{-\int\limits_{0}^{\eta} f d\eta} d\eta} \tag{184}$$

Diese Gleichung stellt noch keine Lösung dar, da f unbekannt ist. Sie wird als Integralgleichung bezeichnet und läßt sich in der folgenden

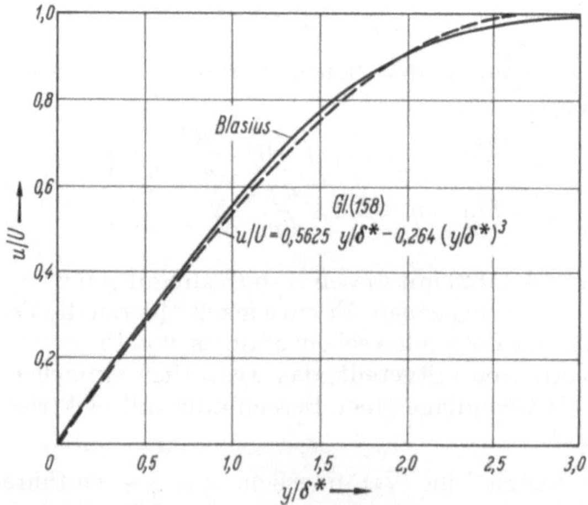

Abb. 55. Geschwindigkeitsprofil laminarer Grenzschichtströmung entlang einer ebenen Platte nach H. BLASIUS und nach Gl. (158). δ^* Verdrängungsdicke der Grenzschicht (S. 78).

Weise zu einem Iterationsverfahren verwenden. Man führt einen geschätzten Ausdruck für f in die rechte Seite der Gleichung ein. Durch Berechnung der Integrale erhält man $\frac{u}{U}$. Eine weitere Integration nach Gl. (180) ergibt eine zweite Näherung für f. Mit dieser kann der Rechnungsgang wiederholt werden, was zu einer dritten Näherung für f führt. Es zeigt sich, daß dieses Verfahren sehr gut konvergiert. PIERCY und PRESTON verwendeten als erste Näherung $u = U$ oder $f = 2\eta$. Aus dem

Geschwindigkeitsprofil ergibt sich die Wandschubspannung

$$\tau_0 = \mu\left(\frac{\partial u}{\partial y}\right)_{y=0} = \mu\,\frac{U}{2}\left(\frac{d^2 f}{d\eta^2}\right)_{\eta=0}\frac{\partial \eta}{\partial y} = \frac{1}{4}\left(\frac{d^2 f}{d\eta^2}\right)_{\eta=0}\frac{\varrho\,U^2}{\sqrt{Re_x}}\,.$$

Piercy und Preston erhielten nach sechs Iterationen den Wert $\left(\frac{d^2 f}{d\eta^2}\right)_{\eta=0}$ $= 1{,}331$, der auf $^1/_4\,\%$ mit dem von Blasius ermittelten Wert $1{,}328$ übereinstimmt. Abb. 55 zeigt das durch exakte Lösung der Grenzschichtgleichungen gewonnene Geschwindigkeitsprofil als volle Linie und das Profil nach Gl. (158) als gestrichelten Linienzug.

Das iterative Lösungsverfahren erwies sich als sehr zweckmäßig für die Lösung verschiedener Grenzschichtprobleme, wie Grenzschichten in Überschallströmungen oder Wärme- und Stoffaustausch mit veränderlichen Stoffwerten[1].

26. Das durchströmte Rohr

Auch die *Einlaufströmung* in einem geschlossenen Kanal läßt sich mit Hilfe der Impulsgleichung (151) berechnen. Für ein Rohr mit Kreisquerschnitt muß die Gleichung für rotationssymmetrische Strömung entwickelt werden. Diese Rechnung wurde bei laminarer Strömung von L. Schiller[2] durchgeführt. Er setzt dabei das Geschwindigkeitsprofil in der Einlaufstrecke aus zwei Parabelbögen und einer Geraden zusammen,

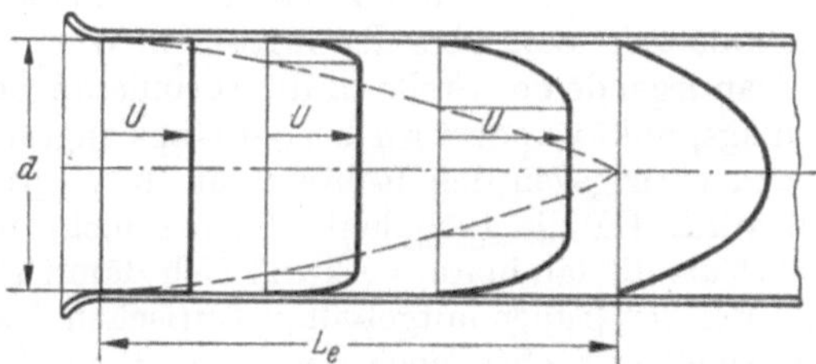

Abb. 56. Entwicklung des Geschwindigkeitsprofils beim Rohreinlauf.

wie dies in Abb. 56 dargestellt ist. Die Scheitel der Parabelbögen liegen auf der gestrichelt gezeichneten äußeren Grenze der Grenzschicht. Die Geschwindigkeit U außerhalb der Grenzschicht muß mit wachsender Entfernung vom Einlauf immer größer werden, da durch jeden Querschnitt die gleiche Flüssigkeitsmenge hindurchströmt und die Grenzschichten nach hinten zu immer dicker werden. Dementsprechend sinkt auch der Druck nach der Bernoullischen Gleichung in Strömungsrichtung ab. Nach beendigtem Einlauf hat das Geschwindigkeitsprofil die Form einer Parabel, wie dies auch die exakte Berechnung ergibt. Der Unterschied des Druckes in einem Rohrquerschnitt nach vollendetem

---

[1] v. Kármán, Th.: Journ. Aeron. Sci. 5 (1938) 227; Eckert, E. R. G., P. Schneider, A. A. Hayday u. R. Larsen: Jet Propulsion 28 (1958) 34.

[2] Schiller, L.: Strömung in Rohren, in W. Wien u. F. Harms: Exper. Phys. Bd. IV/4, S. 48.

Einlauf gegen den Druck weit vor dem Rohreinlauf (wo die Geschwindigkeit Null herrscht), läßt sich nach SCHILLER berechnen, indem man zu dem Reibungsdruckabfall der ausgebildeten Strömung den Einlaufdruckabfall

$$\Delta p = 2{,}16\, \varrho\, \frac{u_m^2}{2} \tag{185}$$

hinzuzählt. Die Ergebnisse dieser Berechnung stehen in guter Übereinstimmung mit Messungen. Das Verhältnis der Einlauflänge L_e zum Rohrdurchmesser d hängt von der REYNOLDSschen Zahl ab nach der Beziehung

$$\boxed{\;\frac{L_e}{d} = 0{,}0288\, \frac{u_m\, d}{\nu} = 0{,}0288\, Re_d\;} \tag{186}$$

Die REYNOLDSsche Zahl Re_d ist dabei mit der über den Querschnitt gemittelten Geschwindigkeit u_m und dem Rohrdurchmesser d gebildet. In dieser Weise wird die REYNOLDSsche Zahl bei der Rohrströmung in der technischen Literatur angegeben. Zu beachten ist dabei, daß zwar die Näherungsrechnung mit dem Impulssatz eine scharfe Grenze für die Einlaufstrecke L_e ergibt, daß dagegen die wirkliche Strömung sich nur asymptotisch dem ausgebildeten Zustand nähert. Bei großen Genauigkeitsansprüchen kann man daher durch Messungen auch noch in größerer Entfernung vom Rohranfang als der durch Gl. (186) gegebenen Einlaufstrecke kleine Abweichungen vom ausgebildeten Zustand feststellen. Wächst die REYNOLDSsche Zahl über den kritischen Wert hinaus, so geht die Grenzschicht an irgendeiner Stelle in die turbulente Strömungsform über. Der Umschlagspunkt wandert wie bei der längs angeströmten Platte um so weiter nach vorn gegen den Rohreinlauf zu, je größer die REYNOLDSsche Zahl wird. Da die turbulente Grenzschicht nach Gl. (166) schneller anwächst als die laminare, verkürzt sich damit gleichzeitig die Einlauflänge L_e. Bei der früher mitgeteilten kritischen REYNOLDSschen Zahl $Re_k = 3000$ spielt sich eben noch der ganze Einlauf im laminaren Gebiet ab. Die Einlauflänge ergibt sich dabei nach Gl. (186) zu etwa $100\,d$. Wächst die REYNOLDSsche Zahl weiter an, dann erfolgt der Umschlag zur Turbulenz bereits in der Einlaufströmung, die Einlauflänge geht dabei bis auf etwa $40\,d$ zurück und wächst erst mit weitersteigender REYNOLDSscher Zahl wieder langsam an.

Das Geschwindigkeitsprofil in der *ausgebildeten turbulenten Strömung* wird bis zu einer REYNOLDSschen Zahl von etwa 100000 durch die Gl. (163) gut wiedergegeben, wenn man die Grenzschichtdicke δ durch den Rohrhalbmesser r ersetzt. Dies entspricht der Vorstellung, daß das ausgebildete Geschwindigkeitsprofil dadurch entstanden ist, daß die beiden Grenzschichten sich in der Rohrachse getroffen haben. Für die Geschwindigkeit U ist also nunmehr der Wert in der Rohrachse einzuführen. Auch die Gl. (164) für die Wandschubspannung behält ihre Gültigkeit, ebenso die Beziehung (167) für die Geschwindigkeit u_r am Rande der laminaren Randschicht, die sich auch hier ebenso wie in der turbulenten Grenzschicht an die Platte ausbildet. Ersetzt man in diesen Gleichungen den Rohrhalbmesser durch den Durchmesser ($2r = d$) und außerdem die Achsgeschwindigkeit U durch die mittlere Strömungsgeschwindigkeit u_m, wobei man aus der Integration der Gl. (163) über den Rohrquerschnitt zu der Beziehung $u_m = 0{,}82\,U$ kommt, so formen sich die angegebenen Gleichungen in folgender Weise um:

$$\tau_0 = 0{,}0384\,\varrho\,u_m^2 \left(\frac{\nu}{u_m\,d}\right)^{1/4} = \frac{0{,}0384}{Re_d^{1/4}}\,\varrho\,u_m^2\,, \tag{187}$$

$$\frac{u_r}{U_m} = 2{,}44 \left(\frac{\nu}{u_m\,d}\right)^{1/8} = \frac{2{,}44}{Re_d^{1/8}}\,, \tag{188}$$

$$\frac{\delta_r}{d} = 63{,}5 \left(\frac{\nu}{u_m\,d}\right)^{7/8} = \frac{63{,}5}{Re_d^{7/8}}\,. \tag{189}$$

An Stelle der Wandschubspannung wird häufig die Widerstandsziffer ξ verwendet, die man aus dem Druckverlust längs einer Rohrstrecke l mit der folgenden Definitionsgleichung erhält

$$\Delta p = \xi\,\frac{l}{d}\,\varrho\,\frac{u_m^2}{2}\,. \tag{190}$$

Im ausgebildeten Zustand erleidet die Strömung zwischen den beiden Querschnitten 1–1 und 2–2 der Abb. 57 keine Impulsänderung. Es herrscht daher Gleichgewicht zwischen den in den Querschnitten 1–1 und 2–2 wirkenden Druckkräften und den auf der Mantelfläche des dadurch herausgeschnittenen Zylinders von der Länge l wirkenden Wandschubspannungen τ_0. Es ergibt sich folgende Gleichung

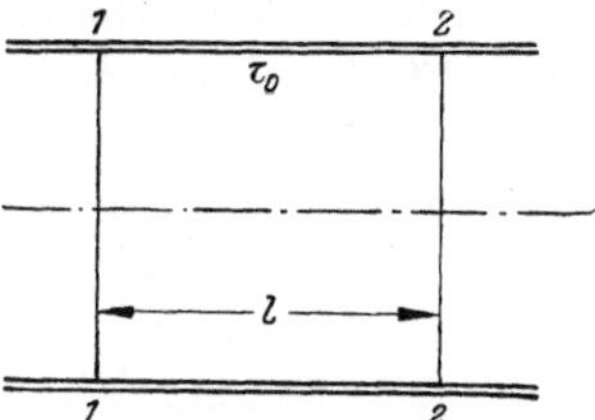

Abb. 57. Zur Erläuterung der Beziehung zwischen Wandschubspannung und Druckabfall.

$$\Delta p\,\frac{d^2\,\pi}{4} = \tau_0\,d\,\pi\,l\,. \tag{191}$$

Mit Hilfe der beiden Beziehungen Gln. (190) und (191) kann man aus der Wandschubspannung die Widerstandsziffer ξ berechnen:

$$\xi = \frac{8\,\tau_0}{\varrho\,u_m^2} = \frac{0{,}316}{Re_d^{1/4}}\,. \tag{192}$$

Diese Form findet man meist in den Lehr- und Handbüchern angegeben und als das BLASIUSsche Gesetz bezeichnet. Für große REYNOLDSsche Zahlen (größer als 10^5) tritt an ihre Stelle das von PRANDTL und seinen Mitarbeitern aufgestellte allgemeine Widerstandsgesetz[1]

$$\frac{1}{\sqrt{\xi}} = 2{,}0\,\log\,(Re_d\sqrt{\xi}) - 0{,}8\,. \tag{193}$$

Dieses ist allerdings unhandlicher als Gl. (192), da die Widerstandsziffer ξ in der Gleichung auf der rechten und linken Seite vorkommt. An die Stelle des 1/7 Potenzgesetzes der Geschwindigkeitsverteilung tritt nunmehr die Gleichung

$$\frac{u}{v^*} = 5{,}75\,\log\,\frac{v^*\,y}{\nu} + 5{,}5\,, \tag{194}$$

in der die Größe v^* die sog. Schubspannungsgeschwindigkeit ($v^* = \sqrt{\tau_0/\varrho}$) bedeutet.

---

[1] PRANDTL, L.: Führer durch die Strömungslehre, Braunschweig: Vieweg 1942.

Zur Darstellung des turbulenten Geschwindigkeitsprofiles verwendet man oft ein halblogarithmisches Diagramm, wie es in Abb. 58 dargestellt ist. Als Abszisse ist der Wandabstand y in dimensionsloser Form als eine mit der Schubspannungsgeschwindigkeit gebildete REYNOLDS-Zahl und als Ordinate die dimensionslose Geschwindigkeit $\frac{u}{v^*}$ aufgetragen. Der geradlinige Verlauf des Profiles in Abb. 58 für $\frac{v^* y}{v} > 30$ entspricht der Gl (194). Der nach oben gekrümmte Teil der Kurve von $\frac{v^* y}{v} = 0$ bis 5 entspricht einem linearen Anwachsen der Geschwindigkeit mit zunehmendem Wandabstand und kann als der Bereich der laminaren Randschicht gedeutet werden. Hitzdrahtmessungen haben allerdings gezeigt, daß die Strömung auch in diesem Gebiete nicht stetig ist, sondern Schwankungen aufweist. Das in Abb. 58 dargestellte Geschwindigkeitsprofil wird häufig *universelles Geschwindigkeitsprofil* genannt, da es die tatsächlichen Geschwindigkeitsprofile in einem weiten REYNOLDS-Zahlenbereich gut annähert.

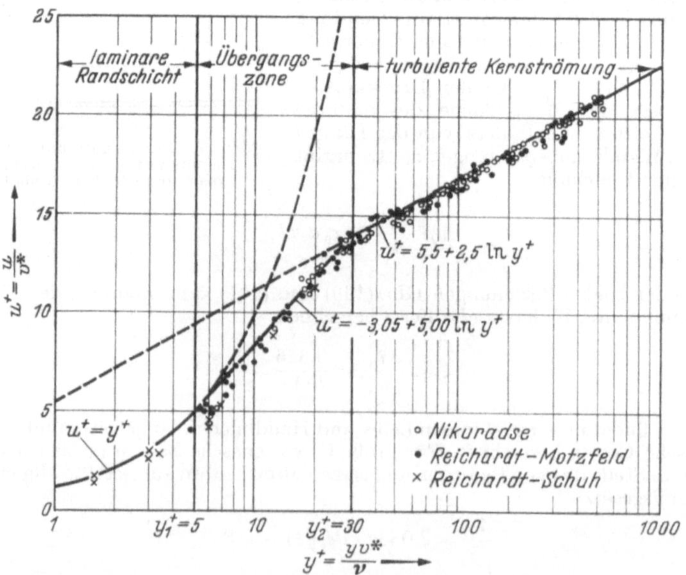

Abb. 58. Universelles Geschwindigkeitsprofil der turbulenten Rohrströmung [nach R. C. MARTINELLI: Trans. Amer. Soc. Mech. Eng. 69 (1941) 941–959].

Die bisher besprochenen Beziehungen gelten für ein Rohr mit glatter Wand. Rohrrauhigkeiten vergrößern die Flüssigkeitsreibung und damit den Druckabfall einer Strömung. Für die Darstellung der Ergebnisse von Versuchen besteht die grundsätzliche Schwierigkeit, daß diese Ergebnisse von der Geometrie der Wandrauhigkeit abhängen und daß sich diese schwer beschreiben läßt. Ausgedehnte Versuche an rauhen Rohren

wurden von Nikuradse durchgeführt. Er klebte zu diesem Zwecke an
die innere Rohrwand eine Schicht von Sandkörnern mit etwa einheitlicher Größe und kugelförmiger Gestalt. Wenn man annimmt, daß die
Körner die Wand in einer dichten Schicht bedecken, dann wird die Rauhigkeit durch Angabe der Korngröße k_s oder in dimensionsloser Form
durch Angabe des Verhältnisses d/k_s vollständig beschrieben. Abb. 59 faßt

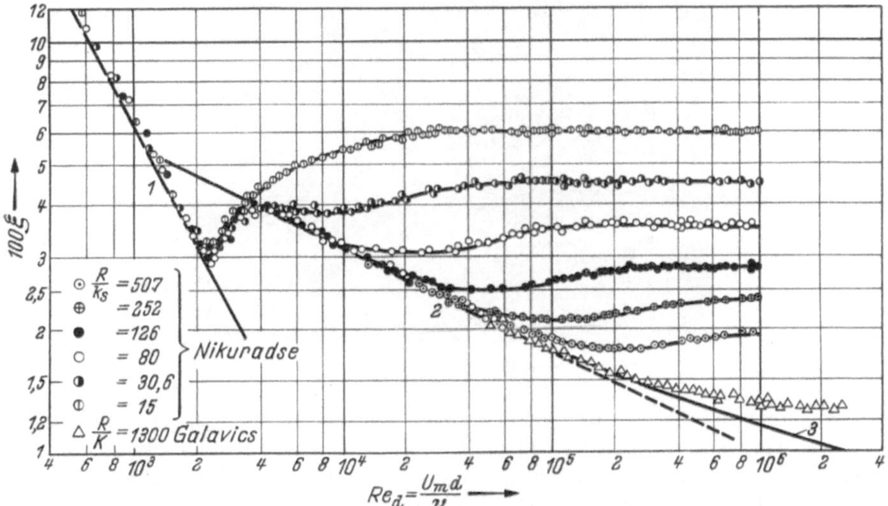

Abb. 59. Widerstandsziffer der Strömung durch ein rauhes Rohr. Messungen mit Sandrauhigkeit
nach J. Nikuradse. Messungen mit handelsüblicher Rauhigkeit nach F. Galavicz (nach H.
Schlichting: Grenzschichttheorie, Karlsruhe: G. Braun 1951). R Rohrradius.

Versuchsergebnisse zusammen. Linienzug 1 stellt die Widerstandsziffer
für laminare Strömung nach der Gleichung

$$\xi = \frac{64}{Re_d} \tag{195}$$

dar.

Die Linienzüge 2 und 3 geben die Widerstandsziffer für turbulente
Strömung durch ein glattes Rohr nach den Gln. (192) und (193) an. Die
restlichen Kurven gelten für rauhe Rohre. Man erkennt, daß Rohrrauhigkeit unterhalb einer bestimmten Reynolds-Zahl keinen Einfluß auf die
Widerstandsziffer ausübt. Man nennt das Rohr dann „hydraulisch glatt".
Daß im allgemeinen die Widerstandszahl auch von der Gestalt der Wandrauhigkeit beeinflußt wird, erkennt man aus der einen Kurve in der Abbildung, die für ein handelsmäßig rauhes Rohr gilt.

27. Der quer angeströmte Zylinder

Eine wichtige Rolle spielt die Grenzschicht auch bei Ablösungsvor-
gängen an umströmten Körpern. Abb. 60 zeigt eine Aufnahme der Strömung um einen Kreiszylinder. Man sieht darin deutlich, wie sich die Strömung seitlich von der Zylinderwand ablöst und dadurch hinter dem

Zylinder ein mit Wirbeln erfülltes Totwasser entsteht. Berechnet man die Druckverteilung, die eine ablösungsfreie und reibungslose Strömung um den Zylinder ergibt, so erhält man den in Abb. 61 als strichpunktierten Linienzug eingetragenen Verlauf. Der Druck sinkt vom Staupunkt bei

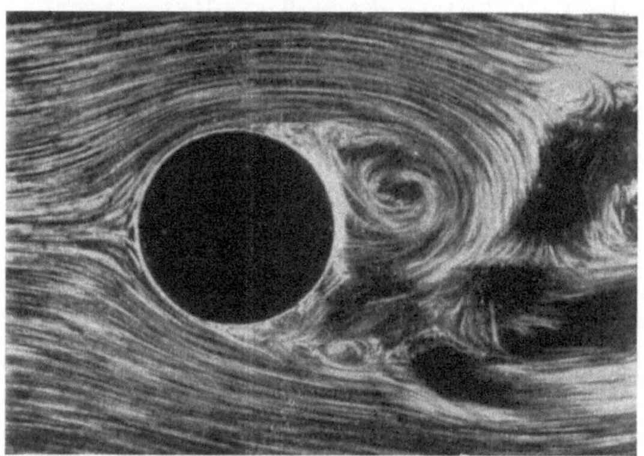

Abb. 60. Strömung um einen Kreiszylinder.

$\alpha = 0$ an zunächst ab und erreicht seitlich am Zylinder seinen tiefsten Wert. Auf der hinteren Zylinderhälfte steigt er dann wieder bis auf den Wert am vorderen Staupunkt an. In einer reibungsbehafteten Flüssigkeit bildet sich an der Oberfläche des Zylinders wieder eine Grenzschicht aus. Die Flüssigkeitsteile außerhalb der Grenzschicht können den Druckanstieg auf der Rückseite des Zylinders mitmachen, indem sie ihre kinetische Energie in Druckenergie rückverwandeln. Die Flüssigkeitsteilchen in

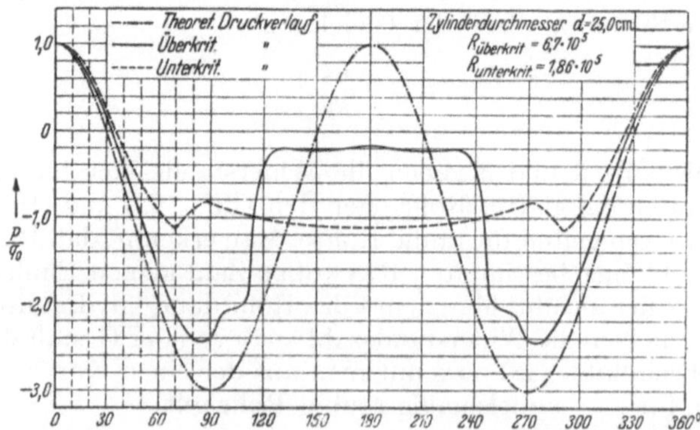

Abb. 61. Druckverlauf der Strömung um einen Kreiszylinder (nach L. FLACHSBARTH).

der Grenzschicht besitzen dagegen wegen ihrer kleinen Geschwindigkeit diese kinetische Energie nicht. Sie können daher nur eine bestimmte Strecke gegen den steigenden Druck anlaufen, werden dann völlig abgebremst und kehren schließlich unter dem Einfluß des Druckanstieges ihre Bewegungsrichtung um. Auf diese Weise löst sich die Grenzschicht von der Zylinderwand ab und bildet eine „freie Grenzschicht" innerhalb des Strömungsfeldes, die aber unstabil ist und sich in Wirbel auflöst. In der Wirbelströmung selbst ist der Einfluß der Zähigkeit wieder klein mit Ausnahme der Wirbelkerne. Durch die Grenzschichtablösung ändert sich auch der Druckverlauf auf der Hinterseite des Zylinders. Wie weit die Grenzschicht in die verzögerte Strömung eindringen kann, hängt von ihrer Strömungsenergie ab. Diese ist bei der turbulenten Grenzschicht entsprechend dem völligeren Geschwindigkeitsprofil (Abb. 48) größer als bei der laminaren. Die turbulente Grenzschicht löst sich daher erst bei einem Winkel von 110° von der Zylinderwand ab, die laminare bereits bei einem Winkel von 82°. Dem entsprechen die beiden gemessenen und

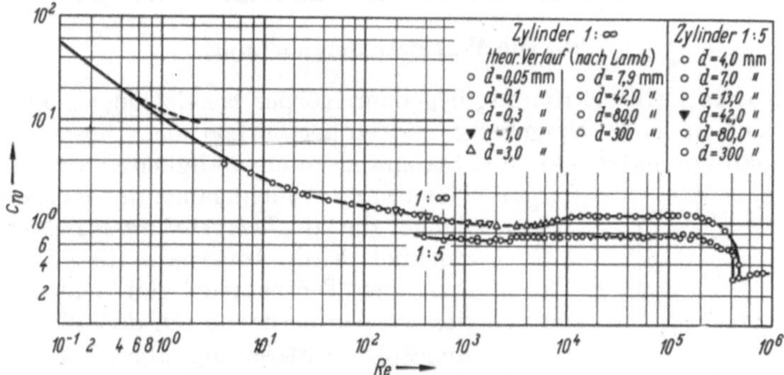

Abb. 62. Widerstandsbeiwert c_w des quer angeströmten Kreiszylinders als Funktion der REYNOLDSschen Zahl bei einem Verhältnis von Durchmesser zu Länge von 1 : ∞ und 1 : 5 (nach C. WIESELSBERGER).

in Abb. 61 wiedergegebenen Druckverteilungen. Der Druck an der Zylinderrückseite ist nunmehr kleiner als an entsprechenden Punkten der Vorderseite. Dies ergibt eine auf den Zylinder wirkende Kraft in Strömungsrichtung, die Form-Widerstand genannt wird. Dazu kommt noch ein von den Wandschubspannungen herrührender Reibungswiderstand. Bildet man aus dem gesamten Widerstand W eine dimensionslose Widerstandszahl c_w mit Hilfe der Gleichung

$$W = c_w\, d\, l\, \varrho\, \frac{U^2}{2}, \tag{196}$$

in der d den Durchmesser und l die Länge, das Produkt dl also den Querschnitt des Zylinders bedeutet, so erhält man den in Abb. 62 eingetragenen Verlauf. Die REYNOLDSsche Zahl Re ist dabei mit der Anströmgeschwindigkeit U und dem Zylinderdurchmesser d gebildet. Bei sehr kleinen REYNOLDSschen Zahlen tritt das geschilderte Ablösen der Strömung noch nicht auf. Erst von $Re \sim 1$ ab beginnt sich ein Totwasser hinter dem Zylinder auszubilden, seine Abmessungen werden mit wachsender REYNOLDSscher Zahl immer größer. Ungefähr von $Re = 100$ ab lösen sich die in Abb. 60 sichtbaren Wirbel abwechselnd links und rechts von der Körperoberfläche ab und werden von der Strömung in Form einer geordneten Wirbelstraße weggetragen. Der aus Abb. 62 ersichtliche plötzliche Abfall der Widerstandszahl etwa bei $Re = 4 \cdot 10^5$ kommt dadurch zustande, daß dort die Grenzschicht vor dem Ablösungspunkt in die turbulente Strömungsform übergeht. Oberhalb der genannten REYNOLDSschen Zahl tritt an die Stelle der geordneten Wirbelstraße hinter dem Zylinder ein Totwasser mit kleineren ungeordneten Wirbeln. Der Widerstand des Zylinders ist bei kleinen REYNOLDSschen Zahlen hauptsächlich Reibungswiderstand, über 1000 dagegen zum überwiegenden Teil Formwiderstand. Alle geschilderten Strömungserscheinungen wirken sich, wie wir im folgenden sehen werden, auch auf den Wärmeübergang am Zylinder aus.

B. Erzwungene Konvektion in laminarer Strömung

28. Die Wärmestromgleichung

Wird ein in der Strömung liegender Körper beheizt oder gekühlt, so bildet sich in seiner Umgebung ein Temperaturfeld aus. Dieses umfaßt, wenn man von extrem kleinen Strömungsgeschwindigkeiten absieht, nur eine dünne Schicht längs der Körperoberfläche, die als *Temperaturgrenzschicht* bezeichnet wird. Innerhalb dieser Schicht geht die Temperatur von dem Wert in der Körperoberfläche auf den Wert in der ungestörten Strömung über. Das Temperaturfeld in Wandnähe ist in Abb. 63 dargestellt. In der Entfernung δ_t von der Wand ist die ungestörte Temperatur t_k in der Kernströmung erreicht. Die Größe δ_t ist die Dicke der Temperaturgrenzschicht. In Abb. 63 ist auch das Strömungsfeld mit der Grenzschichtdicke δ eingetragen. Die beiden Grenzschichten sind im allgemeinen, wie wir im folgenden sehen werden, nicht gleich dick. Zur angenäherten Bestimmung der Dicke der Temperaturgrenzschicht und damit des Wärmeüberganges läßt sich eine *Wärmestromgleichung der Temperaturgrenzschicht* aufstellen. Man ermittelt hierzu die Wärmebilanz eines Raumelementes an der Wand des Körpers, das von zwei um den Betrag dx voneinander entfernten Senkrechten zur Körperoberfläche 1–2 und 3–4 in Abb. 64 und einer zur Wand parallelen Ebene in der Entfernung h von dieser gebildet wird. Die Strecke h ist dabei größer gewählt als die Grenzschichtdicke sowohl für die Strömungs- als auch für die Temperaturgrenzschicht. Es sollen wieder nur ebene Strömungs- und

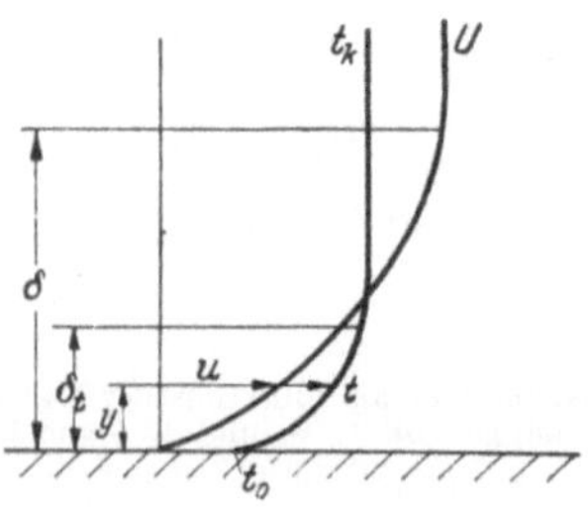

Abb. 63. Verlauf der Geschwindigkeit u und der Temperatur t in der Grenzschicht der Strömung und des Wärmeüberganges an einer Wand.

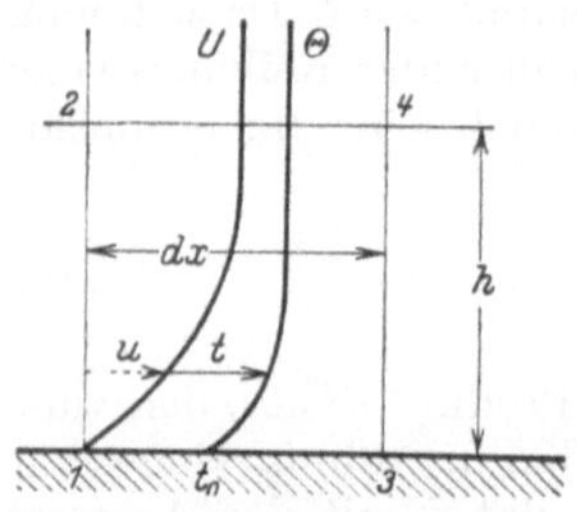

Abb. 64. Zur Wärmebilanz der Grenzschicht des Wärmeüberganges.

Temperaturfelder untersucht werden. Senkrecht zur Zeichenebene kann daher das Raumteilchen die Erstreckung 1 haben. Durch die Ebene 1–2 wird mit der Strömung je Zeiteinheit eine Wärmemenge hindurchgetragen, deren Betrag durch das folgende Integral gegeben ist

$$\varrho\, c_p \int\limits_0^h t\, u\, d y \,,$$

wobei c_p die spezifische Wärme bei konstantem Druck[1] je Masseneinheit ist. Dieser Wärmestrom ändert sich auf der Strecke $d x$ um den Betrag

$$\varrho\, c_p\, d x\, \frac{d}{d x} \int\limits_0^h t\, u\, d y \,.$$

Um diesen Betrag strömt daher durch die Fläche 3–4 mehr Wärme aus dem betrachteten Raumteil ab als durch die Fläche 1–2 zuströmt. Durch die Grenzfläche 2–4 strömt, wie wir im vorhergehenden Abschnitt auf S. 77 gesehen haben, eine Flüssigkeitsmenge $\varrho\, d x\, \dfrac{d}{d x} \int\limits_0^h u\, d y$, diese transportiert die Wärmemenge $\varrho\, c_p t_k\, d x\, \dfrac{d}{d x} \int\limits_0^h u\, d y$ in das betrachtete Raumelement herein. Durch die Grenzfläche 1–3 geht eine Wärmemenge dQ von der Wand an das Volumselement über. Da die unmittelbar an der Wand anliegenden Flüssigkeitsschichten die Geschwindigkeit 0 haben, muß diese Wärmemenge durch Leitung durch diese Schichten transportiert werden. Es gilt hierfür die Gl. (35), mit den vorliegenden Bezeichnungen

$$dQ = -\lambda\, d x \left(\frac{d t}{d y}\right)_0 ,$$

in der λ die Wärmeleitzahl der Flüssigkeit oder des Gases bedeutet. In einer stationären Strömung wird im Volumenelement keine Wärme gespeichert. Dagegen können Wärmequellen vorhanden sein. Dies ist beispielsweise der Fall, wenn durch eine chemische Reaktion Wärme erzeugt wird. Strenggenommen sind in einer Grenzschichtströmung sogar stets Wärmequellen vorhanden, da durch innere Reibung kinetische Energie in innere Energie umgewandelt wird. Bei normalen Strömungsgeschwindigkeiten ist diese Wärmeerzeugung aber verschwindend klein. In diesem Abschnitt wird vorausgesetzt, daß keine Wärmequellen vorhanden sind. Die Summe der mit der Strömung in das Raumelement herein-

---

[1] Für eine Flüssigkeit mit konstanten Stoffwerten (einschließlich der Dichte) gibt es keinen Unterschied zwischen der spezifischen Wärme bei konstantem Druck und der bei konstantem Volumen. Viele der hier abgeleiteten Beziehungen lassen sich aber auch auf Gase anwenden, wenn man in ihnen c_p verwendet.

getragenen und der durch Leitung in dasselbe einströmenden Wärmemenge muß dann im Beharrungszustand Null ergeben:

$$\varrho\, c_p\, \frac{d}{d\,x} \int\limits_0^h t_k\, u\, d\, y - \varrho\, c_p\, \frac{d}{d\,x} \int\limits_0^h t\, u\, d\, y - \lambda \left(\frac{d\,t}{d\,y}\right)_0 = 0\,.$$

Führt man die Temperaturleitzahl $a = \dfrac{\lambda}{c_p\, \varrho}$ ein, so nimmt die Gleichung
die folgende Form an

$$\frac{d}{d\,x} \int\limits_0^h (t_k - t)\, u\, d\, y = a \left(\frac{d\,t}{d\,y}\right)_0\,. \tag{197}$$

Dies ist die *Wärmestromgleichung der Temperaturgrenzschicht*, aus der die
Wärmeübergangszahlen berechnet werden können[1].

Auch die in dieser Gleichung auftretenden Stoffwerte sind im Anhang
zusammengestellt. Für die spezifische Wärme c_p und die Wärmeleitzahl λ
gilt ebenso wie für die Zähigkeit μ, daß nur in der Nähe des kritischen
Punktes eine starke Druckabhängigkeit vorhanden ist. In den Abb. 173
bis 175 des Anhanges sind wieder die Verhältnisse für Wasserdampf dargestellt. Die spezifische Wärme hat im kritischen Punkt theoretisch den
Wert unendlich. Dem entspricht das in Abb. 175 des Anhanges ersichtliche starke Anwachsen in der Umgebung des kritischen Zustandes. Die
Dichte ϱ ist für Flüssigkeiten nur verschwindend wenig vom Druck abhängig. Bei Gasen läßt sie sich aus der Zustandsgleichung berechnen.
In der Nähe des kritischen Zustandes folgt sie einer verwickelten Beziehung. Die Druckabhängigkeit der Temperaturleitzahl a ist wie die der
kinematischen Zähigkeit ν bei Flüssigkeiten sehr klein, bei Gasen ist a
dem Druck umgekehrt verhältnisgleich.

29. Die längs angeströmte Platte

Die Wärmestromgleichung (197) soll nun dazu verwendet werden, den
Wärmeübergang für laminare, stationäre, zweidimensionale Strömung
entlang einer ebenen Wand zu berechnen. Die Wandtemperatur möge
den in Abb. 65 dargestellten Verlauf haben.
Von der Plattenvorderkante bis zur Entfernung x_0 sei die Wandtemperatur gleich
der Anströmtemperatur t_k der Flüssigkeit.
Von x_0 beginnend sei die Wandtemperatur von der Flüssigkeitstemperatur verschieden und habe den örtlich konstanten
Betrag t_0. Es bildet sich dann, von $x = 0$

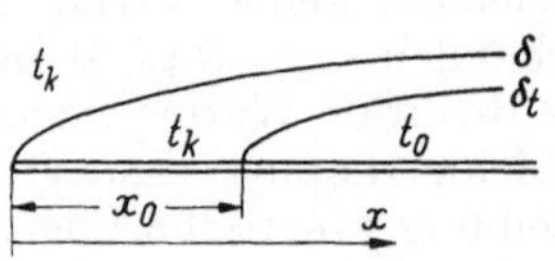

Abb. 65. Strömungs- und Temperaturgrenzschicht an einer ebenen Platte.

beginnend, eine Strömungsgrenzschicht mit der Dicke δ und, von
$x = x_0$ beginnend, eine Temperaturgrenzschicht mit der Dicke δ_t aus.

---

[1] Die Berechnung des Wärmeüberganges aus der Wärmestromgleichung wurde
anscheinend zum erstenmal von G. KROUJILINE [Techn. Phys. UdSSR 3 (1936)
183 u. 311] durchgeführt.

Für das Temperaturprofil innerhalb der Temperaturgrenzschicht gelten die folgenden Beziehungen, wenn die Übertemperatur $\vartheta = t - t_0$ und $\Theta = t_k - t_0$ eingeführt wird

$$\text{für} \quad y = 0: \quad \vartheta = 0, \quad \frac{d^2\vartheta}{dy^2} = 0$$

$$\text{für} \quad y = \delta: \quad \vartheta = \Theta, \quad \frac{d\vartheta}{dy} = 0.$$

Die Bedingung $\frac{d^2\vartheta}{dy^2} = 0$ erhält man durch eine Überlegung, die derjenigen auf S. 80 für das Geschwindigkeitsprofil völlig analog ist. Man kann sie auch aus der Temperaturgrenzschichtgleichung (211) ableiten, wenn man diese für $y = 0$ anschreibt und Wärmeerzeugung durch innere Reibung vernachlässigt. Entsprechend den vier Bedingungsgleichungen kann man für das Temperaturprofil wieder einen Ausdruck mit vier Konstanten verwenden.

$$\vartheta = a + by + cy^2 + dy^3.$$

Die Konstanten a bis d werden aus den Bedingungsgleichungen ermittelt. Dies ergibt

$$\frac{\vartheta}{\Theta} = \frac{3}{2}\frac{y}{\delta_t} - \frac{1}{2}\left(\frac{y}{\delta_t}\right)^3.$$

Damit läßt sich wieder das Wärmestromintegral ausrechnen

$$\int_0^h (t_k - t)\, u\, dy = \int_0^h (\Theta - \vartheta)\, u\, dy$$

$$= \Theta U \int_0^{\delta_t} \left[1 - \frac{3}{2}\frac{y}{\delta_t} - \frac{1}{2}\left(\frac{y}{\delta_t}\right)^3\right]\left[\frac{3}{2}\frac{y}{\delta} - \frac{1}{2}\left(\frac{y}{\delta}\right)^3\right] dy.$$

Für die folgende Rechnung soll zunächst vorausgesetzt werden, daß die Temperaturgrenzschicht schmaler ist als die Strömungsgrenzschicht. Das Integral braucht dann nur bis $y = \delta_t$ erstreckt zu werden, da für $y > \delta_t$ die Temperatur $\vartheta = \Theta$ ist, also der Integrand zu Null wird. Führt man für das Verhältnis der beiden Grenzschichtdicken die Bezeichnung $k = \delta_t/\delta$ ein und wertet das Integral aus, so erhält man die Gleichung

$$\int_0^h (\Theta - \vartheta)\, u\, dy = \Theta U \delta\left(\frac{3}{20}\, k^2 - \frac{3}{280}\, k^4\right).$$

Das zweite Glied in der Klammer macht nur wenige Prozent von dem ersten aus, da nach unserer Voraussetzung $k < 1$ ist. Es soll daher für die weitere Rechnung vernachlässigt werden. Der Temperaturgradient an der Plattenoberfläche ist

$$\left(\frac{dt}{dy}\right)_0 = \left(\frac{d\vartheta}{dy}\right)_0 = \frac{3}{2}\cdot\frac{\Theta}{\delta_t}.$$

Wir haben nun das ausgewertete Integral und den Temperaturgradient in die Wärmestromgleichung (197) einzuführen.
Dies ergibt

$$\frac{3}{20}\,\Theta\,U\,\frac{d}{d\,x}\,(k^2\,\delta) = \frac{3}{2}\,a\,\frac{\Theta}{k\,\delta}$$

oder

$$\frac{1}{10}\,U\left(k^3\,\delta\,\frac{d\,\delta}{d\,x} + 2\,k^2\delta^2\,\frac{d\,k}{d\,x}\right) = a\,.$$

Mit Gl. (159) und (160) wird daraus

$$k^3 + 4\,x\,k^2\,\frac{d\,k}{d\,x} = \frac{13}{14}\,\frac{a}{v}\,. \tag{198}$$

Das Verhältnis v/a ist ein dimensionsloser Stoffwert, der in Wärmeübergangsrechnungen häufig auftaucht. Er wird PRANDTL-Zahl genannt

$$Pr = \frac{v}{a} = \frac{c_p\,\mu}{\lambda}\,. \tag{199}$$

Die Tafeln auf S. 301 f. enthalten die PRANDTL-Zahl für Flüssigkeiten und Gase. Für beide Media hängt Pr im wesentlichen nur von der Temperatur ab. Lediglich in der Umgebung des kritischen Punktes ist auch eine starke Druckabhängigkeit vorhanden. Bei Gasen ist auch die Temperaturabhängigkeit klein.

Mit der Substitution $k^3 = y$ wird aus der obigen Gleichung

$$y + \frac{4}{3}\,x\,\frac{d\,y}{d\,x} = \frac{13}{14\,(Pr)}\,.$$

Ein partikuläres Integral dieser Gleichung ist $y = \dfrac{13}{14\,(Pr)}$ und das allgemeine Integral der homogenen Gleichung erhält man mit dem Ansatz $y = x^m$. Man findet $m = -3/4$. Damit ist die vollständige Lösung der Differentialgleichung

$$y = \frac{13}{14\,(Pr)} + C\,x^{-3/4}\,.$$

Die Konstante C ist durch die Bedingung bestimmt, daß für $x = x_0$ die Grenzschichtdicke $\delta_t = 0$ und daher $k = 0$, $y = 0$ ist. Daraus folgt

$$k = \sqrt[3]{y} = \frac{\sqrt{1 - \left(\dfrac{x_0}{x}\right)^{3/4}}}{1{,}026\,\sqrt[3]{Pr}}\,. \tag{200}$$

Wenn die Platte auf ihrer ganzen Länge beheizt ist ($x_0 = 0$), gilt für das Verhältnis der Temperatur- zur Strömungsgrenzschicht

$$k = \frac{0{,}977}{\sqrt[3]{Pr}}\,.$$

Zähe Öle haben nach den Tabellen im Anhang eine PRANDTLsche Kennzahl von 1000 und mehr. Bei diesen Stoffen ist also die Dicke der Temperaturgrenzschicht nur etwa $^1/_{10}$ von der der Strömungsgrenzschicht. Gase haben PRANDTLsche Kennzahlen, die kleiner sind als 1. Für diese Stoffe ist daher k größer als 1 und es gilt demzufolge streng genommen die vorstehende Berechnung nicht mehr. Da jedoch die kleinste PRANDTLsche Kennzahl bei Gasen größer ist als 0,6 und in das Verhältnis der Grenzschichtdicken die PRANDTL-Zahl nur mit der dritten Wurzel eingeht, wird die Temperaturgrenzschicht nur wenig größer als die Strömungsgrenzschicht. Man begeht dann nur einen kleinen Fehler, wenn man für die Integration die Parabel der Strömungsgrenzschicht über den Scheitel hinaus noch als gültig ansieht, wie dies bei der vorstehenden Berechnung für $k > 1$ der Fall ist. Damit kann die durchgeführte Berechnung auch für Gase verwendet werden. Die einzige bekannte Stoffgruppe mit einer sehr kleinen PRANDTLschen Kennzahl sind flüssige Metalle. Für sie gilt also die vorstehende Berechnung nicht.

Die Wärmestromdichte für den Wärmeübergang an die Platte ist durch die folgende Gleichung gegeben:

$$q = -\lambda \left(\frac{d\vartheta}{dy}\right)_0.$$

Andererseits gilt hierfür die Definitionsgleichung der Wärmeübergangszahl

$$q = \alpha\,(t_0 - t_k) = -\alpha\Theta.$$

Setzt man die beiden Beziehungen einander gleich, so erhält man

$$\alpha = \frac{\lambda}{\Theta}\left(\frac{d\vartheta}{dy}\right)_0 = \frac{3}{2}\frac{\lambda}{\delta_t}.$$

Die Wärmeübergangszahl ist also der Dicke der Temperaturgrenzschicht verkehrt proportional. Nach Einführung des Verhältnisses k der Grenzschichtdicken und unter Beachtung der Gl. (161) wird aus der letzten Gleichung

$$\left.\begin{aligned}
\alpha &= \frac{3}{2}\frac{\lambda}{0{,}977 \cdot 4{,}64}\sqrt[3]{Pr}\;\sqrt{\frac{U}{\nu x}}\;\frac{1}{\sqrt[3]{1 - \left(\frac{x_0}{x}\right)^{3/4}}} \\[2mm]
&= 0{,}332\,\lambda\,\sqrt[3]{Pr}\;\sqrt{\frac{U}{\nu x}}\;\frac{1}{\sqrt[3]{1 - \left(\frac{x_0}{x}\right)^{3/4}}}
\end{aligned}\right\} \tag{201}$$

Für die auf ihrer ganzen Länge beheizte Platte ($x_0 = 0$) gilt

$$\alpha = 0{,}332\,\lambda\,\sqrt[3]{Pr}\;\sqrt{\frac{U}{\nu x}}. \tag{202}$$

Die Wärmeübergangszahl ist demnach verkehrt proportional der Wurzel aus der Entfernung x von der Plattenvorderkante. Wie in Abb. 66 dargestellt ist, beginnt sie am Plattenanfang mit dem Wert Unendlich und wird mit steigender Entfernung von der Vorderkante immer kleiner. Es ist zweckmäßig, die Gl. (202) in dimensionsloser Form anzuschreiben:

$$\frac{\alpha\,x}{\lambda} = 0{,}332\;\sqrt[3]{Pr}\;\sqrt{\frac{U x}{\nu}}\,.$$

Auf der rechten Seite der Gleichung tritt nunmehr wieder die mit der Anströmgeschwindigkeit U und der Entfernung x vom Plattenanfang

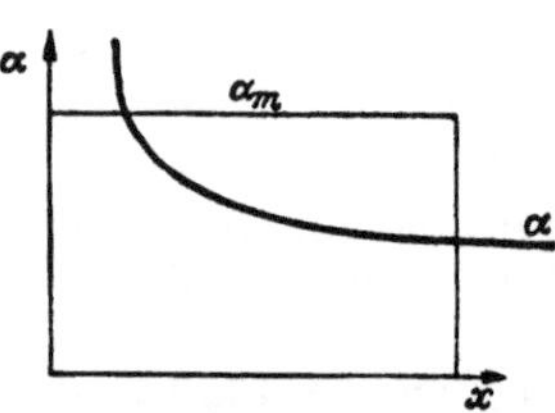

Abb. 66. Verlauf der Wärmeübergangszahl α an der längs angeströmten Platte in Abhängigkeit von der Entfernung x von der Vorderkante.

gebildete REYNOLDSsche Zahl auf. Dem dimensionslosen Ausdruck auf der linken Seite der Gleichung hat man die Bezeichnung NUSSELTsche *Kennzahl* gegeben im Hinblick auf die großen Verdienste, die sich W. NUSSELT um die Erforschung des Wärmeüberganges erworben hat. Man bezeichnet diese Kennzahl mit den beiden Anfangsbuchstaben Nu. Als Hinweis darauf, daß die Kennzahl mit der Entfernung vom Plattenanfang gebildet ist, soll der Fußzeiger x angebracht werden,

$$Nu_x = \frac{\alpha\,x}{\lambda}\,. \tag{203}$$

Damit erhält man für die Berechnung des Wärmeüberganges die Beziehung

$$Nu_x = \frac{0{,}332\,\sqrt[3]{Pr}\,\sqrt{Re_x}}{\sqrt[3]{1 - \left(\dfrac{x_0}{x}\right)^{3/4}}} \tag{204}$$

und für die auf der ganzen Länge beheizte Platte

$$Nu_x = 0{,}332\,\sqrt[3]{Pr}\,\sqrt{Re_x}\,. \tag{205}$$

Bei technischen Rechnungen interessiert oft nicht die durch die vorstehende Gleichung gegebene örtliche Wärmeübergangszahl, sondern ihr Mittelwert vom Plattenanfang bis zu Stelle x (Abb. 66), da sich damit unmittelbar die Wärmeabgabe einer Platte von der Länge x berechnen läßt. Aus Gl. (202) erhält man

$$\alpha_m = \frac{1}{x}\int_0^x \alpha\,d x = \frac{C}{x}\int_0^x \frac{d x}{\sqrt{x}} = \frac{C}{x}\,2\,\sqrt{x} = 2\,\frac{C}{\sqrt{x}} = 2\,\alpha\,, \tag{206}$$

wobei C alle nicht von x abhängigen Größen zusammenfaßt. Die mittlere Wärmeübergangszahl auf der Plattenlänge x ist daher gerade doppelt so groß wie die örtliche Wärmeübergangszahl am Ende dieser Länge.

Der Wärmeübergang an der ebenen, auf ihrer ganzen Länge beheizten Platte konnte auch exakt mit allerdings viel größerem Rechenaufwand gelöst werden. Diese Rechnung führt ebenfalls auf die Gl. (205). Mit Versuchen steht die Gleichung ebenfalls in guter Übereinstimmung. Für die Platte mit unbeheizter Anlauflänge x_0 ist dagegen noch keine exakte Lösung bekannt geworden. Sind die Stoffwerte, die in die Gl. (205) eingehen, temperaturabhängig, dann hat man sie bei einer mittleren Temperatur einzusetzen. Welcher Mittelwert zu verwenden ist, darüber besteht allerdings noch keine volle Klarheit. Es steht zu erwarten, daß er von der Natur der Flüssigkeit abhängt.

Die Gl. (205) wurde unter der Voraussetzung gewonnen, daß die Strömungsgrenzschicht δ dicker ist als die Temperaturgrenzschicht δ_t. Für die auf ihrer ganzen Länge beheizte Platte läßt sich der vorstehende Rechnungsgang auch auf den Fall $\delta_t > \delta$ anwenden. Man hat dann nur das Wärmestromintegral in zwei Abschnitten auszurechnen, da die Geschwindigkeit für $0 < y < \delta$ durch Gl. (158), für $\delta < y < \delta_t$ durch $u = U$ gegeben ist. Man erhält die folgende Gleichung

$$Nu_x = \frac{\sqrt[]{Re\,Pr}}{1{,}55\,\sqrt{Pr} + 3{,}09\,\sqrt{0{,}372 - 0{,}15\,Pr}}\,. \tag{207}$$

Sie kann dazu verwendet werden, den Wärmeübergang in flüssigen Metallen zu berechnen, da diese PRANDTL-Zahlen zwischen 0,005 und 0,05 haben. In diesem Bereich ist der Nenner in der obigen Gleichung nahezu konstant, so daß die NUSSELTsche Kennzahl für flüssige Metalle der Wurzel aus dem Produkt $(Re)\,(Pr)$ proportional ist. Die obige Gleichung stimmt gut mit dem Ergebnisse einer exakten Lösung der Grenzschichtgleichung überein[1].

Zahlenbeispiel. Es soll die Größe der Wärmeübergangszahl an einer tangential von Luft angeströmten Platte in 10 cm Entfernung vom Plattenanfang berechnet werden. Die Luftgeschwindigkeit sei 10 m/s, die Lufttemperatur $t_k = 20\ °C$ und die Plattentemperatur $t_0 = 100\ °C$.

Die kinematische Zähigkeit der Luft hat nach dem Anhang bei 100 °C die Größe 0,238 cm²/s. Damit ergibt sich die REYNOLDssche Zahl $Re = \dfrac{1000 \cdot 10}{0{,}238} = 42\,000$. Die PRANDTLsche Kennzahl entnimmt man aus den Tabellen zu 0,708. Damit erhält man aus Gl. (205) die NUSSELTsche Kennzahl $Nu = 0{,}332\,\sqrt[3]{0{,}708}\cdot\sqrt{42\,000} = 60{,}6$. Die Wärmeübergangszahl an der Stelle $x = 10$ cm ergibt sich aus Gl.(203) $\alpha = 60{,}5\,\lambda/x$ mit dem Zahlenwert für die Wärmeleitzahl der Luft bei 100 °C ($\lambda = 0{,}0311$ W/m grd) zu $\alpha = \dfrac{0{,}0311}{0{,}1}\,60{,}6$ W/m² grd $= 18{,}85$ W/m² grd. Die mittlere Wärmeübergangszahl α_m an der Platte von $x = 0$ bis $x = 10$ cm ist nach Gl. (206) gleich 37,70 W/m² grd und damit der von der Platte auf einem Streifen von $b = 1$ m senkrecht zur Strömungsrichtung abgegebene Wärmestrom $Q = \alpha_m\,b\,x\,(t_k - t_0)$ $= 37{,}70 \cdot 0{,}1\,(100 - 20) = 301{,}6$ W.

30. Die Energiegleichung der Grenzschicht

In diesem Abschnitt soll zunächst die Differentialgleichung abgeleitet werden, die den Wärmetransport und das Temperaturfeld in einer zähen wärmeleitenden Flüssigkeit mit konstanten Stoffwerten beschreibt. Man

---

[1] SPARROW, E. M., u. J. L. GREGG: Journ. Aeron. Sci. 24 (1957) 852.

erhält diese Beziehung aus einer Energiebilanz an einem im Raum feststehendem Volumenelement mit den Kantenlängen dx, dy und dz. In einer Flüssigkeit mit konstanten Stoffwerten erfolgt eine Umwandlung von mechanischer Energie in Wärme durch innere Reibung, durch chemisch freigemachte Energie oder durch ähnliche Vorgänge. Für die Ermittlung des Temperaturfeldes hat man die Bilanz über die erzeugten, sowie die zu- und abgeführten Wärmemengen auszudehnen. Eine solche Betrachtung führte in Abschn. 6 für einen ruhenden Körper zu der Gleichung

$$\varrho\, c_p \frac{\partial t}{\partial \tau} = \lambda \left(\frac{\partial^2 t}{\partial x^2} + \frac{\partial^2 t}{\partial y^2} + \frac{\partial^2 t}{\partial z^2} \right) + \Phi \,. \tag{208}$$

Durch eine Flüssigkeit, die sich in Bewegung befindet, wird in ein im Raum feststehendes Volumenelement Wärme auch durch Konvektion befördert. Durch das Flächenelement 1 in Abb. 15 strömt beispielsweise die Flüssigkeitsmenge $\varrho\, u\, dy\, dz$, wenn die Geschwindigkeitskomponenten mit u, v, w bezeichnet werden. Dieser Flüssigkeitsstrom führt die Wärmemenge $\varrho\, c_p\, t\, u\, dy\, dz$ mit sich. Der Unterschied zwischen dem durch die Fläche 2 austretenden und dem durch 1 eintretenden konvektiven Wärmestrom ist dann

$$\varrho\, c_p \frac{\partial}{\partial x} (u\, t)\, dx\, dy\, dz \,.$$

Der Überschuß des aus der gesamten Oberfläche des Volumenteilchens $dx\, dy\, dz$ austretenden über den eintretenden Wärmestrom ist

$$\varrho\, c_p \left(\frac{\partial}{\partial x} (u\, t) + \frac{\partial}{\partial y} (v\, t) + \frac{\partial}{\partial z} (w\, t) \right) dx\, dy\, dz \,.$$

Durch partielle Differentiation erhält man

$$\varrho\, c_p \left[\left(u\, \frac{\partial t}{\partial x} + v\, \frac{\partial t}{\partial y} + w\, \frac{\partial t}{\partial z} \right) + t \left(\frac{\partial u}{\partial x} + \frac{\partial v}{\partial y} + \frac{\partial w}{\partial z} \right) \right] dx\, dy\, dz \,.$$

Der zweite Summand hat entsprechend Gl. (173) den Wert Null. Der Rest kann nun mit Gl. (208) vereinigt werden und ergibt

$$\varrho\, c_p \left(\frac{\partial t}{\partial \tau} + u\, \frac{\partial t}{\partial x} + v\, \frac{\partial t}{\partial y} + w\, \frac{\partial t}{\partial z} \right) = \lambda \left(\frac{\partial^2 t}{\partial x^2} + \frac{\partial^2 t}{\partial y^2} + \frac{\partial^2 t}{\partial z^2} \right) + \Phi_r \tag{209}$$

als *Energiegleichung einer strömenden Flüssigkeit mit konstanten Stoffwerten*. Wärmeerzeugung in einer Flüssigkeit findet im allgemeinen nur durch innere Reibung statt. Diese Reibungswärme läßt sich durch eine längere Rechnung, die hier nicht wiedergegeben werden soll, aus den NAVIER-STOKESschen Gleichungen gewinnen. Das Ergebnis dieser Rechnung ist

$$\Phi_r = 2\,\mu \left[\left(\frac{\partial u}{\partial x} \right)^2 + \left(\frac{\partial v}{\partial y} \right)^2 + \left(\frac{\partial w}{\partial z} \right)^2 \right] + \mu \left(\frac{\partial v}{\partial x} + \frac{\partial u}{\partial y} \right)^2 + \\ + \mu \left(\frac{\partial w}{\partial y} + \frac{\partial v}{\partial z} \right)^2 + \left(\frac{\partial u}{\partial z} + \frac{\partial w}{\partial x} \right)^2 \,. \tag{210}$$

Die Energiegröße Φ_r wird Dissipationsfunktion genannt.

Es wurde im vorhergehenden Abschnitt darauf hingewiesen, daß im allgemeinen die Erwärmung oder Abkühlung einer Flüssigkeit von einer festen Wand aus sich nur auf eine dünne Schicht, *die Temperaturgrenzschicht* beschränkt. E. POHLHAUSEN[1] hat die PRANDTLschen Grenzschichtüberlegungen auf die Temperaturgrenzschicht ausgedehnt und erhielt damit die *Energiegleichung der Grenzschicht*[2] aus Gl. (209) und (210). Wir wollen diese Gleichung für eine stationäre, ebene Strömung angeben

$$\varrho\, c_p \left(u\, \frac{\partial t}{\partial x} + v\, \frac{\partial t}{\partial y} \right) = \lambda\, \frac{\partial^2 t}{\partial y^2} + \mu \left(\frac{\partial u}{\partial y} \right)^2. \tag{211}$$

Das letzte Glied auf der rechten Seite der Gleichung ist nur in Gasen bei Strömungen mit Geschwindigkeiten nahe an oder größer als die Schallgeschwindigkeit oder in sehr zähen Flüssigkeiten (Ölfilm in Lagern) von gleicher Größenordnung als die übrigen Summanden. Es wird in den folgenden Abschnitten vernachlässigt mit Ausnahme des Abschn. 41, der dem Wärmeübergang bei hohen Strömungsgeschwindigkeiten gewidmet ist. In der Wärmestromgleichung (197) ist die Reibungswärme ebenfalls nicht enthalten.

Gl. (211) möge nun für die ebene, längsangeströmte Platte mit konstanter Wandtemperatur t_w gelöst werden. Bei Vernachlässigung der Reibungswärme vereinfacht sich Gl. (211) zu

$$u\, \frac{\partial t}{\partial x} + v\, \frac{\partial t}{\partial y} = a\, \frac{\partial^2 t}{\partial y^2}. \tag{212}$$

Diese Gleichung ist für die Randbedingungen

$$y = 0: \quad t = t_0$$

$$y = \infty: \quad t = t_k$$

zu lösen. Die Geschwindigkeitskomponenten u und v wurden in Abschn. 25 berechnet. Durch Einführen der Veränderlichen η und f läßt sich die Gleichung wieder in eine totale Differentialgleichung überführen, wenn man die Voraussetzung macht, daß die Temperatur wie das Geschwindigkeitspotential nur von η abhängt. Zur Vereinfachung der Randbedingungen werde noch die Übertemperatur $\vartheta = t - t_0$ eingeführt. Der gleiche Rechnungsgang wie in Abschn. 25 führt zu der Differentialgleichung

$$\frac{d^2 \vartheta}{d \eta^2} + Pr\, f\, \frac{d \vartheta}{d \eta} = 0, \tag{213}$$

mit den Randbedingungen

$$\eta = 0: \quad \vartheta = 0$$

$$\eta = \infty: \quad \vartheta = t_k - t_0 = \Theta.$$

---

[1] POHLHAUSEN, E.: Z. angew. Math. Mech. 1 (1921) 115.
[2] Zur Ableitung siehe H. SCHLICHTING: Grenzschichttheorie (s. S. 26).

Die Lösung läßt sich durch einen Vergleich mit Gl. (182) und (184) unmittelbar anschreiben. Sie lautet

$$\frac{\vartheta}{\Theta} = \frac{\int\limits_0^\eta e^{-\int\limits_0^\eta Pr\,f\,d\eta}\,d\eta}{\int\limits_0^\infty e^{-\int\limits_0^\eta Pr\,f\,d\eta}\,d\eta}. \tag{214}$$

Abb. 67 zeigt das durch eine numerische Berechnung der Integrale in Gl. (214) gewonnene Temperaturprofil. Aus dem Gradienten für $\eta = 0$ ergibt sich die Wärmeübergangszahl und die NUSSELTsche Kennzahl zu

$$Nu_x = f\,(Pr)\,\sqrt{Re_x}. \tag{215}$$

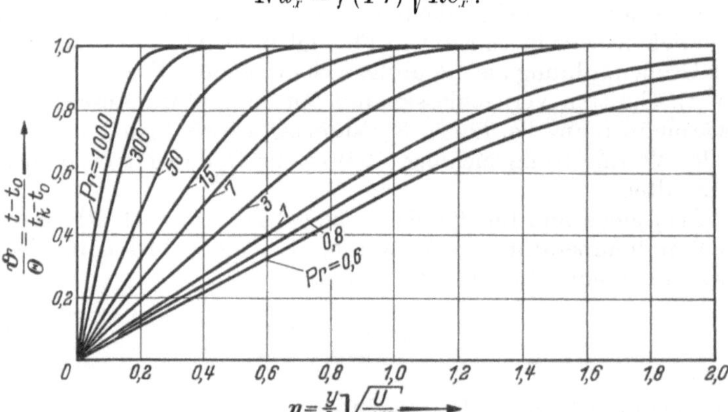

Abb. 67. Laminare Grenzschichtprofile an einer ebenen Platte (nach E. POHLHAUSEN).

Der Parameter $f\,(Pr)$ läßt sich in einem Bereiche $0,6 < Pr < 15$ durch die Gleichung

$$f\,(Pr) = 0,332\,\sqrt[3]{Pr} \tag{216}$$

mit guter Genauigkeit annähern. Die Übereinstimmung mit Gl. (205) ist ausgezeichnet.

31. Die Platte mit ungleichförmiger Wandtemperatur

In technischen Anwendungen begegnet man zeitweilig Situationen, in denen die Wandtemperatur sich in Strömungsrichtung ändert. Dies hat oft einen merklichen Einfluß auf die Größe der Wärmeübergangszahlen. Es treten sogar Fälle auf, wo die in üblicher Weise definierten Wärmeübergangszahlen negativ werden. Die Berechnung des laminaren Wärmeüberganges bei ungleichförmiger Wandtemperatur durch Lösung der laminaren Grenzschichtgleichung verdanken wir CHAPMAN und RUBESIN[1] und eine besonders klare Darstellung des Rechnungsganges H. SCHLICH-

---

[1] CHAPMAN, D. R., u. M. W. RUBESIN: Journ. Aeron. Sci. 16 (1949) 541.

TING[1]. In diesem Abschnitt soll ein anderes Verfahren besprochen werden, das zwar von der durch eine Näherungslösung gewonnenen Gl. (204) oder der später mitgeteilten Gl. (221) Gebrauch macht, aber den Vorteil hat, daß es sich in gleicher Weise auf turbulente wie auf laminare Strömung anwenden läßt. Es ist auf der Tatsache aufgebaut, daß die Gln. (209) und (212) lineare Differentialgleichungen sind und daß sich bei solchen Gleichungen neue Lösungen stets durch Addition bekannter Teillösungen gewinnen lassen.

Das Verfahren sei für die ebene längsangeströmte Platte besprochen. Die Oberflächentemperatur möge sich in x-Richtung stufenförmig ändern, wie dies in Abb. 68 dargestellt ist. An der Stelle x_i möge die Stufe in der Wandtemperatur $\Delta t_{0\,i}$ sein. Wir betrachten zusätzlich einen gestrichelt gezeichneten Wandtemperaturverlauf, bei dem t_0 gleich der Temperatur t_k außerhalb der Grenzschicht für $x < x_i$ ist und einen um den konstanten Betrag Δt_{0i} höheren

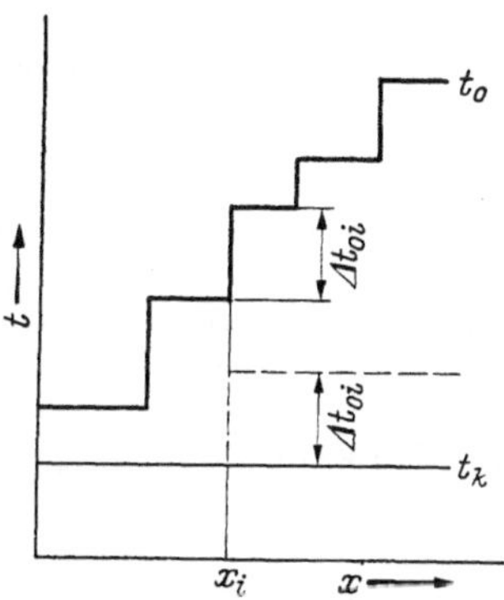

Abb. 68. Treppenartiger Verlauf der Oberflächentemperatur entlang einer ebenen Platte.

Wert für $x > x_i$ hat. Es läßt sich dann der tatsächliche, voll gezeichnete Wandtemperaturverlauf durch Überlagerung solcher Einzelstufen gemäß der Gleichung

$$t_0 = \sum_i \Delta t_{0\,i} + t_k \qquad (217)$$

darstellen. Wenn man das Temperaturfeld Δt_i (gemessen als Übertemperatur über t_k) für die in der Abbildung gestrichelt gezeichnete Temperaturstufe $\Delta t_{0\,i}$ kennt, muß das zum vollgezeichneten Wandtemperaturverlauf gehörige Temperaturfeld t durch die Gleichung

$$t = \sum_i \Delta t_i + t_k \qquad (218)$$

gegeben sein. Dies folgt aus dem im vorhergehenden Abschnitt erwähnten Superpositionsgesetz linearer Differentialgleichungen. Es ist auch leicht einzusehen, daß Gl. (218) die nötigen Randbedingungen erfüllt.

Der Wärmestrom in der Plattenoberfläche je Flächen- und Zeiteinheit läßt sich aus Gl. (218) berechnen.

$$q_0 = -\lambda \left(\frac{\partial t}{\partial y}\right)_{y=0} = -\lambda \sum_i \left(\frac{\partial (\Delta t_i)}{\partial y}\right)_{y=0}. \qquad (219)$$

Der Wärmefluß $q_{0\,i} = -\lambda \left(\dfrac{\partial (\Delta t_i)}{\partial y}\right)_{y=0}$ läßt sich auch schreiben

$$q_{0\,i} = \alpha_i\, \Delta t_{0\,i}.$$

[1] SCHLICHTING, H.: Forsch. Ing.-Wes. 17 (1951) 1.

Die Größe α_i ist die Wärmeübergangszahl an einer Platte, deren Wandtemperatur bis $x = x_i$ gleich der Flüssigkeitstemperatur t_k ist, während an der Stelle $x = x_i$ eine Temperaturstufe $\Delta t_{0\,i}$ vorhanden ist. Im vorhergehenden Abschnitt wurde die diese Wärmeübergangszahl beschreibende NUSSELT-Zahl berechnet

$$Nu_x = 0,332 \sqrt[3]{Pr} \; \sqrt{\frac{U\,x}{v}} \; \frac{1}{\sqrt[3]{1 - \left(\dfrac{x_i}{x}\right)^{3/4}}} \, . \tag{220}$$

Eine ähnliche Rechnung ergibt für eine turbulente Grenzschicht

$$Nu_x = 0,0287 \sqrt[3]{Pr} \left(\frac{U\,x}{v}\right)^{0,8} \frac{1}{\sqrt[9]{1 - \left(\dfrac{x_i}{x}\right)^{0,9}}} \, . \tag{221}$$

Gl. (219) kann damit folgendermaßen geschrieben werden:

$$q_0 = \sum_i \alpha_i \Delta t_{0i} \, . \tag{222}$$

Mit dieser Gleichung läßt sich der örtliche Wärmestrom q_0 berechnen.

Zahlenbeispiel. Eine Platte hat den folgenden Wandtemperaturverlauf: Von 0 bis 5 cm: 50 °C, von 5 bis 8 cm: 80 °C, von 8 bis 12 cm: 100 °C. Sie ist einem Luftstrom von 20 °C, 10 m/s und atmosphärischem Druck ausgesetzt. Es möge der Wärmestrom q_0 je Flächen- und Zeiteinheit von der Plattenoberfläche in den Luftstrom in einer Entfernung von 10 cm von der Anströmkante berechnet werden.

Die REYNOLDS-Zahl an der Stelle $x = 10$ cm ist $Re_x = \dfrac{1000 \cdot 10}{0,238} = 42\,000$. Die Strömung innerhalb der Grenzschicht ist damit laminar und Gl. (220) und (222) gibt

$$q_0 = \frac{0,0311}{0,1} \, 0,332 \sqrt[3]{0,708} \; \sqrt{42\,000} \left((30 + \frac{30}{\sqrt[3]{1 - \left(\dfrac{5}{10}\right)^{3/4}}} + \frac{20}{\sqrt[3]{1 - \left(\dfrac{8}{10}\right)^{3/4}}} \right) \frac{W}{m^2}$$

$$= 2033,7 \; W/m^2 \, .$$

Die Wärmeübergangszahl an der Stelle $x = 10$ cm ist

$$\alpha = \frac{q_0}{t_0 - t_k} = \frac{2033,1}{80} \, \frac{W}{m^2\,\text{grd}} = 25,42 \, \frac{W}{m^2\,\text{grd}} \, .$$

Ein Vergleich mit dem Zahlenbeispiel im vorhergehenden Abschnitt zeigt, daß hier die Wärmeübergangszahl das 1,35fache des Wertes bei konstanter Wandtemperatur ist.

Wenn sich die Wandtemperatur in Strömungsrichtung stetig ändert, kann man sie sich durch einen treppenartigen Verlauf mit einer unendlichen Zahl unendlich kleiner Stufen ersetzt denken und demgemäß schreiben

$$q_0(x) = \int_0^x \alpha(x, \xi) \, d\,t_0(\xi)$$

oder

$$q_0(x) = \int_0^x \alpha(x, \xi) \frac{d\,t_0(\xi)}{d\,\xi} \, d\,\xi \, . \tag{223}$$

Die Gleichung gibt den Wärmestrom von der Plattenoberfläche an der Stelle x an, $\dfrac{d\,t_0\,(\xi)}{d\,\xi}$ ist der Gradient der Wandtemperatur an der Stelle ξ (Abb. 69), und $\alpha\,(x,\xi)$ ist das Symbol für die Wärmeübergangszahl an der Stelle x einer Wand, die eine Temperaturstufe an der Stelle ξ aufweist. Wenn sich die Wandtemperatur stetig und in Stufen ändert, gilt

$$q_0\,(x) = \int\limits_0^x \alpha\,(x,\xi)\,\frac{d\,t_0\,(\xi)}{d\,\xi}\,d\,\xi \qquad (224)$$
$$+ \sum_i \alpha_i\,\varDelta\,t_{0\,i}\,.$$

Die hier beschriebene Methode wurde von RUBESIN[1] angegeben. Die Auswertung der Integrale ist oft mühsam und zeitraubend. Ein Näherungsverfahren, bei dem der wahre Temperaturverlauf durch einen gebrochenen Linienzug angenähert wird, vermeidet die Integrationen[2].

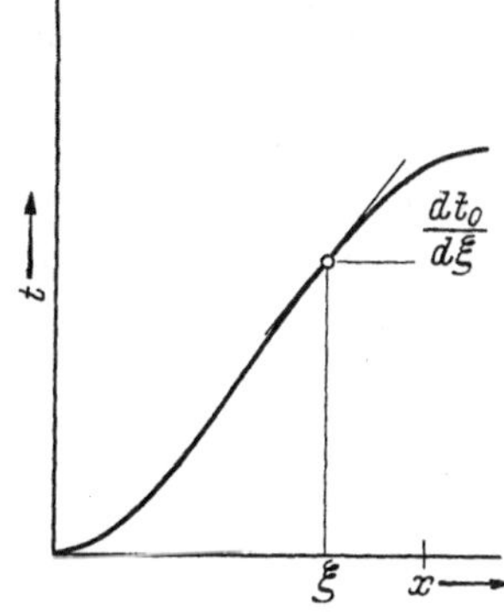

Abb. 69. Kontinuierliche Änderung der Oberflächentemperatur entlang einer ebenen Platte.

32. Quer angeströmte Körper

Wie in Abschn. 27 besprochen wurde, bildet sich an einem quer angeströmten Körper längs der Vorderseite ebenfalls eine Strömungsgrenzschicht aus. Diese Grenzschicht ist in der Umgebung des Staupunktes stets laminar. Bei einer Beheizung des Körpers entsteht auch wieder eine Temperaturgrenzschicht. In unmittelbarer Umgebung des Staupunktes wächst die Strömungsgeschwindigkeit U außerhalb der Grenzschicht linear mit der Entfernung x vom Staupunkt (gemessen längs der Oberfläche) an, wenn der Körper an dieser Stelle abgerundet ist. Es gilt also hierfür die Gleichung

$$U = C\,x\,.$$

Der Wärmeübergang in dieser Strömung um einen quer angeströmten Zylinder mit über die Länge x konstanter Temperatur läßt sich wieder exakt berechnen. Als Ergebnis dieser Berechnung erhält man die Wärmeübergangszahl

$$\alpha = A\,\lambda\,\sqrt{\frac{U}{\nu\,x}} = A\,\lambda\,\sqrt{\frac{C}{\nu}}\,. \qquad (225)$$

Nach dieser Gleichung ist also die Wärmeübergangszahl in der Umgebung des Staupunktes unabhängig von x. Die Konstante A ist für einige PRANDTLsche Zahlen in Tab. 6 mitgeteilt.

---

[1] RUBESIN, M. W.: Masters thesis, School of Engineering, University of California, Berkeley, Calif., USA 1935.
[2] ECKERT, E. R. G., J. P. HARTNETT u. R. BIRKEBACK: Journ. Aeron. Sci. 24 (1957) 549.

Tabelle 6. *Konstante A zur Berechnung des Wärmeüberganges am Staupunkt*
[nach Gl. (255)] (nach ECKERT[1])

Pr	0,7	0,8	1,0	5	10
A	0,496	0,523	0,570	1,043	1,344

Bildet man mit der Wärmeübergangszahl die dimensionslose NUSSELT-sche Kennzahl, so erhält man dafür die Beziehung

$$\frac{\alpha x}{\lambda} = A \sqrt{\frac{U x}{\nu}}.$$

Auf der rechten Seite der Gleichung taucht wieder die mit der örtlichen Geschwindigkeit U und der Entfernung vom Staupunkt x gebildete REYNOLDSsche Kennzahl auf. Der Geschwindigkeitsverlauf der Potentialströmung um einen Kreiszylinder vom Durchmesser d folgt der Beziehung $U = 2\,U_0 \sin(2\,x/d)$, wenn U_0 die Anströmgeschwindigkeit ist. In der Umgebung des Staupunktes kann man den Sinus durch die Bogenlänge ersetzen. Damit erhält man die Wärmeübergangszahl am Staupunkt des Kreiszylinders aus Gl. (225) zu

$$\alpha = 2\,A\,\lambda \sqrt{\frac{U_0}{\nu d}}, \qquad (226)$$

oder dimensionslos $N u_d = \alpha d/\lambda = 2\,A\sqrt{\overline{Re_d}}$. Die Gleichung wird durch Versuche gut bestätigt.

Der weitere Verlauf der Wärmeübergangszahl in größerer Entfernung vom Staupunkt läßt sich wieder mit Hilfe der Wärmestromgleichung (197) näherungsweise ermitteln. Rechenmethoden hierzu wurden von KROUJOULINE, FRÖSSLING, ECKERT, SCHUH[2] und anderen entwickelt. Aus den Ergebnissen der Berechnung nach E. ECKERT[3]

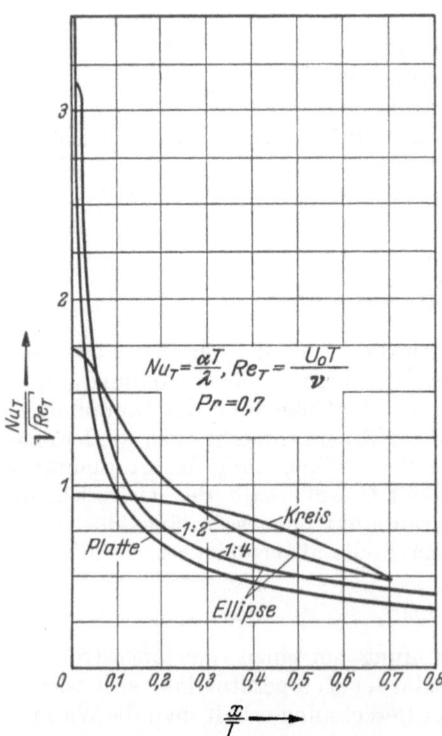

Abb. 70. Dimensionslose Wärmeübergangszahl an quer angeströmten Zylindern von elliptischem (Achsenverhältnis 1 : 2 und 1 : 4) und Kreisquerschnitt sowie an der längs angeströmten Platte bei laminarer Grenzschicht (nach E. ECKERT). U_0 Anströmgeschwindigkeit.

[1] ECKERT, E.: VDI-Forsch.-Heft 416 (1942).
[2] SCHUH, H.: Forsch. Ing.-Wes. 20 (1954) 37–47.
[3] ECKERT, E.: Die Berechnung des Wärmeüberganges in der laminaren Grenzschicht umströmter Körper. VDI-Forsch.-Heft 416 (1942). Ein vereinfachtes Verfahren wurde von A. G. SMITH und D. B. SPALDING beschrieben [Journ. Royal Aeron. Soc. 62 (1958) 60–64].

bringt Abb. 70 die Wärmeübergangszahlen in Abhängigkeit von der Entfernung x vom Staupunkt für Zylinder mit kreisförmigem und elliptischem Querschnitt. Zum Vergleich hiermit ist auch die Wärmeübergangszahl an der längs angeströmten Platte eingetragen. Die längs der Oberfläche gemessene Entfernung x vom Staupunkt ist mit der größten Erstreckung des Körpers, der Tiefe T, dimensionslos gemacht. Es zeigt sich wie bei den bisherigen Berechnungen, daß die NUSSELTsche Kennzahl mit der Wurzel aus

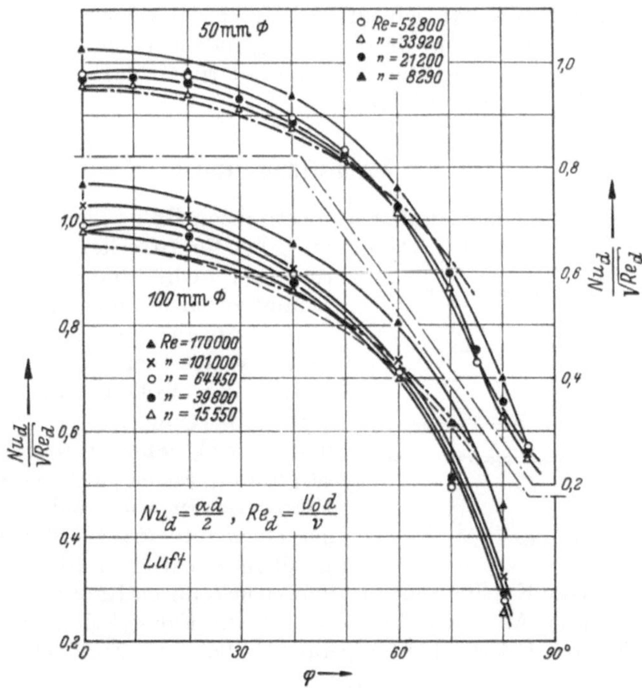

Abb. 71. Verlauf der dimensionslosen Wärmeübergangszahl längs des Umfanges eines quer angeströmten Kreiszylinders in Abhängigkeit von der REYNOLDSschen Zahl. Gestrichelte Kurve ist nach KRONJILINE, strichpunktiert nach ECKERT gerechnet.

der REYNOLDSschen Kennzahl anwächst. Aus diesem Grunde ist in Abb. 70 das Verhältnis $Nu_T/\sqrt{Re_T}$ über dem Längenverhältnis x/T aufgetragen. Man sieht aus der Abbildung, daß der Verlauf der Wärmeübergangszahl an einem umströmten Körper sich um so mehr dem der Platte nähert, je schlanker dieser Körper ist. Je kleiner der Abrundungsradius am Staupunkt ist, desto größer wird die dort auftretende Spitze im Verlauf der Wärmeübergangszahl. Daß die Berechnungen auch durch Versuche gut bestätigt werden, zeigt Abb. 71 nach Messungen von E. SCHMIDT und K. WENNER[1]. Zunächst ersieht man hieraus, daß sich die verschiedenen Meßreihen gut decken, wenn man die Größe $Nu_d/\sqrt{Re_d}$ über dem Winkel φ aufträgt. Weiter stimmen sie auch recht befriedigend mit den ge-

<hr>

[1] SCHMIDT, E., u. K. WENNER: Forsch. Ing.-Wes. 12 (1941) 65–73.

rechneten Werten überein. Der berechnete Verlauf gilt natürlich jeweils nur bis zu der Entfernung vom Staupunkt, in der die Grenzschicht sich von der Oberfläche ablöst oder in den turbulenten Zustand übergeht. Diese Entfernung ist bei der ebenen Platte durch eine kritische REY-NOLDSsche Kennzahl, die zwischen 80000 und 500000 liegt, bestimmt. In einer Strömung mit Druckgefälle in Strömungsrichtung ist die Grenz-schicht stabiler, erfolgt der Umschlag also erst bei größeren REYNOLDS-schen Kennzahlen. Umgekehrt geht der Umschlag in einer Strömung mit Druckanstieg in Strömungsrichtung schon bei viel kleineren REYNOLDS-schen Zahlen vor sich. Um die Umschlagstelle bei einem umströmten Körper abzuschätzen, muß man sich daher darüber klar werden, wie die Umströmung des Körpers erfolgt[1].

33. Das durchströmte Rohr

Wird die Wand eines laminar durchströmten Rohres beheizt, so ent-steht wieder beginnend am Anfang der beheizten Strecke eine Tempera-turgrenzschicht, die in einer be-stimmten Entfernung bis zur Rohr-achse vorgedrungen ist. An dieser Stelle ist der thermische Anlauf be-endet. Wir wollen zunächst den Wärmeübergang in der thermisch und hydrodynamisch ausgebildeten Strömung angenähert berechnen. Hierzu setzen wir wieder wie bei der ebenen Platte das Temperatur-profil in Form einer Gleichung mit

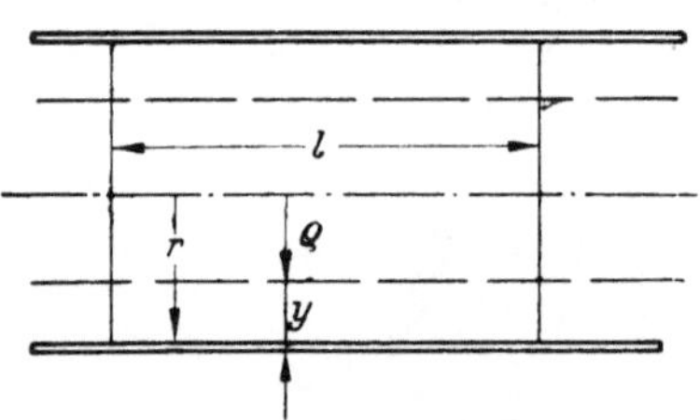

Abb. 72. Zum Wärmeübergang bei der Rohrströmung.

einer Anzahl von Konstanten an, die aus bekannten Randbedingungen bestimmt werden. An der Rohrwand muß die Flüssigkeitstemperatur t gleich der inneren Oberflächentemperatur t_0 der Rohrwand sein

$$y = 0: \quad t = t_0. \tag{227a}$$

In der Rohrachse ist der Temperaturgradient aus Symmetriegründen gleich Null. Die Temperatur selbst sei dort t_c.

$$y = r: \quad \frac{dt}{dy} = 0, \quad t = t_c. \tag{227b}$$

Eine weitere Beziehung läßt sich an der Rohrwand gewinnen. Der Wärmestrom durch die äußersten Schichten ist wieder konstant, da diese Schichten nur eine sehr kleine Geschwindigkeit besitzen. Da der Wärme-durchgang durch diese Schichten durch Leitung erfolgt, gilt für den Wärmestrom durch eine Zylinderfläche von der Länge l in der Ent-fernung ϱ von der Rohrachse (Abb. 72) die Gleichung

$$Q = -\lambda \, 2\varrho \cdot \pi \, l \left(\frac{dt}{dy} \right).$$

---

[1] Näheres über Umschlag zur Turbulenz an umströmten Körpern siehe bei-spielsweise H. SCHLICHTING: Grenzschichttheorie, l. c.

Mit y soll wieder die Entfernung von der Rohrwand bezeichnet werden. Der Rohrhalbmesser sei r. Führt man in die letzte Gleichung die Beziehung $\varrho = r - y$ ein, löst nach dem Temperaturgefälle auf und differenziert noch einmal nach y, so erhält man

$$\frac{d^2 t}{d y^2} = \frac{-1}{(r-y)^2} \frac{Q}{2 \pi l \lambda} = \frac{1}{(r-y)} \frac{d t}{d y}.$$

An der Wand selbst gilt daher die Beziehung

$$\left(\frac{d^2 t}{d y^2}\right)_0 = \frac{1}{r} \left(\frac{d t}{d y}\right)_0. \tag{227 c}$$

Die Krümmung des Temperaturprofiles an der Wand ist also hier nicht gleich Null, sondern mit der Neigung des Temperaturprofiles verknüpft. Dies kommt daher, daß der Querschnitt, durch den der Wärmestrom hindurchtritt, mit wachsender Entfernung von der Wand immer kleiner wird. Entsprechend den vier obigen Bedingungen nähern wir das Temperaturprofil wieder durch eine kubische Parabel an

$$t = a + b y + c y^2 + d y^3.$$

Nach Einführen der Übertemperaturen $\vartheta = t - t_0$, $\Theta = t_r - t_0$ und mit Berücksichtigung der Gln. (227a, b, c) erhält man für das Temperaturfeld die Gleichung

$$\frac{\vartheta}{\Theta} = \frac{6}{5} \frac{y}{r} - \frac{3}{5} \left(\frac{y}{r}\right)^2 - \frac{4}{5} \left(\frac{y}{r}\right)^3. \tag{228}$$

Die Wärmestromdichte für den Wärmeübergang an die Wand ergibt sich aus der Beziehung

$$q_0 = - \lambda \left(\frac{d \vartheta}{d y}\right)_0 = - \frac{6}{5} \lambda \frac{\Theta}{r}. \tag{229}$$

Aus ihr läßt sich ohne weiteres die Wärmeübergangszahl berechnen, wenn man in der Definitionsgleichung für die Wärmeübergangszahl als Temperaturunterschied die Differenz Θ der Wandtemperatur t_0 gegen jene der Rohrachse zugrunde legt. Es ist jedoch üblich, bei der Berechnung des Wärmeüberganges im Rohr als Flüssigkeitstemperatur eine mittlere Temperatur einzuführen, und zwar den Wert, den man erhalten würde, wenn man die strömende Flüssigkeit hinter dem betrachteten Querschnitt durch Mischen auf eine einheitliche Temperatur brächte. Diese „Mischtemperatur" ist durch die folgende Gleichung festgelegt:

$$t_m = \frac{\int t u \, df}{\int u \, df} = \frac{\int\limits_0^r t u \varrho \, d\varrho}{\int\limits_0^r u \varrho \, d\varrho}. \tag{230}$$

Führt man in diese Gleichung das Temperaturfeld nach der Beziehung (228) ein und das Geschwindigkeitsfeld, das für ausgebildete laminare

8*

Strömung im Rohr bekanntermaßen durch eine Parabel dargestellt wird, mit der Gleichung

$$\frac{u}{U} = 2\,\frac{y}{r} - \frac{y^2}{r^2}\,,$$

wobei U die Geschwindigkeit in der Rohrachse bedeutet, so ergibt sich die Mischtemperatur der Flüssigkeit

$$\vartheta_m = 0{,}583\,\Theta\,.$$

Die Wärmestromdichte durch die Rohrwand kann nun einmal durch die Definitionsgleichung der Wärmeübergangszahl

$$q_0 = \alpha\,(t_0 - t_m) = -\alpha\,\vartheta_m$$

und zum anderen durch die Wärmeleitungsgleichung (229) ausgedrückt werden. Durch Gleichsetzen beider erhält man die Wärmeübergangszahl

$$\alpha = \lambda\,\frac{6}{5}\,\frac{1}{r}\,\frac{\Theta}{\vartheta_m} = 4{,}12\,\frac{\lambda}{d}\,.$$

Dabei ist noch der Rohrhalbmesser r durch den Durchmesser d ersetzt. Es ist wieder zweckmäßig, die Gleichung in dimensionsloser Form anzuschreiben, indem man die NUSSELTsche Kennzahl bildet

$$Nu_d = \frac{\alpha\,d}{\lambda} = 4{,}12\,. \tag{231}$$

Die NUSSELTsche Kennzahl hängt demnach in strömungsmäßig und thermisch ausgebildeter Strömung nicht von der REYNOLDSschen Kennzahl oder der Geschwindigkeit ab.

Der Wärmeübergang in strömungsmäßig und thermisch ausgebildetem Zustand soll nun auch durch eine Integration der Differentialgleichung des Temperaturfeldes gewonnen werden. Eine Wärmebilanz an einem ringförmigen Kontrollvolumselement, wie es in Abb. 73 dargestellt ist, erhält man in folgender Weise. In ausgebildeter Strömung bleibt das Geschwindigkeitsprofil erhalten. Demzufolge gibt es keine Geschwindigkeitskomponente in radialer Richtung, und Wärme durch Konvektion wird nur in x-Richtung transportiert. Der Konvektionsstrom in das Volumselement ist $2\pi\,r\,d r\,\varrho\,u\,c_p\,t$ und der Überschuß des austretenden über den eintretenden Konvektionsstrom ist

$$2\pi\,r\,d r\,\varrho\,u\,c_p\,\frac{\partial t}{\partial x}\,d x\,.$$

Durch Wärmeleitung in radialer Richtung tritt der Wärmestrom $-2\pi\,r\,d x\,\lambda\,\dfrac{\partial t}{\partial r}$ in das Volumselement ein, und der Überschuß des austretenden über den eintretenden Wärmestrom ist

$$-\,2\pi\,d x\,\lambda\,\frac{\partial}{\partial r}\left(r\,\frac{\partial t}{\partial r}\right)d r\,.$$

Wärmeleitung in axialer Richtung kann im allgemeinen gegenüber der Konvektion in dieser Richtung vernachlässigt werden. Nur in Flüssigkeiten mit sehr großer Wärmeleitzahl (flüssige Metalle) ist dies nicht immer der Fall.

Wenn keine Wärmequellen in der Flüssigkeit vorhanden sind, ergibt eine Bilanz der beiden obigen Ausdrücke die Energiegleichung

$$\varrho\, c_p u\, \frac{\partial t}{\partial x} = \frac{\lambda}{r}\, \frac{\partial}{\partial r}\left(r\, \frac{\partial t}{\partial r}\right). \tag{231a}$$

Die in der Gleichung auftretende Geschwindigkeit u ist durch das parabolische Profil

$$\frac{u}{U} = 1 - \frac{r^2}{R^2}$$

(R Halbmesser des Rohres) gegeben.

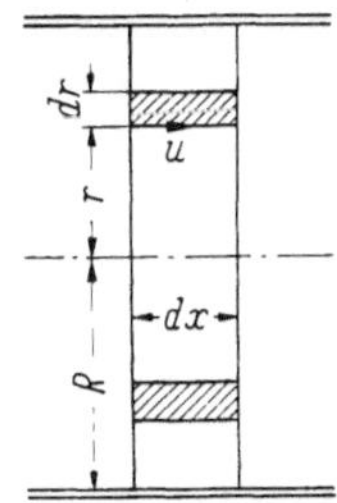

Abb. 73. Zur Berechnung des Wärmeüberganges im Rohr.

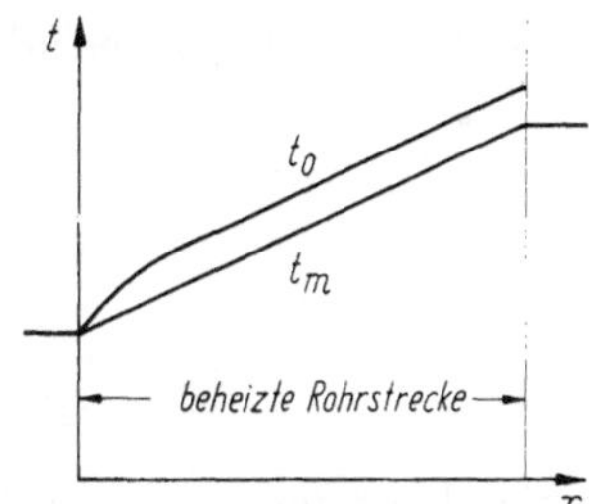

Abb. 74. Temperaturverlauf in der Rohrströmung bei konstantem Wärmefluß.

Die Lösung der Gl. (231a) hängt von den Randbedingungen ab, die für das Temperaturprofil vorgeschrieben sind. Wir wollen hier annehmen, daß eine konstante Wärmestromdichte q_0 von der Rohrwand in die Flüssigkeit besteht. Damit läßt sich aus einer Wärmebilanz an dem scheibenförmigen Volumselement mit einem Radius R und einer Dicke dx (Abb. 73) eine Aussage darüber machen, wie sich die Mischtemperatur t_m entlang des Rohres ändert. Bei Vernachlässigung axialer Wärmeleitung erhält man

$$R^2\,\pi\,\varrho\,\bar{u}\,c_p\, \frac{dt_m}{dx}\, dx = 2\,R\,\pi\,dx\,q_0$$

oder

$$\frac{dt_m}{dx} = \frac{2\,q_0}{R\,\varrho\,\bar{u}\,c_p}. \tag{231b}$$

Daraus ist ersichtlich, daß die Mischtemperatur in dem beheizten Rohr in Strömungsrichtung linear ansteigt. Dies gilt auch im Rohreinlaufsgebiet. Abb. 74 zeigt den Verlauf der Mischtemperatur und der inneren Rohrwandtemperatur t_0. Im thermisch ausgebildeten Bereich ändert das Temperaturprofil seine Form nicht. Daher muß Gl. (231b) auch den Temperaturgradienten für einen beliebigen Radius r darstellen. Die

Übertemperatur $\vartheta = t - t_0$ hängt dann nur vom Radius r, nicht von der Koordinate x ab. Wenn man dies berücksichtigt, Gl. (231 b) und die Beziehung $\bar{u} = U/2$ zwischen der mittleren Geschwindigkeit $\bar{u}$ und der Achsgeschwindigkeit U heranzieht, wird aus Gl. (231 a)

$$\frac{d}{dr}\left(r\,\frac{d\vartheta}{dr}\right) = \frac{4\,q_0}{\lambda\,R}\,r\left(1 - \frac{r^2}{R^2}\right).$$

Eine zweimalige Integration mit den Randbedingungen

$$r = 0, \quad \frac{d\vartheta}{dr} = 0; \quad r = R, \quad \vartheta = 0$$

führt zu der Gleichung des Temperaturprofiles

$$\vartheta = \frac{q_0}{\lambda}\left(\frac{r^4}{4\,R^3} - \frac{r^2}{R} + \frac{3}{4}\,R\right). \tag{231 c}$$

Die Mischtemperatur ϑ_m erhält man aus der Definitionsgleichung

$$\vartheta_m = \frac{2\displaystyle\int_0^R u\,\vartheta\,r\,dr}{R^2\,\bar{u}}$$

zu

$$\vartheta_m = \frac{11}{24}\,\frac{q_0\,R}{\lambda} = \frac{11}{48}\,\frac{q_0\,D}{\lambda}.$$

Eine Wärmeübergangszahl α wird durch die Gleichung

$$q_0 = \alpha\,(t_m - t_0) = \alpha\,\vartheta_m$$

definiert. Aus den beiden letzten Gleichungen erhält man

$$Nu = \frac{\alpha\,D}{\lambda} = \frac{48}{11} = 4{,}36. \tag{232}$$

Abschließend sei darauf hingewiesen, daß der in Abb. 74 dargestellte Verlauf der Wand- und Flüssigkeitsmischtemperatur auf der Voraussetzung basiert, daß axiale Wärmeleitung in der Flüssigkeit vernachlässigbar klein ist. Für normale Flüssigkeiten und übliche Strömungsgeschwindigkeiten trifft das zu, nicht dagegen oft in flüssigen Metallen. Für eine örtlich konstante Wandtemperatur t_0 klingt die Temperaturdifferenz $t - t_0$ wie eine e-Funktion mit wachsendem x ab. Für die Nusseltsche Kennzahl ergibt sich

$$\boxed{Nu_d = 3{,}65}. \tag{233}$$

Das Ergebnis der mit weniger Rechenaufwand gewonnenen Näherungslösung, Gl. (231), liegt also zwischen diesen Werten. Auch das Temperaturprofil, das wir mit unserer Näherungslösung gewannen, stimmt mit den Ergebnissen der exakten Lösungen gut überein, wie man aus Abb. 75 erkennt.

Der Wärmeübergang in einem Spalt, den zwei ebene Platten in der Entfernung b voneinander bilden, wurde von L. EHRET und H. HAHNEMANN untersucht[1]. Für die thermisch und hydrodynamisch ausgebildete Strömung und für konstante Wandtemperatur ergibt die exakte Berechnung die Formel

$$Nu = \frac{\alpha\,b}{\lambda} = 3{,}75\,.$$

Die NUSSELTsche Kennzahl ist darin mit der Entfernung b der beiden Platten gebildet.

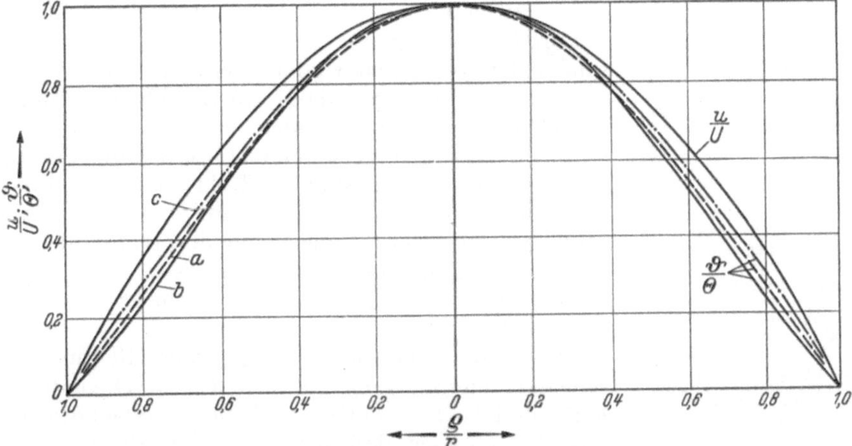

Abb. 75. Geschwindigkeits- und Temperaturprofil der laminaren Rohrströmung, a nach Gl. (228), b exakte Lösung der Energiegleichung für konstante Wandtemperatur, c exakte Lösung der Energiegleichung für konstanten Wärmefluß.

Beim Vergleich der abgeleiteten Formeln mit den Ergebnissen von Versuchen ist folgendes zu beachten. Versuche wurden vorwiegend mit zähen Flüssigkeiten angestellt, da man bei diesen unter technischen Bedingungen am häufigsten die laminare Strömungsform antrifft. Große Zähigkeiten haben aber nach den Tabellen im Anhang im wesentlichen Öle, und bei diesen Stoffen ändert sich die Zähigkeit sehr stark mit der Temperatur. Die Voraussetzung aller bisherigen Rechnungen, daß man die Stoffwerte als temperaturunabhängig ansehen kann, ist in dem Fall nur schlecht erfüllt. Durch die Temperaturabhängigkeit der Zähigkeit wird bereits das Strömungsfeld merklich verändert. Das bei der isothermen Strömung durch eine Parabel a dargestellte Geschwindigkeitsprofil flacht sich nach H. KRAUSSOLD[2] in der in Abb. 76 unter b dargestellten Weise ab, sobald ein Wärmestrom von der Wand zur Flüssigkeit vorhanden ist, da die wandnahen Schichten wärmer als der Kern sind und infolge ihrer kleineren Zähigkeit größere Geschwindigkeitsgefälle aufneh-

---

[1] EHRET, L., u. H. HAHNEMANN: Wärme- u. Kältetechnik 44 (1942) 167.
[2] KRAUSSOLD, H.: VDI-Forsch.-Heft 351 (1931).

men können. Das Umgekehrte ist der Fall, wenn die Wärme von der Flüssigkeit zur Wand strömt. Das Geschwindigkeitsprofil nimmt dann die in Abb. 76 unter c dargestellte Form an. Der dünnflüssigere Kern schiebt sich gleichsam innerhalb des zäheren Mantels vorwärts. Hierdurch wird natürlich auch der Wärmeübergang beeinflußt, so daß die Wärmeübergangszahl von der Richtung des Wärmestromes und der Größe der auftretenden Temperaturunterschiede abhängt. Eine angenäherte Berechnung unter Berücksichtigung dieser Umstände hat JAMAGATA[1] ausgeführt. Eine zweite Schwierigkeit bei Versuchen tritt dadurch auf, daß bei den langsamen Geschwindigkeiten, die für die laminare Strömung notwendig sind, in vielen Fällen Sekundärströmungen, die durch Dichtenunterschiede hervorgerufen werden, merklich in Erscheinung treten. Man hat dann ein Zwischenstadium zwischen freier und erzwungener Konvektion vor sich, für das sehr verwickelte Gesetzmäßigkeiten gelten. Zum dritten sind die Rohrlängen, die für den Anlaufvorgang notwendig sind, bei Ölen sehr groß, so daß praktisch meist nur der Wärmeübergang im Anlaufgebiet von Interesse ist. Daher wurde auch versuchsmäßig vor allem der Anlauf untersucht.

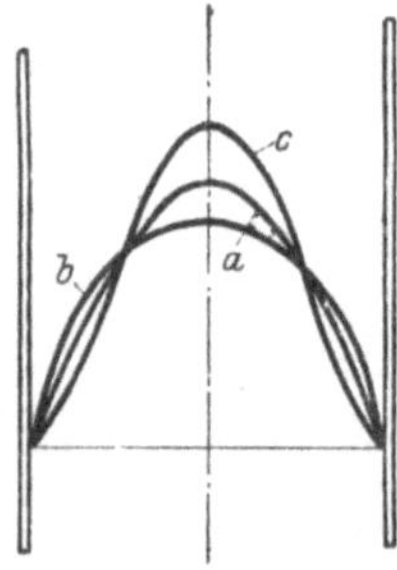

Abb. 76. Geschwindigkeitsprofil bei einer Strömung einer Flüssigkeit mit erheblicher Temperaturabhängigkeit der Zähigkeit. a Isotherme Strömung; b Wärmeaufnahme der Flüssigkeit (Randschicht wärmer und weniger zäh; c Wärmeabgabe der Flüssigkeit (Randschicht kälter und zäher).

Man muß beim Anlaufvorgang zwei Fälle unterscheiden, einmal den, daß sich das Geschwindigkeits- und das Temperaturprofil von derselben Stelle ausgehend bilden, daß also der Beginn des hydrodynamischen und des thermischen Anlaufs zusammenfällt. Eine eingehendere Untersuchung hierüber wurde von W. H. KAYS[2] für Luft als strömendes Mittel veröffentlicht. Für den ersten Teil der Rohrstrecke, solange die Grenzschichtdicken klein sind gegenüber dem Rohrhalbmesser, kann man die Formeln für die angeströmte Platte auch für den Rohreinlauf verwenden.

Eine andere Art des Anlaufvorganges ergibt sich dann, wenn in einer hydrodynamisch bereits ausgebildeten Strömung mit einem parabelförmigen Geschwindigkeitsprofil von einer bestimmten Stelle an eine Beheizung der Rohrwand erfolgt. Dieser Anlaufvorgang wurde bereits im Jahre 1883 von GRAETZ und unabhängig davon später nochmals von NUSSELT (1910) durchgerechnet[3]. Aus den Ergebnissen dieser Rechnungen für konstante Wandtemperatur ist in Abb. 77 das Temperaturfeld und in Abb. 78 die NUSSELTsche Kennzahl dargestellt. Es zeigt sich, daß in diesem Fall die verschiedenen Kurven miteinander zur Deckung

[1] JAMAGATA, K.: A contribution to the theory of nonisothermal laminar flow of fluids inside a straight tube of circular cross section. Mem. Fac. Engng. Kynschn. Imp. Univ. Fukuoka 8 (1940) 365–449.
[2] KAYS, W. H.: Trans. Amer. Soc. Mech. Eng. 77 (1955) 1295.
[3] GRAETZ, L.: Ann. Physik 18 (1899) 79–94; 25 (1885) 337–357; NUSSELT, W.: Z. VDI 54 (1910) 1154–1158.

gebracht werden können, wenn man die Temperaturen und die NUSSELT-sche Kennzahl über dem Zahlenwert $\dfrac{1}{Re\,Pr}\dfrac{x}{d}$ aufträgt. Aus Abb. 77 sieht man, daß das Temperaturfeld,
das am Beginn der gekühlten
Rohrstrecke Rechtecksform
hat, sich in Strömungsrichtung
durch die Ausbildung von
Grenzschichten an den Rohr-
wänden verformt. Die Grenzschichten sind am Ende der
Anlaufstrecke in der Rohrachse zusammengewachsen.
Von da ab ändert das Tem-
peraturprofil seine Form, die
mit der in Abb. 75 übereinstimmt, nicht mehr, sondern
es flacht sich nur immer mehr
ab. In Abb. 78 ist die NUSSELT-
sche Kennzahl einmal mit der
örtlichen Wärmeübergangs-
zahl, das anderemal mit der
von Rohranfang bis zur Stelle x

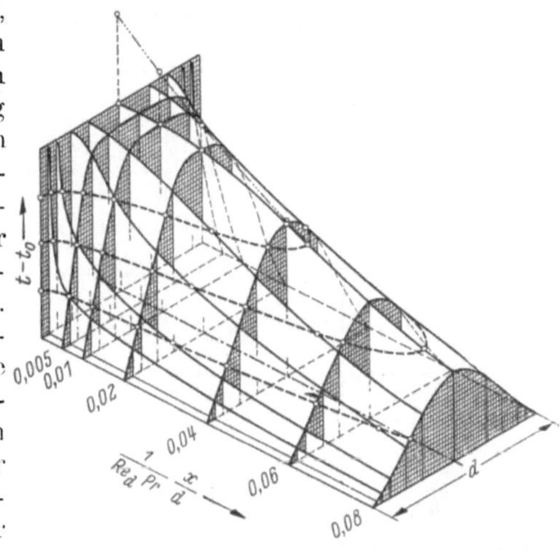

Abb. 77. Temperaturfeld in laminar durchström-ten Rohr mit konstanter Wandtemperatur (nach GRAETZ/NUSSELT).

gemittelten gebildet. Die Abbildung zeigt, wie die NUSSELTsche Kennzahl
am Beginn der gekühlten Rohrstrecke mit dem Wert Unendlich beginnt
und innerhalb der Anlaufstrecke auf den Endwert 3,65 der thermisch
ausgebildeten Strömung abfällt. Aus
der Abbildung läßt sich entnehmen,
daß der Anlauf praktisch (bis auf 1 %
Abweichung) beendet ist, wenn die
Größe $\dfrac{1}{Re\,Pr}\dfrac{x}{d}$ den Zahlenwert 0,05
erreicht. Die Anlaufstrecke L_a läßt
sich daher aus der Gleichung

$$\frac{L_a}{d} = 0{,}05\,Re_d\,Pr \qquad (234)$$

berechnen. Nach H. HAHNEMANN und
L. EHRET wird auch die thermische
Einlauflänge bei gleichzeitigem thermischem und hydrodynamischem Anlauf durch diese Gleichung gut wiedergegeben. Die thermische Anlauflänge ist danach bei Ölen (mit großen
Pr-Zahlen) mehr als hundertmal so
lang wie die hydrodynamische.

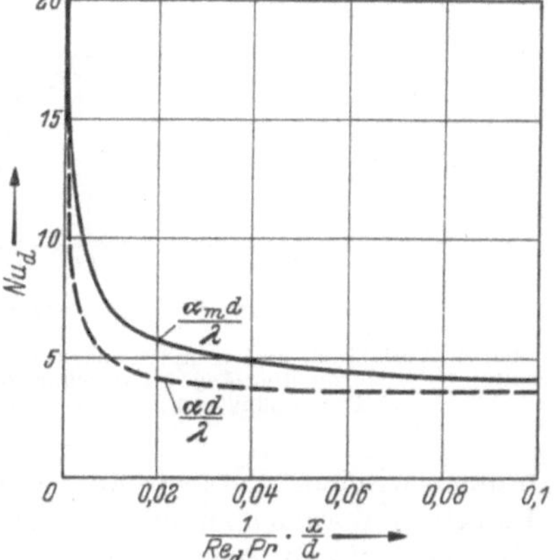

Abb. 78. Örtliche $\dfrac{\alpha d}{\lambda}$ und mittlere $\dfrac{\alpha_m d}{\lambda}$ dimensionslose Wärmeübergangszahl als Funktion der Entfernung vom Rohranfang.

In Abb. 79 ist der Verlauf der NUSSELTschen Kennzahl nach der
Theorie von NUSSELT/GRAETZ nochmals eingetragen und mit empirischen

Formeln verglichen, die von KRAUSSOLD[1] und SIEDER und TATE[2] aus Versuchen abgeleitet wurden. Trotzdem die Versuche im wesentlichen mit Ölen durchgeführt wurden und daher nach dem vorher Erwähnten die Voraussetzungen der Theorie nicht gut erfüllt waren, ist die Übereinstim-

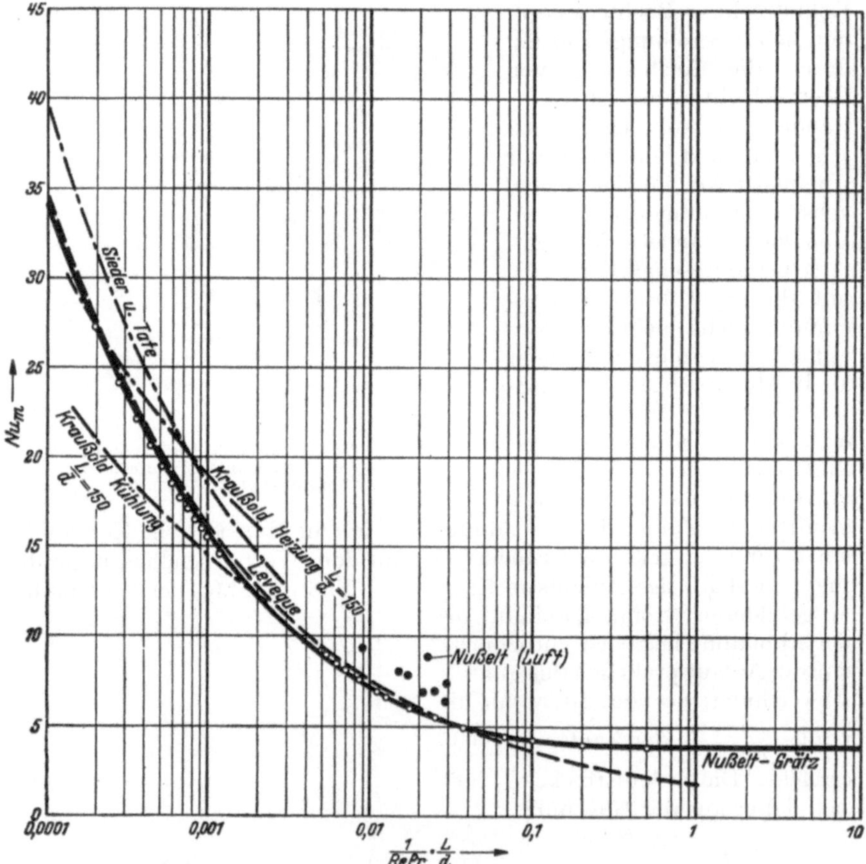

Abb. 79. Verlauf der mittleren dimensionslosen Wärmeübergangszahl Nu_m als Funktion des Verhältnisses $L : d$ von Rohrlänge zu Durchmesser nach Versuchen (gestrichelte Kurven) und nach Berechnung von NUSSELT-GRAETZ (volle Kurve) (nach H. HAUSEN).

mung zwischen Versuch und Rechnung doch recht befriedigend. Als Punkte sind auch noch einige Versuchswerte aus Messungen an Gasen von NUSSELT[3] eingetragen. Auch Versuche von J. BÖHM[4] an Rizinusöl und Glykol ergeben eine ähnliche Übereinstimmung. H. HAUSEN[5] hat eine

[1] Siehe Fußn. 2, S. 119.
[2] SIEDER, E. N., u. G. E. TATE: Ind. Eng. Chem. 28 (1936) 1429–1435.
[3] NUSSELT, W.: Habilitationsschrift, Dresden 1909.
[4] BÖHM, J.: Wärme 66 (1943) 144–152.
[5] HAUSEN, H.: Z. VDI, Beitr. Verfahrenstechnik Nr. 4 (1943) 91–98.

Näherungsformel aufgestellt, die die Werte der Theorie von NUSSELT-GRAETZ ausgezeichnet wiedergibt. Sie lautet

$$Nu_d = 3{,}65 + \frac{0{,}0668 \frac{d}{x} \, Re \, Pr}{1 + 0{,}04 \left(Re \, Pr \, \frac{d}{x} \right)^{2/3}} \, .$$

Bei größeren Temperaturunterschieden und Öl als Strömungsmittel ist der Einfluß der veränderlichen Zähigkeit dadurch zu berücksichtigen, daß man die rechte Seite der Gleichung mit dem Verhältnis $\left(\frac{\mu_m}{\mu_0} \right)^{0,14}$ multipliziert, wobei μ_m die Zähigkeit bei der mittleren Flüssigkeitstemperatur und μ_0 jene bei Wandtemperatur ist. In die Kennzahlen sind die Stoffwerte bei der mittleren Flüssigkeitstemperatur einzuführen.

Laminarer Wärmeübergang in Rohren mit nichtkreisförmigem Querschnitt weist eine Reihe von Sonderheiten auf[1]. Es zeigt sich nämlich, daß selbst in hydraulisch und thermisch ausgebildeter Strömung die Wärmeübergangszahlen recht verschiedene Werte annehmen können, je nachdem, welche Randbedingungen vorgeschrieben sind. Zunächst ändert sich die Wärmeübergangszahl entlang des Rohrumfanges. Die über den Umfang gemittelte Wärmeübergangszahl hängt davon ab, wie sich die Wandtemperatur in Richtung der Rohrachse ändert. Viel stärker ist jedoch der Einfluß des über den Umfang vorgeschriebenen Wandtemperaturverlaufes.

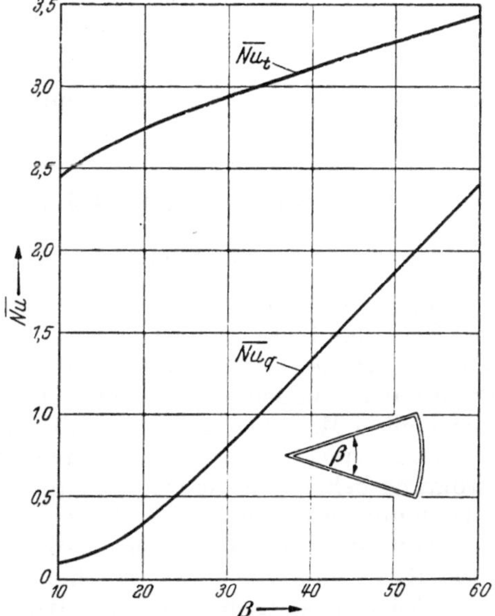

Abb. 80. Mittlere NUSSELT-Zahlen für laminare Strömung durch ein Rohr mit Kreissektorquerschnitt nach E. ECKERT, T. F. IRVINE und J. T. YEN. Nu_t für entlang des Umfanges konstante Temperatur, $\overline{Nu_q}$ für entlang des Umfanges konstanten Wärmestrom.

Abb. 80 zeigt als Beispiel die über den Umfang gemittelten NUSSELT-Zahlen $\overline{Nu}$ für zwei Spezialfälle: für eine über den Umfang konstante Wandtemperatur ($\overline{Nu_t}$) und für einen örtlich konstanten Wärmestrom von der Wand in die Flüssigkeit ($\overline{Nu_q}$). Der Rohrquerschnitt hat die Gestalt eines Kreisektors mit dem Öffnungswinkel β, und ein linearer Temperaturansteig in Strömungsrichtung ist vorausgesetzt. Man erkennt, daß für kleinere Öffnungswinkel des Kreissektors die beiden

---

[1] ECKERT, E. R. G., T. F. IRVINE, JR. u. J. T. YEN: Trans. Amer. Soc. Mech. Eng. 80 (1958) 1433.

Nusselt-Zahlen um einen Faktor 10 verschieden sein können. Die Nusseltschen Kennzahlen sind mit dem hydraulischen Durchmesser und
mit einer mittleren Wärmeübergangszahl $\bar{\alpha}$ gebildet, die folgendermaßen
definiert ist

$$\bar{\alpha} = \frac{\bar{q}_0}{\bar{t}_0 - t_m} \, .$$

$\bar{q}_0$ ist die über den Rohrumfang gemittelte Wärmestromdichte an der
inneren Wandoberfläche, $\bar{t}_0$ ist die gleichermaßen über den Umfang gemittelte Wandoberflächentemperatur, und t_m ist die mittlere Flüssigkeitstemperatur (entsprechend der Gleichung

$$t_m = \frac{\int\limits_F t\,u\,dF}{\int\limits_F u\,dF} \, ,$$

worin F den Rohrquerschnitt bedeutet).

C. Erzwungene Konvektion in turbulenter Strömung

34. Impuls- und Wärmeaustausch

In jeder turbulenten Strömung tritt unmittelbar an der Begrenzungs-
wand eine laminare Randschicht auf, wie dies in Abschn. 24 und 26 ge-
schildert wurde. Der von der Wand ausgehende Wärmestrom muß diese
Randschicht zunächst durchsetzen, bevor er in der Strömung durch die
turbulenten Mischbewegungen weiter transportiert werden kann. Dieses
Zusammenspiel der laminaren Randschicht und der turbulenten Kernströmung beherrscht die Gesetzmäßigkeiten des Wärmeüberganges einer
turbulenten Strömung. Eine Berechnung des Wärmeüberganges in einer
turbulenten Strömung ist bis heute nicht geglückt. Dagegen läßt sich
nach Reynolds und Prandtl eine Beziehung aufstellen, die gestattet,
den Wärmeaustausch aus rein hydrodynamischen Messungen (Strö-
mungswiderstand) abzuleiten. Die hierzu führenden Überlegungen sollen
nunmehr durchgeführt werden. Da die Flüssigkeitsschichten in Wandnähe den Vorgang im wesentlichen bestimmen und hier die Geschwindigkeiten stets parallel zur Wand, der Wärmestrom im wesentlichen senkrecht zu ihr gerichtet ist, werden im folgenden die Gesetzmäßigkeiten
des Wärmeaustausches für eine Strömung abgeleitet, die parallel zu einer
Wand in x-Richtung verläuft. Die Geschwindigkeit u dieser Strömung
soll sich wesentlich nur in y-Richtung ändern. Der Wärmestrom soll senkrecht zur Wand, also in y-Richtung, fließen. Dementsprechend ändert
sich auch die Temperatur t in der Strömung wesentlich nur in y-Rich-
tung. Denken wir uns zunächst in die laminare Randschicht eine Ebene
parallel zur Wand gelegt, so tritt in dieser eine Schubspannung τ nach
Gl. (146) auf

$$\tau = \mu \frac{d\,u}{d\,y} \, .$$

Ebenso ist die Dichte des Wärmestromes durch die Ebene hindurch nach
Gl. (36)

$$q = -\lambda \frac{dt}{dy}.$$

Legen wir nunmehr die Ebene in die turbulente Strömung, so werden
infolge der turbulenten Schwankungsbewegungen ständig Flüssigkeits-
oder Gasballen durch die Ebene hindurchtreten. Wir stellen uns diesen
Vorgang nach Abb. 81 vereinfacht so vor,
daß die je Zeiteinheit und Flächeneinheit
durch die Trennebene a–a in der Richtung
nach oben hindurchtretende Flüssigkeitsmenge, deren Größe G' sei, einheitlich aus
der Ebene 1–1 herkommt, wo die Geschwindigkeit u und die Temperatur t
herrscht, und nach der Ebene 2–2 transportiert wird. Dementsprechend wird wegen
der Kontinuität die gleiche Masse G' von
der Ebene 2–2, wo die Geschwindigkeit u'
und die Temperatur t' herrscht, nach der

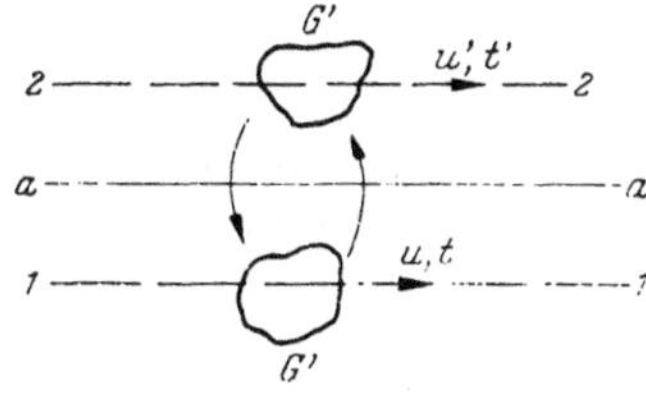

Abb. 81. Turbulenter Austausch.

Ebene 1–1 geschafft. Die nach oben fließende Flüssigkeitsmenge führt eine
Wärmemenge $G' c_p t$ mit sich, die nach unten fließende dementsprechend
eine Wärmemenge $G' c_p t'$. Ist die Temperatur t größer als die Temperatur t', so ist die Folge des Austausches der Flüssigkeitsballen ein Wärmestrom von unten nach oben durch die Trennwand a–a hindurch, dessen
Stromdichte gegeben ist durch den Ausdruck

$$q_t = G' c_p (t - t').\tag{235}$$

Die ausgetauschten Flüssigkeitsballen nehmen auch ihre kinetische Energie mit sich. Ist die Geschwindigkeit u größer als u', dann wird die über
der Trennfläche a–a befindliche Flüssigkeit durch die nach oben kommenden Flüssigkeitsballen beschleunigt, die unter der Trennfläche strömende Flüssigkeit durch die von oben kommenden Ballen verzögert.
Durch den Austausch der Flüssigkeitsballen verringern daher die Geschwindigkeiten u und u' in den beiden Ebenen ihre Unterschiede, der
turbulente Austausch hat daher die gleiche Wirkung wie eine in der
Trennfläche angreifende Schubspannung. Nach dem im Abschn. 23 for-
mulierten Impulssatz ist diese scheinbare turbulente Schubspannung in
der Trennebene, also die Kraft je Flächeneinheit, gleich dem Impuls-
zuwachs der Flüssigkeit je Zeiteinheit auf der einen Seite der Schicht
bzw. gleich der Impulsabnahme auf der anderen Seite durch die je
Flächeneinheit die Trennebene durchsetzende Masse G'. Es gilt daher
für diese Schubspannung die Gleichung

$$\tau_t = G' (u' - u).\tag{236}$$

Eliminieren wir aus den beiden abgeleiteten Beziehungen die unbekannte
Flüssigkeitsmenge G', so erhalten wir die folgende Gleichung zwischen der

Wärmestromdichte und der Schubspannung in einer turbulenten Strömung

$$q_t = -\,\tau_t\, c_p\, \frac{t - t'}{u - u'}\,. \tag{237}$$

Diese Beziehung wurde von REYNOLDS 1874 aufgestellt und wird als die REYNOLDSsche Analogie bezeichnet. Stellt man die entsprechende Beziehung für die Trennfläche in der laminaren Randschicht auf, so ergibt sich aus den eingangs angeschriebenen Gleichungen

$$q = -\,\tau\, \frac{\lambda}{\mu}\, \frac{d\,t}{d\,u}\,. \tag{238}$$

An Stelle der Differentiale dt und du können angenähert auch die Temperaturen in zwei nur wenig voneinander entfernten Schichten eingeführt werden

$$q = -\,\tau\, \frac{\lambda}{\mu}\, \frac{t - t'}{u - u'}\,. \tag{239}$$

Die Lage der Ebenen 1–1 und 2–2 wurde nicht besonders festgelegt. Sie kann daher noch beliebig gewählt werden, nur muß man für den Wärme- und den Impulsaustausch die gleichen Ebenen ins Auge fassen. Das Verhältnis der Wärmestromdichte zur Schubspannung folgt in der laminaren Strömung derselben Gesetzmäßigkeit wie in der turbulenten, wenn die Gleichung besteht

$$\frac{\lambda}{\mu} = c_p$$

oder

$$\frac{c_p\,\mu}{\lambda} = \frac{\nu}{a} = Pr = 1\,. \tag{240}$$

In einem Stoff mit einer PRANDTLschen Kennzahl $Pr = 1$ geht also der laminare Wärmeaustausch nach der gleichen Beziehung vor sich wie der turbulente. Die beiden Gln. (237) und (239) fallen in eine einzige zusammen, und es kann die eine Bezugsebene ins laminare Gebiet, die andere ins turbulente verlegt werden. Die eine legt man zweckmäßig an die wärmeabgebende Wand ($t = t_0$, $u = 0$), die andere bei Grenzschichtströmungen in die Kernströmung außerhalb der Grenzschicht ($t = t_k$, $u = U$). Bei der ausgebildeten Rohrströmung verwendet man am besten die mittlere Strömungsgeschwindigkeit u_m und die mittlere Flüssigkeitstemperatur t_m[1]. Man erhält dann für das Rohr die Gleichung

$$q_0 = \tau_0\, c_p\, \frac{t_m - t_0}{u_m}\,,$$

oder wenn man beide Seiten mit der Rohrwandfläche F multpiliziert

$$\boxed{\,Q = W\, \frac{c_p}{u_m}\,(t_m - t_0)\,} \tag{241}$$

---

[1] Es möge hier vermerkt werden, daß u_m und t_m nicht in gleicherWeise definiert sind (vgl. S. 92 und 115), doch liegt der hierdurch bedingte Fehler innerhalb der Genauigkeitsgrenzen des vorliegenden Verfahrens.

W bedeutet darin den Widerstand ($W = \tau_0 F$). Diese einfache Beziehung zwischen dem Wärmestrom Q und dem Widerstand W gilt zunächst nur für einen Stoff mit $Pr = 1$. Da aber alle Gase in ihrer PRANDTL-Zahl sich nicht sehr von 1 unterscheiden, kann man die Gleichung auch sehr vorteilhaft dazu verwenden, um für Gase näherungsweise die Wärmeabgabe aus dem Widerstand zu berechnen. Vor allem kommt man mit ihr zu einer sehr einfachen Beziehung für das Verhältnis der Wärmeabgabe zu der Leistung, die man für die Erzeugung der Strömung aufwenden muß. Der Widerstand eines Rohres, in dem der Druckabfall Δp auftritt, ist

$W = \Delta p \dfrac{d^2 \pi}{4}$, das je Zeiteinheit durch das Rohr strömende Volumen

$V = u_m \dfrac{d^2 \pi}{4}$. Drückt man das Gas etwa mit einem Gebläse durch das Rohr, so muß man zur Verdichtung desselben um die Druckdifferenz Δp die folgende Leistung aufwenden

$$N = V \Delta p = W u_m.$$

Das Verhältnis der Wärmeabgabe zur aufzuwendenden Leistung ist daher

$$\frac{Q}{N} = \frac{c_p}{u_m^2}(t_m - t_0). \tag{242}$$

Diese wichtige Beziehung lehrt uns, daß die für eine bestimmte Wärmeabgabe aufzuwendende Leistung um so kleiner wird, je kleiner man die Geschwindigkeit u_m wählt. Man macht sich diese Tatsache bei den Kühlern von Fahrzeugen in der Weise zunutze, daß man den Kühler in eine Verkleidung einbaut, die den ankommenden Luftstrom zunächst vor dem Kühler verlangsamt und ihn hinterher wieder beschleunigt. Ein solcher „Düsenkühler" ist in Abb. 82 schematisch dargestellt. Durch

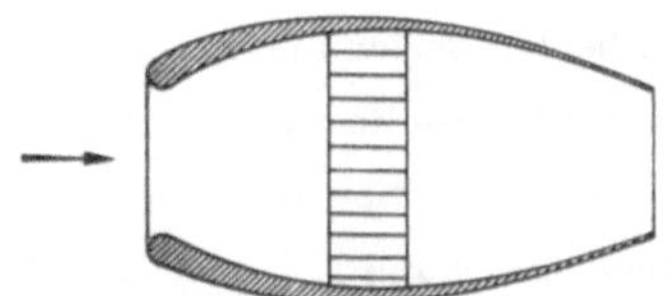

Abb. 82. Düsenkühler.

diesen Einbau, der besonders bei Flugzeugen heute allgemein angewendet wird, aber auch sonst bei schnellen Fahrzeugen (Rennwagen, Lokomotiven) vorteilhaft ist, wird die Schleppleistung, die man aufwenden muß, um den Kühler mit dem Fahrzeug durch die Luft zu bewegen, bedeutend kleiner, als wenn man den Kühler ohne Verkleidung dem Luftstrom aussetzen würde. Die Verringerung der Schleppleistung geht allerdings auf Kosten der Heizflächengröße. Bei eingebauten Kühlern ist infolge der kleineren Luftgeschwindigkeiten eine größere Heizfläche erforderlich. Die gleichen Zusammenhänge gelten beispielsweise auch für Dampfkessel. Will man bei diesen mit großen Rauchgasgeschwindigkeiten arbeiten, um auf kleine Abmessungen zu kommen, so ist dies nur dann wirtschaftlich durchzuführen, wenn man eine billige Energiequelle für das Rauchgasabsaugegebläse zur Verfügung hat.

Zahlenbeispiel. Ein Rohr von 20 mm Durchmesser und 1 m Länge werde von Luft mit 20 °C und 1 b mit 30 m/s Geschwindigkeit durchströmt. Dabei entsteht ein Druckabfall, der zu 800 N/m² gemessen wurde. Welche Wärmemenge geht von der Rohrwand an die Luft über, wenn die Wand auf $t_0 = 100$ °C beheizt wird?

Für eine überschlägige Berechnung kann die Gl. (241) verwendet werden, obwohl sie streng nur für ein Gas mit einer PRANDTLschen Zahl $Pr = 1$ gilt und Luft eine PRANDTL-Zahl $Pr = 0{,}710$ hat. Der Widerstand des Rohres ist

$$W = \Delta p \, \frac{d^2\pi}{4} = 800 \, \frac{N}{m^2} \, \frac{4\pi}{4} \, 10^{-4} \, m^2 = 0{,}2513 \, N$$

Damit ergibt sich die Wärmeaufnahme Q der Luft aus Gl. (241) zu

$$Q = 0{,}2513 \, \frac{1{,}005}{30} \, (t_0 - t_m) \, \frac{kJ}{s\,grd} = 0{,}00842 \, (t_0 - t_m) \, \frac{kJ}{s\,grd} = 8{,}42 \, (t_0 - t_m) \, \frac{W}{grd} \; .$$

(Die spezifische Wärme der Luft wurde mit $c_p = 1{,}005 \, \dfrac{kJ}{kg\,grd}$ eingeführt.) Die Rohrwandtemperatur ist $t_0 = 100\,°C$. Dagegen ist die mittlere Temperatur t_m der Luft im Rohr zunächst noch nicht bekannt. Es gilt aber für die Wärmeaufnahme der Luft die Beziehung $Q = \varrho \, c_p u_m \, \dfrac{d^2\pi}{4} \, (t_e - t_a)$, wenn ϱ die Dichte von Luft ($\varrho = 1{,}22 \, kg/m^3$ bei $20\,°C$ und $1\,b$), t_e die Austrittstemperatur der Luft aus dem Rohr und t_a die Eintrittstemperatur in das Rohr [jedesmal nach Gl. (230) gemittelt] bedeutet. Setzt man in die Gleichungen die Zahlenwerte ein, so erhält man $Q = 1{,}22 \cdot 1{,}005 \cdot 30 \, \dfrac{4\pi}{4} \cdot 10^{-4} \, (t_e - t_a) \, \dfrac{kJ}{s\,grd} = 0{,}0101 \, (t_e - t_a) \, \dfrac{kJ}{s\,grd}$. Nach Abschn. 3 gilt schließlich für die mittlere Temperaturdifferenz $\Delta t_m = t_0 - t_m$ die Beziehung $\Delta t_m = b \left(\dfrac{\Delta t_a + \Delta t_e}{2} \right)$. Im vorliegenden Fall ist die Wandtemperatur t_0 konstant. Es wird daher daraus $t_0 - t_m = b \left(t_0 - \dfrac{t_a + t_e}{2} \right)$. Damit erhält man durch Gleichsetzen der beiden Beziehungen $Q = 0{,}00842 \left[t_0 - b \left(t_0 - \dfrac{t_a + t_e}{2} \right) \right] = 0{,}0101 \, (t_e - t_a)$. Der Faktor b wäre aus Tab. 2 (S. 10) zu entnehmen. Da aber das Temperaturverhältnis $\dfrac{\Delta t_a}{\Delta t_e}$ noch unbekannt ist, schätzen wir ihn zunächst zu $b = 1$. Damit ergibt die obige Gleichung $t_e = 2{,}43 \, t_a$ und mit $t_a = 20\,°C$ die Endtemperatur $t_e = 48{,}6\,°C$. Die Kontrolle von b ergibt $\dfrac{\Delta t_a}{\Delta t_e} = \dfrac{80}{51{,}3} = 1{,}56$ und damit $b = 0{,}983$. Die von der Luft aufgenommene Wärmemenge ist $Q = 0{,}0101 \, (48{,}6 - 20) \, 1000 \, W = 289 \, W$.

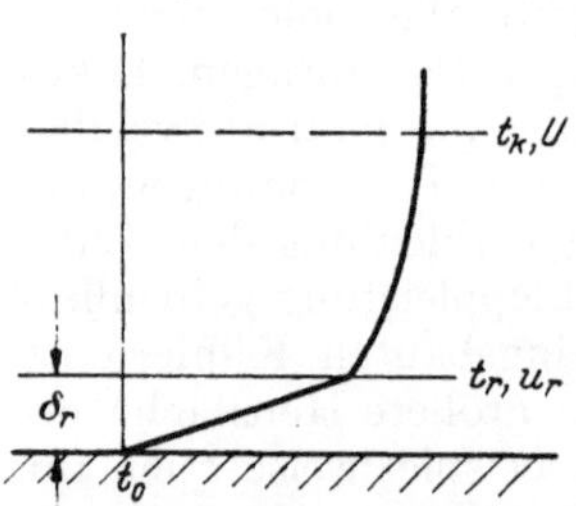

Abb. 83. Turbulenter Austausch mit laminarer Randschicht.

Die genaue Durchrechnung nach den im folgenden mitgeteilten Gleichungen zeigt, daß die Wärme Q um etwa 15% zu klein bestimmt wurde. Für Überschlagsrechnungen ist demnach die einfache Beziehung (241) sehr brauchbar.

Für Stoffe, deren PRANDTLsche Zahl stärker von 1 abweicht, muß der Wärmestrom in der laminaren Randschicht und im turbulenten Feld getrennt berechnet werden. Wir wollen gemäß Abb. 83 die Temperatur der wärmeabgebenden Wand mit t_0, die Temperatur auf der Trennfläche zwischen laminarer Randschicht und turbulenter Strömung mit t_r und die Temperatur außerhalb der turbulenten Grenzschicht im Kern der Strömung mit t_k bezeichnen; die entsprechenden Geschwindigkeiten sind $u_0 = 0$, u_r und U. Den Temperaturverlauf in der laminaren Randschicht können wir wegen der kleinen Dicke (δ_r) dieser

Schicht als geradlinig ansehen, so daß für die Wärmestromdichte durch diese Randschicht die folgende Beziehung gilt

$$q_0 = \frac{\lambda}{\delta_r}(t_0 - t_r),$$

da die Wärme nur durch Leitung in dieser Schicht fließt. Entsprechend gilt für die Wandschubspannung τ_0 die Gleichung

$$\tau_0 = \mu\frac{u_r}{\delta_r}.$$

Eliminieren wir aus beiden Beziehungen die Grenzschichtdicke δ_r, so ergibt sich die Wärmestromdichte zu

$$q_0 = \tau_0\frac{\lambda}{\mu u_r}(t_0 - t_r). \tag{243}$$

Die Wärmestromdichte in der turbulenten Grenzschicht ist durch die Gl. (237) gegeben, in die wieder die Temperaturen und Geschwindigkeiten an zwei beliebigen Stellen innerhalb der turbulenten Schicht eingeführt werden können, etwa an den beiden Grenzen dieser Schicht. Wegen der kleinen Dicke der Randschicht kann angenommen werden, daß die Wärmestromdichte q_0 und die Wandschubspannung τ_0 auch noch an der Grenze zwischen Randschicht und turbulenter Grenzschicht vorhanden sind. Damit gilt nach Gl. (237)

$$q_0 = -\tau_0\, c_p\frac{t_k - t_r}{U - u_r}. \tag{244}$$

Die Wärmeübergangszahl an der Wand ergibt sich schließlich aus der Definitionsgleichung

$$q_0 = \alpha\,(t_0 - t_k). \tag{245}$$

Löst man die drei Gln. (243), (244) und (245) nach den Temperaturdifferenzen auf und subtrahiert die beiden ersten von der letzten, so erhält man

$$\frac{1}{\alpha} = \frac{1}{\tau_0 c_p}(U - u_r) + \frac{\mu u_r}{\tau_0 \lambda} = \frac{U}{\tau_0 c_p}\left(1 - \frac{u_r}{U} + \frac{\mu c_p}{\lambda}\frac{u_r}{U}\right)$$

$$= \frac{U}{\tau_0 c_p}\left(1 + \frac{u_r}{U}(Pr - 1)\right).$$

Die Wärmeübergangszahl ist damit

$$\alpha = \frac{\dfrac{\tau_0 c_p}{U}}{1 + \dfrac{u_r}{U}(Pr - 1)}. \tag{246}$$

Diese Gleichung wurde von PRANDTL (1910 und 1928) und TAYLOR (1916) aufgestellt[1].

---

[1] PRANDTL, L.: Physikal. Z. 11 (1910) 1072; 29 (1928) 487; TAYLOR, G. J.: Rep. u. Mem. Brit. Aeron. Comm. 1916, Nr. 272, S. 423.

35. Das durchströmte Rohr

In der ausgebildeten turbulenten Strömung im Rohr hat man nach Früherem für die Geschwindigkeit U den Betrag in der Rohrachse einzusetzen. Ebenso muß dann die Wärmeübergangszahl α auf die Achstemperatur t_k bezogen werden. Bei der Weiterentwicklung der Gl. (246) ist es jedoch üblich, die Wärmeübergangszahl auf die mittlere Flüssigkeitstemperatur t_m zu beziehen und dementsprechend die mittlere Strömungsgeschwindigkeit u_m in die Gleichung einzuführen. Dies ist nicht ganz korrekt, da t_m und u_m in verschiedener Weise definiert sind, der entstehende Fehler bleibt aber klein. Damit geht Gl. (246) über in

$$\alpha = \frac{\dfrac{\tau_0 \, c_p}{u_m}}{1 + \dfrac{u_r}{u_m}\,(Pr - 1)}\;.$$

Ersetzt man hierin die Schubspannung τ_0 aus Gl. (187) und das Geschwindigkeitsverhältnis u_r/u_m aus Gl. (188), so erhält man

$$\frac{\alpha}{\varrho\,c_p\,u_m} = \frac{0{,}0396 \left(\dfrac{u_m\,d}{\nu}\right)^{-1/4}}{1 + A \left(\dfrac{u_m\,d}{\nu}\right)^{-1/8}(Pr - 1)}\;. \tag{247}$$

Die Konstante A ergibt sich dabei zu 2,43. Der Vergleich mit Versuchsergebnissen an zähen Flüssigkeiten zeigt aber, daß dieser Wert zu groß, außerdem A eine Funktion der PRANDTL-Zahl ist. In Abb. 84 ist diese Funktion nach W. BÜHNE[1] dargestellt. Der in Gl. (247) links stehende Ausdruck ist nichts anderes als der folgende Quotient der bereits bekannten Kennzahlen $\dfrac{Nu_d}{Re_d\,Pr}$, wovon man sich durch Ausrechnen leicht überzeugen kann. Die endgültige Formel für den Wärmeübergang im Rohr lautet damit

$$\boxed{\frac{Nu_d}{Re_d\,Pr} = \frac{0{,}0396\,Re_d^{-1/4}}{1 + A\,Re_d^{-1/8}(Pr - 1)}}\;. \tag{248}$$

Die Größe A ist aus Abb. 84 zu entnehmen. E. HOFMANN gibt hierfür die Beziehung $A = 1{,}5\,(Pr)^{-1/8}$ an.

Auch über die Form des Temperaturfeldes bei verschiedenen PRANDTL-Zahlen kann man sich an Hand der aufgestellten Gleichungen einen Überblick verschaffen. Setzt man die beiden Gln. (243) und (244) einander gleich, so ergibt sich für das Verhältnis des Temperaturabfalles in der Randschicht zu dem in der turbulenten Schicht:

$$\frac{t_r - t_0}{t_k - t_r} = \frac{\mu\,c_p}{\lambda}\,\frac{u_r}{U - u_r} = Pr\,\frac{u_r}{U - u_r}\;.$$

---

[1] BÜHNE, W.: Wärme 61 (1938) 162.

Für einen Stoff mit der PRANDTLschen Kennzahl $Pr = 1$ ist demnach das Verhältnis der Temperaturunterschiede an der Wand und den Grenzen der turbulenten Grenzschicht ebenso groß wie das der entsprechenden Geschwindigkeitsunterschiede. Die beiden Felder sind einander ähnlich. Für zwei andere PRANDTLsche Zahlen ist der Temperaturverlauf in Abb. 85 dargestellt. Bei großen PRANDTLschen Zahlen überwiegt demnach der Temperaturabfall in der laminaren Randschicht.

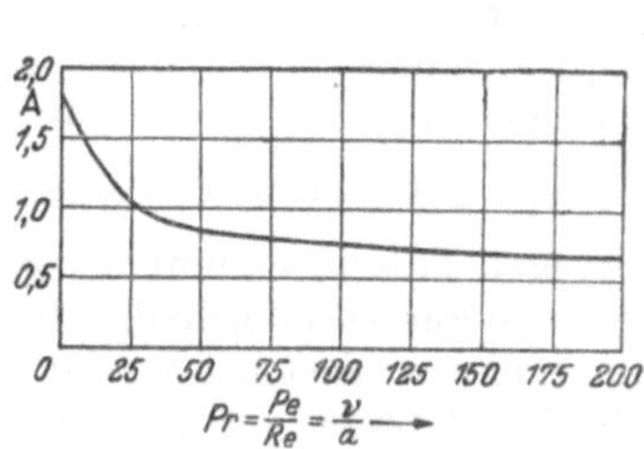

Abb. 84. Beiwert A zur Berechnung des turbulenten Wärmeüberganges (nach W. BÜHNE).

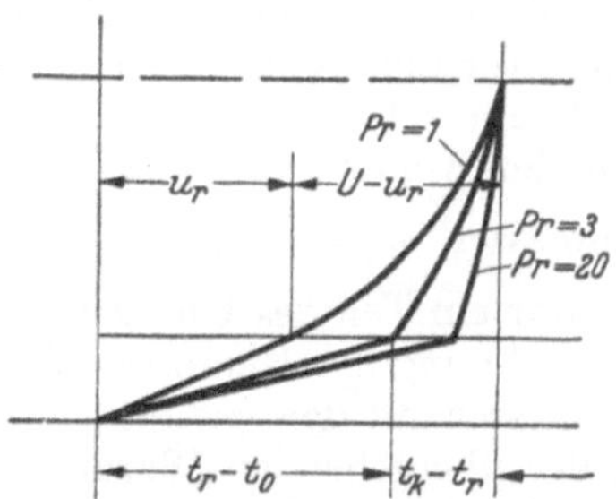

Abb. 85. Turbulenter Austausch mit laminarer Grenzschicht bei verschiedenen PRANDTLschen Zahlen Pr.

Für sehr kleine PRANDTL-Zahlen, beispielsweise für flüssige Metalle, ist die Wärmeleitzahl so groß, daß der Wärmeaustausch durch Leitung auch innerhalb der turbulenten Strömung gegen den turbulenten Austausch nicht vernachlässigt werden darf. Für solche Flüssigkeiten gelten daher Gl. (246) und die aus ihr abgeleiteten Beziehungen nicht.

Die in Gl. (248) links auftretende Kombination der Kennzahlen Nu, Re und Pr ist für Wärmeübertragungsberechnung besonders zweckmäßig. Diesen Ausdruck hat auf einen Hinweis von A. BUSEMANN H. LORENZ eingeführt[1]. Er wird heutzutage in Wärmeaustauschrechnungen vielfach verwendet und hat den Namen STANTONsche Kennzahl und das Zeichen St erhalten. Betrachten wir nämlich ein Rohrstück von der Länge l, so ist der an die Wand übergehende Wärmestrom

$$Q = \alpha \, d \, \pi \, l \, (t_0 - t_m).$$

Auf der anderen Seite läßt sich dieser Wärmestrom auch aus der Abkühlung der Flüssigkeit auf der betrachteten Strecke l mit den mittleren Flüssigkeitstemperaturen t_a und t_e am Anfang und am Ende der Strecke l berechnen.

$$Q = \varrho \, c_p \, u_m \, \frac{d^2 \pi}{4} (t_e - t_a).$$

Aus beiden Gleichungen ergibt sich

$$St = \frac{\alpha}{\varrho \, c_p \, u_m} = \frac{Nu}{Re \, Pr} = \frac{d}{4 \, l} \frac{t_a - t_e}{t_m - t_0}. \tag{249}$$

Aus dieser Gleichung läßt sich die Temperatur t_e, mit der die Flüssigkeit das Rohr verläßt, ohne die Kenntnis irgendwelcher Stoffwerte bestim-

---

[1] LORENZ, H.: Z. techn. Physik 15 (1934) 155–162 u. 201–206.

9*

men, wenn die Abmessungen des Rohres, die Eintrittstemperatur der Flüssigkeit t_a und die Wandtemperatur t_0 vorgegeben sind und der dimensionslose Ausdruck $\dfrac{Nu}{Re\,Pr}$ bekannt ist. Für die Größe t_m hat man bei größeren Rohrlängen das logarithmische Mittel der Flüssigkeitstemperaturen gemäß Gl. (24) einzuführen.

Mit der Gl. (248) kann auch der Wärmeübergang in Rohren von anderem als Kreisquerschnitt berechnet werden. Es zeigt sich nämlich, daß die Formeln für den Widerstand und Wärmeübergang in turbulenter Strömung (nicht in laminarer!) für beliebige Querschnittsformen gelten, wenn man in den Kennzahlen an Stelle des Durchmessers d den „hydraulischen Durchmesser" $d_h = \dfrac{4F}{U}$ ($F =$ Querschnittsfläche, $U =$ Umfang) einführt. Wenn nur ein Teil des Umfanges am Wärmeaustausch teilnimmt, ist für die Berechnung der Kennzahlen des Wärmeüberganges der hydraulische Durchmesser mit dem gesamten Umfang zu bilden. Erst bei der Berechnung der übergehenden Wärme nach Gl. (8) ist für F nur die beheizte Fläche einzusetzen. Für Querschnitte mit scharfen Ecken führt die Anwendung des hydraulischen Durchmessers nur zu angenäherten Ergebnissen.

Im Anlaufgebiet hat man wieder zwischen thermischem Anlauf in einer hydrodynamisch bereits ausgebildeten Strömung und gleichzeitigem thermischem und hydrodynamischem Anlauf zu unterscheiden. Im ersten Falle ist die Anlauflänge in turbulenter Strömung recht kurz (10 bis 20 Durchmesser). Im zweiten Falle diktiert der Strömungseinlauf im wesentlichen auch die Ausbildung des Temperaturfeldes, und die Gleichungen für die hydrodynamische Einlauflänge können auch als Anhalt für die thermische Anlauflänge verwendet werden. Die Wärmeübergangszahlen sind in dem Teil des Einlaufgebietes, in dem die Grenzschichten laminar sind, oft kleiner als in der ausgebildeten turbulenten Strömung[1]. Neben der theoretisch begründeten Gl. (248) verwendet man häufig empirische mit Hilfe der Ähnlichkeitstheorie aus Versuchen abgeleitete Beziehungen. H. HAUSEN[2] hat beispielsweise die folgende Beziehung aus dem vorliegenden Versuchsmaterial für die über die Rohrlänge gemittelte Wärmeübergangszahl abgeleitet

$$Nu_{m,d} = 0{,}037\,(Re^{0,75} - 180)\,Pr^{0,42}\left[1 + \left(\frac{d}{L}\right)^{2/3}\right]\left(\frac{\mu_m}{\mu_0}\right)^{0,14}. \quad (250)$$

Darin ist μ_m die Zähigkeit bei der mittleren Flüssigkeitstemperatur und μ_0 die Zähigkeit bei der Rohrwandtemperatur. Im übrigen sind die Stoffwerte bei der mittleren Flüssigkeitstemperatur einzuführen. Durch die Gleichung werden auch die Verhältnisse im thermischen Anlaufgebiet bei ausgebildeter Strömung und für REYNOLDS-Zahlen nahe dem turbulenten Umschlag gut erfaßt. Die Gleichung gibt auch die Versuchsergebnisse im Bereich $Re = 2300$ bis 6000 wieder.

---

[1] LINKE, W., u. H. KUNZE: Allgem. Wärmetechnik 4 (1953) 73–79.
[2] HAUSEN, H.: Allgem. Wärmetechnik 9 (1959) 75–79.

Die Korrektur $(\mu_m/\mu_0)^{0,14}$ für temperaturabhängige Stoffwerte wurde aus Versuchen mit Ölen ermittelt und sollte nur für solche verwendet werden. Für Gase ist es zweckmäßig, die Korrektur wegzulassen und dafür die Stoffwerte in die Gleichung beim arithmetischen Mittel zwischen Wandtemperatur und mittlerer Gastemperatur t_m einzuführen. Neuere Versuche von HARTNETT[1] und Berechnungen von DEISSLER[2] zeigen ein noch schnelleres Abklingen der Wärmeübergangszahl als HAUSENS Gleichung.

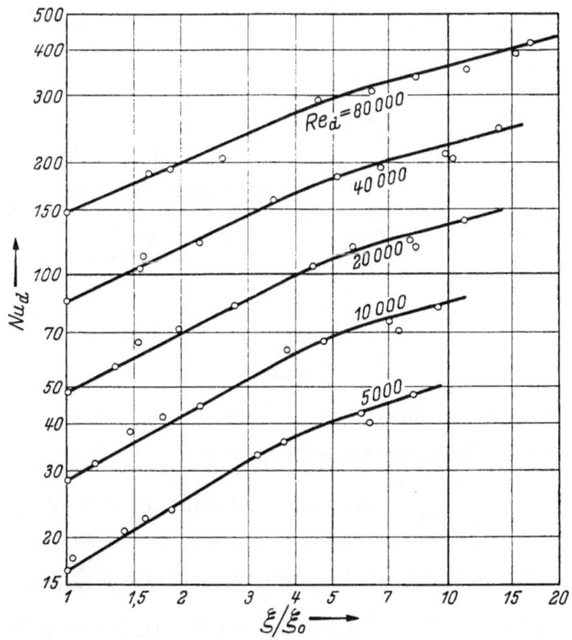

Abb. 86. NUSSELT-Zahl für turbulente Strömung durch ein rauhes Rohr (nach W. NUNNER).

Die Wärmeübergangszahl in einem gekrümmten Rohr mit dem Krümmungsradius R erhält man nach Versuchen von H. JESCHKE[3], indem man die Wärmeübergangszahl des geraden Rohres mit dem Faktor $(1 + 1,77\,d/R)$ vervielfacht.

Der Wärmeübergang in turbulenter Strömung von Luft durch ein Kreisrohr mit rauhen Wänden wurde in einer experimentellen Arbeit von W. NUNNER[4] eingehend untersucht. Dabei wurde die Rauhigkeit vor allem durch in das Rohr eingeschobene Kolbenringe erzeugt. Daneben wurden jedoch auch einige naturrauhe Rohre verwendet. Die Ergebnisse sind in Abb. 86 dargestellt. Als Abszisse ist dabei das Verhältnis der Widerstandsziffer ξ des

---

[1] HARTNETT, J. P.: Trans. Amer. Soc. Mech. Eng. 77 (1955) 1211.
[2] DEISSLER, R. G.: NACA Techn. Note 3016 (1953).
[3] JESCHKE, H.: Techn. Mech. Ergänzungsheft zur Z. VDI 69 (1925) 24.
[4] NUNNER. W.: VDI-Forsch.-Heft 455 (1956).

rauhen Rohres zu der ξ_0 eines glatten Rohres bei gleicher REYNOLDS-Zahl aufgetragen. Dieses Verhältnis kann beispielsweise aus Abb. 59 entnommen werden. Die Ordinate ist die NUSSELTsche Kennzahl für ausgebildete turbulente Strömung durch das rauhe Rohr, und der Parameter an den Kurven ist die REYNOLDS-Zahl. Es zeigt sich, daß in dieser Auftragung die NUSSELTsche Zahl unabhängig ist von der Geometrie der Rohrrauhigkeit. Man erkennt, daß die NUSSELTsche Kennzahl mit zunehmender Rauhigkeit weniger anwächst als die Widerstandsziffer.

Zahlenbeispiel. Der Kühlblock eines Kraftwagenmotors besteht aus Rippenrohren, deren Röhrchen 6 mm lichte Weite und 600 mm Länge haben. Sie werden von Kühlwasser mit einer Geschwindigkeit $u_m = 1$ m/s bei 60 °C Temperatur durchströmt. Die Wärmeübergangszahl vom Kühlwasser an die Rohrwand ist zu berechnen. Aus den Tabellen entnimmt man die kinematische Zähigkeit von Wasser bei 60 °C zu $\nu = 0{,}00478$ cm²/s und die PRANDTLsche Zahl $Pr = 3{,}01$. Die REYNOLDSsche Zahl wird damit $Re = \dfrac{u_m\,d}{\nu} = \dfrac{100 \cdot 0{,}6}{0{,}00478} = 12550$. Die Strömung ist daher turbulent. Da für eine solche die bezogene Einlauflänge L/d etwa 40 ist, im vorliegenden Fall das Verhältnis Rohrlänge zu Durchmesser den Wert 100 hat, herrscht in der zweiten Rohrhälfte ausgebildete Strömung. Für diese gilt Gl. (248). Aus Abb. 84 entnimmt man den Zahlenwert $A = 1{,}5$. Damit wird

$$\frac{Nu}{Re\,Pr} = \frac{\dfrac{0{,}0395}{12550^{1/4}}}{1 + \dfrac{1{,}5 \cdot 2{,}01}{12550^{1/8}}} = 0{,}001936 \ .$$

Die NUSSELTsche Kennzahl erhält man daher zu $Nu = 0{,}001936 \cdot 12550 \cdot 3{,}02 = 73{,}1$ und die Wärmeübergangszahl mit dem Wert $\lambda = 0{,}651\,\dfrac{\text{W}}{\text{m grd}}$ zu $\alpha = Nu\,\dfrac{\lambda}{d} = 73{,}1 \cdot \dfrac{0{,}651}{0{,}006} = 7930\,\dfrac{\text{W}}{\text{m}^2\,\text{grd}}$. In der ersten Rohrhälfte sinkt die Wärmeübergangszahl von dem Wert ∞ am Rohranfang auf den berechneten Wert ab. Die Erwärmung des Wassers läßt sich unmittelbar aus dem Ausdruck $\dfrac{Nu}{Re\,Pr}$ nach Gl. (249) berechnen. Man erhält $\dfrac{t_a - t_e}{t_m - t_0} = \dfrac{4\,l}{d}\,0{,}001936 = 0{,}774$. Damit ist auch die Wassererwärmung $t_a - t_e$ bestimmt, sobald der Unterschied zwischen der mittleren Wassertemperatur t_m und der mittleren Wandtemperatur t_0 bekannt ist.

36. Die längs angeströmte Platte

Will man mit Gl. (246) den Wärmeübergang an der längs angeströmten Platte berechnen, so ist für die Geschwindigkeit U die Anströmgeschwindigkeit außerhalb der Grenzschicht einzuführen, dementsprechend wird auch die Wärmeübergangszahl auf die Temperatur t_k außerhalb der Grenzschicht bezogen. Verwendet man für die Wandschubspannung die Gl. (164) in Verbindung mit Gl. (166) und für das Geschwindigkeitsverhältnis u_r/U die Beziehung (168), so ergibt sich für Kennzahl $\dfrac{Nu_x}{Re_x\,Pr}$ die Gleichung:

$$\frac{Nu_x}{Re_x\,Pr} = \frac{0{,}0297\,Re_x^{-1/5}}{1 + 0{,}87\,A\,Re_x^{-1/10}\,(Pr - 1)} \ . \tag{251}$$

Für die Größe A verwendet man zweckmäßig wieder die von W. BÜHNE an der Rohrströmung bestimmten Werte in Abb. 84 oder die Gleichung von HOFMANN $A = 1,5 \, (Pr)^{-1/6}$. Der Zahlenfaktor 0,87 ergibt sich aus der Umrechnung von der mittleren Geschwindigkeit auf die der hier zugrunde gelegten Geschwindigkeit U entsprechende Achsgeschwindigkeit. Durch die Gl. (251) ist die örtliche Wärmeübergangszahl festgelegt. Ihren Mittelwert über die Länge x gerechnet vom Plattenanfang erhält man durch Integration der Gl. (251) über die Plattenlänge x. Das Verhältnis der mittleren Wärmeübergangszahl über die Länge x zur örtlichen an der Stelle x hängt von der PRANDTLschen Kennzahl ab. Für $Pr = 1$ erhält man $\alpha_m = 1,25\,\alpha$, für große PRANDTL-Zahlen $\alpha_m = 1,12\,\alpha$.

Zahlenbeispiel. Eine auf 80 °C beheizte Platte wird von Luft mit 20 °C, 1 b und der Geschwindigkeit $U = 10$ m/s angeströmt. Er soll die örtliche Wärmeübergangszahl an der Stelle $x = 30$ cm berechnet werden.

Nach S. 133 sind für Gase die Stoffwerte beim arithmetischen Mittel zwischen Wand- und Gastemperatur in die Wärmeübergangsgleichungen einzusetzen, im vorliegenden Fall also bei 50 °C. Aus den Tabellen im Anhang entnimmt man für Luft:

$$\nu = 0,181 \text{ cm}^2/\text{s}, \quad \lambda = 0,0278 \text{ W/m grd}, \quad Pr = 0,708.$$

Damit ergibt sich $Re = \dfrac{U\,x}{\nu} = \dfrac{1000 \cdot 30}{0,181} = 166\,000$. Bei dieser Re-Zahl kann die Strömung laminar oder turbulent sein. Ist sie durch gestörten Zulauf turbulent, so folgt aus Gl. (251)

$$\frac{Nu}{Re\,Pr} = \frac{0,0297\,(166\,000)^{-1/5}}{1 + 0,87 \cdot 1,75\,(166\,000)^{-1/10} \cdot 0,292} = 0,00310\,.$$

Zweifelhaft ist zunächst, welche Länge man für x einzuführen hat, da die Grenzschicht am Plattenanfang zunächst laminar ist. Dem Vorgehen von PRANDTL bei der Berechnung des Widerstandes folgend wurde die Entfernung vom Plattenanfang für x eingesetzt. Die NUSSELTsche Kennzahl folgt aus obiger Gleichung

$$Nu = 0,00310 \cdot 0,708 \cdot 166\,000 = 364 \text{ und damit die Wärmeübergangszahl } \alpha = Nu_x \frac{\lambda}{d}$$

$$= 364 \cdot \frac{0,0278}{0,3} = 33,73 \text{ W/m}^2 \text{grd}. \text{ Ist die Strömung an der betrachteten Stelle}$$

laminar, dann ist die NUSSELTsche Kennzahl nach Gl. (205) $Nu_x = 0,332 \, \sqrt[3]{Pr} \, \sqrt{Re_x}$

$$= 0,332 \, \sqrt[3]{0,708} \cdot \sqrt{166\,000} = 119,8 \text{ und die Wärmeübergangszahl } \alpha = 119,8 \cdot \frac{0,0278}{0,3}$$

$= 11,10$ W/m² grd. Beim Übergang zur Turbulenz steigt also die Wärmeübergangszahl stark an.

37. Neuere Entwicklungen in der Theorie des turbulenten Wärmeaustausches

In den letzten Jahren wurde an einer Verfeinerung der Rechnungsverfahren für turbulenten Wärmeaustausch intensiv gearbeitet. Die Zahl der Veröffentlichungen hierüber ist so groß, daß im Rahmen dieses Buches nur die Darstellung der allen Arbeiten zugrunde liegenden Vorstellungen und Annahmen möglich ist.

Im Prinzip beschreiben die NAVIER-STOKESschen Gleichungen (170) bis (173) erweitert für instationäre Strömung und die Energiegleichung (209) auch die Strömung und den Wärmetransport in einer turbulenten

Strömung. Eine Lösung dieser Differentialgleichungen würde den Geschwindigkeitsvektor, den Druck und die Temperatur als Funktion von Ort und Zeit angeben und damit auch die „turbulenten Schwankungen" genau beschreiben. Die Durchführung dieser Rechnung erscheint aber vollkommen aussichtslos, und man muß sich damit begnügen, über die Zeit gemittelte Werte zu bestimmen. O. Reynolds hat bereits im Jahre 1883 gezeigt, wie man die Navier-Stokesschen Gleichungen umformen kann, so daß sie nur die zeitgemittelten Geschwindigkeiten enthalten. Man drückt dazu die Momentanwerte aller Strömungsparameter als Summe des zeitlichen Mittelwertes (gekennzeichnet durch einen waagerechten Strich über dem Symbol) und der augenblicklichen Abweichung von diesem Mittelwert aus

$$\left.\begin{aligned}
u &= \bar{u} + u' \\
v &= \bar{v} + v' \\
w &= \bar{w} + w' \\
p &= \bar{p} + p'
\end{aligned}\right\} \qquad (252)$$

Wenn man diese Ausdrücke in die Navier-Stokesschen Gleichungen einführt, alle schwankenden Größen über die Zeit mittelt und dabei beachtet, daß definitionsgemäß $\overline{u'} = 0$, $\overline{v'} = 0$, $\overline{w'} = 0$, $\overline{p'} = 0$, daß dagegen Produkte wie $\overline{u'v'}$ oder $\overline{u'\dfrac{\partial u'}{\partial x}}$ nicht Null sind, erhält man nach einer kurzen Rechnung mit Beachtung der Kontinuität die folgende Gleichung für eine in den Mittelwerten stationäre Strömung

$$\left.\begin{aligned}
\varrho\left(\bar{u}\frac{\partial \bar{u}}{\partial x} + \bar{v}\frac{\partial \bar{u}}{\partial y} + \bar{w}\frac{\partial \bar{u}}{\partial z}\right) = -\frac{\partial \bar{p}}{\partial x} + \mu\left(\frac{\partial^2 \bar{u}}{\partial x^2} + \frac{\partial^2 \bar{u}}{\partial y^2} + \frac{\partial^2 \bar{u}}{\partial z^2}\right) - \\
- \varrho\left(\frac{\partial \overline{u'^2}}{\partial x} + \frac{\partial \overline{u'v'}}{\partial y} + \frac{\partial \overline{u'w'}}{\partial z}\right)
\end{aligned}\right\} \quad (253)$$

und zwei entsprechende Gleichungen in v und w. Die Kontinuitätsgleichung wird

$$\frac{\partial \bar{u}}{\partial x} + \frac{\partial \bar{v}}{\partial y} + \frac{\partial \bar{w}}{\partial z} = 0. \qquad (254)$$

Durch eine Abschätzung der Größenordnung der einzelnen Glieder nach Prandtl erhält man die folgende Gleichung für eine turbulente Grenzschicht

$$\varrho\left(\bar{u}\frac{\partial \bar{u}}{\partial x} + \bar{v}\frac{\partial \bar{u}}{\partial y}\right) = -\frac{\partial p}{\partial x} + \mu\frac{\partial^2 \bar{u}}{\partial y^2} - \varrho\frac{\partial \overline{u'v'}}{\partial y}. \qquad (255)$$

Man beachte die Ähnlichkeit zwischen dem Ausdruck $-\varrho\,\overline{u'v'}$, dessen Differential auf der rechten Seite dieser Gleichung erscheint, und dem Ansatz (236). Der Ausdruck $-\varrho\,\overline{u'v'}$ kann daher als turbulente Schubspannung gedeutet werden.

Zu einer Lösung der obigen Gleichungen benötigt man eine Beziehung zwischen den Schwankungsgrößen und den gemittelten Werten, die der

experimentellen Erfahrung entnommen werden muß. T. V. Boussinesq
schlug die Beziehung

$$\tau_t = \varrho\,\overline{u'\,v'} = \varrho\,\varepsilon_{m}\,\frac{\partial\,\bar{u}}{\partial\,y} \tag{256}$$

vor, in der ε_{m} als turbulente Impulsaustauschgröße bezeichnet wird. Dieser Ansatz erwies sich aber als nicht sehr brauchbar, da ε_{m} in verwickelter
Weise von Geschwindigkeit und Wandabstand abhängt. Er wird aber
später im Zusammenhang mit Wärmeübergangsrechnungen verwendet
werden. L. Prandtl führte einen anderen Ansatz ein

$$\tau = \varrho\,l^2 \left| \frac{\partial\,\bar{u}}{\partial\,y} \right| \frac{\partial\,\bar{u}}{\partial\,y} \tag{257}$$

(die Striche auf der rechten Seite der Gleichung sollen anzeigen, daß die
Schubspannung das gleiche Vorzeichen hat wie der Geschwindigkeitsgradient) und zeigte, daß bereits recht einfache Ausdrücke für den
Mischungsweg l zu guter Übereinstimmung mit Versuchsergebnissen führen. Verschiedene andere Ausdrücke wurden seitdem vorgeschlagen.

Das im vorhergehenden Absatz beschriebene Verfahren von Reynolds
ergibt, auf die Energiegleichung (209) angewandt, die folgende Gleichung
für das Temperaturfeld in einer turbulenten Grenzschicht

$$\varrho\,c_p \left(\bar{u}\,\frac{\partial\,\bar{t}}{\partial\,x} + \bar{v}\,\frac{\partial\,\bar{t}}{\partial\,y} \right) = \lambda\,\frac{\partial^2\,\bar{t}}{\partial\,y^2} - \varrho\,c_p\,\frac{\partial\,(\overline{v'\,t'})}{\partial\,y}\,. \tag{258}$$

Diese Gleichung unterscheidet sich von der entsprechenden Gleichung für
eine laminare Grenzschicht durch den letzten Ausdruck auf der rechten
Seite, der als die Ableitung eines turbulenten Wärmestromes $q_t = \varrho\,c_p\,\overline{v'\,t'}$
gedeutet werden kann. Boussinesq gab hierfür den Ansatz

$$q_t = \varrho\,c_p\,\varepsilon_q\,\frac{\partial\,\bar{t}}{\partial\,y} \tag{259}$$

an. Die Größe ε_q wird turbulente Wärmeaustauschgröße genannt. Die beiden Ausdrücke (256) und (259) erwiesen sich als zweckmäßig für Wärmeaustauschrechnungen, da bereits einfache Ansätze für das Verhältnis $\varepsilon_m/\varepsilon_q$
zu Resultaten führen, die mit Versuchsergebnissen gut übereinstimmen.
Das Verhältnis wird turbulente Prandtl-Zahl genannt (Pr_t), da es in
Gl. (261) die gleiche Stellung für den turbulenten Austausch einnimmt
wie die Prandtl-Zahl Pr für den molekularen Wärmeaustausch. In einer
Reihe von theoretischen Untersuchungen wurde der einfachste Ansatz
$Pr_t = 1$ mit gutem Erfolg verwendet. Es bedeutet nur eine geringfügige
Komplikation, auf den Ansatz $Pr_t =$ konst. überzugehen. Die Konstante
hat nach Versuchen ungefähr den Wert 0,8 für Grenzschichtströmungen
und 0,5 für freie Turbulenz, wie sie beispielsweise in Totwassergebieten
vorhanden ist. Neueste Messungen zeigen, daß Pr_t keine Konstante ist,
sondern sich mit Wandabstand und Reynolds-Zahl ändert, doch scheint
die Verbesserung der Ergebnisse durch Berücksichtigung dieser Verän-
derlichkeit verhältnismäßig klein zu sein und den vergrößerten Rechen-

aufwand nicht aufzuwiegen. Die beiden Gln. (255) und (258) für turbulente Grenzschichtströmungen können nun folgendermaßen geschrieben werden:

$$\varrho \left(u \frac{\partial u}{\partial x} + v \frac{\partial u}{\partial x} \right) = \varrho \frac{\partial}{\partial y} \left((v + \varepsilon_m) \frac{\partial u}{\partial y} \right) - \frac{\partial p}{\partial x} \tag{260}$$

$$\varrho \, c_p \left(u \frac{\partial t}{\partial x} + v \frac{\partial t}{\partial y} \right) = \varrho \, c_p \frac{\partial}{\partial y} \left[\left(\frac{v}{Pr} + \frac{\varepsilon_m}{Pr_t} \right) \frac{\partial t}{\partial y} \right] . \tag{261}$$

Die Querstriche über den gemittelten Werten sind in diesen und den folgenden Gleichungen wieder weggelassen, da wir es von nun ab in turbulenten Strömungen nur mit den zeitlichen Mittelwerten zu tun haben. Wenn für eine bestimmte Situation das Geschwindigkeits- und Druckfeld – z.B. durch Messung – bekannt ist, kann man aus Gl. (260) die turbulente Impulsaustauschgröße ε_m gewinnen. Diese läßt sich dann zusammen mit dem entsprechenden Wert für die turbulente PRANDTL-Zahl in Gl. (261) einführen. Durch Integration dieser Gleichung ergibt sich das Temperaturfeld, und der Temperaturgradient an der Wand bestimmt die Wärmeübergangszahl. Die Hauptschwierigkeit besteht dabei darin, daß der Wärmeübergang an einer Wand durch die Verhältnisse in unmittelbarer Wandnähe sehr stark beeinflußt wird und daß daher der Geschwindigkeitsverlauf in diesem Gebiete sehr genau bekannt sein muß. Auf der anderen Seite läßt sich aus dem gleichen Grunde oft die Integration der Differentialgleichungen (260) und (261) umgehen und durch eine angenäherte Aussage über die Veränderung der Schubspannung τ und des Wärmestromes q in Abhängigkeit vom Wandabstand ersetzen. Entsprechend den Gln. (260) und (261) gilt für diese Größen in einer turbulenten, wandnahen Strömung

$$\tau = (v + \varepsilon_m) \varrho \frac{d u}{d y} , \tag{262}$$

$$q = \left(\frac{v}{Pr} + \frac{\varepsilon_m}{Pr_t} \right) \varrho \, c_p \frac{d t}{d y} . \tag{263}$$

Daraus ergibt sich

$$\frac{q}{\tau} = c_p \frac{\dfrac{v}{Pr} + \dfrac{\varepsilon_m}{Pr_t}}{v + \varepsilon_m} \frac{d t}{d u} . \tag{264}$$

Es zeigt sich nun, daß das Verhältnis q/τ für Grenzschichtströmung wie für Rohrströmung einigermaßen vom Wandabstand unabhängig ist. Ersetzt man mit dieser Begründung in der obigen Gleichung q/τ durch das Verhältnis q_w/τ_w, so läßt sich die Gleichung nach dt auflösen und integrieren

$$t_s - t_w = \frac{1}{c_p} \frac{q_w}{\tau_w} \int_0^{u_s} \frac{v + \varepsilon_m}{\dfrac{v}{Pr} + \dfrac{\varepsilon_m}{Pr_t}} \, d u . \tag{265}$$

Bei Kenntnis des turbulenten Impulsaustauschkoeffizienten, den man aus einem gemessenen Geschwindigkeitsprofil mit der Gleichung

$$\varepsilon_m = \frac{\tau_w}{\varrho \left(\dfrac{d\,u}{d\,y}\right)} - \nu \tag{266}$$

gewinnen kann, läßt sich die angezeigte Integration ausführen, und man erhält damit eine Beziehung, ähnlich zu Gl. (246), die den Wärmefluß an der Wand und damit die Wärmeübergangszahl als Funktion der Wandschubspannung angibt.

Eine große Zahl derartiger Rechnungen wurde, wie eingangs erwähnt, in den letzten Jahren veröffentlicht. Besonders bemerkenswert sind die Arbeiten von H. REICHARDT[1] und R. G. DEISSLER[2], die ausgezeichnete Übereinstimmung der berechneten Wärmeübergangszahlen mit gemessenen Werten erreichen. DEISSLER erweiterte seine Untersuchungen auch auf Flüssigkeiten mit veränderlichen Stoffwerten, auf Einlaufeffekte in Rohrströmungen, auf Flüssigkeiten nahe ihrem kritischen Zustande und auf Stoffaustausch.

D. Erzwungene Konvektion in abgerissener Strömung

38. Die Ähnlichkeitstheorie des Wärmeüberganges

Die bisher betrachteten Fälle für den Wärmeübergang ließen sich recht weitgehend rechnerisch behandeln. Für eine große Zahl anderer technisch ebenso wichtiger Körperformen ist jedoch eine Berechnung nach dem heutigen Stand unserer Kenntnisse aussichtslos. Dies gilt vor allem für alle Körper, an denen eine Totwasserbildung der Strömung erfolgt, z.B. auch für das quer angeströmte Kreisrohr (Abb. 60). Man ist dann auf eine versuchsmäßige Bestimmung des Wärmeübergangs angewiesen und kann die Versuchsergebnisse mit Hilfe der Ähnlichkeitstheorie verallgemeinern. Diese Theorie lehrt, daß jeder physikalische Vorgang von bestimmten dimensionslosen Kennzahlen abhängt, und zeigt, wie man die Kennzahlen bestimmen kann. Die Anwendung der Ähnlichkeitstheorie auf die Wärmeübertragung durch NUSSELT[3] ermöglichte es zum ersten Male, die vorhandenen Versuchsergebnisse in ein System einzugliedern und ein Programm für neue Versuche aufzustellen. Auf diese Weise wurde überhaupt erst die Entstehung einer geschlossenen Lehre von der Wärmeübertragung ermöglicht.

Bei der Berechnung der Strömungsgrenzschicht an der längs angeströmten Platte zeigte es sich, daß die Ergebnisse der Rechnung nur

---

[1] REICHARDT, H.: Z. angew. Math. Mech. 20 (1940) 297–328; Mitt. Max-Planck-Institut f. Strömungsforschung, Nr. 3, 1950, Göttingen; Z. angew. Math. Mech. 31 (1951) 208–209.

[2] DEISSLER, R. G.: Natl. Adv. Comm. Aeronautics, Techn. Notes 2242 (1950), 2629 (1952), 3016 (1953), Report 1210 (1955); Trans. Amer. Soc. Mech. Eng. 77 (1955) 263, 78 (1956) 176.

[3] NUSSELT, W.: Gesundheits-Ing. 38 (1915) 477–490.

eine Funktion der REYNOLDSschen Kennzahl sind, wenn man sie in eine dimensionslose Form bringt. Dies gilt sowohl für die Grenzschichtdicke [Gln. (161), (166) und (169)], wenn man sie durch Division mit der Entfernung vom Plattenanfang dimensionslos macht, als auch für den dimensionslosen Ausdruck des Plattenwiderstandes, die Widerstandszahl c_f. Die thermische Grenzschicht und die Wärmeübergangszahl, dimensionslos gemacht, ließen sich als Funktion zweier dimensionsloser Kennzahlen darstellen, der REYNOLDSschen und der PRANDTLschen Kennzahl. Wir wollen uns nunmehr überlegen, ob man diese Tatsache bereits aus den Grenzschichtgleichungen ablesen kann, ohne sie zu lösen. Hierzu liegt es nahe, bereits die Ausgangsgleichungen in dimensionsloser Form anzuschreiben. Wir wollen dies zunächst für die Impulsgleichung (174) und die Kontinuitätsgleichung (175) tun, mit deren Hilfe die Strömungsgrenzschicht berechnet wurde. An der längs angeströmten Platte gilt $\frac{dp}{dx} = 0$. Damit lauten diese Gleichungen

$$\varrho \left(u \frac{\partial u}{\partial x} + v \frac{\partial u}{\partial y} \right) = \mu \frac{\partial^2 u}{\partial y^2}, \quad \frac{\partial u}{\partial x} + \frac{\partial v}{\partial y} = 0 \,.$$

Wir machen nun die vorkommenden Längen x und y und die Geschwindigkeitskomponenten dimensionslos, indem wir sie durch eine Bezugslänge L – etwa die Plattenlänge – beziehungsweise durch eine Bezugsgeschwindigkeit – die Anströmgeschwindigkeit U – teilen:

$$x' = \frac{x}{L}, \quad y' = \frac{y}{L}, \quad u' = \frac{u}{U}, \quad v' = \frac{v}{U} \,.$$

Damit wird aus den Grenzschichtgleichungen

$$\varrho \frac{U^2}{L} \left(u' \frac{\partial u'}{\partial x'} + v' \frac{\partial u'}{\partial y'} \right) = \frac{\mu U}{L^2} \frac{\partial^2 u'}{\partial y'^2}, \quad \frac{\partial u'}{\partial x'} + \frac{\partial v'}{\partial y'} = 0 \,.$$

In diesen Gleichungen sind nur die konstanten Stoffwerte und die Bezugsgrößen dimensionsbehaftet. Dividieren wir die linke Gleichung durch $\varrho U^2 / L$, so erhalten wir ein System dimensionsloser Gleichungen

$$u' \frac{\partial u'}{\partial x'} + v' \frac{\partial u'}{\partial y'} = \frac{1}{Re_L} \frac{\partial^2 u'}{\partial y'^2}, \quad \frac{\partial u'}{\partial x'} + \frac{\partial v'}{\partial y'} = 0 \,. \tag{267}$$

Dabei ist die Bezeichnung Re_L für den Ausdruck $\frac{\varrho U L}{\mu}$ eingeführt. Aus den zwei Gleichungen müßten sich im Prinzip die beiden Geschwindigkeitskomponenten berechnen lassen, und die Lösung muß offenbar die folgende Form haben:

$$u' = f(x', y', Re_L), \quad v' = f(x', y', Re_L)$$

oder

$$\frac{u}{U} = f\left(\frac{x}{L}, \frac{y}{L}, Re_L \right), \quad \frac{v}{U} = f\left(\frac{x}{L}, \frac{y}{L}, Re_L \right) \,.$$

Die in der REYNOLDS-Zahl Re_L vorkommende Anströmgeschwindigkeit tritt in Abschn. 25 als Randbedingung auf. Dagegen ist die Plattenlänge L weder in den Ausgangsdifferentialgleichungen noch in den zugehörigen Randbedingungen enthalten und sollte damit auch nicht in den resultierenden Gleichungen für u und v vorkommen. Durch folgende Überlegung läßt sie sich daraus beseitigen. Wenn die Geschwindigkeitskomponenten Funktionen von x', y' und Re_L sind, dann müssen sie sich auch als Funktionen von x', $\dfrac{y'}{x'}$ und $\dfrac{Re_L}{x'}$ angeben lassen, oder

$$\frac{u}{U} = f\left(\frac{x}{L}, \frac{y}{x}, Re_x\right), \quad \frac{v}{U} = f\left(\frac{x}{L}, \frac{y}{x}, Re_x\right),$$

wenn

$$Re_x = \varrho\,\frac{Ux}{\mu} = \frac{Ux}{\nu}$$

bedeutet. Da die Länge L in dem Ansatz zu dem betrachteten Problem nicht vorkommt, kann die Lösung nicht von x/L abhängen, und es muß gelten

$$\frac{u}{U} = f\left(\frac{y}{x}, Re_x\right), \quad \frac{v}{U} = f\left(\frac{y}{x}, Re_x\right). \tag{268}$$

Die Grenzschichtdicke δ ist der Wandabstand y, bei dem $u/U = 1$ ist. Damit ergibt sich aus Gl. (268)

$$\frac{\delta}{x} = f(Re_x). \tag{269}$$

Die Wandschubspannung erhält man nach Gl. (146) aus dem Geschwindigkeitsgradienten an der Wand. Eine kurze Rechnung mit Berücksichtigung von Gl. (268) ergibt damit, daß der dimensionslose Widerstandsbeiwert c_f sich als Funktion der REYNOLDS-Zahl Re_x ausdrücken lassen muß. Es war uns also tatsächlich möglich, die Parameter, die in der Lösung der Grenzschichtgleichungen auftreten, durch die Dimensionsbetrachtungen vorherzusagen.

Die gleichen Überlegungen lassen sich nun auch an der Grenzschichtgleichung des Temperaturfeldes (212) anstellen. Wir schreiben die Gleichungen in der Übertemperatur $\vartheta = t - t_0$ an und machen sie mit der vorgegebenen Übertemperatur $\Theta = t_k - t_0$ dimensionslos. Mit dem Werte $\vartheta' = \vartheta/\Theta$ und den vorher verwendeten dimensionslosen Parametern erhält man

$$\frac{U\Theta}{L}\left(u'\frac{\partial\vartheta'}{\partial x'} + v'\frac{\partial\vartheta'}{\partial y'}\right) = \frac{a\,\Theta}{L^2}\,\frac{\partial^2\vartheta'}{\partial y'^2}.$$

Hieraus ergibt sich die dimensionslose Gleichung

$$u'\frac{\partial\vartheta'}{\partial x'} + v'\frac{\partial\vartheta'}{\partial y'} = \frac{a}{UL}\,\frac{\partial^2\vartheta'}{\partial y'^2}. \tag{270}$$

Der auf der rechten Seite auftretende Parameter $\dfrac{UL}{a}$ unterscheidet sich von der REYNOLDSzahl Re_L nur dadurch, daß an Stelle der Zähigkeit ν die Temperaturleitzahl a getreten ist. Auch für diese Kennzahl wurde ein Name eingeführt. Man nennt sie PECLETsche Kennzahl und bezeichnet sie mit den beiden Anfangsbuchstaben des Namens

$$Pe_L = \frac{UL}{a}. \tag{271}$$

Die Lösung der Gl. (270) muß offenbar die folgende Form haben:

$$\vartheta' = f(x', y', u', v', Pe_L).$$

Führt man die Ausdrücke auf S. 140 für u' und v' ein, so wird daraus

$$\vartheta' = f(x', y', Re_L, Pe_L),$$

und aus der Überlegung, daß das Resultat wieder unabhängig von der Bezugslänge sein muß, erhält man endlich mit $Pe_r = \dfrac{Ux}{a}$

$$\vartheta' = f\left(\frac{y}{x}, Re_r, Pe_x\right).$$

In der angeschriebenen Form ist die Gleichung für praktische Zwecke noch insofern unbequem, als in beiden Kennzahlen die Geschwindigkeit und eine Körperabmessung vorkommen. Es ist zweckmäßig, an Stelle der PECLETschen Kennzahl eine neue zu bilden, indem man sie durch die REYNOLDSsche Kennzahl dividiert. Daß dies zulässig ist, leuchtet ohne weiteres ein, denn wenn die dimensionslose Temperatur ϑ' eine Funktion der PECLETschen und der REYNOLDSschen Kennzahl ist, so muß sie auch eine Funktion des Quotienten aus der PECLETschen und REYNOLDSschen Kennzahl sein. Für diesen erhält man den Ausdruck

$$\frac{Pe}{Re} = \frac{\dfrac{Ux}{a}}{\dfrac{Ux}{v}} = \frac{v}{a} = Pr.$$

Er stellt also nichts anderes dar als die bereits früher eingeführte PRANDTLsche Zahl.

Die dimensionslose Temperatur ϑ' muß sich also auch als eine Funktion in folgender Form darstellen lassen

$$\vartheta' = f(y', Re_x, Pr). \tag{272}$$

Für die Wärmeübergangszahl gilt nach S. 103 die Bestimmungsgleichung

$$\alpha\Theta = \lambda\left(\frac{d\vartheta}{dy}\right)_0.$$

Macht man auch diese Gleichung dimensionslos, so wird daraus

$$\frac{ax}{\lambda} = \left(\frac{d\vartheta'}{dy'}\right)_0.$$

Auf der linken Seite steht nunmehr die bereits bekannte NUSSELTsche Kennzahl Nu_x. Die dimensionslose Übertemperatur ϑ' ist nach Gl. (272)

eine Funktion der dimensionslosen Koordinate y' und der beiden Kennzahlen Re_x und Pr. Das gleiche muß für die Ableitung von ϑ' nach y' gelten, und der Differentialquotient an der Wand (für $y' = 0$) muß daher eine Funktion von Re_x und Pr sein. Aus der letzten Gleichung folgt daher

$$Nu_x = f\,(Re_x, Pr). \tag{273}$$

Für den Wärmeübergang an der laminar angeströmten ebenen Platte hatte sich die Gl. (205) ergeben:

$$Nu_x = 0.332\; \sqrt[3]{Pr}\; \sqrt{Re_x}\,.$$

Ersetzt man hierin die PRANDTLsche Kennzahl mit der Beziehung $Pr = Pe/Re$, so erhält man

$$Nu_x = 0.332\; \sqrt[3]{Pe}\; \sqrt[6]{Re_x}\,.$$

An diesem Beispiel sieht man, daß sich tatsächlich die PRANDTLsche Kennzahl ohne weiteres durch die PECLETsche Kennzahl oder umgekehrt ersetzen läßt.

Die bisherigen Betrachtungen wurden an dem speziellen Beispiel der längs angeströmten Platte durchgeführt. Da die Impulsgleichung und die Wärmestromgleichung aber ebenso für Grenzschichten an umströmten Körpern beliebiger Form gelten, müssen sich auch hier die Ergebnisse in Form der Gln. (269) und (273) darstellen lassen. Die Form der Funktionen (269) und (273) hängt einmal von der Form des angeströmten Körpers ab und zum zweiten von dem Verlauf der Geschwindigkeit U außerhalb der Grenzschicht, der für die Berechnung vorgegeben sein muß. Auch diese Randbedingungen der Differentialgleichung muß man auf dimensionslose Form bringen, indem man alle Abmessungen des Körpers mit einer Bezugslänge desselben und die Geschwindigkeiten U mit einer Bezugsgeschwindigkeit, beispielsweise mit der Anströmgeschwindigkeit U_0, dimensionslos macht. Hat man für ein Paar der so bestimmten dimensionslosen Randbedingungen die Differentialgleichung gelöst, so kennt man die Lösung für eine ganze Gruppe von Einzelfällen, einmal für alle Körper, die durch eine Maßstabvergrößerung oder -verkleinerung aus dem ursprünglichen hervorgehen, denn alle diese Körper haben dieselben dimensionslosen Erstreckungen. Ebenso kann die Anströmgeschwindigkeit U_0 noch frei gewählt werden, denn die Randbedingung verlangt nur,

daß der dimensionslose Geschwindigkeitsverlauf $\dfrac{U}{U_0}$ einer bestimmten

Beziehung folgt. Das dimensionslose Geschwindigkeitsfeld u' hängt für alle diese Fälle nur von der REYNOLDSschen Kennzahl und das dimensionslose Temperaturfeld ϑ' außerdem von der PRANDTLschen Kennzahl ab, d. h., alle dimensionsbehafteten Geschwindigkeitsfelder u und die dimensionsbehafteten Temperaturfelder ϑ lassen sich für die betrachtete Gruppe von Fällen zur Deckung bringen, wenn man sie in dimensionsloser Form (als u' bzw. ϑ') über den dimensionslosen Koordinaten x', y' aufträgt, sofern die REYNOLDSsche und die PRANDTLsche Kennzahl einen festen Wert haben.

Man nennt nun alle Körper, die sich durch eine Maßstabsveränderung ineinander überführen lassen, „geometrisch ähnliche Körper". Ebenso bezeichnet man Zustandsfelder als physikalisch ähnlich, wenn sie durch Division mit einer festen Bezugsgröße und in Auftragung über den dimensionslosen Koordinaten zur Deckung gebracht werden können. Man kann daher das Ergebnis der vorstehenden Überlegungen auch in folgender Form formulieren:

Die Strömungsfelder an geometrisch ähnlichen Körpern sind in ihrer ganzen Ausdehnung zueinander ähnlich, wenn die Geschwindigkeiten an der Berandung des Feldes zueinander ähnlich sind und außerdem die Reynoldssche Kennzahl einen festen Zahlenwert hat. Für die Temperaturfelder ist außerdem noch Voraussetzung, daß auch der Temperaturverlauf an den Berandungen der verglichenen geometrisch ähnlichen Körper ähnlich ist und daß die Prandtlsche Kennzahl einen konstanten Zahlenwert besitzt.

Die bisherigen Betrachtungen wurden nur an den Differentialgleichungen der Grenzschicht ausgeführt. Sie bedürfen daher einer Erweiterung, wenn man die Kennzahlen für allgemeine Strömungsvorgänge aufstellen, also etwa auch noch Totwassergebiete einbeziehen will. Zu diesem Zweck bringen wir uns in Erinnerung, daß die Impulsgleichung der Grenzschicht nichts anderes ist als ein Ausdruck für das Gleichgewicht sämtlicher an einem Flüssigkeitsteilchen in der Grenzschicht angreifenden Kräfte, und zwar der Druckkraft, der Trägheitskraft und der Reibungskraft. Stellt man in gleicher Weise das Kräftegleichgewicht für die Volumeneinheit eines kleinen Raumelements an einer beliebigen Stelle innerhalb einer reibungsbehafteten strömenden Flüssigkeit auf, so kommt man zu den NAVIER-STOKESschen Differentialgleichungen (170) bis (173) (NAVIER 1827, STOKES 1845). Wir benötigen sie in ihrer genauen Form jedoch gar nicht für die vorliegenden Ähnlichkeitsbetrachtungen, sondern es genügt, den ungefähren Aufbau der Gleichung zu kennen und dieser soll hier abgeleitet werden. Bewegt sich ein Massenteilchen von der Form eines kleinen Quaders mit den Seitenlängen dx, dy und dz mit der Geschwindigkeit u in x-Richtung, so erfährt es bei einer Geschwindigkeitsänderung eine Massenkraft, die je Volumeinheit die Größe $\varrho \dfrac{du}{d\underline{t}}$ hat[1]. Bei einem stationären Vorgang, und auf solche wollen wir uns hier beschränken, ändert sich die Geschwindigkeit des Massenteilchens nur dadurch, daß es mit der Strömung an eine andere Stelle gelangt. Es gilt daher $\dfrac{du}{d\underline{t}} = \dfrac{\partial u}{\partial x}\dfrac{dx}{d\underline{t}} = u\dfrac{du}{dx}$. Die Massenkraft je Volumeneinheit hat daher in der stationären Strömung die Größe $\varrho u\dfrac{\partial u}{\partial x}$. Reibungskräfte entstehen durch Schubspannungen. An dem Volumteilchen $dx\,dy\,dz$ in Abb. 15 greife in der vorderen Begrenzungsfläche $dx\,dz$ eine Schubspannung τ in x-Richtung an. Auf die hintere Fläche wirkt dann eine Schubspannung von der Größe $\tau + \dfrac{\partial \tau}{\partial y}\,dy$. Infolge dieser Spannung erfährt das Raum-

---

[1] Die Zeit wird hier mit $\underline{t}$ bezeichnet, um Verwechslungen mit der Schubspannung τ zu vermeiden.

teilchen eine Reibungskraft in x-Richtung von der Größe $\frac{\partial \tau}{\partial y}\, d x\, d y\, d z$, je Volumeinheit wirkt daher die Reibungskraft $\frac{\partial \tau}{\partial y}$. Mit dem NEWTON-schen Ansatz (146) wird daraus $\mu \frac{\partial^2 u}{d y^2}$. Durch die Flüssigkeitsdrücke wird in x-Richtung eine Kraft auf das betrachtete Volumteilchen ausgeübt, wenn sich der Druck in x-Richtung ändert. Die Kraft je Volumeinheit ergibt sich in gleicher Weise wie bei der Schubspannung zu $\frac{\partial p}{\partial x}$. Damit erhalten wir als Ausdruck für das Gleichgewicht der drei Kräfte in x-Richtung die Gleichung

$$\varrho\, u\, \frac{\partial u}{\partial x} - \cdots = \mu\, \frac{\partial^2 u}{\partial y^2} - \cdots - \frac{\partial p}{\partial x} . \tag{274}$$

In Wahrheit ergeben auch die Komponenten v und w der Geschwindigkeit des betrachteten Volumteilchens in den beiden anderen Koordinatenrichtungen Beiträge zur Trägheits- und zur Reibungskraft in x-Richtung, die als weitere Glieder zu den in Gl. (274) angeschriebenen hinzukommen und durch die Punkte angedeutet sind. Diese haben aber naturgemäß dimensionsmäßig den gleichen Aufbau wie die angeschriebenen Glieder, so daß für unsere Betrachtungen die verkürzte Gl. (274) genügt. Um nun diese Gleichung dimensionslos zu machen, gehen wir in der gleichen Weise vor wie bei der Grenzschichtgleichung. Wir führen dimensionslose Geschwindigkeiten $u' = \frac{u}{U_0}$, $v' = \frac{v}{U_0}$, $w' = \frac{w}{U_0}$ und dimensionslose Koordinaten $x' = \frac{x}{l}$, $y' = \frac{y}{l}$ und $z' = \frac{z}{l}$ ein, indem wir durch eine vorgegebene, den Randbedingungen entnommene Bezugsgeschwindigkeit U_0 und eine Bezugslänge l dividieren. Den Druck p machen wir mit dem Staudruck $\varrho\, \frac{U_0^2}{2}$ der Bezugsgeschwindigkeit U_0 dimensionslos $\left(p' = \dfrac{p}{\varrho\, \frac{U_0^2}{2}} \right)$. Dies ist gleichbedeutend mit der Aussage, daß die Strömung vom Druckniveau unabhängig ist und nur von Druckunterschieden beeinflußt wird. Gl. (274) nimmt damit die folgende Form an

$$\varrho\, \frac{U_0^2}{l} \left(u'\, \frac{\partial u'}{\partial x'} + \cdots \right) = \mu\, \frac{U_0}{l^2} \left(\frac{\partial^2 u'}{\partial y'^2} - \cdots \right) - \varrho\, \frac{U_0^2}{l}\, \frac{1}{2}\, \frac{\partial p'}{\partial x'} . \tag{275}$$

Um die Gleichung dimensionslos zu machen, müssen wir noch mit einem der dimensionsbehafteten Faktoren, die in jedem Summanden vor den dimensionslosen Größen stehen, dividieren. Wählen wir hierzu den ersten, so erhalten wir

$$u'\, \frac{\partial u'}{\partial x'} - \cdots = \frac{1}{Re} \left(\frac{\partial^2 u'}{\partial y'^2} + \cdots \right) - \frac{1}{2}\, \frac{\partial p'}{\partial x'} . \tag{276}$$

Zwei analoge Gleichungen ergeben sich auch aus dem Kräftegleichgewicht in y- und z-Richtung. Eine weitere Beziehung läßt sich noch aus der Bedingung ableiten, daß im Beharrungszustand in ein im Raume festgehaltenes Volumelement ebensoviel Flüssigkeit hinein- wie herausströmen muß. Dies führt zu der Kontinuitätsgleichung $\dfrac{\partial u}{\partial x} + \dfrac{\partial v}{\partial y} + \dfrac{\partial w}{\partial z} = 0$ oder in dimensionsloser Form $\dfrac{\partial u'}{\partial x'} + \dfrac{\partial v'}{\partial y'} + \dfrac{\partial w'}{\partial z'} = 0$. Aus den vier dimensionslosen Gleichungen müßten sich die drei Geschwindigkeitskomponenten u', v', w' und der dimensionslose Druck p' berechnen lassen. Die dimensionslosen Lösungen für diese 4 Größen können wieder außer von den dimensionslosen Koordinaten nur von der REYNOLDSschen Kennzahl $\dfrac{U_0 l}{\nu}$ abhängen.

Die dimensionsbehafteten Faktoren in der Gl. (275) stellen nichts anderes dar als eine mit den Bezugsgrößen gebildete Trägheits- bzw. Reibungskraft je Volumeinheit. Wir erhalten daher die Kennzahl Re der Gl. (276) auch, indem wir das Verhältnis der beiden mit den Bezugsgrößen gebildeten Kräfte bilden. Eine große REYNOLDSsche Zahl bedeutet ein Überwiegen der Trägheitskräfte, eine kleine REYNOLDSsche Zahl ein Überwiegen der Zähigkeitskräfte. Als Ergebnis unserer Betrachtung können wir nunmehr anmerken, daß ganz allgemein Strömungsvorgänge bei ähnlichen Randbedingungen nur von der REYNOLDSschen Kennzahl abhängen.

Die Wärmestromgleichung der thermischen Grenzschicht bringt das Gleichgewicht zwischen der durch die Strömung in ein Flüssigkeitselement der Grenzschicht hereingetragenen Wärmemenge und der durch Leitung abfließenden Wärme zum Ausdruck. Zur Aufstellung der Wärmestromgleichung für ein beliebiges Raumelement in einer reibungsbehafteten Flüssigkeit können wir auf die für einen festen Körper aufgestellte Wärmeleitungsgleichung (56) zurückgreifen. Die Gleichung gibt auch für einen strömenden Stoff die Wärmebilanz für ein stets aus den gleichen Massenteilchen bestehendes, mit der Strömung mitbewegtes Raumelement an. Um sie auf einen stationär strömenden Stoffe zu übertragen, müssen wir zum Ausdruck bringen, daß sich die Temperatur ϑ eines Massenteilchens nur dadurch ändert, daß es seinen Ort wechselt:

$$\frac{d\vartheta}{dt} = \frac{\partial \vartheta}{\partial x}\frac{dx}{dt} + \frac{\partial \vartheta}{\partial y}\frac{dy}{dt} + \frac{\partial \vartheta}{\partial z}\frac{dz}{dt} = u\frac{\partial \vartheta}{\partial x} + v\frac{\partial \vartheta}{\partial y} + w\frac{\partial \vartheta}{\partial z}.$$

Damit erhält die Gl. (56) die Form

$$\varrho\, c_p\, u\,\frac{\partial \vartheta}{\partial x} + \cdots = \lambda\,\frac{\partial^2 \vartheta}{\partial x^2} + \cdots. \tag{277}$$

Wärmequellen sind zwar strenggenommen in einem strömenden Stoff stets vorhanden, da die durch die Zähigkeitskräfte bedingte innere Reibung Wärme erzeugt. Bei nicht zu großen Geschwindigkeiten sind die dadurch hervorgerufenen Temperaturänderungen aber so klein, daß praktisch hiervon abgesehen werden kann. In Gl. (277) sind daher keine Wärmequellen berücksichtigt. Wie in Gl. (274) wurde auch in Gl. (277) von den gleichartigen Gliedern je nur ein Vertreter angeschrieben. Um das Wesen der zwei Ausdrücke als Wärmezufuhr durch Konvektion und durch Leitung deutlicher in Erscheinung treten zu lassen, wurde außerdem an Stelle der Temperaturleitzahl $a = \dfrac{\lambda}{\varrho\, l_p}$ die Wärmeleitzahl λ beibehalten. Da in der Gleichung nur Temperaturdifferentiale vorkommen. können wir die Temperatur als Übertemperatur von einem willkürlich festgelegten Nullpunkt aus zählen. Um die Gleichung dimensionslos zu machen, führen wir neben den bereits oben verwendeten Größen noch eine dimensionslose Übertemperatur $\vartheta' = \vartheta/\Theta$ ein, indem wir durch eine vorgegebene Übertemperatur Θ gegen den Bezugspunkt dividieren. Wir erhalten so die Gleichung

$$\varrho\, c_p\, \frac{U\,\Theta}{l}\, u'\, \frac{d\vartheta'}{d x'} + \cdots = \lambda\, \frac{\Theta}{l^2}\, \frac{\partial^2 \vartheta'}{\partial x'^2} + \cdots,$$

und in dimensionsloser Form

$$u'\, \frac{d\vartheta'}{d x'} + \cdots = \frac{1}{Pe}\, \frac{\partial^2 \vartheta'}{\partial x'^2}. \tag{278}$$

Auch hier tritt als Kennzahl wieder die gleiche Größe auf wie bei der entsprechenden Grenzschichtgleichung. Das dimensionslose Ergebnis einer Auswertung der Gleichung. also auch die dimensionslose Wärmeübergangszahl Nu kann daher bei ähnlichen Randbedingungen wieder nur von der Pecletschen und über die Geschwindigkeit u' von der Reynoldsschen Kennzahl abhängen:

$$Nu = f\,(Pe,\ Re).$$

Dividieren wir die Pecletsche durch die Reynoldssche Kennzahl. so erhalten wir als gleichwertigen Ausdruck

$$Nu = f\,(Re,\ Pr). \tag{279}$$

Hinsichtlich der Temperaturfelder und der Wärmeübergangszahlen gilt daher ebenfalls ohne Beschränkung auf Grenzschichten, daß sie sich in dimensionsloser Form als Funktion der Reynoldsschen und der Prandtlschen Kennzahl angeben lassen.

Bei der Aufstellung der Gl. (274) wurde angenommen, daß keine Massenkräfte vorhanden sind oder deren Einfluß vernachlässigbar klein ist. Als Massenkräfte kommen etwa Gravitationskräfte oder elektrische und magnetische Kräfte in Betracht. die letzteren, wenn die Flüssigkeit elektrisch leitend ist. Wir wollen hier unsere Betrachtungen nur dahin erweitern. daß wir durch die Erdanziehung hervorgerufene Kräfte berücksichtigen. Außerdem beschränken wir uns auf Vorgänge, bei denen die durch Temperaturunterschiede hervorgerufenen Dichteänderungen klein sind. und vernachlässigen außerdem durch Druckunterschiede hervorgerufene Dichteänderungen.

Zu den Kräften in Gl. (274) tritt nun noch die durch die Erdbeschleunigung g hervorgerufene Massenkraft ϱg, wenn g in x-Richtung wirkt. In der Flüssigkeit in Ruhe und mit einheitlicher Temperatur t_0 wird die Änderung des hydrostatischen Druckes p_0 durch die Gleichung

$$\frac{\partial p_0}{\partial x} = \varrho_0 g$$

beschrieben, wobei ϱ_0 die zur Temperatur t_0 gehörige Dichte bedeutet. Subtrahiert man diese Gleichung von der um das obige Massenkraftglied vermehrten Gl. (274), so erhält man eine thermische Auftriebskraft von der Größe $g\,(\varrho - \varrho_0)$ und eine Druckkraft $-\partial\,(p - p_0)/\partial x$. Drücke müssen also nun als Überdrücke über den hydrostatischen Druck gedeutet werden. Die thermische Auftriebskraft $g\,(\varrho - \varrho_0)$ je Volumeinheit soll nun noch durch Einführung des thermischen Ausdehnungskoeffizienten umgeformt werden, der folgendermaßen definiert ist

$$\beta = \frac{1}{v}\left(\frac{\partial v}{\partial t}\right)_p$$

v bedeutet hier das spezifische Volumen ($v = 1/\varrho$). Unter den hier gemachten Voraussetzungen gilt angenähert

$$\beta \approx \frac{1}{v}\,\frac{v - v_0}{\vartheta} \approx -\,\frac{\varrho_0 - \varrho}{\varrho_0\,\vartheta}\,,$$

wobei die Übertemperatur $\vartheta = t - t_0$ ist. Die thermische Auftriebskraft wird damit

$$g\,(\varrho - \varrho_0) = -\,g\,\varrho_0\beta\,\vartheta.$$

Um dieses Glied $g\,\varrho_0\beta\,\vartheta$ ist die Gl. (274) zu erweitern. Mit der dimensionslosen Übertemperatur $\vartheta' = \vartheta/\Theta$ wird daraus $g\,\varrho_0\beta\,\Theta\,\vartheta'$. Der dimensionsbehaftete Faktor des Gliedes heißt $g\,\varrho_0\beta\,\Theta$ oder $g\,\varrho\,\beta\,\Theta$. Um die Gl. (275) dimensionslos zu machen, hatten wir sie durch den Faktor $\dfrac{\varrho\,U_0^2}{l}$ dividiert. Führen wir dies auch an dem betrachteten Zusatzglied durch, so erhalten wir den Ausdruck

$$\frac{g\,\beta\,\Theta\,l}{U_0^2}\,.$$

Dieser Ausdruck stellt eine weitere Kennzahl dar, von der die dimensionslose Gleichung und damit auch ihre dimensionslose Lösung abhängt. Die so gewonnene Kenngröße ist insofern noch etwas unbequem, als in ihr sowohl die aufgeprägte Temperaturdifferenz Θ als auch die aufgeprägte Geschwindigkeit U_0 vorkommt. Um die letztere zu beseitigen, multiplizieren wir den Ausdruck mit dem Quadrat der REYNOLDSschen Zahl. Die so entstehende Kennzahl wird GRASHOFFsche Zahl genannt und wieder mit den beiden Anfangsbuchstaben des Namens bezeichnet

$$Gr = \frac{\varrho\,\beta\,\Theta\,l}{U_0^2}\,\frac{U_0^2 l^2}{v^2} = \frac{g\,\beta\,\Theta\,l^3}{v^2}\,. \tag{280}$$

Diese Kennzahl tritt zu den vorher abgeleiteten, wenn die Auftriebskräfte den Strömungsvorgang merklich beeinflussen. Für die Wärmeübergangszahl gilt in diesem Falle die Beziehung

$$Nu = f\,(Re,\,Gr,\,Pr)\,. \tag{281}$$

Der zur Berechnung der GRASHOFFschen Zahl benötigte Ausdehnungskoeffizient kann dem Anhang entnommen werden. Er ist wieder für Flüssigkeiten und Gase nur temperaturabhängig und lediglich in der Umgebung des kritischen Punktes in stärkerem Maße druckabhängig. Für ideale Gase gilt $\beta = 1/T$. Im kritischen Punkt selbst wird der Ausdehnungskoeffizient theoretisch unendlich groß. Aus der Abb. 176 des Anhanges ist der Verlauf des Ausdehnungskoeffizienten für Wasser und Wasserdampf zu ersehen. Man erkennt das starke Anwachsen in der Nähe des kritischen Zustandes. Die Folge davon ist, daß dort die Auftriebskräfte sehr groß werden und sich daher Temperaturunterschiede sehr schnell ausgleichen.

Werden die Strömungen nur durch Temperaturunterschiede hervorgerufen, so gibt es keine vorgegebene Bezugsgeschwindigkeit U_0, mit der wir eine REYNOLDSsche Kennzahl bilden könnten. Es muß dann diese Kennzahl in Wegfall kommen, so daß für *freie Konvektion* die Gl. (281) in folgender Form gilt:

$$Nu = f\,(Gr,\ Pr). \tag{282}$$

Auf diese Form werden wir im folgenden bei der Behandlung der freien Konvektion auch durch die Lösung der Grenzschichtgleichungen geführt. Sind die Temperaturunterschiede bei der freien Konvektion klein, dann verlaufen die entstehenden Strömungen so langsam, daß man in der erweiterten Bewegungsgleichung (274) die Trägheitskraft gegenüber den Zähigkeits- und Auftriebskräften vernachlässigen kann. Führt man mit dieser neuen verkürzten Gleichung die Ähnlichkeitsbetrachtungen aus, so zeigt sich, daß nunmehr der Wärmeübergang nur von einer Kennzahl abhängt, und zwar von dem Produkt $GrPr$. Man nennt solche Strömungen „schleichende Bewegung".

Über die Form der Funktion f kann die Ähnlichkeitstheorie keine Aussagen machen. Man ist zu ihrer Ermittlung auf Versuche oder auf eine Durchrechnung angewiesen. Trotzdem ist es schon ein sehr großer Vorteil, bei der Auswertung von Versuchen zu wissen, von welchen Kennzahlen die Versuchsergebnisse abhängen. Um beispielsweise den Wärmeübergang an quer angeströmten Kreisrohren zu erforschen, genügt es nunmehr, Versuche mit einem einzigen Rohrdurchmesser im ganzen Geschwindigkeitsbereich auszuführen. Man kennt dann bereits auch den Wärmeübergang bei anderen Rohrdurchmessern, da in die REYNOLDSsche Kennzahl nur das Produkt aus Durchmesser mal Geschwindigkeit eingeht. Ebenso kennt man nach Durchführung der Versuche nicht nur den Wärmeübergang für den Stoff, mit dem die Messung vorgenommen wurde, sondern für sämtliche Flüssigkeiten und Gase, welche die gleiche PRANDTLsche Kennzahl haben wie der untersuchte Stoff. Vorausgesetzt ist dabei, daß die Stoffgrößen bei dem betrachteten Problem als konstant angesehen werden können. NUSSELT hat vorgeschlagen, die Funktion f bei der Auswertung von Versuchen in der Form eines Potenzproduktes anzusetzen, also beispielsweise für die Gl. (279) zu schreiben

$$Nu = K\,(Re)^m\,(Pr)^n. \tag{283}$$

In dieser Form wurden von NUSSELT Wärmeübergangsbeziehungen für die wichtigsten Sonderfälle aufgestellt, die seither als NUSSELTsche Gleichungen bezeichnet werden. Es hat sich gezeigt, daß Versuchsergebnisse

10* E

in einem ziemlich weiten Bereich sich oft in der Form der obigen Gleichung gut wiedergeben ließen. Immer kommt man allerdings damit nicht aus. Ein Beispiel dafür ist die PRANDTLsche Gleichung für den Wärmeübergang bei turbulenter Strömung und auch die bereits von NUSSELT behandelte natürliche Konvektion an einem waagerechten Rohr bei kleinen GRASHOFFschen Kennzahlen.

Die Ähnlichkeitsbetrachtungen sollen nun noch auf eine Flüssigkeit mit veränderlichen Stoffwerten ausgedehnt werden[1]. Zunächst sei ein Gas behandelt, für das die Stoffwerte durch die folgenden Beziehungen dargestellt sind:

$$\varrho = \frac{p}{RT}, \quad \mu = C_\mu T^a, \quad \lambda = C_2 T^a, \quad c_p = \text{konst.}, \quad Pr = \text{konst.} \tag{284}$$

In diesen Gleichungen, die das tatsächliche Verhalten für viele Gase recht gut wiedergeben, bedeutet R die Gaskonstante und T die absolute Temperatur. Der Exponent a hat je nach Gas und Temperatur Werte zwischen 1 und 0,5. Physikalische Ähnlichkeit für zwei Wärmeaustauschvorgänge besteht im allgemeinen für Flüssigkeiten mit veränderlichen Stoffwerten nur, wenn außer dem Geschwindigkeits-, Druck- und Temperaturfeld auch die Felder aller Stoffwerte ähnlich sind. Für Wärmeaustauschvorgänge in Gasen mit Stoffwerten nach Gl. (284) ist die Ähnlichkeit der Dichte-, Zähigkeits- und Wärmeleitfelder gesichert, wenn die Felder der absoluten Temperatur und des Druckes ähnlich sind und wenn der Exponent a einen festen Zahlenwert hat. Dies erkennt man aus der folgenden Betrachtung, zu der wir die Stoffwerte mit den durch einen Index 0 gekennzeichneten Werten an einem beliebigen Bezugspunkte dimensionslos machen $\left(\varrho' = \frac{\varrho}{\varrho_0}, \mu' = \frac{\mu}{\mu_0}, \dots\right)$. Die Gln.(284) vereinfachen sich dann zu

$$\varrho' = \frac{p'}{T'}, \quad \mu' = T'^a, \quad \lambda' = T'^a.$$

Die Zustandsfelder in zwei Gasen 1 und 2 sind nun nach dem früher Gesagten ähnlich, wenn die dimensionslosen Größen an ähnlich gelegenen Punkten gleich groß sind. Die Zähigkeitsfelder sind demnach ähnlich, wenn $\mu'_1 = \mu'_2$. Diese Gleichung läßt sich auch ausdrücken als $T_1'^{a_1} = T_2'^{a_2}$. Wenn außerdem $a_1 = a_2$, dann ist $\mu'_1 = \mu'_2$ und die Bedingung für die Ähnlichkeit der Zähigkeitsfelder ist tatsächlich erfüllt. Das gleiche gilt für die Wärmeleitzahl, und $T'_1 = T'_2$ sowie $p'_1 = p'_2$ garantiert Ähnlichkeit der Dichtefelder.

Um nun die Bedingungen für Ähnlichkeit der Druck-, Geschwindigkeits- und Temperaturfelder aufzusuchen, muß man auf die NAVIER-STOKESschen Gleichungen und die Energiegleichung für eine Flüssigkeit mit veränderlichen Stoffwerten zurückgreifen. Diese Gleichungen haben dimensionsmäßig die gleiche Form wie Gl. (274) und (277). Wenn man das Gleichungssystem wie vorher dimensionslos macht, enthält es außer den abhängigen Veränderlichen u', v', w', p', T' und den dimensionslosen

[1] Eine eingehendere Darstellung ist in dem Buche E. R. G. ECKERT und R. M. DRAKE: Heat and Mass Transfer, New York: McGraw-Hill 1959 enthalten.

Koordinaten x', y', z' noch die Kennzahlen Re, Pr, $(\varkappa - 1)\,Ma$ und den Parameter a. Das Symbol $\varkappa$ gibt das Verhältnis der spezifischen Wärmen bei konstantem Druck und konstantem Volumen an. Die REYNOLDS- und PRANDTL-Zahlen sind mit den Stoffwerten in dem gewählten Bezugspunkt gebildet, und die im letzten Parameter enthaltene MACHsche Kennzahl Ma ist als das Verhältnis der Bezugsgeschwindigkeit U_0 zur Schallgeschwindigkeit im Bezugspunkte definiert. Den Parameter $(\varkappa - 1)\,Ma$ erhält man, wenn man in der Energiegleichung die Dissipationsfunktion beibehält, so daß das folgende auch für hohe Geschwindigkeiten Gültigkeit besitzt. Das Verhältnis $\varkappa$ ist bei idealen Gasen eine Funktion der PRANDTL-Zahl. Ähnlichkeit der verschiedenen Zustandsfelder verlangt nun noch Ähnlichkeit der Randbedingungen. Wenn wir die Wärmeabgabe an einem Körper mit örtlich konstanter Wandtemperatur T_w in einem Gasstrom mit konstantem Zustand über den Zustromquerschnitt betrachten, so sind die folgenden Randbedingungen vorzuschreiben:

$$\text{Im Zustrom:} \quad u = U_0, \quad v = w = 0, \quad p = p_0, \quad T = T_0 \left.\right\}$$
$$\text{An der Körperoberfläche:} \quad u = v = w = 0, \quad T = T_w. \left.\right\} \quad (285)$$

In dimensionsloser Form lauten die Randbedingungen:

$$\text{Im Zustrom:} \quad u' = \frac{u}{U_0} = 1, \quad v' = w' = 0, \quad p' = 1, \quad T' = 1$$
$$\text{An der Körperoberfläche:} \quad u' = v' = w' = 0, \quad T_w' = \frac{T_w}{T_0}.$$

Aus den Randbedingungen ergibt sich damit ein weiterer Parameter T_w/T_0 der konstant gehalten werden muß, wenn Ähnlichkeit des Strömungs- und Temperaturfeldes gefordert wird. Die dimensionslose Wärmeübergangszahl muß sich daher als die folgende funktionale Beziehung ausdrücken lassen:

$$Nu = f\left(Re,\, Pr,\, Ma,\, \frac{T_w}{T_0},\, \varkappa,\, a\right). \qquad (286)$$

Die gegenüber der Gl. (279) vermehrte Zahl der Parameter bringt es mit sich, daß die Zahl ähnlicher Fälle wesentlich eingeschränkt ist.

Wenn man verwickeltere Gleichungen für eine genauere Beschreibung der Stoffgrößen verwendet, erhöht sich die Zahl der Parameter weiter, und man gelangt bald zu einer Grenze, wo eine Ähnlichkeit praktisch aufhört. Es ist daher zweckmäßig, in der Darstellung der Stoffwerte nur so weit zu gehen als die benötigte Genauigkeit der Ergebnisse erforderlich macht. Auf diese Weise kommt man zu Beziehungen, die wenigstens für Gruppen von Flüssigkeiten Geltung haben. Das Gesetz der übereinstimmenden Zustände bietet beispielsweise die Möglichkeit, Stoffwerte von Flüssigkeiten in der Nähe ihres kritischen Punktes in allgemeiner Weise zu beschreiben.

39. Quer angeströmte Rohre und Rohrbündel

Die technisch wichtigsten Fälle von quer angeströmten Körpern, bei denen es zu einer Ablösung der Strömung auf der Rückseite kommt, sind das quer angeströmte Rohr mit Kreisquerschnitt und das quer durchströmte Rohrbündel. Dementsprechend liegen auch eine größere Zahl von sorgfältigen Versuchen über den Wärmeübergang solcher Körperformen vor. Die Strömung um ein senkrecht zur Achse angeströmtes Rohr wurde bereits im Abschn. 27 behandelt. Die Verteilung der Wärmeübergangszahl über den Umfang des Rohres ist bei verschiedenen REYNOLDSschen Zahlen in Abb. 87 und 88 dargestellt. Der Wärmeübergang auf der Vorderseite des Zylinders wurde bereits im Anschluß an Abb. 71 besprochen. Der Wärmeübergang auf der Rückseite erfolgt im Totwassergebiet der Strömung. Bei kleinen REYNOLDSschen Zahlen ist, wie man aus Abb. 87 ersieht, vor allem die Vorderseite des Rohres am Wärmeübergang beteiligt. Mit wachsender REYNOLDSscher Zahl nimmt aber die Wärmeabgabe der Rückseite anteilmäßig zu und ist bei $Re \approx 50\,000$ schon etwa ebenso groß wie die Wärmeabgabe der Vorderseite. Dies kommt daher, daß die von der Rückseite abgehenden Wirbel auch diesen Teil des Umfanges immer stärker bespülen. Geht die Grenzschicht vor der Ablösungsstelle in die Turbulenz über, was nach Abb. 62 bei einer REYNOLDSschen Zahl $Re \approx 4 \cdot 10^5$ der Fall ist, dann ändert sich auch die Verteilung der Wärmeübergangszahl. Dies ist aus Abb. 88 zu ersehen. Der plötzliche starke Anstieg der Wärmeübergangszahl bei einem Winkel $\varphi = 100°$ ist nach E. SCHMIDT und K. WENNER[1] auf den Übergang der laminaren Grenzschicht in die turbulente zurückzuführen. Durch diesen Übergang steigt die Wärmeübergangszahl wie bei der längs angeströmten Platte zunächst stark an. Die Ablösungsstelle der Strömung liegt erst hinter dem Maximum der Wärmeübergangszahl.

Für technische Rechnungen interessiert vor allem die gesamte Wärmeabgabe des Rohres. Hierüber hat R. HILPERT[2] sehr genaue Messungen im Luftstrom ausgeführt. Das Ergebnis derselben zeigt Abb. 89. Dabei ist die NUSSELTsche und die REYNOLDSsche Kennzahl mit dem Rohrdurchmesser als Bezugslänge und die REYNOLDSsche Kennzahl mit der Anströmgeschwindigkeit als Bezugsgeschwindigkeit gebildet. Aus HILPERTS Messungen und aus neueren Versuchen[3] bei kleinen REYNOLDS-Zahlen läßt sich die folgende Beziehung ableiten:

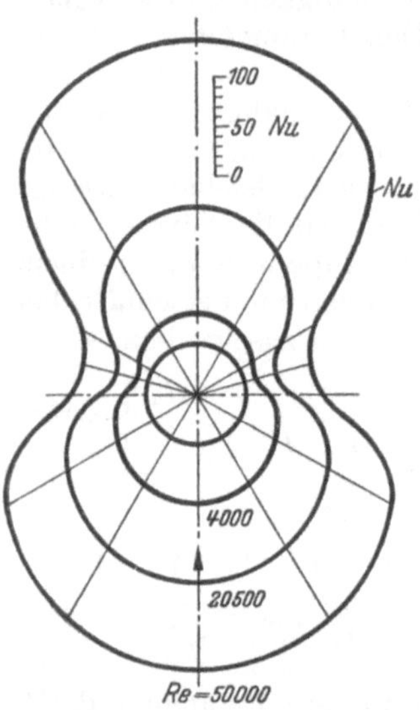

Abb. 87. Verlauf der Wärmeübergangszahl über den Umfang eines von Luft quer angeströmten Kreisrohres (nach W. LOHRISCH).

$$\boxed{Nu = 0{,}43 + C\,(Re)^m}\,. \qquad (287)$$

---

[1] SCHMIDT, E., u. K. WENNER: Forsch. Ing.-Wes. 12 (1941) 65–73.
[2] HILPERT, R.: Forsch. Ing.-Wes. 4 (1933) 215.
[3] ECKERT, E. R. G., u. E. SOEHNGEN: Trans. Amer. Soc. Mech. Eng. 74 (1952) 343–347.

Die Zahlenwerte der Konstanten C und des Exponenten m sind in der nachstehenden Tab. 7 zusammengestellt.

HILPERT hat auch Versuche bei verschiedenen Temperaturen T_w der Rohrwand zwischen 100 und 1000° mit 20° Lufttemperatur (T_g) ange-

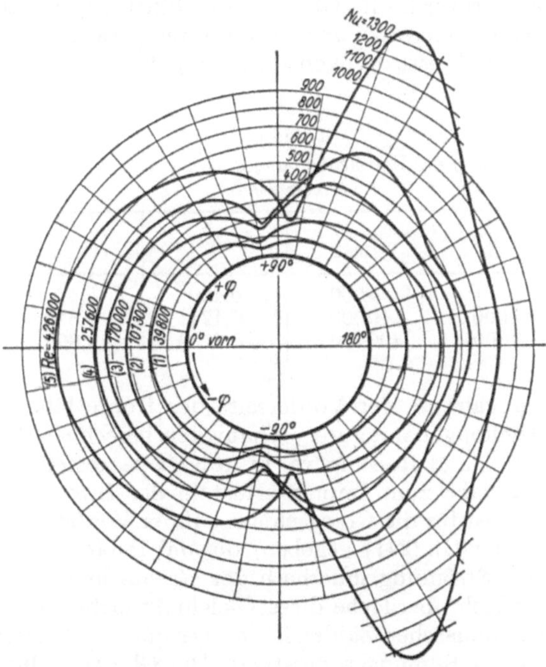

Abb. 88. Verlauf der Wärmeübergangszahl über den Umfang eines von Luft quer angeströmten Kreisrohres (nach E. SCHMIDT und K. WENNER).

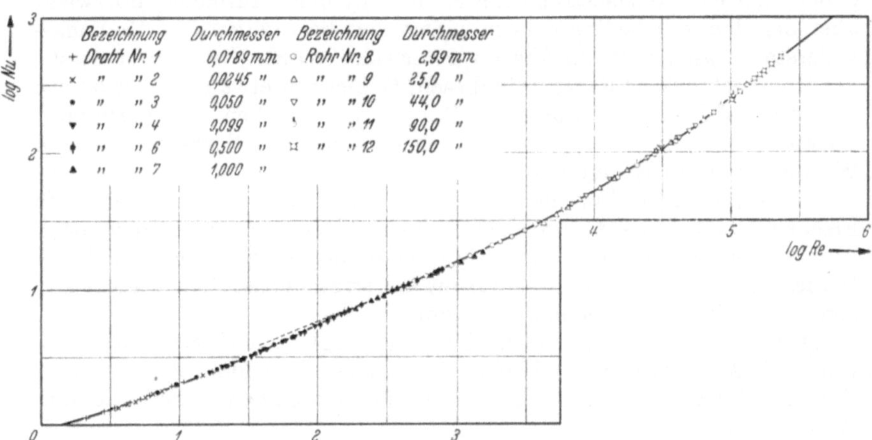

Abb. 89. Dimensionslose Wärmeübergangszahl des von Luft quer angeströmten Kreiszylinders (nach R. HILPERT).

stellt und gefunden, daß die Abhängigkeit der dimensionslosen Wärme-übergangszahl von der Übertemperatur der Rohrwand nicht sehr groß ist. Bei $T_g = 20°$ und $T_w = 1000 °C$ Temperatur ist die Wärmeübergangszahl etwa um 6 % größer als bei $T_w = 100°$, wenn man die Stoffwerte bei einer Bezugstemperatur in die Gleichung einführt, die das arithmetische Mittel aus Wandtemperatur und Anströmtemperatur ist. Die in der Tab. 7 angegebenen Werte der Konstanten C gelten streng für 100° Rohrwandtemperatur.

Tabelle 7

Beiwerte zur Berechnung des Wärmeüberganges an einem von Luft querangeströmten Kreiszylinder

Re von	bis	C	m
1	4000	0,480	0,50
4000	40000	0,174	0,618
40000	400000	0,0239	0,805

Die Wärmeabgabe an der Vorderseite der Rohre läßt sich aus den Grenzschichtgleichungen mit guter Genauigkeit berechnen. Der Vergleich zwischen Rechnung und Messung war in Abb. 71 dargestellt. Das Verhältnis der Wärmeabgabe zum Impulsverlust in der Strömung (zum Reibungswiderstand) ist für die Grenzschicht auf der Vorderseite des Rohres ungefähr durch die Gl. (241) gegeben, obwohl infolge der starken Beschleunigung der Strömung innerhalb der Grenzschicht beim Entlangstreichen an der Rohroberfläche diese Gleichung nicht mehr streng gilt. Bei kleinen REYNOLDSschen Zahlen ist der gesamte Widerstand des Rohres im wesentlichen Reibungswiderstand. Die Gl. (241) gibt dann auch das Verhältnis der gesamten Wärmeabgabe des Rohres zum gesamten Widerstand recht gut wieder. Bei REYNOLDSschen Zahlen über 1000, bei denen sich eine Wirbelstraße hinter dem Zylinder ausbildet, überwiegt aber der dadurch bedingte Formwiderstand bei weitem den Reibungswiderstand, wie bereits im Abschn. 27 erwähnt wurde. Die Wärmeabgabe der Rohrrückseite ist dagegen in diesem Gebiet nur etwa ebenso groß wie die Wärmeabgabe der Vorderseite. Daraus ist zu ersehen, daß Körper mit Totwasserbildung der Strömung hinsichtlich des Verhältnisses von Wärmeabgabe zu Widerstand bedeutend ungünstiger sind als Körper mit strömungsgünstiger Formgebung. Hinsichtlich der Wärmeabgabe je Flächeneinheit aber sind Oberflächen, die im Totwassergebiet liegen, nach Abb. 87 und 88 etwa ebenso günstig wie Oberflächen mit Grenzschichten. In dieser Hinsicht bringt also ein Rohr mit stromlinigem Querschnitt keinen Vorteil gegenüber einem Kreisrohr.

Durch Versuche mit verschiedenen Flüssigkeiten (Wasser und Öle) wurde die Abhängigkeit der Wärmeübergangszahl von der PRANDTLschen Kennzahl klargestellt. Es ergibt sich hierfür nach ULSAMER die Beziehung für $Re > 4000$

$$\boxed{Nu = K\,(Re)^m\,(Pr)^{0,31}}\,. \tag{288}$$

Danach kann man aus den Werten in Tab. 7 auch die Wärmeübergangszahlen für beliebige Stoffe berechnen, wenn man die Konstanten mit dem Faktor $1{,}11\ Pr^{0{,}31}$ multipliziert. In Tab. 8 sind die Konstanten und Exponenten der Gl. (287) auch für einige andere Querschnittsformen quer angeströmter Zylinder nach R. HILPERT mitgeteilt. In dem angegebenen Re-Bereich kann das erste Glied auf der rechten Seite der Gleichung vernachlässigt werden.

Tabelle 8

Beiwerte zur Berechnung des Wärmeüberganges an von Luft quer geströmten Zylindern
[nach Gl. (287)] (nach HILPERT)

Querschnitt	Re von	bis	C	m
□	5000	100000	0,0921	0,675
◇	5000	100000	0,222	0,588
◯	5000	100000	0,138	0,638
⬡	5000	19500	0,144	0,638
⬡	19500	100000	0,0347	0,782

Die Wärmeabgabe von Rohrbündeln ist verschieden, je nachdem die einzelnen Rohrreihen fluchtend oder versetzt hintereinander angeordnet sind (Abb. 90). Auch hier läßt sich der Wärmeübergang durch die Potenzgleichung (287) darstellen. Dabei wird als Bezugsgeschwindigkeit üblicherweise die mittlere Geschwindigkeit im engsten Querschnitt zwi-

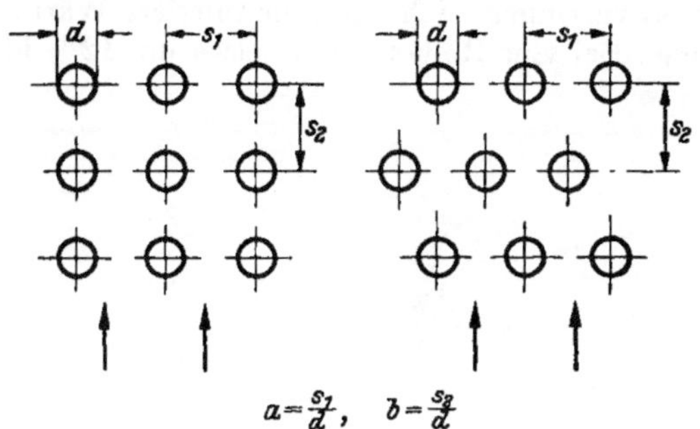

$$a = \frac{s_1}{d}, \qquad b = \frac{s_2}{d}$$

Abb. 90. Fluchtendes und versetztes Rohrbündel.

schen den Rohren gewählt. Die Größe der Konstanten C und des Potenzexponenten ist nach E. D. GRIMISON in der Tab. 9 dargestellt[1]. Für Querteilungsverhältnisse a und Längsteilungsverhältnisse b, die größer sind als die in Tab. 9 angegebenen, gilt nach R. BENKE die Gleichung[1]

$$Nu = 0{,}297\ (Re)^{0{,}602}. \qquad (289)$$

im gleichen REYNOLDS-Zahlenbereich

---

[1] HOFMANN, E.: Wärmeübergang und Druckverlust bei Querströmung durch Rohrbündel. Z. VDI 84 (1940) 97–101.

Tabelle 9

Beiwerte zur Berechnung des Wärmeüberganges an von Luft durchströmte Rohrbündel
[nach Gl. (287)] (nach GRIMISON)

a = Querteilungsverhältnis, b = Längsteilungsverhältnis, Re = 2000 bis 40000

b \ a	1,25		1,5		2		3	
	C	m	C	m	C	m	C	m
fluchtende Rohrreihen								
1,25	0,348	0,592	0,275	0,608	0,100	0,704	0,0633	0,752
1,5	0,367	0,586	0,250	0,620	0,101	0,702	0,0678	0,744
2	0,418	0,570	0,299	0,602	0,229	0,632	0,198	0,648
3	0,290	0,601	0,357	0,584	0,374	0,581	0,286	0,608
versetzte Rohrreihen								
0,6							0,213	0,636
0,9					0,446	0,571	0,401	0,581
1,0			0,497	0,558				
1,125					0,478	0,565	0,518	0,560
1,25	0,518	0,556	0,505	0,554	0,519	0,556	0,522	0,562
1,5	0,451	0,568	0,460	0,562	0,452	0,568	0,488	0,568
2	0,404	0,572	0,416	0,568	0,482	0,556	0,449	0,570
3	0,310	0,592	0,356	0,580	0,440	0,562	0,421	0,574

Diese Gleichung und die Tab. 9 geben die Wärmeübergangszahlen für
Luft an. Für andere Stoffe ist wieder nach Gl. (288) umzurechnen. Beide
Formeln gelten für zehn und mehr Rohrreihen. Ist die Zahl der Rohrreihen kleiner, so verringert sich auch die mittlere Wärmeübergangszahl
des Rohrbündels. Bei vier Reihen ist sie etwa um 12 % kleiner.

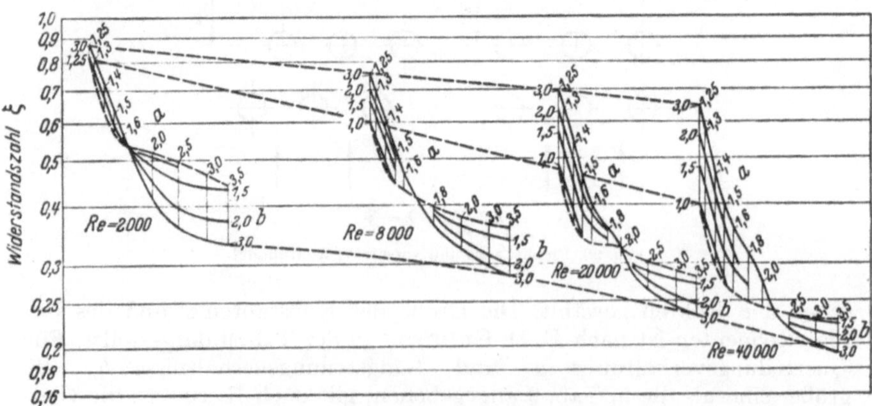

Abb. 91. Widerstandsziffer des versetzten Rohrbündels.

Der Druckverlust Δp beim Durchströmen des Rohrbündels folgt der
Beziehung

$$\Delta p = n\,\xi\,\varrho\,\frac{w^2}{2}, \tag{290}$$

in der n die Zahl der Rohrreihen, ϱ die Dichte der Luft und w wieder die mittlere Geschwindigkeit zwischen den Rohren bedeutet. Die Widerstandsziffer ξ kann aus Abb. 91 und 92 entnommen werden. Auch diese Bilder gelten wieder für zehn und mehr Rohrreihen. Weniger Rohrreihen haben eine größere Widerstandsziffer. Bei vier Reihen beispielsweise ist ξ um etwa 8% größer. Durch eine Rauhigkeit der Rohroberfläche wird

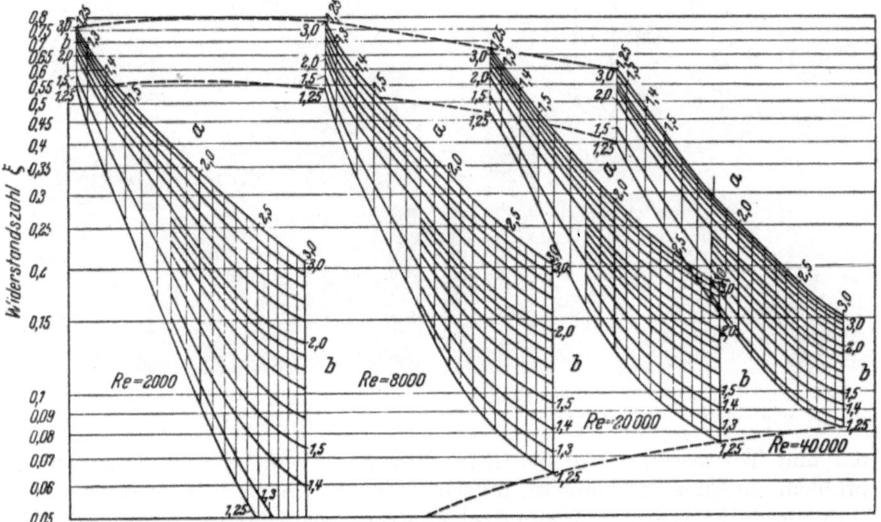

Abb. 92. Widerstandsziffer des fluchtenden Rohrbündels.

sowohl die Widerstandsziffer als auch die Wärmeübergangszahl vergrößert. Gemessen wurden bei stärkeren Rauhigkeiten Vergrößerungen beider Werte um etwa 20%. Die Tab. 9 geht auf umfangreiche amerikanische Versuche zurück, die E. GRIMISON zusammengefaßt hat. Diese Versuche haben unsere früheren Anschauungen über den Wärmeübergang an versetzten und fluchtenden Rohrbündeln insoweit abgeändert, als nach ihnen ein Versetzen der Rohrreihen gegeneinander bei REYNOLDSschen Zahlen über 20000 keine merkliche Verbesserung der Wärmeübergangszahl mehr ergibt. Da auf der anderen Seite der Widerstandsbeiwert versetzter Rohrreihen größer ist als der fluchtender Rohrreihen, sind die letzteren als günstiger anzusehen. Früher hatte man nach Versuchen von REIHER meist die versetzte Anordnung bevorzugt.

Die Abb. 93 und 94 zeigen Aufnahmen der Strömung durch zwei Rohrbündel mit fluchtenden und versetzten Rohrreihen. Die Aufnahmen sind nach einem Vorschlag von H. THOMA so entstanden[1], daß die poröse Oberfläche der Rohre mit Salzsäure getränkt und der das Rohrbündel durchströmenden Luft Ammoniakdämpfe beigemischt wurden. Wo diese mit Salzsäuredämpfen zusammentreffen, entstehen weiße Salmiaknebel. Dadurch lassen sich in den Aufnahmen die Ausdehnung der Grenzschich-

---

[1] LOHRISCH, W.: VDI-Forsch.-Heft 322 (1929).

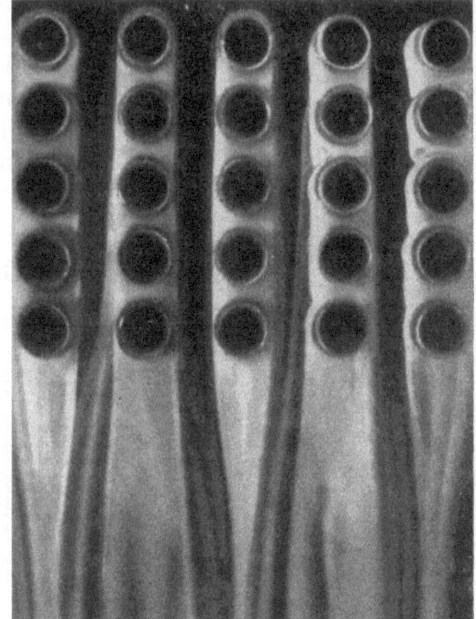

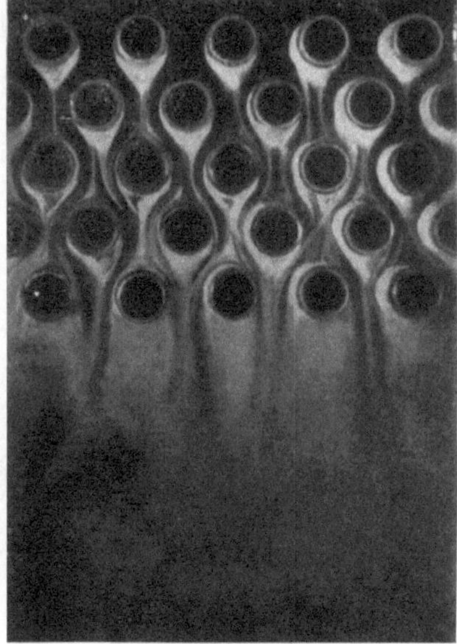

Abb. 93. Strömung durch ein fluchtendes
Rohrbündel (nach W. LOHRISCH).

Abb. 94. Strömung durch ein
versetztes Rohrbündel.

ten und Totwassergebiete deutlich erkennen. Beim Wärmeübergangsproblem sind das die Gebiete, innerhalb derer sich die durchströmende Luft durch die Wärmeaufnahme oder -abgabe erwärmt bzw. abkühlt.

Zahlenbeispiel. Ein Bündel von vier fluchtenden Rohrreihen eines Dampfkessels wird von den Rauchgasen mit einer Temperatur von 600 °C und 8 m/s Geschwindigkeit quer durchströmt. Der Dampfdruck beträgt 98 b. Die Siederohre haben 60 mm Durchmesser und sind in den Ecken von Quadraten mit der Seitenlänge 120 mm angeordnet. Die Wärmeübergangszahl und der Druckverlust sind zu berechnen.

Die Siedetemperatur des Dampfes hat für 98 b den Wert 309 °C. Wegen der großen Wärmeübergangszahl auf der Wasserseite und der guten Leitfähigkeit der Rohrwand ist die Temperatur der äußeren Oberfläche des Rohres nur wenig höher. Sie sei zu 320 °C geschätzt. Die Stoffwerte werden der mittleren Temperatur für Gase bei $\vartheta^* = \dfrac{600 + 320}{2} = 460\ °\mathrm{C}$ in die Kennzahlen eingeführt. Da die Stoffwerte für Rauchgase nicht stark von denen für Luft abweichen, soll mit den letzteren gerechnet werden. Aus dem Anhang entnimmt man: $\nu = 0{,}748\ \mathrm{cm^2/s}$, $\lambda = 0{,}0515\ \mathrm{W/mgrd}$. Die REYNOLDSsche Zahl ist daher $Re = \dfrac{800 \cdot 6}{0{,}748} = 6410$. Das Quer- und Längsteilungsverhältnis ist $a = b = 2$. Damit entnimmt man aus Tab. 9: $C = 0{,}229$, $m = 0{,}632$, und es folgt aus Gl. (287): $Nu = 0{,}229 \cdot 6410^{0{,}632} = 58{,}3$. Die Wärmeübergangszahl ist damit $\alpha = \dfrac{\lambda}{d}\, Nu = \dfrac{0{,}0515}{0{,}06}\, 58{,}3 = 50{,}0\ \dfrac{\mathrm{W}}{\mathrm{m^2\,grd}}$. Dieser Wert würde für zwölf und mehr Rohrreihen gelten. Bei vier Rohrreihen ist die Wärmeübergangszahl um 12% kleiner, also $\alpha = 44\ \mathrm{W/m^2\,grd}$. Der Druckverlust folgt aus Gl. (290). Die Dichte wird in diese Gleichung zweckmäßig bei der Gastemperatur (600 °C) eingeführt. Aus dem Anhang folgt $\varrho = 0{,}391$. Den Wert für ξ entnimmt man aus Abb. 92 zu $\xi = 0{,}225$. Damit ergibt sich nach Gl. (290):

$$\Delta p = 4 \cdot 0{,}225 \cdot 0{,}391 \cdot \frac{8^2}{2}\, \frac{\mathrm{kg\,m^2}}{\mathrm{m^3\,s^2}} = 1{,}13 \cdot 10^{-4}\,\mathrm{b}\ .$$

40. Schüttungen von Körnern

Für verschiedene technische Anwendungen, besonders für den chemischen Apparatebau, ist die Kenntnis der Druckverluste und des Wärmeüberganges einer Strömung durch Schüttungen von körnigem Material von Wichtigkeit. Eine grundlegende Schwierigkeit findet sich bei der Darstellung von Beziehungen hierfür in der Unmöglichkeit, die Geometrie solcher Schüttungen genau zu beschreiben. Die folgenden Gleichungen gelten für Schüttungen von Körnern, die nicht zu stark von einer Kugelform abweichen und deren Durchmesser einigermaßen gleich sind. Ein wichtiger Parameter für solche Schüttungen ist die Porosität ε, definiert als das Verhältnis des Volumens der Hohlräume zum Gesamtvolumen. Als mittleren Korndurchmesser verwendet man den Ausdruck

$$d_k = \frac{6}{F_k}, \tag{291}$$

in dem F_k die gesamte Oberfläche der Körner je Volumeneinheit der Schüttung bedeutet.

ERGUN[1] gibt die folgende Gleichung für den Druckabfall $\varDelta p$ der Strömung einer Flüssigkeit mit der Dichte ϱ durch eine Schüttung mit der Höhe h

$$\frac{\varDelta p}{h} \frac{d_k}{\varrho\, w_0^2} \frac{\varepsilon^3}{1-\varepsilon} = 150 \frac{1-\varepsilon}{Re_k} - 1{,}75 \,. \tag{292}$$

w_0 ist die Geschwindigkeit, die die Flüssigkeit hätte, wenn keine Körner vorhanden wären (Anströmgeschwindigkeit), die REYNOLDS-Zahl ist

$$Re_k = \frac{w_0 d_k}{\nu} \,.$$

Die Gleichung gibt die Ergebnisse von Versuchen mit $0{,}40 < \varepsilon < 0{,}65$ und $1 < Re_k/(1-\varepsilon) < 4000$ gut wieder. Für den Wärmeübergang findet W. DENTON[2] die Beziehung

$$Nu_k = 0{,}80\, Re_k^{0{,}7}\, Pr^{1/3} \,, \tag{293}$$

in der die NUSSELTsche Zahl auf den mittleren Korndurchmesser bezogen ist. Die Gleichung gilt für $\varepsilon = 0{,}370$ und $500 < Re_k < 50\,000$.

Wenn die Flüssigkeit von unten nach oben durch die Schüttung strömt, findet man, daß sie oberhalb einer bestimmten Geschwindigkeit imstande ist, die Körner zu tragen. Die Schüttung wird aufgelockert, so daß ihr Volumen um 20 bis 50 % anwächst, und die Körner sind in dauernder Bewegung begriffen. In der englischen Literatur nennt man diesen Zustand ein „fluidized bed". Wegen seiner technischen Bedeutung wurde Druckverlust und Wärmeübergang in diesem Zustande wiederholt unter-

---

[1] ERGUN, SABRI: Chem. Eng. Progress 48 (1952) 227.
[2] General Discussion on Heat Transfer, Institution of Mechanical Engineers London 1951. S. 370.

sucht. Ein systematisches Verständnis wurde jedoch dadurch noch nicht erreicht. Wegen der einschlägigen Arbeiten muß auf die Literatur verwiesen werden. Der Beginn des „fluiden" Zustandes läßt sich aus der Gleichung

$$\frac{\Delta p}{h} = g\varrho_k \tag{294}$$

berechnen, in der ϱ_k die Dichte der Körner bedeutet.

E. Sonderprobleme erzwungener Konvektion

41. Der Wärmeübergang bei hohen Geschwindigkeiten

Im vorliegenden Abschnitt soll der Einfluß der Wärmeerzeugung durch innere Reibung auf den Wärmeübergang besprochen werden. Verhältnisse, bei denen die innere Wärmeerzeugung von Bedeutung ist, liegen beispielsweise im Ölfilm schnellaufender Lager vor. Die Oberfläche schnellfliegender Flugkörper wird durch innere Reibung in der umgebenden Luft oft so stark erwärmt, daß Kühlung notwendig wird. Bei Raumfahrzeugen ist die Wärmeentwicklung in der Grenzschicht während des Rückfluges durch die Atmosphäre so groß. daß das Fahrzeug nur durch intensive Kühlung vor dem Verbrennen bewahrt wird. Zunächst werden die grundlegenden Unterschiede zu den bis jetzt ins Auge gefaßten Wärmeaustauschvorgängen an einem besonders einfachen Beispiel behandelt.

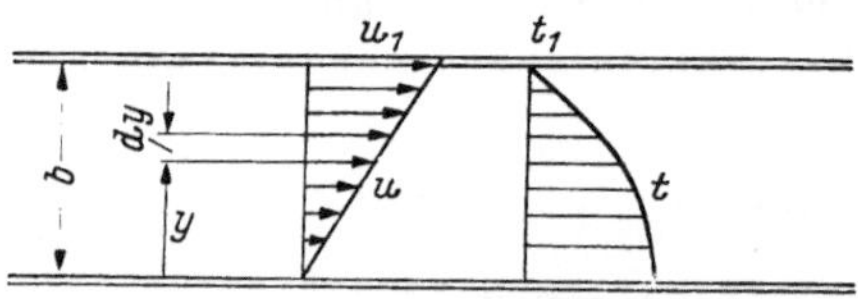

Abb. 95. Geschwindigkeits- und Temperaturprofil in Couette-Strömung.

Couette-Strömung. Eine Flüssigkeit mit konstanten Stoffwerten zwischen zwei parallelen Platten (Abb. 95) sei dadurch in Bewegung gesetzt, daß die obere Platte in ihrer eigenen Ebene eine Geschwindigkeit u_1 hat. Die Platten seien in ihren Abmessungen groß gegenüber ihrem Abstand b. Dementsprechend mögen alle Strömungsparameter nur von der Koordinate y normal zur Plattenoberfläche abhängen. Die obere Platte sei auf einer Temperatur t_1 gehalten, die untere Platte sei wärmeisoliert. Die stationäre Strömung sei als laminar vorausgesetzt. Infolge der Zähigkeit μ der Flüssigkeit bestehen Schubspannungen $\tau = \mu \dfrac{d u}{d y}$ in Ebenen parallel zu den Platten. Eine einfache Kräftebilanz zeigt, daß τ unabhängig von y ist. Dies bedeutet, daß $\dfrac{d u}{d y}$ konstant und das Geschwindigkeitsprofil linear ist.

Nunmehr sei eine Energiebilanz an einer Schicht mit der Dicke $d y$ innerhalb der Flüssigkeit aufgestellt. Durch die Schubspannung wird ständig Arbeit von der oberen gegen die untere Platte hin übertragen. Die durch die Ebene in der Entfernung y von der Schicht an die darunterfließende Flüssigkeit übertragene Arbeit je Flächen- und Zeiteinheit ist $u\tau = u\mu\left(\dfrac{du}{dy}\right)$. Der Unterschied zwischen der durch die Ebene in der Entfernung $y - dy$ an die Schicht übertragenen Arbeit und der von der Schicht durch die Ebene mit der Entfernung y abgegebenen Arbeit je Zeit- und Flächeneinheit ist

$$\frac{d}{dy}\left(u\,\mu\,\frac{du}{dy}\right) = \mu\left(\frac{du}{dy}\right)^2 dy,$$

$\left(\text{da }\dfrac{du}{dy} = \text{konst.}\right)$. Diese Energie wird offenbar innerhalb der Schicht in Wärme umgewandelt. Vom thermischen Standpunkt ist dies gleichbedeutend mit örtlich konstanten Wärmequellen vom Betrage

$$\Phi = \mu\left(\frac{du}{dy}\right)^2 = \mu\,\frac{u_1^2}{b^2}$$

je Volumeneinheit. Diese Wärme muß durch Leitung an die obere Wand abgeführt werden. Die Verhältnisse sind daher die gleichen wie in der in Abschn. 14 behandelten Wand von der Stärke h. Das Temperaturfeld ist damit eine Parabel gemäß der Gleichung

$$t = -\frac{\mu\,u_1^2}{2\,\lambda\,b}\,y^2 + C_1 y + C_2.$$

Mit den Randbedingungen

$$t = t_1 \quad \text{für} \quad y = b, \qquad \frac{dt}{dy} = 0 \quad \text{für} \quad y = 0,$$

wird daraus

$$t - t_1 = \frac{\mu}{\lambda}\,\frac{u_1^2}{2}\,\frac{b^2 - y^2}{b^2} = Pr\,\frac{u_1^2}{2c}\,\frac{b^2 - y^2}{b^2}. \tag{295}$$

Die Temperatur, die die untere Platte als Folge der Wärmeentwicklung durch innere Reibung in der Flüssigkeit annimmt, die „*Eigentemperatur*" t_c der Platte ist

$$t_c = Pr\,\frac{u_1^2}{2c} - t_1. \tag{296}$$

Das Verhältnis des Temperaturunterschiedes $t_e - t_1$ zu dem einer vollständigen Umwandlung der kinetischen Energie der mit u_1 strömenden Flüssigkeit in Wärme entsprechenden Temperaturanstieg $\dfrac{u_1^2}{2c}$ wird *Eigentemperaturbeiwert* σ genannt. Für COUETTE-Strömung gilt nach Gl. (296)

$$\boxed{\sigma = Pr}. \tag{297}$$

Nunmehr möge die untere Platte durch Kühlung auf der Temperatur t_0 gehalten werden. Die Randbedingungen sind nun

$$t = t_0 \quad \text{für} \quad y = 0; \quad t = t_1 \quad \text{für} \quad y = b.$$

Damit wird das Temperaturfeld

$$t - t_0 = - \frac{\mu}{\lambda} \frac{u_1^2}{2} \frac{y^2}{b^2} + \frac{\mu}{\lambda} \frac{u_1^2}{2} \frac{y}{b} + (t_1 - t_0) \frac{y}{b} \qquad (298)$$

und der Wärmefluß in die untere Platte je Flächeneinheit

$$q_0 = \lambda \left(\frac{dt}{dy}\right)_{y=0} = \mu \frac{u_1^2}{2} \frac{1}{b} + \lambda \frac{t_1 - t_0}{b} = \frac{\lambda}{b} \left(Pr \frac{u_1^2}{2c} + t_1 - t_0\right). \qquad (299)$$

Durch Einführen der Eigentemperatur [Gl. (296)] wird daraus

$$\boxed{q_0 = \lambda \frac{t_e - t_0}{b}}. \qquad (300)$$

Ohne innere Wärmeentwicklung wäre der Wärmestrom $q_0 = \lambda (t_1 - t_0)/b$. Der Wärmestrom mit innerer Wärmeentwicklung läßt sich daher mit der Beziehung ohne Wärmeentwicklung berechnen, wenn man lediglich das Temperaturgefälle $t_1 - t_0$ durch die Differenz zwischen Eigentemperatur t_e und wirklicher Plattentemperatur t_0 ersetzt. Diese Regel gilt, wie wir sehen werden, ganz allgemein für konvektiven Wärmeübergang bei großen Geschwindigkeiten in einer Flüssigkeit mit konstanten Stoffwerten. Die vorliegende Berechnung kann auf die Ermittlung der Temperaturverhältnisse im Ölfilm eines axialen Lagers angewendet werden.

Strömung entlang einer Platte. Im Rest dieses Abschnittes soll der Wärmeübergang von einer Flüssigkeit mit konstanten Stoffwerten, die an einer Platte entlangströmt, besprochen werden. Die REYNOLDS-Zahl sei derart, daß die Grenzschicht entlang der Platte laminar ist. Für stationäre, ebene Strömung wird damit das Temperaturfeld innerhalb der Grenzschicht durch Gl. (211) beschrieben. Wie in Abschn. 30 kann diese partielle Differentialgleichung durch Einführen der Veränderlichen $\eta = \frac{1}{2} y \sqrt{\frac{U}{\nu x}}$, $f = \frac{\psi}{\sqrt{\nu U x}}$ und $\vartheta = t - t_k$ (t_k Flüssigkeitstemperatur im Zustrom) in die folgende totale Differentialgleichung übergeführt werden:

$$\frac{d^2\vartheta}{d\eta^2} + Pr f \frac{d\vartheta}{d\eta} + \frac{Pr U^2}{4c} \left(\frac{d^2f}{d\eta^2}\right)^2 = 0. \qquad (301)$$

Die Gleichung sei zunächst für den Fall gelöst, daß die Platte nicht geheizt oder gekühlt ist, d.h. daß keine Wärme vom Flüssigkeitsstrom an die Platte übergeht. Die Grenzbedingungen zur Gl. (301) sind damit

$$\text{für} \quad \eta = 0: \quad \frac{\partial t}{\partial y} = 0, \quad \text{d.h.} \quad \frac{d\vartheta}{d\eta} = 0,$$

$$\text{für} \quad \eta = \infty: \quad t = t_k, \quad \text{d.h.} \quad \vartheta = 0. \qquad (302)$$

Die Größe f in Gl. (301) ist als gegebene Funktion von η anzusehen. Sie wurde bereits im Abschn. 25 berechnet. Gl. (301) ist daher eine totale, inhomogene Differentialgleichung. Sie kann beispielsweise durch das Verfahren der Variation der Konstanten integriert werden. Man erhält auf diese Weise die Lösung

$$\vartheta_{1} = \frac{Pr\,U^2}{4c}\int\limits_{\eta}^{\infty} e^{-Pr\int\limits_{0}^{\eta} f\,d\eta}\left[\int\limits_{0}^{\eta}\left(\frac{d^2 f}{d\eta^2}\right)^2 e^{Pr\int\limits_{0}^{\eta} f\,d\eta}\,d\eta\right]d\eta\,, \qquad (303)$$

die erstmalig von E. Pohlhausen mitgeteilt wurde[1].

In Abb. 96 ist das durch Gl. (303) beschriebene Temperaturprofil für eine Reihe von Pr-Zahlen dargestellt.

Die Platte selbst hat eine Temperatur t_e, die man aus der Gleichung

$$\vartheta_e = t_e - t_k = \frac{Pr\,U^2}{4c}\int\limits_{0}^{\infty} e^{-Pr\int\limits_{0}^{\eta} f\,d\eta}\left[\left(\frac{d^2 f}{d\eta^2}\right)^2 e^{Pr\int\limits_{0}^{\eta} f\,d\eta}\,d\eta\right]d\eta \qquad (304)$$

erhält. Der Eigentemperaturbeiwert

$$\sigma = \frac{t_e - t_k}{\dfrac{U^2}{2c}} \qquad (305)$$

kann damit ebenfalls ermittelt werden. A. Busemann
wies darauf hin, daß er sich
in einem Bereich $0{,}5 < Pr < 5$
mit großer Genauigkeit durch
den Ausdruck

$$\boxed{\sigma = \sqrt{Pr}}\,, \qquad (306)$$

wiedergeben läßt.

Wenn die Platte auf eine
vorgegebene Temperatur t_0 geheizt oder gekühlt wird, dann
wird im allgemeinen Wärme
zwischen der Plattenoberfläche
und dem Flüssigkeitsstrom
ausgetauscht. Die mit diesem
Vorgang verbundene Wärme-
stromdichte q_0 soll nunmehr berechnet werden. Man benötigt hierzu
eine Lösung der Differentialgleichung (301) mit den Randbedingungen

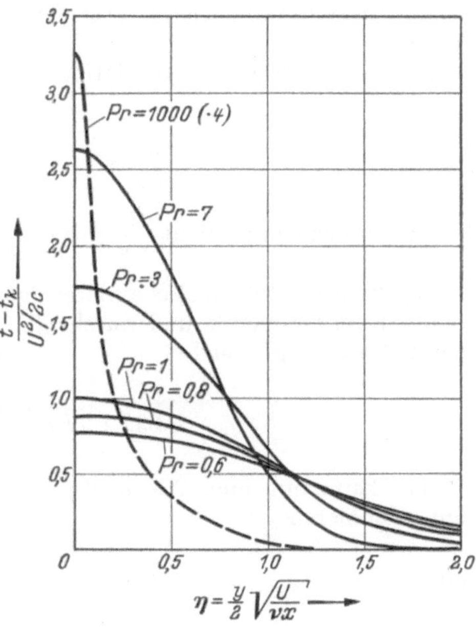

Abb. 96. Temperaturprofile in laminarer Grenzschicht
an einer unbeheizten ebenen Platte
(nach E. Pohlhausen).

$$\text{für}\quad \eta = 0:\quad t = t_0,\quad \text{d.h.}\quad \vartheta = \Theta\,,$$

$$\text{für}\quad \eta = \infty:\quad t = t_k,\quad \text{d.h.}\quad \vartheta = 0\,. \qquad (307)$$

Diese Aufgabe wurde von E. Eckert und O. Drewitz behandelt[2].

---

[1] Pohlhausen, E.: Z. angew. Math. Mech. 1 (1921) 115–121.
[2] Eckert, E., u. O. Drewitz: Forsch. Ing.-Wes. 11 (1940) 116–124.

Man kann von dem Satz Gebrauch machen, daß sich die allgemeine Lösung aus einer partikulären Lösung der inhomogenen Gleichung und aus der allgemeinen Lösung der zugehörigen homogenen Gleichung additiv zusammensetzen läßt. Die zugehörige homogene Gleichung ist aber Gl. (213), und eine Lösung derselben stellt Gl. (214) dar. Damit ist die allgemeine Lösung von Gl. (301)

$$\underline{\vartheta} = \underline{\vartheta}_1 + C_1 \frac{\vartheta}{\Theta} + C_2 \,,$$

wobei ϑ/Θ durch Gl. (214) gegeben ist. Wenn man $\underline{\vartheta}$ durch die Temperaturen ausdrückt und die Randbedingungen (307) beachtet, erhält man schließlich

$$t = \underline{\vartheta}_1 + \left(1 - \frac{\vartheta}{\Theta}\right)(t_0 - t_e) + t_k \tag{308}$$

als Ausdruck für das Temperaturfeld an der geheizten oder gekühlten Platte.

Der Wärmestrom an der Plattenoberfläche folgt daraus

$$q_0 = -\lambda \left(\frac{\partial t}{\partial y}\right)_0 = \lambda \left(\frac{d\left(\frac{\vartheta}{\Theta}\right)}{d\eta}\right) \left(\frac{\partial \eta}{\partial y}\right)_0 (t_0 - t_e) \,, \tag{309}$$

da der Temperaturgradient $\dfrac{\partial \underline{\vartheta}_1}{\partial y} = 0$ ist.

$[d\,(\vartheta/\Theta)/d\eta]_0$ stellt nichts anderes dar als $2f\,(Pr)$, wobei $f\,(Pr)$ die in Gl. (215) vorkommende und durch Gl. (216) angenäherte Funktion bedeutet. Damit ergibt sich

$$q_0 = 0{,}332\,\lambda \sqrt[3]{Pr} \sqrt{\frac{U}{\nu x}} (t_0 - t_e) \,. \tag{310}$$

Man kann nun eine Wärmeübergangszahl durch die folgende Gleichung definieren

$$q_0 = \alpha\,(t_0 - t_e) \tag{311}$$

und erhält

$$Nu_r = \frac{\alpha\,x}{\lambda} = 0{,}332 \sqrt[3]{Pr} \sqrt{Re_r} \,. \tag{312}$$

Diese Gleichung ist identisch mit der für kleine Geschwindigkeiten abgeleiteten Gl. (215). Dies bedeutet, daß der Wärmeübergang an einer Platte mit Berücksichtigung innerer Reibung in der Flüssigkeit, in Übereinstimmung mit dem Befund bei der COUETTE-Strömung, aus der NUSSELT-Zahl berechnet werden kann, die bei Vernachlässigung der inneren Reibung erhalten wird, wenn man lediglich die Wärmeübergangszahl nach Gl. (311) definiert. Die in der letztgenannten Gleichung vorkommende Eigentemperatur erhält man aus Gl. (305) und (306).

In der gleichen Weise kann man bei turbulenter Strömung einer Flüssigkeit mit konstanten Stoffwerten die Wärmeübergangszahl aus Gl. (251)

berechnen. Die Wärmestromdichte erhält man dann aus Gl. (311) und (305), wobei der Eigentemperaturbeiwert nunmehr durch die Gleichung

$$\sigma = \sqrt[3]{Pr} \tag{313}$$

gegeben ist, die analytisch abgeleitet wurde[1] und durch Versuche bestätigt ist. Das geschilderte Verfahren folgt aus dem linearen Charakter der um das Dissipationsglied erweiterten Grenzschichtgleichung (261).

42. Der Wärmeübergang in Gasen bei großen Geschwindigkeiten

Im vorliegenden Abschnitt soll der Wärmeübergang von strömenden Gasen bei großen Geschwindigkeiten betrachtet werden. Sobald die Geschwindigkeiten die Größenordnung der Schallgeschwindigkeit erreichen. ist damit zu rechnen. daß die im Vorhergehenden aufgestellten Gleichungen für den Wärmeübergang ihre Gültigkeit verlieren, da bei derartig großen Strömungsgeschwindigkeiten der Zustand in dem strömenden Gas sich im allgemeinen so stark ändert. daß die Stoffwerte nicht mehr als konstant angesehen werden können. In den dimensionslosen Gleichungen kommt der Einfluß dieser veränderlichen Stoffwerte nach Gl. (286) so zum Ausdruck, daß die dimensionslose Wärmeübergangszahl, die NUSSELT-sche Kennzahl, eine Funktion des Verhältnisses der Strömungsgeschwindigkeit w zur Schallgeschwindigkeit w_s an einem Bezugspunkt wird. Das Verhältnis dieser beiden Geschwindigkeiten nennt man MACHsche Zahl

$$Ma = \frac{w}{w_s}.$$

Aus der Strömungslehre weiß man. daß der Einfluß der MACHschen Zahl etwa von dem Werte $Ma = 0{,}6$ bis $0{,}7$ an stärker in Erscheinung tritt. Man hat damit zu rechnen, daß von der gleichen Grenze an auch der Wärmeübergang merklich beeinflußt wird.

Als zweite Einflußgröße kommt die Wärmeerzeugung durch innere Reibung zur Auswirkung. Die Geschwindigkeitsverminderung in der Grenzschicht eines angeströmten Körpers entsteht bekanntlich durch die dort auftretenden Schubspannungen, also durch eine Art innere Reibung. Der Verminderung der Geschwindigkeit entspricht eine Verringerung der kinetischen Energie des strömenden Stoffes. und dieser Energieverlust wird durch den inneren Reibungsvorgang in Wärme umgewandelt. Man nennt die so entstehende Wärme „Dissipationswärme". Diese Wärme erreicht bei größeren Strömungsgeschwindigkeiten Beträge, die das Temperaturfeld in der Grenzschicht wesentlich verändern. Im vorhergehenden Abschnitt wurde dieser Vorgang in einer Flüssigkeit mit konstanten Stoffwerten studiert. Bevor auf den gleichen Vorgang in Gasen näher eingegangen wird, sollen die Verhältnisse in der Kernströmung eines Gases etwas näher ins Auge gefaßt werden.

Der Zustand in einem schnellen Gasstrom ist durch die Angabe der Geschwindigkeit und zweier Zustandsgrößen festgelegt. Der Messung am

---

[1] ACKERMANN, G.: Z. angew. Math. Mech. 11 (1942) 226.

bequemsten zugänglich sind hiervon der Druck und die Temperatur. Es ist nun zweckmäßig, zwei verschiedene Zustände zu unterscheiden. Der erste Zustand ist durch die Werte des Druckes und der Temperatur gegeben, die man mit Meßgeräten feststellen würde, die sich mit dem Gasstrom mitbewegen. Praktisch ist diese Art der Messung allerdings nur in Ausnahmefällen ausführbar. Wir bezeichnen den so festgelegten Gaszustand als statischen Zustand, gegeben durch den statischen Druck p_{st} und die statische Temperatur t_{st}. Den statischen Druck kann man bekanntlich durch eine Bohrung in einer zur Strömungsrichtung parallel liegenden Wand messen. Die Messung der statischen Temperatur ist bedeutend schwieriger. Der zweite Zustand ist der Gaszustand, den man erhält, wenn man den Gasstrom durch isentropen Anstau auf die Geschwindigkeit Null abbremst. Wir nennen diesen Zustand Gesamtzustand, festgelegt durch den im gestauten Gas gemessenen Gesamtdruck p_g und die Gesamttemperatur t_g. Den Gesamtdruck mißt man bekanntlich bei Unterschallgeschwindigkeiten durch ein Staurohr, dessen Bohrung gegen die Strömung gerichtet ist. Bei Überschallgeschwindigkeiten ist seine unmittelbare Messung nicht möglich, da sich dann vor dem Staurohr ein Verdichtungsstoß ausbildet, in dem der Anstau nicht mehr isentrop ist. Aus dem vom Staurohr angezeigten Pitotdruck und anderen Meßgrößen läßt sich aber der Gesamtdruck berechnen. Ein Gerät zur Messung der Gesamttemperatur wird im folgenden angegeben. Der Zusammenhang zwischen der Strömungsgeschwindigkeit w, dem Gesamtdruck p_g und dem statischen Druck p_{st} wird für Unter- und Überschallströmung eines idealen Gases durch die Formel von DE ST. VENANT und WANTZEL[1]

$$ w = \sqrt{2\frac{\varkappa}{\varkappa-1}\,p_g v_g\left[1-\left(\frac{p_{st}}{p_g}\right)^{\frac{\varkappa-1}{\varkappa}}\right]} = \sqrt{2\frac{\varkappa}{\varkappa-1}\,R\,T_g\left[1-\left(\frac{p_{st}}{p_g}\right)^{\frac{\varkappa-1}{\varkappa}}\right]} $$

dargestellt, in der $\varkappa$ den Adiabatenexponenten, v_g das spezifische Volumen im Gesamtzustand und T_g die absolute Gesamttemperatur bedeutet. R ist die Gaskonstante. Die obige Formel setzt voraus, daß der Adiabatenexponent $\varkappa$ als konstant angesehen werden kann. Bei sehr großen Überschallgeschwindigkeiten oder bei hohen Temperaturen, bei denen Dissoziation auftreten kann, ist das nicht mehr der Fall, und der Zusammenhang zwischen Druck, Geschwindigkeit und Temperatur muß dann aus Tabellen oder Diagrammen (z. B. Entropie/Enthalpie-Diagrammen) entnommen werden. Die Differenz zwischen dem Gesamtdruck und dem statischen Druck wird in der Strömungslehre als dynamischer Druck oder Staudruck

$$ p_{dy} = p_g - p_{st} $$

bezeichnet. Entsprechend nennen wir den Unterschied zwischen der Gesamttemperatur und der statischen Temperatur dynamische Temperaturdifferenz oder Stautemperaturanstieg

$$ \vartheta_{dy} = t_g - t_{st}. $$

---

[1] Zur Ableitung siehe z. B. E. SCHMIDT: Einführung in die Technische Thermodynamik, 10. Aufl., Berlin/Göttingen/Heidelberg: Springer 1963.

Der Zusammenhang zwischen der Geschwindigkeit, der Gesamttemperatur und der statischen Temperatur ergibt sich aus dem ersten Hauptsatz der Thermodynamik. Bedeutet i_g die Enthalpie (den Wärmeinhalt) im Gesamtzustand und i_{st} die Enthalpie im statischen Zustand, so gilt nach dem ersten Hauptsatz für einen stationären Gasstrom die Beziehung

$$i_g = i_{st} + \frac{w^2}{2} \qquad (314)$$

Solange die spezifische Wärme c_p bei konstantem Druck als konstant angesehen werden kann, erhält man für den Stautemperaturanstieg ϑ_{dy} die folgende Gleichung:

$$\vartheta_{dy} = \frac{w^2}{2\,c_p} . \qquad (315)$$

Für Luft von Raumtemperatur hat die spezifische Wärme c_p den Zahlenwert 1,005 kJ/kg grd. Damit ergibt sich für den Nenner:

$$2\,c_p = 2010 \frac{m^2}{s^2\,grd} .$$

Bei veränderlicher spezifischer Wärme wird der Zusammenhang zwischen Enthalpie und Temperatur wieder am besten aus Tabellen oder Diagrammen entnommen.

Da die Gl. (314) aus dem ersten Hauptsatz folgt, gilt sie nicht nur für eine isentrope Geschwindigkeitsänderung, sondern stets, wenn in beliebiger Weise die Geschwindigkeit auf Null abgebremst wird. Voraussetzung ist nur, daß der Vorgang adiabat, also ohne äußere Wärmezu- oder -abfuhr erfolgt. Es wurde bereits erwähnt, daß auch in der Grenzschicht eines umströmten Körpers Geschwindigkeit durch innere Reibung in Wärme umgewandelt wird. Dadurch nimmt die Grenzschicht und damit ein umströmter unbeheizter Körper eine Temperatur an, die höher ist als die statische Temperatur in der Kernströmung. Die Temperatur des Körpers ist aber nicht gleich der Gesamttemperatur, da dieser Vorgang mit einem Wärmeaustausch innerhalb der Grenzschicht verknüpft ist. Wir wollen die Temperatur, die ein unbeheizter Körper in einem Gas- oder Flüssigkeitsstrom annimmt, *Eigentemperatur t_e* nennen. Dementsprechend bezeichnen wir die Übertemperatur des Körpers über die statische Temperatur im Gasstrom mit ϑ_e. Es ist zweckmäßig, für diese Übertemperatur in Anlehnung an Gl. (315) den folgenden Ansatz zu machen:

$$\vartheta_e = \sigma \frac{w^2}{2\,c_p} . \qquad (316)$$

Der Beiwert σ wurde für eine längs angeströmte Platte mit laminarer Grenzschicht im vorhergehenden Abschnitt für eine Flüssigkeit mit konstanten Stoffwerten berechnet. Es ergab sich, daß σ nur von der PRANDTL-schen Zahl abhängt und für PRANDTL-Zahlen kleiner als 5 durch die einfache Gleichung $\sigma = \sqrt{Pr}$ ausgedrückt werden kann.

Berechnungen und Versuche zeigten, daß die mit der vorstehenden Gleichung berechneten Werte auch für mit Unterschall oder mäßigem Überschall strömende Gase ihre Gültigkeit behalten. Für Luft mit einer PRANDTLschen Kennzahl $Pr = 0{,}714$ erhält man aus der obigen Gleichung $\sigma = 0{,}84$. Von E. ECKERT und W. WEISE[1] wurde der Beiwert σ für eine von Luft mit Unterschallgeschwindigkeiten längs angeströmte Platte durch Versuche bestimmt (Abb. 97). Für die laminare Grenzschicht wurde der nach der Gleichung $\sigma = \sqrt{Pr}$ gerechnete Wert $\sigma = 0{,}84$ sehr gut bestätigt. In der turbulenten Grenzschicht wächst nach diesen Messungen

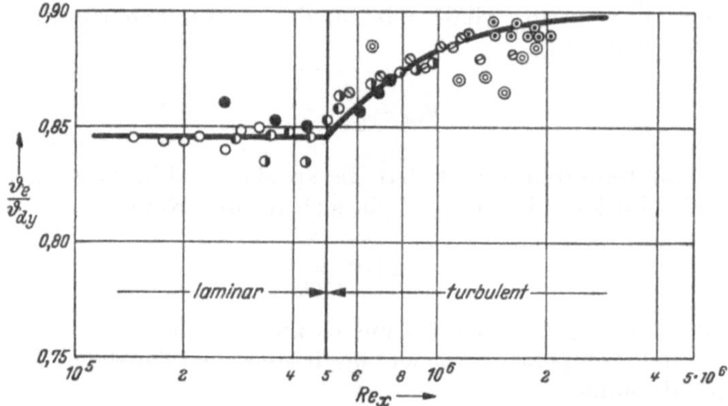

Abb. 97. Eigentemperatur einer von Luft längs angeströmten Platte bei laminarer und turbulenter Grenzschicht.

der Beiwert σ mit zunehmender REYNOLDSscher Kennzahl an und nähert sich dem Grenzwert 0,89. Diese Meßergebnisse sind durch verschiedene andere Forscher auch für das Überschallgebiet bestätigt. Für andere Körperformen als die Platte ist der Verlauf der Eigentemperatur entlang der Oberfläche oft recht verwickelten Gesetzmäßigkeiten unterworfen. Am Staupunkt eines umströmten Körpers tritt der durch Gl. (315) festgelegte Stautemperaturanstieg auf, wenn nicht innerhalb des Körpers ein Temperaturausgleich durch Wärmeleitung erfolgt.

Zur Temperaturmessung bei Unter- und Überschallgeschwindigkeiten haben sich vor allem zwei Thermometerformen als zweckmäßig erwiesen, entweder das Hakenrohrthermometer[2] nach Abb. 98, bei dem die gleichen Verhältnisse vorliegen wie an der längsangeströmten Platte, indem die Temperatur auf der Mantelfläche eines längsangeströmten Zylinders gemessen wird, oder das Diffusorthermometer nach A. FRANZ[3], das durch Anstau des Gasstromes in einem Diffusor die Gesamttemperatur mißt. Dieses Thermometer ist in Abb. 99 dargestellt. Das Gas tritt vorn durch

[1] ECKERT, E., u. W. WEISE: Messungen der Temperaturverteilung auf der Oberfläche schnell angeströmter unbeheizter Körper. Forsch. Ing.-Wes. 13 (1142) 246 bis 254.

[2] ECKERT, E.: Z. VDI 84 (1940) 813–817.

[3] FRANZ, A.: Meßtechnische Fragen bei Laderuntersuchungen. Jb. dtsch. L. F. (1938) Tl. II, S. 215–218.

den Diffusor b in das Innere des Rohres a, wird dort auf eine entsprechend
kleine Geschwindigkeit angestaut und entweicht wieder durch die Bohrung c. Wären die Bohrungen nicht vorhanden, so würde die zur vollkom-
menen Ruhe angestaute Luft sich durch Wärmeaustausch mit den Rohr-
wänden abkühlen, und damit würde das Gerät eine falsche Temperatur
anzeigen. Die Temperatur in dem verzögerten Gasstrom wird durch das

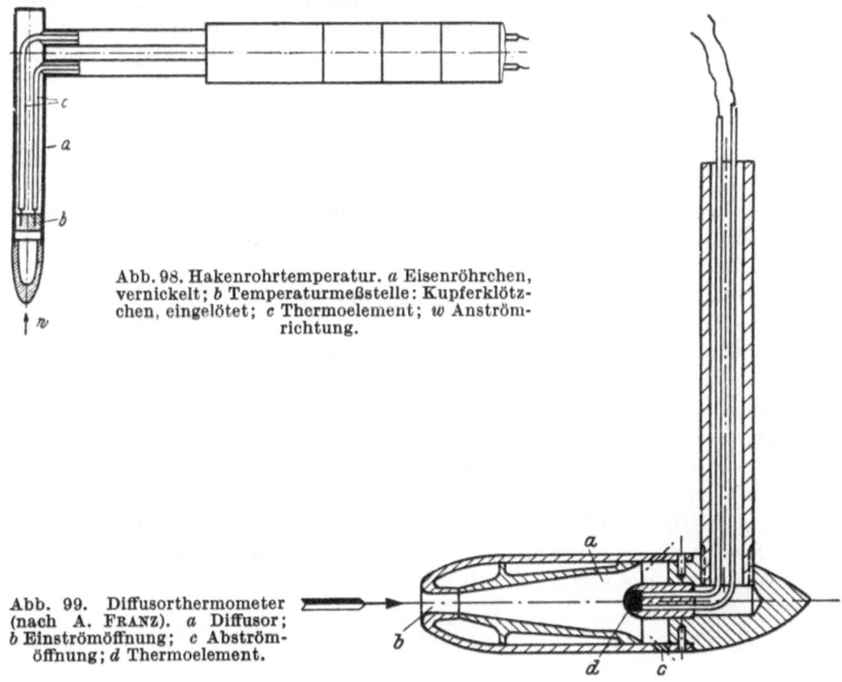

Abb. 98. Hakenrohrtemperatur. a Eisenröhrchen,
vernickelt; b Temperaturmeßstelle: Kupferklötz-
chen, eingelötet; c Thermoelement; w Anström-
richtung.

Abb. 99. Diffusorthermometer
(nach A. FRANZ). a Diffusor;
b Einströmöffnung; c Abström-
öffnung; d Thermoelement.

Thermoelement d gemessen. Wird auch die Geschwindigkeit des Gasstromes gemessen, so kann man aus diesen beiden Messungen die statische Temperatur ermitteln. Für das Hakenrohrthermometer erhält man
sie aus Gl. (316) mit den σ-Werten der ebenen Platte, für das Diffusorthermometer aus Gl. (315). Daß das Diffusorthermometer unmittelbar
die Gesamttemperatur anzeigt, ist für viele Zwecke von Vorteil. Das
Hakenrohrthermometer läßt sich auf der anderen Seite auch in sehr kleinen Abmessungen bauen und gestattet damit die Messung örtlicher Temperaturen in einem Temperaturfeld.

Wird ein in einem schnellen Gasstrom befindlicher Körper beheizt
oder gekühlt, so findet ein Wärmeübergang an seiner Oberfläche statt, sobald die Oberflächentemperatur des Körpers t_o von seiner Eigentemperatur t_e abweicht. Wir müssen daher die Wärmestromdichte an der Oberfläche bei großen Geschwindigkeiten mit der folgenden Gleichung berechnen:

$$q_o = \alpha\,(t_o - t_e), \tag{317}$$

d. h. sie mit der Differenz zwischen der wahren Oberflächentemperatur t_o und jener Temperatur t_c bilden, die der Körper im unbeheizten Zustand annehmen würde.

Im vorhergehenden Abschnitt wurde gezeigt, daß für die längsangeströmte Platte die Wärmeübergangszahl α in einer Flüssigkeit mit konstanten Stoffwerten durch die Gl. (202) bzw. (251) dargestellt ist. Die Gl. (317) gibt aber auch den Wärmeübergang bei Gasen mit Unter- oder Überschallgeschwindigkeit mit guter Näherung an, wenn in die Gleichungen für die Wärmeübergangszahl die Stoffwerte bei der folgenden Bezugstemperatur eingeführt werden:

$$\boxed{t^* = t_s + 0{,}5\,(t_o - t_s) + 0{,}22\,(t_e - t_s)}\,. \tag{318}$$

In dieser Gleichung bedeutet t_s die statische Temperatur im Gasstrom außerhalb der Grenzschicht, t_o die Plattenoberflächentemperatur und t_c die Eigentemperatur.

Die Fluggeschwindigkeiten von Satelliten und ähnlichen Flugkörpern sind so groß, daß die Luft durch innere Reibung in der Grenzschicht auf Temperaturen in der Höhe von mehreren Tausenden von Graden erwärmt wird. Bei so hohen Temperaturen wird der molekulare Sauerstoff und eventuell auch der Stickstoff durch Dissoziation in Atome zerlegt. Wärmeübergang in laminaren Grenzschichten unter solchen Bedingungen wurde in den letzten Jahren durch Berechnung und Versuch intensiv studiert[1]. Es zeigte sich, daß der oben angegebene Berechnungsgang auch Wärmeübergang in dissoziierter Luft befriedigend beschreibt, wenn man an Stelle von Temperaturen mit Enthalpien rechnet. Man definiert also eine neue Wärmeübergangszahl α_i mit der Gleichung

$$\boxed{q_o = \alpha_i\,(i_o - i_c)}\,. \tag{319}$$

Die Eigenenthalpie berechnet man mit der Gleichung

$$\boxed{i_c - i_s = \sigma\,\frac{w^2}{2}} \tag{320}$$

und die Wärmeübergangszahl aus der STANTONSchen Kennzahl St gemäß der Gleichung

$$h_i = \varrho\,w\,St\,. \tag{321}$$

Der Eigentemperaturbeiwert σ wird bei laminarer Strömung aus Gl. (306) und die STANTONSche Zahl aus der Beziehung (202) berechnet. Die Stoffwerte werden in diese Gleichungen bei einer Bezugsenthalpie

$$\boxed{i^* = i_s + 0{,}5\,(i_o - i_s) + 0{,}22\,(i_c - i_s)} \tag{322}$$

eingeführt. Die Enthalpien enthalten die fühlbare Wärme und die chemisch gebundene Wärme.

---

[1] ECKERT, E. R. G.: Trans. Amer. Soc. Mech. Eng. 78 (1956) 1273–1283.

Neueste Rechnungen zeigen, daß dieses Verfahren sogar Verbrennungen und andere chemische Umsetzungen in der Grenzschicht berücksichtigt, wenn die entsprechenden Wärmen in die Enthalpien aufgenommen werden.

Zahlenbeispiel. Eine Platte von $x = 10$ cm Tiefe werde von Luft mit einer Geschwindigkeit $U = 600$ km/h $= 166,6$ m/s längs angeströmt. Die Platte habe eine Temperatur von $t_u = 80\ °C$, der Luftzustand sei $t_u = 15\ °C$ und 1 b. Die Wärmeabgabe der Platte ist zu berechnen.

Zunächst muß die Eigentemperatur t_e der Platte ermittelt werden. Die REYNOLDSsche Zahl ist

$$Re_x = \frac{Ux}{\nu} = \frac{600\ \dfrac{\mathrm{km}}{\mathrm{h}} \cdot 10^5\ \dfrac{\mathrm{cm}}{\mathrm{km}} \cdot 10\ \mathrm{cm}}{3600\ \dfrac{\mathrm{s}}{\mathrm{h}} \cdot 0.15\ \dfrac{\mathrm{cm}^2}{\mathrm{s}}} = 1,11 \cdot 10^6.$$

Aus Abb. 97 entnimmt man den Beiwert $\sigma = 0,88$. Damit ist nach Gl. (316):

$$t_e = 15\ °C + 0,88\ \frac{166,6^2\ \mathrm{m}^2\ \mathrm{s}^2}{2 \cdot 1,00\ \mathrm{kJ/kg\ grd}} \cdot 1\ \frac{\mathrm{kJ}}{10^3\ \mathrm{Nm}} \cdot 1\ \frac{\mathrm{N}}{\mathrm{kg\ m\ s}^2} = 15 + 12,2 = 27,2\ \mathrm{grd}.$$

Diese Temperatur nimmt also eine unbeheizte Platte im obigen Luftstrom an. Für die Berechnung der Wärmeübergangszahl verwenden wir die für kleine Geschwindigkeiten abgeleitete Gl. (251). Es ergibt sich daraus zunächst die örtliche Wärmeübergangszahl $\alpha = 451$ W/m² grd bei $x = 10$ cm. Die mittlere Wärmeübergangszahl ist nach S. 135 $\alpha_m = 1,25\alpha = 564$ W/m² grd, und die Wärmestromdichte ist nach Gl. (317): $q = 564\,(80 - 27,4) = 29\,800$ W/m².

43. Wärmeübergang in Gasen bei kleiner Dichte

In diesem Buche wurden bisher die Flüssigkeiten, die an Wärmeaustauschvorgängen beteiligt sind, als Kontinua angesehen. Dies ist zulässig, solange die in den Rechnungen verwendeten Volumelemente immer noch eine sehr große Zahl von Molekülen enthalten. Selbst in Gasen, in denen die Abstände zwischen den Molekülen wesentlich größer sind als in Flüssigkeiten oder festen Körpern, sind die intermolekularen Abstände bei normalen Drucken außerordentlich klein gegenüber allen Abmessungen, die für den Wärmeaustausch von Bedeutung sind. Nur bei sehr kleinen Drucken sind beide Abmessungen von der gleichen Größenordnung. In diesem Falle beeinflußt die molekulare Struktur den Wärmeaustausch. Die Art, in der dies geschieht, soll in diesem Abschnitt besprochen werden. Wärmeübergang unter diesen Umständen hat in neuerer Zeit im Zusammenhang mit schnellen Flugkörpern und Satelliten ingenieurmäßige Bedeutung erlangt.

Das wesentliche Hilfsmittel zur Berechnung von Vorgängen in verdünnten Gasen wird uns in der kinetischen Theorie der Gase angeboten, die in quantitativer Weise zuerst von D. BERNOULLI im Jahre 1738 entwickelt wurde. Diese Theorie postuliert ein Gas als aus Molekülen bestehend, die sich in geradliniger Richtung fortbewegen, bis sie mit anderen Molekülen zusammenstoßen. Die mittlere Geschwindigkeit der Moleküle bestimmt die Temperatur des Gases. Die mittlere Länge des Weges der Moleküle zwischen aufeinanderfolgenden Zusammenstößen wird *mitt-*

lere freie Weglänge genannt. Die Geschwindigkeit eines Moleküls ändert sich mit jedem Zusammenstoß. Daher sind zu einem bestimmten Zeitpunkt Moleküle mit sehr verschiedenen Geschwindigkeiten vorhanden. Diese gruppieren sich aber in einer bestimmten Weise um eine mittlere Geschwindigkeit, wenn sich das Gas im thermischen Gleichgewicht befindet. Die Verteilungsfunktion der Molekulargeschwindigkeit wurde von J. C. Maxwell im Jahre 1859 angegeben. Wir wollen die *mittlere Molekulargeschwindigkeit* mit v und die mittlere freie Weglänge mit Λ bezeichnen.

Einer der ersten Erfolge der kinetischen Theorie der Gase war, daß sie die an sich erstaunliche Tatsache erklären konnte, daß die Wärmeleitzahl und die dynamische Zähigkeit der Gase unabhängig vom Druck sind. Unter Zugrundelegung vereinfachter Vorstellungen mögen nun diese beiden Stoffwerte berechnet werden. Vor allem wollen wir annehmen, daß alle Moleküle die gleiche Geschwindigkeit v und die gleiche Weglänge Λ besitzen.

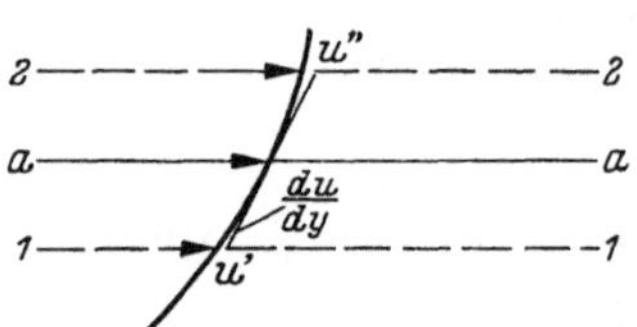

Abb. 100. Gaskinetische Betrachtung einer Scherströmung.

Wir betrachten eine Scherströmung gemäß Abb. 100 und verfolgen die Molekülbewegung durch eine Ebene a–a parallel zur Schergeschwindigkeit u. Die Geschwindigkeit jedes Moleküls besteht aus zwei Komponenten: der Molekulargeschwindigkeit v und der Schergeschwindigkeit u. Infolge der Molekülgeschwindigkeiten fliegen Moleküle ständig durch die Ebene a–a. Die mittlere Komponente der Molekülgeschwindigkeit senkrecht zu dieser Ebene soll mit $v_\perp$ bezeichnet werden. Dann muß die Zahl der Moleküle, die in einer Zeiteinheit die Flächeneinheit der Ebene a–a in der Richtung von unten nach oben durchqueren, gleich der Zahl der Moleküle sein, die in dem zylindrischen Volumselement mit der Höhe $v_\perp$ normal zur Ebene a–a und mit einer Grundfläche gleich der Flächeneinheit enthalten sind, denn ein Molekül in diesem Abstand ist eben imstande, in der Zeiteinheit die Ebene a–a zu erreichen. Mit der Anzahl n der Moleküle je Volumseinheit erhält man für die Zahl der Moleküle, die die Ebene a–a je Zeit- und Flächeneinheit durchqueren, den Ausdruck $n\,v_\perp$. Die Geschwindigkeitskomponente möge nun in der folgenden Weise ausgedrückt werden: $v_\perp = iv$, wobei i offenbar eine dimensionslose Zahl von der Größenordnung 1 ist. Damit ergibt sich die Zahl der die Ebene je Zeit- und Flächeneinheit kreuzenden Moleküle als $i\,v\,n$. Die Moleküle transportieren den Impuls mit sich, der der Geschwindigkeit u' entspricht, die sie bei ihrem letzten Zusammenstoß erhielten und geben ihn bei ihrem nächsten Zusammenstoß an ihre Umgebung ab. Im Mittel wird daher je Molekül ein Impuls $m\,u'$ von der Ebene 1–1 zur Ebene 2–2 transportiert, wenn m die Masse eines Moleküls und u' die Schergeschwindigkeit in der Ebene 1–1 bedeutet, in der im Mittel der letzte Zusammenstoß erfolgte. Der Impulsstrom je Zeit- und Flächeneinheit durch die Ebene a–a in der Richtung nach oben ist daher $i\,v\,n\,m\,u'$. Die in der Richtung nach unten die Ebene a–a passierenden Moleküle transportieren den Impulsstrom $i\,v\,n\,m\,u''$ von der Ebene 2–2 zur Ebene 1–1, wenn u'' die Schergeschwindigkeit in der Ebene 2–2 ist. Der Impulsstrom durch die Ebene a–a als Folge aller die Ebene in beiden Richtungen passierenden Moleküle ist je Zeit- und Flächeneinheit

$$i\, v\, n\, m\, (u'' - u').$$

Ein solcher Impulsstrom ist nach dem auf S. 76 zitierten Impulssatz gleichwertig einer Kraft je Flächeneinheit, also einer Spannung, und nach der Richtung des Impulses und der Ebene a–a handelt es sich um eine Schubspannung. Der Impulstransport infolge der Molekularbewegung durch die Ebene a–a kann also auch als eine Schubspannung

$$\tau = i\, n\, v\, m\, (u'' - u')$$

gedeutet werden.

Der Abstand der Ebenen 1–1 und 2–2 muß von der Größenordnung der freien Weglänge Λ sein. Er möge daher als $j\Lambda$ ausgedrückt werden, wobei j eine dimensionslose Zahl von der Größenordnung 1 ist. Damit gilt für den Geschwindigkeitsunterschied $u'' - u' = j\Lambda \dfrac{d\,u}{d\,y}$, wenn $\dfrac{d\,u}{d\,y}$ den Geschwindigkeitsgradienten in der Ebene a–a darstellt. Die Schubspannung ergibt sich zu

$$\tau = i\, j\, m\, n\, v\, \Lambda \frac{d\,u}{d\,y}.$$

Auf der anderen Seite ist die Zähigkeit μ durch die folgende Gleichung definiert:

$$\tau = \mu \frac{d\,u}{d\,y}.$$

Durch Gleichsetzen der beiden letzten Ausdrücke erhält man

$$\mu = i\, j\, n\, m\, v\, \Lambda.$$

Das Produkt $n\, m$ ist nichts anderes als die Dichte ϱ des Gases. Der Zahlenwert ij wurde von S. CHAPMAN und D. ENSKOG durch eine analoge Rechnung, die aber die Verteilung der Molekulargeschwindigkeit und der freien Weglängen berücksichtigt, zu 0,499 berechnet. Damit ergibt sich

$$\mu = 0,499\, \varrho\, v\, \Lambda. \tag{323}$$

Die kinetische Theorie zeigt weiter, daß das Produk $\varrho\Lambda$ für kleine Dichten unabhängig vom Druck ist, was sich auch durch die folgende einfache Betrachtung zeigen läßt. Wenn je Volumseinheit n Moleküle vorhanden sind, dann findet sich im Durchschnitt ein Molekül im Volumen $1/n$. Auf der anderen Seite stößt ein Molekül bei seiner Bewegung längs der freien Wegstrecke Λ mit einem anderen Molekül zusammen, wenn ein solches innerhalb eines Abstandes d von der Bahn des Mittelpunktes des Moleküls angetroffen wird, d.h. wenn der Mittelpunkt des anderen Moleküls innerhalb des Volumens $d^2 \pi \Lambda$ liegt, wobei d den Moleküldurchmesser bedeutet. Damit ergibt sich

$$d^2 \pi \Lambda = \frac{1}{n},$$

eine Beziehung, die die mittlere freie Weglänge mit dem Moleküldurchmesser verbindet. Wenn man beide Seiten der Gleichung mit der Masse m eines Moleküls multipliziert und umformt, ergibt sich

$$\varrho \Lambda = \frac{m}{d^2 \pi} \, .$$

Für eine vorgegebene Molekülart ist demnach das Produkt $\varrho \Lambda$ konstant. Die kinetische Theorie bestimmt auch die mittlere Molekulargeschwindigkeit zu $v = \sqrt{8\,RT/\pi}$ mit R als der Gaskonstanten. Die Gleichung zeigt daher, daß die Zähigkeit μ unabhängig vom Druck ist und proportional der Wurzel aus der absoluten Temperatur T anwächst. SUTHERLAND hat die obige Formel dadurch auch auf größere Dichten erweitert, daß er einen genaueren Wert für Λ berechnete, der das Eigenvolumen der Moleküle und das Vorhandensein anziehender Kräfte zwischen ihnen berücksichtigt. Wenn man die mittlere freie Weglänge kennt, läßt sich aus Gl. (323) die Zähigkeit berechnen. Meist wird jedoch die Gleichung umgekehrt dazu verwandt, die mittlere freie Weglänge aus gemessenen Zähigkeitswerten zu bestimmen. Für Luft von atmosphärischem Druck ergibt sich $\Lambda = 6 \cdot 10^{-6}$ cm bei 20 °C.

Ist in einem Gase an Stelle eines Geschwindigkeitsfeldes u ein Temperaturgefälle senkrecht zur Ebene a-a vorhanden, dann wird durch die herumschwirrenden Moleküle ein Energiestrom erzeugt dadurch, daß die Moleküle auch Energie transportieren. Die gleiche Ableitung wie vorher ergibt für den Energiestrom je Zeit- und Flächeneinheit durch die Ebene a–a

$$q = i' j \, n \, v \, C_m \Lambda \frac{dt}{dy} \, ,$$

wenn C_m die mittlere spezifische Wärme je Molekül und $\dfrac{dt}{dy}$ den Temperaturgradienten normal zur Ebene a–a bedeutet. Der Wert C_m drückt nicht nur die kinetische Energie entsprechend der Geschwindigkeit v, sondern auch Rotationsenergie, Schwingungsenergie und alle anderen Formen aus, in denen Energie in den Molekülen gespeichert ist. Aus der Definitionsgleichung $q = -\lambda \dfrac{dt}{dy}$ der Wärmeleitzahl und aus der Beziehung $\varrho c_v = n C_m$ (c_v spezifische Wärme bei konstantem Volumen je Masseneinheit) folgt

$$\lambda = i' j \, \varrho \, c_v \, v \, \Lambda \, . \tag{324}$$

Der Zahlenwert von $i' j$ hängt nach einer Näherungsbetrachtung von A. EUCKEN von der Zahl der Atome im Molekül ab und ist durch die Beziehung $i' j = \dfrac{9\varkappa - 5}{4}$ gegeben, in der $\varkappa$ das Verhältnis der spezifischen Wärme bei konstantem Druck und konstantem Volumen angibt. Aus Gl. (324) läßt sich auch die PRANDTL-Zahl berechnen.

$$Pr = \frac{c_p \mu}{\lambda} = \frac{2\varkappa}{9\varkappa - 5} \, . \tag{325}$$

Diese Beziehung stimmt recht gut mit Versuchsergebnissen überein. Die kinetische Theorie gibt auch eine interessante Beziehung für die REYNOLDS-Zahl an. Es folgt

$$Re = \frac{\varrho\,VL}{\mu} = \frac{1}{0,499}\,\frac{V}{v}\,\frac{L}{\varLambda}\,. \tag{326}$$

Die REYNOLDS-Zahl ist daher im wesentlichen das Produkt aus dem Verhältnis der Strömungsgeschwindigkeit zur mittleren Molekulargeschwindigkeit und der Bezugslänge L zur mittleren freien Weglänge. In ähnlicher Weise läßt sich die MACHsche Kennzahl als das Verhältnis der Strömungsgeschwindigkeit zur mittleren Molekulargeschwindigkeit interpretieren, wenn man die folgende Beziehung beachtet:

$$V_s = \sqrt{\varkappa RT} = \sqrt{\frac{\varkappa\pi}{8}}\,v \quad (V_s = \text{Schallgeschwindigkeit})$$

$$Ma = \frac{V}{V_s} = \sqrt{\frac{8}{\varkappa\pi}}\,\frac{V}{v}\,. \tag{327}$$

Nunmehr soll die Strömung eines Gases entlang einer Wand mit einem Geschwindigkeits- und Temperaturgefälle senkrecht zur Wandoberfläche nach Abb. 101 betrachtet und besonderes Augenmerk auf die unmittelbare Nachbarschaft der Wand gerichtet werden. Eine Ebene a–a unmittelbar über der Wand wird ständig von Molekülen in beiden Richtungen durchkreuzt. Die Gastemperatur in der Ebene a–a ist das Mittel der Temperatur der beiden Gasströme. Die auf die Wand zufliegenden Moleküle bringen die Temperatur t' mit sich, die in einer um einen Betrag $j\varLambda$ von a–a entfernten Ebene 1–1 herrscht. Wir wollen im Augenblick annehmen, daß die von der Wand reflektierten Moleküle die Temperatur $t_{,,}$ der

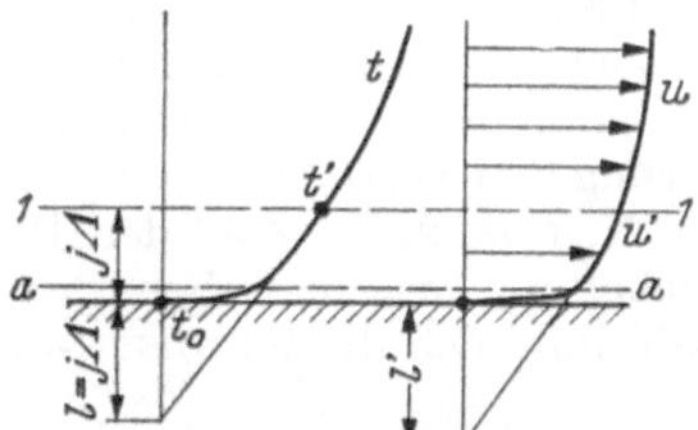

Abb. 101. Temperatur- und Geschwindigkeitssprung der Strömung entlang einer Wand bei kleiner Dichte.

Wandoberfläche angenommen haben. Dann ist die Gastemperatur in der Ebene a–a das Mittel zwischen den Temperaturen t' und $t_{,,}$ oder die Temperatur, die man findet, wenn man die Wandtemperatur in einer Entfernung $l = j\varLambda$ hinter der Wandoberfläche aufträgt und geradlinig mit der Temperatur t' verbindet. Die vorstehende Betrachtung führt zum Schlusse. daß an der Wand ein endlicher Unterschied zwischen Gas- und Wandtemperatur vorhanden ist. Berücksichtigung der statistischen Verteilung der freien Weglängen führt auf den eingetragenen Temperaturverlauf mit einem sehr steilen Anstieg unmittelbar an der Oberfläche, der als *Temperatursprung* bezeichnet wird. In Wahrheit gleichen die Moleküle bei der Reflexion an der Wand ihre Energie nicht vollständig mit der Energie der Wandmoleküle aus. Dieser Effekt wird nach KNUDSEN durch einen Akkommodationskoeffizienten a ausgedrückt, der folgendermaßen definiert ist

$$a = \frac{t_v - t_n}{t_v - t_{,,}}\,. \tag{328}$$

t_r ist die Temperatur der Moleküle vor dem Anprall an der Wand und t_w die Temperatur der Moleküle nach dem Anprall. Der Betrag des Akkommodationskoeffizienten hängt vom Gase, vom Wandmaterial und von der Oberflächenbeschaffenheit ab. Für Luft ergaben Messungen von WIEDMAN Werte zwischen 0,87 und 0,97. Wasserstoff scheint wesentlich niedrigere Akkommodationskoeffizienten zu haben. Gaskinetische Rechnungen ergaben für die Länge l in Abb. 101 die Beziehung

$$l = \frac{2-a}{a} \frac{1{,}996\varkappa}{\varkappa+1} \frac{2}{Pr} \varLambda \, . \tag{329}$$

Bei atmosphärischem Druck und 20 °C ist die mittlere freie Weglänge von Luft $6 \cdot 10^{-6}$ cm, also außerordentlich klein. Damit wird auch der Temperatursprung vernachlässigbar klein. Bei sehr kleinen Drucken dagegen hat er einen merklichen Wert und stellt einen zusätzlichen Widerstand dar, der den Wärmestrom in die Wand verringert. Es läßt sich leicht einsehen, daß der Wärmestrom durch Leitung in einem Gas zwischen zwei parallelen Wänden um 2 % verringert wird, wenn die Größe l (Abb. 101) das 0,01fache des Abstandes der beiden Wände beträgt. Im allgemeinen hängt die Verringerung des Wärmestromes durch den Temperatursprung von dem Verhältnis der mittleren freien Weglänge $\varLambda$ zu einer für jede Konfiguration charakteristischen Bezugslänge L ab. Dieses Verhältnis wird KNUDSENsche Zahl Kn genannt. In einer Grenzschichtströmung verwendet man zweckmäßigerweise die Grenzschichtdicke als Bezugslänge L. Es kann nach dem obigen angenommen werden, daß der Temperatursprung den Wärmeübergang an eine Wand zu beeinflussen beginnt, wenn die KNUDSENsche Zahl den Betrag 0,01 übersteigt. Mit den vorher entwickelten, gaskinetischen Beziehungen für die REYNOLDS- und MACH-Zahl läßt sich die KNUDSEN-Zahl folgendermaßen ausdrücken:

$$Kn = \frac{\varLambda}{L} = \frac{\sqrt{\dfrac{\varkappa\pi}{8}}}{0{,}499} \frac{Ma}{Re} \, . \tag{330}$$

Der Einfluß des Temperatursprunges macht sich schon bei verhältnismäßig hohen Drucken bemerkbar, wenn die charakteristische Bezugslänge klein ist. Dies bewirkt beispielsweise, daß die Wärmeleitzahl sehr feiner Pulver bei atmosphärischem Druck oder bei mäßigem Vakuum kleiner ist als die Wärmeleitzahl von Luft.

Wenn ein Gas an einer Wand entlangströmt, dann tritt an der Oberfläche ein Geschwindigkeitssprung auf, wie das in Abb. 101 angedeutet ist. Dies läßt sich leicht einsehen, wenn man an Stelle der Energie den Impuls der Moleküle betrachtet, wie er durch die Ebene a–a transportiert wird. Man definiert hier einen Schlüpfkoeffizienten f_s analog zum Akkommodationskoeffizienten, der die Tatsache ausdrückt, daß die Moleküle ihr Moment parallel zur Wand nicht vollkommen verlieren, wenn sie an die Wand prallen. Der Schlüpfkoeffizient wurde von T. C. MAXWELL (1879) eingeführt. Gemessene Werte liegen zwischen 0,8 und 1. Ein Wert 1 bedeutet, daß die Moleküle ihr tangentiales Moment völlig verloren haben. Der Geschwindigkeitssprung kann wieder dadurch gefunden werden, daß

man den Geschwindigkeitsgradienten so einträgt, daß die Geschwindigkeit den Betrag Null in einem Abstand

$$l' = 0,998 \frac{2 - f_s}{f_s} \Lambda \qquad (331)$$

hinter der Wand erreicht (Abb. 101).

Wie man aus dem oben Gesagten erkennt, macht sich die molekulare
Struktur eines Gases bei absinkendem Druck zunächst in Wandnähe
durch Auftreten eines Geschwindigkeits- und Temperatursprunges gel-

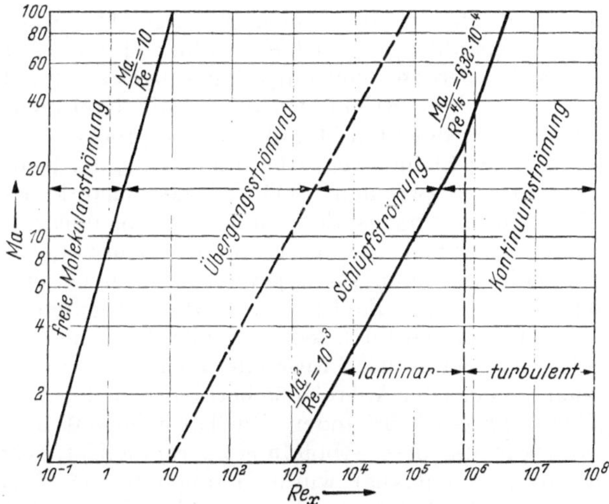

Abb. 102. Strömungsbereiche der Gasströmung in Abhängigkeit von der REYNOLDS- und MACH-Zahl.

tend. Der Bereich, in dem diese Erscheinung auftritt, wird als „*Schlüpf-
strömung*" bezeichnet. Der Wärmeübergang in einer solchen Strömung
läßt sich dadurch bestimmen, daß man in die Rechnungen in den vorhergehenden Abschnitten noch einen zusätzlichen Übergangswiderstand an
der Oberfläche einschaltet, der dem Temperatursprung entspricht. Bei
weiterhin verringertem Druck wird allmählich die ganze Grenzschicht
verändert, und man kommt schließlich zu einem Zustand, bei dem Zu-
sammenstöße zwischen Molekülen so selten sind, daß die gegen die Wand
fliegenden Moleküle praktisch von reflektierten Molekülen unbeeinflußt
sind. Dies ist der Fall, wenn die KNUDSEN-Zahl groß gegenüber dem
Wert 1 ist. Wärmeübergang in diesem Gebiet, das *freie Molekularströ-
mung* genannt wird, läßt sich durch gaskinetische Rechnungen ermitteln,
doch soll hier nicht darauf eingegangen werden.

Ein Diagramm, aus dem man leicht feststellen kann, in welchem Strö-
mungsbereich sich ein schlanker Flugkörper befindet, ist in Abb. 102 wiedergegeben. In dieser Abbildung sind in Abhängigkeit von der REYNOLDS-
Zahl und MACH-Zahl die Grenzen zwischen den verschiedenen Strömungs-
bereichen eingetragen, die natürlich innerhalb gewisser Grenzen willkür-

lich sind, da in Wahrheit die Übergänge stetig vor sich gehen[1]. Die Grenze
zwischen laminarer und turbulenter Strömung ist ebenfalls angedeutet.
Die Stoffwerte sind in die REYNOLDSsche Kennzahl offenbar bei einer
mittleren Temperatur und dem Druck in der Grenzschicht einzuführen.

44. Wärmeübertragung durch flüssige Metalle

Für eine Reihe technischer Neuentwicklungen werden Kühlmittel benötigt, die große Wärmemengen von den umgebenden Wänden mit kleinen Temperaturunterschieden aufnehmen. Flüssige Metalle stellen wegen
ihrer guten Wärmeleitzahlen ein solches Kühlmittel dar. In diesem Abschnitt möge Wärmeübergang von einer längsangeströmten Platte und
von der Wand eines durchströmten Rohres mit Kreisquerschnitt an
einen laminaren und turbulenten Metallstrom besprochen werden. Flüssige Metalle sind durch kleine Werte der PRANDTLschen Kennzahl, entsprechend einem Bereich zwischen 0,005 und 0,05, charakterisiert.

Im Abschn. 33 wurde zunächst der laminare Wärmeübergang für Strömung durch ein Kreisrohr mit thermisch und hydraulisch beendetem Einlauf berechnet. Da im Rechnungsgang keine einschränkenden Annahmen
über die Größe der PRANDTL-Zahl gemacht wurden, gelten die dort abgeleiteten Beziehungen auch für flüssige Metalle. Die Anlauflänge L_e des
Temperaturfeldes ist nach Abb. 77 wegen der kleinen PRANDTL-Zahl recht
kurz, und es sind daher in der Anlaufzone beträchtliche Temperaturgefälle
in Richtung der Rohrachse vorhanden. Die Tatsache, daß in der Berechnung durch NUSSELT, die dieser Abbildung zugrunde liegt, Wärmeleitung
in Längsrichtung vernachlässigt wurde, kann daher bei kleinen REY-
NOLDS-Zahlen merkliche Fehler im Bereiche des thermischen Anlaufes
verursachen.

In turbulenter Strömung wird Wärme durch Leitung und durch turbulente Mischbewegungen transportiert. Wegen der großen Wärmeleitzahlen flüssiger Metalle kann in vielen Fällen der Transport durch tur-
bulentes Vermischen vernachlässigt werden. Der einzige Unterschied zum
Wärmeübergang bei laminarer Strömung besteht dann darin, daß das
völligere turbulente Geschwindigkeitsprofil in die Berechnungen eingesetzt werden muß. Als erste Annäherung kann man dieses Profil durch
eine über den Querschnitt konstante Geschwindigkeit ersetzen. Damit ergibt der angenäherte Rechnungsgang in Abschn. 33 für thermisch ausgebildeten Zustand

$$Nu = 6{,}33. \tag{332}$$

Eine Lösung der Energiegleichung führt bei konstantem Wärmestrom
durch die Rohrwand zu dem Werte $Nu = 8$ und bei konstanter Rohrwandtemperatur zu $Nu = 5{,}8$. LYONS entwickelte auf Grund von Versuchsergebnissen und von Rechnungen durch MARTINELLI für turbulente

---

[1] Solche Bereiche wurden zum ersten Male von H. S. TSIEN vorgeschlagen.

Strömung durch ein Rohr mit konstantem Wandwärmestrom die Beziehung

$$Nu = 7 + 0.025 \, (Re \; Pr)^{0.8} \; . \tag{333}$$

Der zweite Summand auf der rechten Seite stellt den Wärmeübergang durch turbulente Mischbewegungen dar. Messungen bestätigen im allgemeinen die mitgeteilten Beziehungen. Manche Versuchsreihen dagegen zeigten wesentlich kleinere Wärmeübergangszahlen. Es ist heute noch nicht aufgeklärt, wie weit diese Ergebnisse auf Meßungenauigkeiten oder auf mangelnde Benetzung der Wand zurückzuführen sind.

Laminarer Wärmeübergang an eine längsangeströmte Platte mit konstanter Oberflächentemperatur wurde in Abschn. 29 auch für kleine PRANDTL-Zahlen berechnet. Dieser Rechnungsvorgang zeigte, daß die thermische Grenzschicht in flüssigen Metallen wesentlich dicker ist als die Strömungsgrenzschicht. Dies bringt jedoch mit sich, daß die Gestalt des Geschwindigkeitsprofiles nur einen kleinen Einfluß auf den Wärmeübergang hat. Daraus läßt sich schließen, daß Gl. (207) auch den Wärmeübergang an eine turbulente Grenzschicht mit guter Näherung angibt, solange der Wärmetransport durch die turbulenten Mischbewegungen vernachlässigt werden kann. Auf dem eben angedeuteten Gedankengang läßt sich mit Vorteil auch ein Berechnungsverfahren aufbauen, das gestattet, den Wärmeübergang an von flüssigen Metallen quer angeströmte Rohre und Rohrbündel zu bestimmen[1].

Wertvolle Angaben über Wärmeübergang an flüssige Metalle findet man in dem Buche „Liquid Metals Handbook" 2nd Edition, US. Atomic Energy Commission. Department of the Navy. Washington 1952.

45. Filmkühlung und Schwitzkühlung

In manchen technischen Entwicklungen, wie Gasturbinen und Raketen, ist man genötigt, die Wände verschiedener Konstruktionselemente vor der Einwirkung heißer Gase zu schützen. Die im Titel dieses Abschnittes genannten Kühlmethoden wurden während des letzten Krieges in Deutschland für diesen Zweck entwickelt[2].

Abb. 103 zeigt schematisch die verschiedenen Kühlmethoden. Oben links ist die *Konvektionskühlung* dargestellt. Auf der rechten Seite oben ist die *Filmkühlung* gezeigt, bei der ein Kühlgas durch eine Reihe von Schlitzen in einer Richtung parallel zur Wand in den heißen Gasstrom geblasen wird. Auf diese Weise wird ein kalter Film zwischen das heiße Gas und die Wand geschoben. Dieser Film wird auf seinem Wege stromabwärts durch Vermischen mit dem heißen Gas allmählich zerstört und muß in einer bestimmten Entfernung durch einen neuen Film ersetzt werden. Die Wandtemperatur wird stromabwärts von einem Kühlschlitz zum nächsten ansteigen und damit einen sägezahnartigen Verlauf auf-

---

[1] GROSH, R. G., u. K. D. CESS: Trans. Amer. Soc. Mech. Eng. 79 (1957) 905.
[2] E. MEYER-HARTWIG: Jahrbuch 1957 der wissensch. Gesellsch. für Luftfahrt, S. 439. Braunschweig: F. VIEWEG.

weisen. Dieser Nachteil wird bei der *Schwitzkühlung* vermieden. Bei diesem Verfahren besteht die Wand aus einem porösen Material, und es wird das Kühlgas durch die Poren in den Gasstrom geblasen. Damit wird der Kühlfilm an der Oberfläche an jeder Stelle kontinuierlich erneuert, und die Wandtemperatur kann örtlich konstant gehalten werden. Bei beiden Methoden läßt sich auch eine Flüssigkeit als Kühlmittel verwenden. Bei genügend starkem Flüssigkeitstrom bedeckt ein Flüssigkeitsfilm die

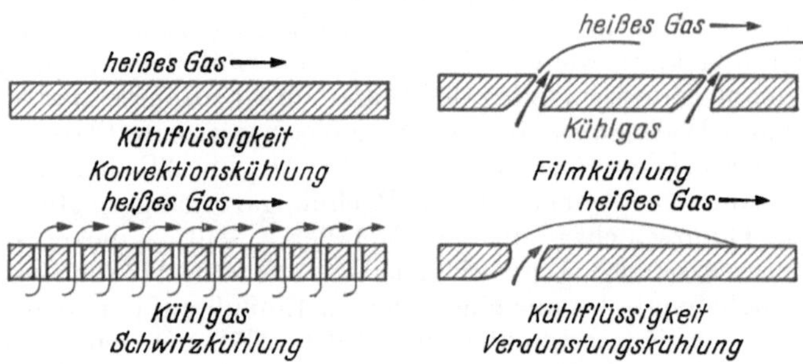

Abb. 103. Verschiedene Kühlverfahren.

Oberfläche. Von dessen Oberfläche verdunstet oder verdampft dann das Kühlmittel in den heißen Gasstrom. Dies ist in Abb. 103 unten rechts angedeutet. Bei manchen kurzzeitigen Anwendungen läßt man unter Umständen das Wandmaterial selbst in gasförmigen Zustand übergehen. Die hierbei freiwerdende Wärme hält die Wand kühl. Dieses Verfahren wird *Sublimationskühlung* genannt.

Als Beispiel für die besprochenen Verfahren soll zunächst die Schwitzkühlung auf ihre wesentlichen physikalischen Vorgänge hin betrachtet werden. Die Kühlwirkung dieses Kühlverfahrens wird im wesentlichen dadurch erreicht, daß man einen von der Wand weggerichteten Massenstrom erzeugt. Die vom heißen Gas gegen die Wand fließende Wärme wird von diesem Massenstrom teilweise wieder durch Konvektion von der Wand wegtransportiert. Dadurch wird der Wärmeübergang an die Wand verringert.

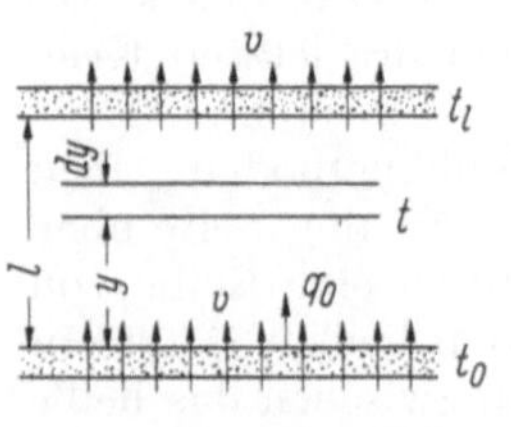

Abb. 104. Kanal mit porösen Wänden.

Das Prinzipielle dieses Vorganges läßt sich an dem in Abb. 104 dargestellten Modellvorgang studieren. Eine Flüssigkeitsschicht sei zwischen zwei porösen Platten eingeschlossen. Durch die untere Platte werde die Flüssigkeit mit der Temperatur t und der Geschwindigkei v eingeblasen. Kontinuität verlangt, daß Flüssigkeit mit der gleichen Geschwindigkeit v durch die obere Platte abströmt. Sie werde dabei durch Heizung oder Kühlung von der Platte her auf die Temperatur t_l gebracht. Die Stoffwerte der Flüssigkeit mögen konstant sein.

Die Kontinuitätsbedingung in der Flüssigkeitsschicht verlangt damit, daß die Geschwindigkeit v auch innerhalb der Schicht konstant ist. Das Temperaturfeld in der Schicht wird aus einer Energiebilanz gewonnen, die für eine Schicht von der Dicke dy im Abstand y von der unteren Platte angeschrieben werde. Sie sagt aus, daß für stationären Zustand die Differenz der durch Leitung zu- und abgeführten Wärme gleich sein muß der Differenz der durch Konvektion ab- und zugeführten Wärme, wenn keine inneren Wärmequellen vorhanden sind (d.h. wenn zum Beispiel innere Wärmeentwicklung durch Reibung vernachlässigbar ist). Der Wärmestrom je Flächeneinheit im Abstand y ist $-\lambda \dfrac{dt}{dy}$. Die Differenz der zu- und abgeführten Wärme ist daher $\lambda \dfrac{d^2 t}{dy^2}$. Konvektion transportiert durch die Flächeneinheit im Abstand y den Wärmestrom $\varrho\, v\, c\, t$. Die Differenz der ab- und zugeführten Wärme ist damit $\varrho\, v\, c\, \dfrac{dt}{dy}$. Die Wärmebilanz führt damit auf die Gleichung

$$\lambda \frac{d^2 t}{dy^2} = \varrho\, v\, c\, \frac{dt}{dy}.$$

Die zugehörigen Randbedingungen sind:

$$\text{für} \quad y = 0, \quad t = t_0; \quad \text{für} \quad y = l, \quad t = t_l.$$

Die Integration der Gleichung liefert das Temperaturprofil

$$t - t_0 = \frac{e^{\frac{\varrho\, c\, v\, y}{\lambda}} - 1}{e^{\frac{\varrho\, v\, c\, l}{\lambda}} - 1}. \tag{333 a}$$

Der Wärmestrom je Flächeneinheit von der unteren Platte in die Flüssigkeitsschicht ist

$$q_0 = -\lambda \left(\frac{dt}{dy}\right)_0 = \frac{\varrho\, v\, c}{e^{\frac{\varrho\, v\, c\, l}{\lambda}} - 1}\, (t_0 - t_l). \tag{333 b}$$

Man überzeugt sich leicht durch Reihenentwicklung der e-Funktion, daß für $v \to 0$ die obige Gleichung in die Beziehung

$$q_{0,0} = \frac{\lambda}{l}\, (t_0 - t_l) \tag{333 c}$$

übergeht, die den Wärmestrom durch eine ebene Schicht infolge von Leitung beschreibt. Man kann auch in üblicher Weise eine Wärmeübergangszahl $\alpha = \dfrac{q_0}{t_0 - t_l}$ definieren. Damit ergibt sich

$$\frac{\alpha}{\alpha_0} = \frac{\frac{\varrho\, v\, c}{\alpha_0}}{e^{\frac{\varrho\, v\, c}{\alpha_0}} - }, \tag{333 d}$$

wobei nun der Fußzeiger 0 den Zustand $v = 0$ andeutet. Das Verhältnis der Wärmeübergangszahl α mit Ausblasen zur Wärmeübergangszahl α_0

ohne Ausblasen ist in Abb. 105 als gestrichelte Linie über dem dimensionslosen Parameter $\varrho\,v\,c/\alpha_0$ aufgetragen. Man erkennt, daß die Wärmeübergangszahl α mit zunehmender Ausblasegeschwindigkeit v abnimmt, ein Vorgang, der die gute Wirksamkeit des Schwitzkühlverfahrens erklärt. Die abgeleitete Gl. (333d) gilt nicht nur für den Zustand, bei dem die Flüssigkeitsschicht keine Geschwindigkeitskomponente in Richtung parallel zu den Platten hat, sondern auch für irgendeinen Strömungszustand, bei dem sich das Geschwindigkeitsprofil in Richtung parallel zu den Platten nicht ändert. Man kann daher erwarten, daß es für verschiedene Strömungsformen eine geeignete Annäherung darstellt.

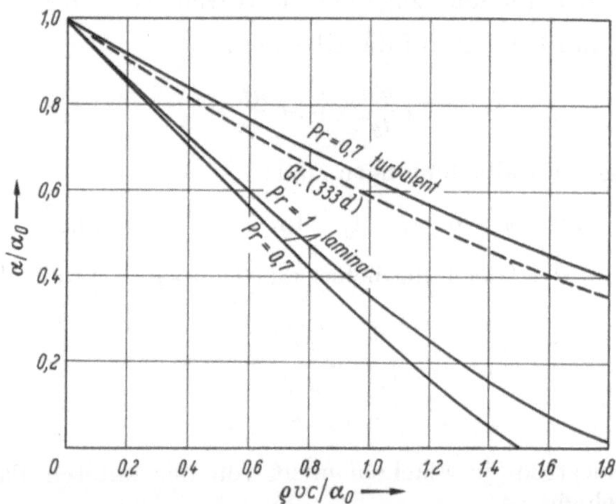

Abb. 105. Verhältnis der Wärmeübergangszahl α der Schwitzkühlung an einer ebenen Wand zur konvektiven Wärmeübergangszahl α_0, für laminare und turbulente Strömung (nach J. P. HARTUETT and E. ECKERT).

Für eine laminare Grenzschicht an einer ebenen, längsangeströmten Wand beschreiben die Grenzschichtgleichungen in Abschn. 28 und 30 auch den Vorgang bei Schwitzkühlung, wenn die Kühlflüssigkeit die gleichen Stoffwerte hat wie die Hauptströmung. Eine Änderung erfahren lediglich die Randbedingungen insofern, als an der Plattenoberfläche nunmehr eine endliche Geschwindigkeit v vorhanden ist. Ähnlichkeit der Geschwindigkeitsprofile in verschiedenen Abständen von der Plattenvorderkante und eine örtlich konstante Wandtemperatur werden erreicht, wenn die Ausblasegeschwindigkeit umgekehrt proportional der Wurzel aus dem Abstand x ist. Abb. 105 zeigt als Resultat der Lösung der Grenzschichtgleichungen das Verhältnis α/α_0 für 2 PRANDTL-Zahlen. Aus Versuchsergebnissen wurde die Linie für die turbulente Grenzschicht an einer längsangeströmten Platte gewonnen. Man erkennt, daß die Wärmeübergangszahl der laminaren Grenzschicht wesentlich stärker mit wachsendem Parameter $\varrho\,v\,c/\alpha_0$ abfällt als in der Flüssigkeitsschicht zwischen zwei parallelen Platten. Das kommt daher, daß das Ausblasen der Kühlflüssigkeit auch eine Vergrößerung der Grenzschichtdicke bewirkt. In einer Staupunktsströmung bewirkt Ausblasen einen Abfall des Verhältnisses α/α_0 mit wachsendem $\varrho\, v\, c/\alpha_0$ von fast der gleichen Größe wie bei der laminaren Grenzschicht an der ebenen Platte. Der Abfall von α/α_0 in der turbulenten Grenzschicht wird, wie die Abbildung zeigt, durch die Gl. (333d) recht gut angenähert. α_0 bedeutet in diesem Falle die Wärmeübergangszahl in der turbulenten Grenzschicht an einer ebenen Platte mit $v = 0$ [Gl. (251)].

Eine Beziehung, die es gestattet, die Oberflächentemperatur einer Wand zu berechnen, die durch Filmkühlung gegen den Einfluß eines heißen Flüssigkeitsstromes geschützt wird, sei im folgenden abgeleitet.

Die Verhältnisse bei diesem Kühlverfahren wurden in einer Reihe von experimentellen Untersuchungen[1] eingehend studiert, und die folgende Berechnung stützt sich auf deren Ergebnisse. Abb. 106 stellt eine Wand dar, über die ein Flüssigkeitsstrom mit der Geschwindigkeit u_0, der Temperatur t_0 und der Dichte ϱ_0 fließt. Aus einem Schlitz mit Öffnungs-

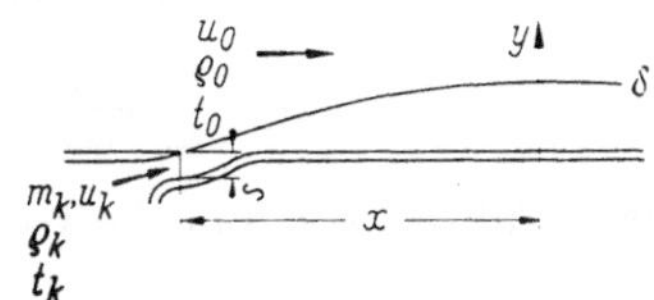
Abb. 106. Filmkühlung einer ebenen Wand.

breite s fließt ein Flüssigkeitsstrom m_k je Zeiteinheit und je Einheit der Schlitzlänge mit der Temperatur t_k und der Dichte ϱ_k aus und kühlt auf diese Weise die Grenzschicht, die turbulent sei. Die Wand stromabwärts vom Schlitz sei auf ihrer Rückseite isoliert, so daß kein Wärmestrom von der Oberfläche in die Wand vorhanden sei. Ihre Temperatur im Abstand x vom Schlitz sei t_{ad}. Die folgende Bilanzgleichung beschreibt dann den konvektiven Wärmestrom in der Grenzschicht durch eine Ebene im Abstand x

$$m_k\, c_p\, (t_0 - t_k) = \int\limits_0^\delta \varrho\, u\, c_p\, (t_0 - t)\, dy\,.$$

Die spezifische Wärme sei als konstant vorausgesetzt. Die obige Gleichung läßt sich dann in folgender Form schreiben

$$m_k\,(t_0 - t_k) = \varrho_0\, u_0\, (t_0 - t_{ad}) \int\limits_0^\delta \frac{\varrho\, u}{\varrho_0\, u_0}\, \frac{t_0 - t}{t_0 - t_{ad}}\, dy\,.$$

Die vorher genannten Versuche zeigten, daß beginnend in einigem Abstand vom Schlitz die Massengeschwindigkeit und die Temperaturprofile untereinander ähnlich sind in dem Sinne, daß $\dfrac{\varrho\, u}{\varrho_0 u_0}$ und $\dfrac{t_0 - t}{t_0 - t_{ad}}$ nur vom Wandabstand $\dfrac{\delta}{y}$ abhängen. Damit gilt

$$\int\limits_0^\delta \frac{\varrho\, u}{\varrho_0 u_0}\, \frac{t_0 - t}{t_0 - t_{ad}}\, dy = \delta \int\limits_0^1 \frac{\varrho\, u}{\varrho_0 u_0}\, \frac{t_0 - t}{t_0 - t_{ad}}\, d\left(\frac{y}{\delta}\right) = C\,\delta$$

---

[1] Zum Beispiel K. Wieghardt: Über das Ausblasen von Warmluft für Enteisen. ZBW-Forschungsbericht Nr. 1900 (1943); W. P. Hartnett, R. C. Birkebak u. E. R. G. Eckert: Journal of Heat Transfer 83 (1961) 293–306.

und

$$m_k(t_0 - t_k) = C\,\delta\,\varrho_0\,u_0(t_0 - t_{ad})\,.$$

C bezeichnet eine Konstante.

Die Versuche zeigten auch, daß die Grenzschicht in x-Richtung ebenso anwächst wie die turbulente Grenzschicht in Abschn. 24, daß sie jedoch wegen der Massenzufuhr durch den Schlitz etwas dicker ist. Wir schreiben daher

$$\delta = \delta_0 + a\,,$$

wobei δ_0 die Grenzschichtdicke ohne Masseninjektion bedeutet, die durch Gl. (166) gegeben ist, und a eine Konstante ist. Damit wird

$$\frac{t_0 - t_k}{t_0 - t_{ad}} = C\,\frac{\varrho_0 u_0}{m_k}\,\delta_0 + C\,a\,\frac{\varrho_0 u_0}{m_k}\,.$$

Für δ_0 führen wir nun die Grenzschichtdicke nach Gl. (166) ein und erhalten

$$\frac{t_0 - t_k}{t_0 - t_{ad}} = 0,384\,C\,\frac{\varrho_0 u_0 x}{m_k}\,Re_x^{-1/5} + C\,a\,\frac{\varrho_0 u_0}{m_k}\,.$$

Am Austritt der Kühlflüssigkeit aus dem Schlitz (für $x = 0$) muß offenbar t_{ad} gleich t_k sein, wenn Wärmeleitungseffekte in der Wand vernachlässigt werden. Daraus folgt, daß der zweite Summand auf der rechten Seite der Gleichung den Zahlenwert 1 haben muß. Der Gütegrad η der Filmkühlung, das Verhältnis der Temperaturdifferenz $t_0 - t_{ad}$ zu derjenigen $t_0 - t_k$ nimmt damit die folgende Form an, die durch Versuche gut bestätigt ist

$$\eta = \frac{t_0 - t_{ad}}{t_0 - t_k} = \frac{1}{C'\,\dfrac{\varrho_0 u_0 x}{m_k}\,Re_x^{-1/5} + 1}\,.$$

Die Konstante C' wurde aus den Versuchen zu 0,325 bestimmt. Wenn man außerdem die REYNOLDS-Zahl $Re_x = \dfrac{\varrho_0 u_0 x}{\mu}$ durch die Schlitz-REYNOLDS-Zahl $Re_s = \dfrac{\varrho_k u_k s}{\mu}$ ersetzt und die Beziehung $m_k = \varrho_k u_k s$ verwendet, ergibt sich die endgültige Beziehung für den Gütegrad

$$\eta = \frac{1}{0,325\left(\dfrac{\varrho_0 u_0 x}{m_k}\right)^{0,8} Re_s^{-1/5} + 1}\,. \tag{333 e}$$

In manchen Anwendungen wird die Wand nicht nur durch einen Kühlfilm geschützt, sondern es wird ihr auch noch durch Kühlung von der Rückseite oder durch Abstrahlung Wärme entzogen. Versuche zeigten, daß man bei vorgegebenem Wärmestrom q_w je Flächeneinheit die Oberflächentemperatur t_w, die sich infolge der Filmkühlung und der übrigen Wärmeabfuhr einstellt, aus der Gleichung

$$q_w = \alpha\,(t_w - t_{ad})$$

berechnen kann, wenn man für α die Wärmeübergangszahl einführt, die an der betreffenden Stelle der Wand auftritt, wenn keine Filmkühlung wirksam ist ($m_k = 0$) und die Temperatur t_{ad} aus Gl. (333e) einsetzt. Das Verfahren ähnelt dem bei hohen Geschwindigkeiten üblichen (Abschn. 41) und läßt sich auch aus dem linearen Charakter der Differentialgleichung (261) ableiten, wenn man davon absieht, daß das Einblasen der Kühlflüssigkeit die Strömungsgrenzschicht beeinflußt.

Eine Berechnung des Wärmeüberganges an einer schwitzgekühlten Platte mit turbulenter Grenzschicht läßt sich durchführen, wenn man dem Wärmetransport durch Leitung und turbulenten Austausch in Abschn. 36 den von der Wand weggerichteten konvektiven Transport entsprechend der Geschwindigkeit v überlagert. Solche Berechnungen wurden von W. D. Rannie, W. H. Dorrance und M. W. Rubesin durchgeführt.

F. Freie Konvektion

46. Senkrechte Platte und waagerechtes Rohr

Auch beim Wärmeübergang durch freie Konvektion, wo die Strömungen nur durch Temperaturunterschiede hervorgerufen werden, bildet sich an dem beheizten Körper eine Grenzschicht aus, deren Dicke allerdings entsprechend den kleinen Geschwindigkeiten bedeutend größer ist als in den früher betrachteten Fällen. Die Grenzschichtgleichungen für den Impuls- und den Wärmestrom können daher auch zur Berechnung der freien Konvektion verwendet werden. Wir wollen als einfachsten Fall eine senkrechte Platte betrachten[1]. An dieser entsteht eine an der Plattenunterkante mit der Dicke 0 beginnende und nach oben an Stärke zunehmende Grenzschicht. Die Entfernung von der Plattenunterkante

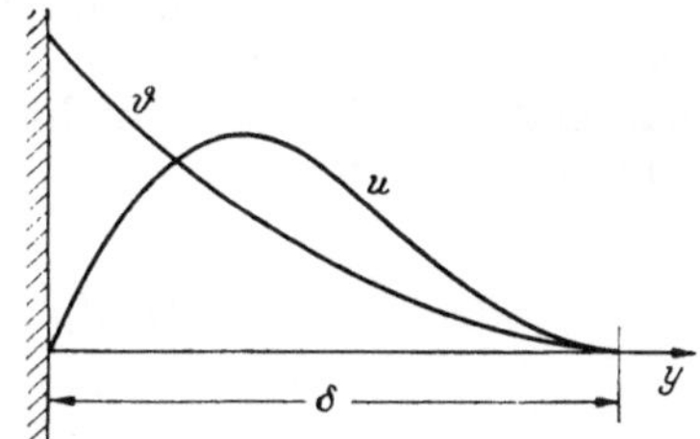

Abb. 107. Temperatur- und Geschwindigkeitsprofil bei freier Konvektion.

nennen wir x, die Entfernung von der Plattenoberfläche y. In der Grenzschicht bildet sich ein Temperaturfeld aus. Wir wollen die Temperaturen als Übertemperaturen über den Wert in großer Entfernung von der Platte (außerhalb der Grenzschicht) messen. Die Platte habe eine konstante Übertemperatur Θ. Das Temperaturfeld in der Grenzschicht muß dann den in Abb. 107 gezeichneten Verlauf haben. Die Geschwindigkeit ist an der Platte und außerhalb der Grenzschicht gleich Null. Der Geschwindigkeitsverlauf hat daher die Gestalt, wie sie in Abb. 107 dargestellt ist. Zur Lösung der Grenzschichtgleichungen wollen wir den Temperaturverlauf als Parabel ansetzen. In der Schreibweise

$$\vartheta = \Theta \left(1 - \frac{y}{\delta}\right)^2 \tag{334}$$

---

[1] Die analoge Berechnung für Gase hat Squire durchgeführt (veröffentlicht bei S. Goldstein: Modern developments in fluid dynamics, Oxford 1938).

genügt der Temperaturverlauf bereits den folgenden Randbedingungen an der Wand ($\vartheta = \Theta$) und am Außenrand der Grenzschicht ($\vartheta = 0$, $\frac{d\vartheta}{dy} = 0$). Ein Geschwindigkeitsverlauf von der Form des in Abb. 107 wiedergegebenen ergibt sich mit der folgenden Gleichung:

$$u = u_1 \frac{y}{\delta}\left(1 - \frac{y}{\delta}\right)^2 . \tag{335}$$

Das Geschwindigkeitsmaximum wird nach dieser Gleichung im Abstand $y = \frac{\delta}{3}$ von der Wand erreicht, der Betrag der Geschwindigkeit ist daselbst $u_{\max} = \frac{4}{27} u_1$. Die Grenzschichtdicke δ ist für das Temperatur- und das Geschwindigkeitsfeld gleichgesetzt. Die Impulsgleichung der Grenzschicht Gl. (151) muß zur Berücksichtigung der freien Konvektion noch um ein Glied erweitert werden, das die Auftriebskräfte angibt. Auf ein Volumteilchen wirkt je Raumeinheit nach S. 148 die Auftriebskraft $\gamma \beta \vartheta$. Auf ein Volumelement von der Höhe dx und der Breite h, das zur Ableitung der Impulsgleichung der Grenzschicht zugrunde gelegt wurde (Abb. 64), wirkt daher eine Auftriebskraft $dx\gamma\beta \int_0^h \vartheta\, dy$. Fügt man dieses Glied zur Gl. (151) hinzu und berücksichtigt den Umstand, daß bei den kleineren Geschwindigkeiten Druckunterschiede innerhalb der Grenzschicht vernachlässigt werden können und daß die Geschwindigkeit U außerhalb der Grenzschicht hier gleich Null ist, so erhält man die folgende Impulsgleichung:

$$\frac{d}{dx}\int_0^h u^2\, dy = g\beta \int_0^h \vartheta\, dy - \nu\left(\frac{du}{dy}\right)_0 . \tag{336}$$

Die Wärmestromgleichung (197) bleibt in ihrer Form erhalten

$$\frac{d}{dx}\int_0^h u\vartheta\, dy = - a\left(\frac{d\vartheta}{dy}\right)_0 . \tag{337}$$

An Stelle der Temperatur t wurden hier die Übertemperaturen $\vartheta = t - t_l$ eingeführt. Die in den beiden Gleichungen auftretenden Integrale lassen sich lösen, wenn man die oben aufgestellten Ansätze für das Geschwindigkeits- und das Temperaturprofil einführt:

$$\int_0^h u^2\, dy = \frac{u_1^2 \delta}{105}, \quad \int_0^h \vartheta\, dy = \frac{\Theta \delta}{3}, \quad \int_0^h \vartheta u\, dy = \frac{1}{30} u_1 \Theta \delta .$$

Damit nehmen die beiden Grenzschichtgleichungen die folgende Form an:

$$\frac{1}{105}\frac{d}{dx}(u_1^2 \delta) = \frac{1}{3} g\beta \Theta \delta - \nu\frac{u_1}{\delta}, \quad \frac{1}{30}\Theta \frac{d}{dx}(u_1 \delta) = 2a\frac{\Theta}{\delta} .$$

Zur Lösung dieser Gleichungen versuchen wir den Ansatz, daß die Geschwindigkeit u_1 und die Grenzschichtdicke δ Potenzfunktionen der Länge x sind,

$$u_1 = C_1 x^m, \quad \delta = C_2 x^n.$$

Damit wird aus den Gleichungen

$$\frac{2m+n}{105} C_1^2 C_2 x^{2m+n-1} = g\beta\Theta \frac{C_2}{3} x^n - \frac{C_1}{C_2} \nu x^{m-n},$$

$$\frac{m+n}{30} C_1 C_2 x^{m+n-1} = \frac{2a}{C_2} x^{-n}.$$

Da die Gleichungen für beliebige Werte von x erfüllt sein müssen, müssen die Exponenten durchweg die gleiche Größe haben. Man erhält daher die folgenden Gleichungen:

$$2m+n-1 = n = m-n,$$
$$m+n-1 = -n$$

und daraus

$$m = \frac{1}{2}, \quad n = \frac{1}{4}.$$

Führt man diese Zahlenwerte in die obigen Gleichungen ein, so erhält man

$$\frac{C_1^2 C_2}{84} = g\beta\Theta \frac{C_2}{3} - \frac{C_1}{C_2} \nu$$

$$\frac{C_1 C_2}{40} = \frac{2a}{C_2},$$

und durch Auflösen derselben

$$C_1 = 5{,}17\,\nu \left(\frac{20}{21} + \frac{\nu}{a}\right)^{-1/2} \left(\frac{g\beta\Theta}{\nu^2}\right)^{1/2}$$

$$C_2 = 3{,}93 \left(\frac{20}{21} + \frac{\nu}{a}\right)^{1/4} \left(\frac{g\beta\Theta}{\nu^2}\right)^{-1/4} \left(\frac{\nu}{a}\right)^{-1/2}.$$

Damit ergibt sich die größte Geschwindigkeit innerhalb der Grenzschicht zu

$$u_{\max} = \frac{4}{27} u_1 = 0{,}766\,\nu \left(0{,}952 + \frac{\nu}{a}\right)^{-1/2} \left(\frac{g\beta\Theta}{\nu^2}\right)^{1/2} x^{1/2} \qquad (338)$$

und die Grenzschichtdicke

$$\delta = 3{,}93 \left(\frac{\nu}{a}\right)^{-1/2} \left(0{,}952 + \frac{\nu}{a}\right)^{1/4} \left(\frac{g\beta\Theta}{\nu^2}\right)^{-1/4} x^{1/4}. \qquad (339)$$

Wie bei den früheren Aufgaben ist es zweckmäßig, die Grenzschichtdicke mit der Entfernung x von der Plattenunterkante dimensionslos zu machen. Es tritt dann in der Gleichung die mit dieser Länge x und der Übertemperatur Θ der Platte gebildete GRASHOFFsche Kennzahl [Gl. (280)] und die PRANDTLsche Kennzahl $Pr = \nu/a$ auf. Man erhält

$$\boxed{\frac{\delta}{x} = 3{,}93\,(Pr)^{-1/2}\,(0{,}952 + Pr)^{1/4}\,(Gr)^{-1/4}} \,. \qquad (340)$$

Die Wärmestromdichte an der Plattenoberfläche ist durch die folgende Gleichung gegeben:

$$q = -\lambda \left(\frac{d\vartheta}{dy}\right)_0.$$

Aus Gl. (334) ergibt sich

$$q = \frac{2\lambda\Theta}{\delta}.$$

Auf der anderen Seite hat man für die Wärmestromdichte wieder die Definitionsgleichung der Wärmeübergangszahl

$$q = \alpha\Theta.$$

Man erhält daher

$$\alpha = \frac{2\lambda}{\delta} \tag{341}$$

und in dimensionsloser Form

$$\frac{\alpha x}{\lambda} = Nu_x = 2\frac{x}{\delta}.$$

Durch Einführen der Grenzschichtdicke ergibt sich

$$\boxed{Nu_x = 0{,}508\,(Pr)^{1/2}\,(0{,}952 + Pr)^{-1/4}\,(Gr)^{1/4}}. \tag{342}$$

Die örtliche Wärmeübergangszahl a nimmt nach Gl. (339) und (341) mit zunehmender Entfernung von der Plattenvorderkante ab, und zwar ist sie verkehrt proportional der vierten Wurzel aus der Entfernung x. Bestimmt man durch Integration über die Plattenlänge die technisch vor allem interessierende mittlere Wärmeübergangszahl, so erhält man

$$\alpha_m = \frac{4}{3}\alpha.$$

Die mittlere Wärmeübergangszahl einer senkrechten Platte von der Höhe x ist daher das 4/3fache der örtlichen Wärmeübergangszahl an der Stelle x. Für Gase gilt nach S. 148 die Beziehung $\beta = 1/T$ und bei kleinen Temperaturunterschieden angenähert $\beta = 1/T_0$, wenn T_0 die absolute Temperatur außerhalb der Grenzschicht bedeutet. Für Luft mit einer PRANDTLschen Kennzahl $Pr = 0{,}714$ ergibt sich die dimensionslose Wärmeübergangszahl zu

$$Nu_x = 0{,}378\,(Gr)^{1/4}. \tag{343}$$

Für diesen Stoff wurde der Wärmeübergang von E. POHLHAUSEN in Zusammenarbeit mit E. SCHMIDT und W. BECKMANN[1] durch Integration der Grenzschichtgleichungen gelöst. In neuerer Zeit hat S. OSTRACH die Berechnung für einen großen Bereich von PRANDTL-Zahlen durchgeführt[2]. Die exakte Berechnung lieferte an Stelle des Zahlenwertes 0,378 den Wert 0,368. Unsere Näherungsrechnung stimmt daher recht genau mit der exakten Berechnung überein. Einen Vergleich der von E. SCHMIDT und W. BECKMANN[1] gemessenen Temperatur- und Geschwindigkeitsfelder mit

---

[1] SCHMIDT, E., u. W. BECKMANN: Technische Mechanik und Thermodynamik 1 (1930) 1–24.

[2] OSTRACH, S.: Natl. Advisory Comm. f. Aeronautics, Techn. Note 2635 (1952).

der Berechnung von Pohlhausen und der hier mitgeteilten Näherung
gibt Abb. 108 und 109 wieder. Von A. Saunders[1] wurden Versuche mit
Luft, Quecksilber und Wasser angestellt. Auch diese Messungen bestätig-
ten die Gl. (342) recht gut. Die Übereinstimmung mit dieser Gleichung

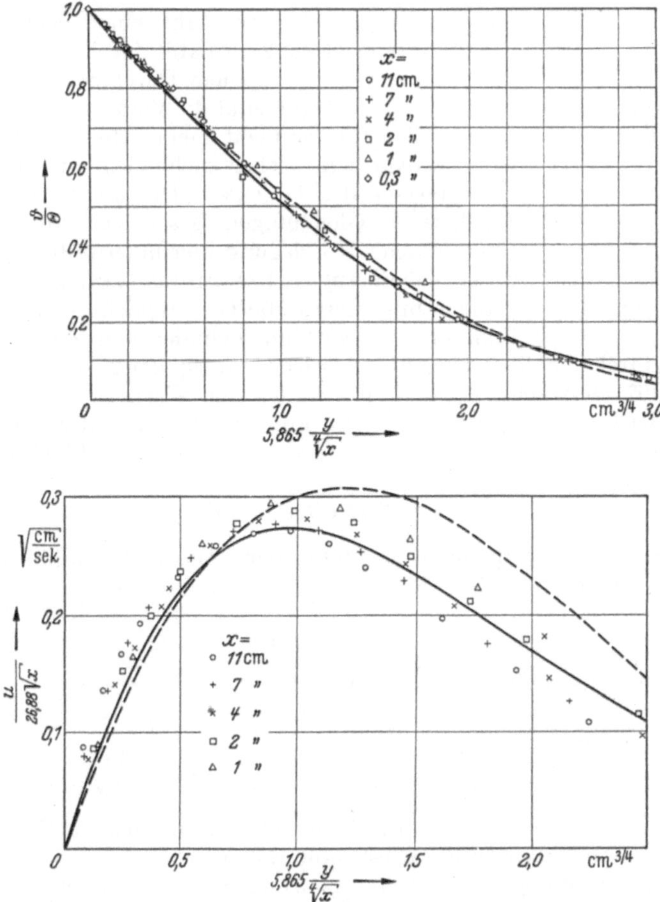

Abb. 108 u. 109. Vergleich des gemessenen Temperatur- und Geschwindigkeitsprofils bei freier
Konvektion an einer senkrechten Wand mit dem berechneten Verlauf (nach E. Schmidt und
W. Beckmann).

ist noch etwas besser als mit der Gleichung $Nu = C \, (Pr \, Gr)^{1/4}$, die bisher
meist zur Verallgemeinerung der an Luft durchgeführten Versuche verwendet wurde unter der Voraussetzung, daß die Bewegung als schleichend
anzusehen ist (S. 149).

Neben der senkrechten Wand interessiert für technische Rechnungen
vor allem das waagerechte Rohr. Die Berechnung des Wärmeübergangs

[1] Saunders, A.: Proc. roy. soc. London A 172 (1939) Nr. 984, S. 55–71; Referat
in Wärme- u. Kältetechnik 44 (1942) 62.

an einem solchen aus den Grenzschichtgleichungen wurde für Luft von
R. Hermann[1] ausgeführt. Die Ergebnisse dieser Berechnung stimmen
mit Versuchen von K. Jodlbauer[2] sehr gut überein. Das Ergebnis läßt
sich in einfachster Form so aussprechen, daß die mittlere Wärmeübergangszahl an einem Rohr ebensogroß ist wie die
mittlere Wärmeübergangszahl einer senkrechten
Wand von der Höhe 2,5d (Abb. 110).

Bei Rohren mit kleinem Durchmesser oder bei
horizontalen Drähten sind die Voraussetzungen der
Grenzschichttheorie nicht mehr erfüllt, da hier die
Grenzschichtdicke sicher nicht klein ist gegen den
Durchmesser des Objektes. Die im vorstehenden
abgeleiteten Gleichungen lassen sich aber durch
eine einfache Überlegung hierfür erweitern, die im
wesentlichen auf J. Langmuir[3] zurückgeht. Wir
denken uns hierzu die Grenzschicht durch einen
Film ersetzt, der den Zylinder konzentrisch um-

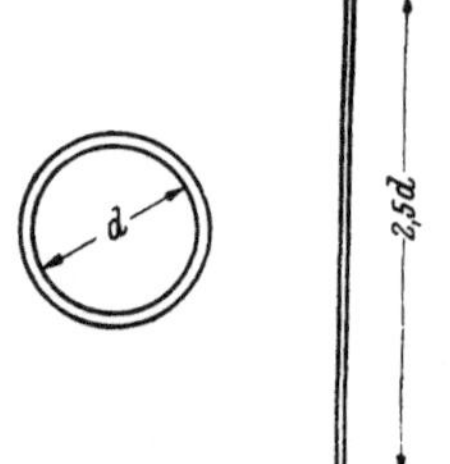

Abb. 110. Rohr und senk-
rechte Wand gleicher
Wärmeübergangszahl.

gibt und durch den die Wärme durch Leitung transportiert wird. Die Gln.
(66) und (67) in Abschn. 9 beschreiben daher den Wärmestrom, wenn t_{wi}
die Zylinderwandtemperatur und t_{wa} die Flüssigkeitstemperatur außerhalb
der Grenzschicht bedeutet. Die mittlere Wärmeübergangszahl wird durch
die Gleichung

$$Q = \alpha_m\, 2\pi r_i l\, (t_{wi} - t_{wa})$$

beschrieben. Setzt man diese Gleichung dem Ausdruck Gl. (66) gleich,
dann erhält man

$$\alpha_m = \lambda\, \frac{r_m}{r_i}\, \frac{1}{r_a - r_i}$$

und mit Berücksichtigung von Gl. (67)

$$Nu_{d_1 m} = \frac{\alpha_m d}{\lambda} = 2\,\frac{r_m}{r_a - r_i}\, \frac{2}{\ln\left(\dfrac{r_a}{r_i}\right)} = \frac{2}{\ln\left(1 + \dfrac{2b}{d}\right)},$$

wenn $b = r_a - r_i$ die Dicke des die Grenzschicht ersetzenden Filmes bedeutet. Diese Dicke wird nun so bestimmt, daß die Gleichung in den durch
Grenzschichtrechnung ermittelten Ausdruck übergeht, wenn die Filmdicke klein ist gegenüber dem Durchmesser d. Wenn man die Gl. (343)
auf beiden Seiten mit 4/3 multpiliziert, erhält man einen Ausdruck für die
mittlere Nusselt-Zahl, und durch Einführen von $x = 2,5d$ ergibt sich

$$Nu_{d,m} = 0,400\, (Gr_d)^{1/4}$$

als Gleichung, die den Wärmeübergang durch freie Konvektion von Luft
an einen horizontalen Zylinder mit genügend großem Durchmesser beschreibt. Für kleine Werte des Verhältnisses b/d geht $\ln(1 + 2b/d)$ in

[1] Hermann, R.: Z. angew. Math. Mech. 13 (1933) 433.
[2] Jodlbauer, K.: Forsch. Ing.-Wes. 4 (1933) 157.
[3] Langmuir, J.: Phys. Rev. 34 (1912) 401.

$2\,b/d$ und $Nu_{d,m}$ in d/b über. Daher schreibt man $d/b = 0{,}400\,(Gr_d)^{1/4}$ und erhält für alle Werte b/d

$$Nu_{d_1 m} = \frac{2}{\ln\left(1 + \dfrac{2}{0{,}400\,(Gr_d)^{1/4}}\right)}. \tag{344}$$

Diese Gleichung ist in guter Übereinstimmung mit Versuchsergebnissen für Wärmeübergang durch freie Konvektion von horizontalen Drähten an Luft.

Die Ausdehnung der Grenzschicht und die Verteilung der Wärmeübergangszahl läßt sich aus einer Schlierenaufnahme nach E. SCHMIDT[1] entnehmen. Will man einen Kreiszylinder nach dieser Methode untersuchen, dann läßt man Licht von einer weit entfernten Lichtquelle den beheizten Körper längs seiner Mantelfläche streifen. Auf einem ebenfalls in großer Entfernung angebrachten Schirm erscheint dann die Abb. 111. Die Lichtstrahlen, die die Grenzschicht durchsetzen, werden durch Brechung abgelenkt, so daß die helle Linie, die das dunkle Feld begrenzt, den äußeren Rand der Grenzschicht angibt. Die weiter außen liegende helle Linie wird von den Lichtstrahlen aufgezeichnet, die gerade die Zylinderoberfläche streifen. Ihr Abstand von der gestrichelt eingetragenen Zylinderoberfläche ist, wie sich leicht zeigen läßt, der Wärmeübergangszahl an jeder Stelle verhältnisgleich.

Das Temperaturfeld innerhalb der Grenzschicht erhält man aus Aufnahmen mit einem ZEHNDER-MACH-Interferometer. Abb. 112 zeigt eine solche Aufnahme für freie Konvektion von Luft an einer senkrechten Platte. Die

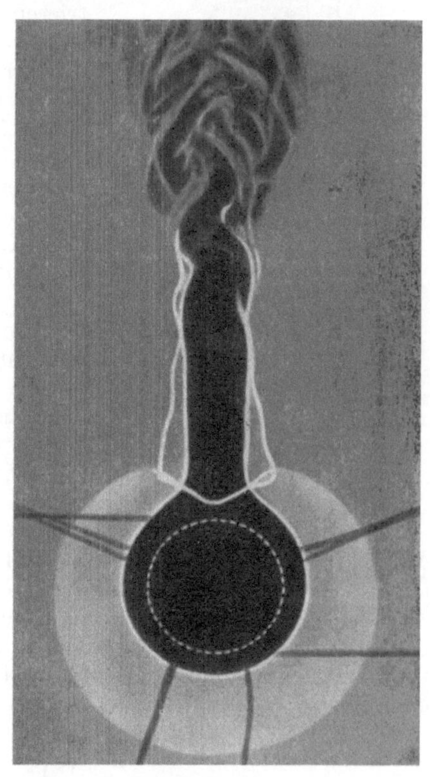

Abb. 111. Schlierenbild eines beheizten Rohres bei freier Konvektion (nach E. SCHMIDT).

schwarzen Linien, die den Schatten der Platte umgeben, sind Linien konstanter Dichte und, da der Druck praktisch konstant ist, auch Linien

---

[1] SCHMIDT, E.: Schlierenaufnahmen des Temperaturfeldes in der Nähe wärmeabgebender Körper. Forsch. Ing.-Wes. 3 (1932) 181–189.

konstanter Temperatur. Aus dem Abstand der Linien nahe der Plattenoberfläche kann man den Temperaturgradienten und damit die Wärmeübergangszahl ermitteln.

Bei genügend großer Entfernung x von der Plattenkante wird die Grenzschicht instabil in dem Sinne, daß durch kleine Störungen hervorgerufene Wellen in der Grenzschicht stromabwärts laufen und sich dabei aufschaukeln. Dieser Vorgang kann im Interferometer sehr anschaulich verfolgt werden. Abb. 113 zeigt Aufnahmen desselben[1]. Die rechts erscheinenden Zahlen geben die Entfernung von der Plattenunterkante in engl. Zoll an. Weiter stromabwärts konzentrieren sich die Wellen in Wirbeln mit Achsen normal oder parallel zur Strömungsrichtung und lösen sich schließlich in die viel feinkörnigere Turbulenz auf, wie sie die Abb. 113 links zeigt. Die untere kritische GRASHOFF-Zahl, bei der die ersten Störungen in der laminaren Grenzschicht zu beobachten sind, und die obere kritische GRASHOFF-Zahl, bei der sich die Schwankungen in Turbulenz aufgelöst haben, sind zeitlichen Schwankungen unterworfen. Der zeitliche Mittelwert der unteren kritischen GRASHOFF-Zahl liegt bei $4 \cdot 10^8$, wenn die Störungen im Raume, in dem die Platte angeordnet ist, klein gehalten werden. Die obere kritische GRASHOFF-Zahl liegt um gut eine Zehnerpotenz höher.

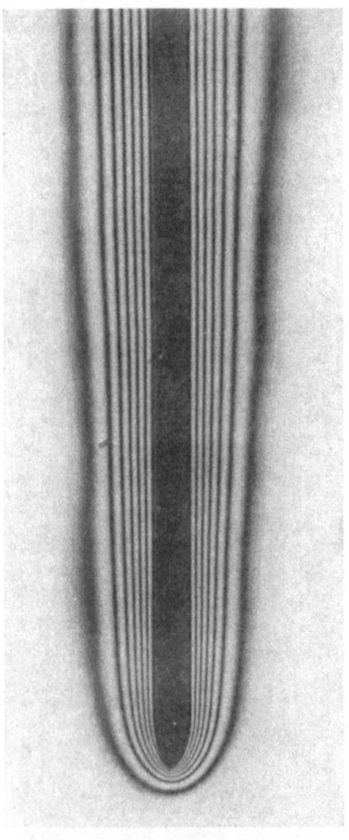

Abb. 112. Interferenzaufnahme des Temperaturfeldes in der Grenzschicht bei freier Konvektion an einer senkrechten Platte (nach E. ECKERT und E. SOEHNGEN).

Der Wärmeübergang bei freier Konvektion mit turbulenter Grenzschicht läßt sich in analoger Weise wie der laminare Wärmeübergang berechnen. Messungen haben gezeigt, daß das Temperaturprofil und das Geschwindigkeitsprofil in der Grenzschicht durch die folgenden Gleichungen angenähert werden können[2].

$$\vartheta = \Theta\left[1 - \left(\frac{y}{\delta}\right)^{1/7}\right]$$

$$u = u_1\left(\frac{y}{\delta}\right)^{1/7}\left(1 - \frac{y}{\delta}\right)^4.$$

<hr>

[1] ECKERT, E. R. G., E. SOEHNGEN u. P. J. SCHNEIDER in H. GÖRTLER und W. TOLLMIEN: 50 Jahre Grenzschichtforschung, Braunschweig: Friedr. Vieweg 1955, S. 407–418.

[2] ECKERT, E. R. G., u. T. W. JACKSON: Natl. Advisory Comm. f. Aeronautics, Report Nr. 1015 (1951).

Wie bei erzwungener turbulenter Strömung (S. 82) läßt sich die Wandschubspannung und der Wärmestrom an der Plattenoberfläche aus diesen Gleichungen nicht gewinnen. Man muß vielmehr nach einem anderen

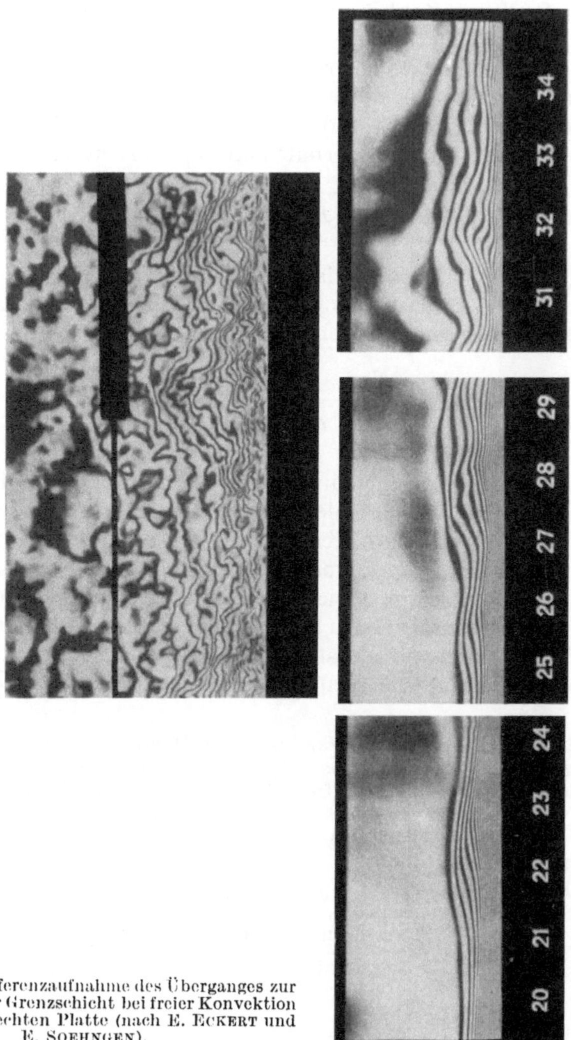

Abb. 113. Interferenzaufnahme des Überganges zur
Turbulenz einer Grenzschicht bei freier Konvektion
an einer senkrechten Platte (nach E. Eckert und
E. Soehngen).

Weg suchen, um diese Werte zu bestimmen. Die obige Gleichung für das
Geschwindigkeitsprofil geht in Wandnähe in den Ausdruck $u = u_1\,(y/\delta)^{1/7}$
über. Damit liegt es nahe, Gl. (164) für die Wandschubspannung zu verwenden. Für die Wärmestromdichte an der Wand kann man aus Rey-

194 F. Freie Konvektion

NOLDS' Analogie (S. 126) die folgende Gleichung ableiten:

$$q_0 = 0,0228\, c_p u_1\, \Theta \left(\frac{\nu}{u_1 \delta}\right)^{1/4} (Pr)^{-2/3}.$$

Der Faktor $(Pr)^{-2/3}$ ist angefügt, um Abweichungen von REYNOLDS' Analogie für PRANDTL-Zahlen zu berücksichtigen, die stark vom Werte 1 abweichen.

Wenn man die obigen Ausdrücke für die Wandschubspannung und den Wandwärmestrom an Stelle der beiden letzten Summanden in die Gln. (336) und (337) einführt und die Integrationen mit Verwendung der turbulenten Profile vornimmt, erhält man die Beziehung

$$\boxed{Nu_x = 0,0295\,(Gr)^{2/5}(Pr)^{7/5}\,[1 + 0,494\,(Pr)^{2/3}]^{-2/5}} \tag{345}$$

Das vorliegende Versuchsmaterial für turbulente, freie Konvektion ist noch recht spärlich, es bestätigt jedoch die Gleichung recht gut.

A. SAUNDERS hat aus Versuchen die einfachere Beziehung

$$Nu_x = C\,(Gr_x\,Pr)^{1/3} \tag{346}$$

mit dem Wert der Konstanten $C = 0,10$ für Luft und 0,17 für Wasser abgeleitet.

Abschließend möge darauf hingewiesen werden, daß freie Konvektion nicht nur durch die Erdbeschleunigung hervorgerufen wird, sondern allgemein durch eingeprägte Kräfte. Solche entstehen beispielsweise durch das Zusammenwirken von Fliehkräften und Temperaturunterschieden in Kühlkanälen in rotierenden Bauteilen oder in gekrümmten Kanälen. Auch Massenaustausch an Oberflächen ruft häufig Dichteunterschiede und damit Konvektionsströmungen hervor. Die im vorstehenden entwickelten Beziehungen lassen sich leicht auf solche Vorgänge übertragen.

Zahlenbeispiel. Eine senkrechte Wand ist durch Dampf auf eine Temperatur von 100 °C beheizt. Es soll die Wärmeübergangszahl berechnet werden, die in 200 mm Entfernung von der Unterkante bei freier Konvektion von Luft mit 20 °C auftritt.

Die Stoffwerte sind am zweckmäßigsten beim Mittelwert zwischen Wandtemperatur und Lufttemperatur in die Gleichungen einzuführen. Für Luft von 60 °C entnimmt man aus dem Anhang:

$\nu = 0,187\,\dfrac{\text{cm}^2}{\text{s}}$, $\lambda = 0,0287\,\dfrac{\text{W}}{\text{m\,grd}}$, $Pr = 0,700$. Der Ausdehnungskoeffizient β ist für Luft $\beta = 1/T_0 = 1/333/\text{grd}$. Damit ergibt sich die GRASHOFFsche Zahl nach Gl. (280) $Gr = \dfrac{981 \cdot 80 \cdot 20^3}{0,187^2 \cdot 333} = 5,39 \cdot 10^6$. Die Strömung ist daher laminar. Gl. (340) liefert

$$\frac{\delta}{x} = 3,93\,\frac{(0,952 + 0,700)^{1/4}}{0,700^{1/2} \cdot 5,39^{1/4} \cdot 10^{6/4}} = 0,1103.$$

Die Grenzschichtdicke ist daher an der betrachteten Stelle $\delta = 2,21$ cm. Die Wärmeübergangszahl folgt damit aus Gl. (342):

$$\alpha = 2 \cdot \frac{\lambda}{\delta} = 2\,\frac{0,0287}{0,0221} = 2,60\,\frac{\text{W}}{\text{m}^2\,\text{grd}}.$$

Das gleiche Ergebnis liefert Gl. (343). Die mittlere Wärmeübergangszahl der senkrechten Platte von der Höhe 200 mm ist $\alpha_m = \dfrac{4}{3}\,\alpha = 3{,}47\,\dfrac{\mathrm{W}}{\mathrm{m^2\,grd}}$. Die gleiche

mittlere Wärmeübergangszahl hat ein Rohr vom Durchmesser $d = \dfrac{200}{2{,}5} = 80\,\mathrm{mm}$.

Die maximale Geschwindigkeit der Luft an der Stelle $x = 20$ cm ergibt sich aus Gl. (338). Formt man diese Gleichung etwas um, indem man die GRASHOFFsche Zahl einführt, so erhält man

$$U_{\max} = 0{,}766\,\frac{\nu}{x}\,(0{,}952 + Pr)^{-1/2}\,(Gr)^{1/2}$$

$$= 0{,}766\,\frac{0{,}187}{20}\,(0{,}952 + 0{,}700)^{-1/2}\,(5{,}39 \cdot 10^6)^{1/2} = 13{,}0\,\mathrm{cm/s}\,.$$

Die Geschwindigkeiten bei der freien Konvektion sind also recht klein. Als Folge davon wird schon durch kleine zusätzliche Luftströmungen (Zug) der Wärmeübergang merklich erhöht. Dies ist bei technischen Berechnungen sehr zu beachten.

G. Kondensation und Verdampfung

47. Kondensation

Grenzt ein Dampf an eine Wand, deren Temperatur niedriger ist als die Sättigungstemperatur des Dampfes, dann findet an der Wand eine Kondensation des Dampfes statt. Die hierdurch freiwerdende Wärme muß durch die Wand hindurch abgeführt werden. Der Wärmeübergang, der mit diesem Vorgang verknüpft ist, wurde bereits im Jahre 1916 von NUSSELT[1] in seiner *Wasserhauttheorie* berechnet. NUSSELT macht sich dabei von dem Vorgang die Vorstellung, daß das Kondensat die Wand in Form einer zusammenhängenden Haut überzieht und daß der Wärmeübergang durch den Wärmeleitwiderstand dieser Haut bestimmt ist. Wir führen im folgenden die Berechnung wieder für eine senkrechte Wand als den am einfachsten zu behandelnden Fall durch. Die Wand soll die konstante Temperatur t_0 haben. An dieser Wand bildet sich eine Wasserhaut aus, die infolge der Schwere nach unten abläuft und auf ihrem

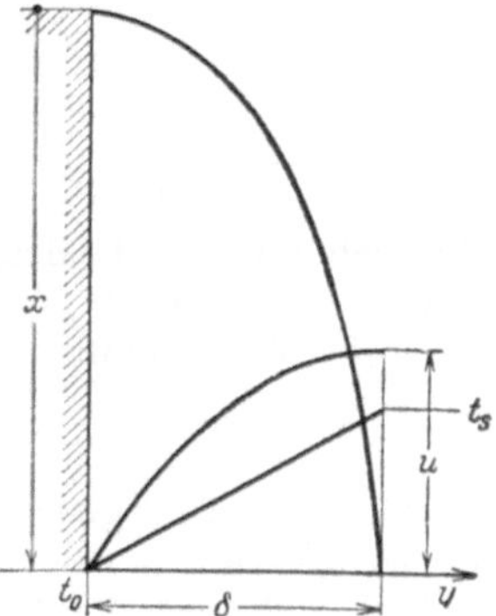

Abb. 114. Wasserhaut an einer senkrechten Wand.

Wege durch den neu kondensierten Dampf ständig verstärkt wird. Die Wasserhaut beginnt an der Oberkante der Wand mit der Dicke 0 und wird nach unten immer dicker, wie dies in Abb. 114 dargestellt ist. In der Entfernung x von der Plattenoberkante soll die Wasserhaut die Dicke δ haben. Das Geschwindigkeitsprofil innerhalb der Wasserhaut wollen wir wieder als Parabel ansetzen

$$u = U\left(2\,\frac{y}{\delta} - \frac{y^2}{\delta^2}\right). \tag{347}$$

---

[1] NUSSELT, W.: Z. VDI 60 (1916) 541.

Darin ist y der Wandabstand und U die Geschwindigkeit am äußeren Rand der Wasserhaut. Die Gleichung ist insofern berechtigt, als die Schubspannung in der Entfernung y von der Wand im wesentlichen (bei Vernachlässigung von Impulskräften) dem Gewichte der Flüssigkeit von y bis δ das Gleichgewicht halten muß. Die Schubspannung und damit der Geschwindigkeitsgradient $\partial u/\partial y$ fällt damit etwa linear von $y = 0$ bis $y = \delta$ ab. Da die freiwerdende Wärme die Wasserhaut senkrecht zur Bewegungsrichtung der Wasserteilchen durchsetzt, muß sich in ihr ein im wesentlichen lineares Temperaturfeld einstellen, wobei die Wasserhaut an der Wand die Temperatur t_0 und am äußeren an den Dampf grenzenden Rand die Sättigungstemperatur t_s des Dampfes hat. Es überrascht vielleicht, daß das Temperaturfeld eine andere Gestalt hat als in der Grenzschicht im Abschn. 29 oder 46. Dies rührt daher, daß dort die gesamte von der Wand aufgenommene Wärme aus der Grenzschicht stammt, während hier praktisch die ganze von der Wand aufgenommene Wärme durch die Kondensation des Dampfes auf der dem Dampf zugekehrten Oberfläche der Wasserhaut frei wird.

Der Wärmestrom dQ durch ein Stück der Wasserhaut von der Höhe dx und der Breite 1 senkrecht zur Zeichenebene ist daher

$$dQ = \frac{\lambda}{\delta} \, dx \, (t_s - t_0). \tag{348}$$

Definiert man wieder eine Wärmeübergangszahl mit der Gleichung $dQ = \alpha \, dx \, (t_s - t_0)$, so ergibt sich für sie die Beziehung

$$\alpha = \frac{\lambda}{\delta}. \tag{349}$$

Die Geschwindigkeit, mit der die Wasserhaut an der Platte herabströmt, läßt sich aus der Gleichgewichtsbedingung für das herausgeschnittene Stück von der Höhe dx berechnen. Es muß das Gewicht dieses Teiles durch die Wandschubspannung τ_0 aufgenommen werden

$$\gamma \delta \, dx = \tau_0 \, dx.$$

Die in der Impulsgleichung (148) noch auftretenden Beschleunigungs- und Druckkräfte werden also hier als klein vernachlässigt. Führt man für die Wandschubspannung den NEWTONschen Ansatz Gl. (146) ein und berechnet das Geschwindigkeitsgefälle an der Wand aus Gl. (347), so erhält man

$$\left(\frac{du}{dy}\right)_0 = \frac{2U}{\delta} = \frac{\gamma}{\mu} \delta$$

und daraus

$$U = \frac{\gamma}{2\mu} \delta.$$

Für den Geschwindigkeitsverlauf gilt demnach mit Gl. (347) die Gleichung

$$u = \frac{\gamma}{2\mu} \delta^2 \left(2\frac{y}{\delta} - \frac{y^2}{\delta^2}\right)$$

und für die mittlere Geschwindigkeit im Querschnitt x die Beziehung $(u_m = 2/3\,u)$

$$u_m = \frac{\gamma}{3\,\mu}\,\delta^2\,,\tag{350}$$

da die mittlere Höhe einer Parabel zwei Drittel der maximalen Höhe für $y = \delta$ ist. Die Kondensatmenge G, die in der Zeiteinheit durch den Querschnitt x hindurchfließt, ist

$$G = \varrho\,u_m\,\delta = \frac{g\,\varrho^2}{3\,\mu}\,\delta^3$$

In dem um $d\,x$ tiefer liegenden Querschnitt ist die Menge um den Betrag

$$dG = \frac{g\,\varrho^2}{\mu}\,\delta^2\,d\,\delta\tag{351}$$

gewachsen. Diese Menge muß durch Kondensation des Dampfes entstanden sein. Da die Beziehung $dQ = r\,dG$ gilt, in der r die Verdampfungswärme bedeutet, erhält man aus Gl. (348)

$$dG = \frac{\lambda}{r\,\delta}\,d\,x\,(t_s - t_0)\tag{352}$$

und durch Gleichsetzen der beiden Gln. (351) und (352) eine Beziehungsgleichung für die Grenzschichtdicke

$$\delta^3\,\frac{d\,\delta}{d\,x} = \frac{\mu\,\lambda}{r\,g\,\varrho^2}\,(t_s - t_0)\,.$$

Die Gleichung ergibt integriert

$$\frac{\delta^4}{4} = \frac{\mu\,\lambda}{r\,g\,\varrho^2}\,(t_s - t_0)\,x\,.$$

Die Wasserhautdicke ist demnach, wenn man noch die dynamische Zähigkeit μ durch die kinematische ν ersetzt,

$$\delta = \sqrt[4]{\frac{4\,\nu\,\lambda\,(t_s - t_0)\,x}{g\,\varrho\,r}}\tag{353}$$

und die Wärmeübergangszahl

$$\alpha = \frac{\lambda}{\delta} = \sqrt[4]{\frac{g\,\varrho\,r\,\lambda^3}{4\,\nu\,(t_s - t_0)\,x}}\,.\tag{354}$$

Machen wir diese mit der Länge x dimensionslos, so erhalten wir als endgültige Formel

$$\boxed{Nu_x = \frac{\alpha\,x}{\lambda} = \frac{x}{\delta} = \sqrt[4]{\frac{g\,\varrho\,r\,x^3}{4\,\nu\,\lambda\,(t_s - t_0)}}}\,.\tag{355}$$

Die Gl. (354) gibt die örtliche Wärmeübergangszahl in der Entfernung x von der Oberkante der Platte. Die mittlere Wärmeübergangszahl der Platte von der Höhe x erhält man daraus wieder durch Mittelwertbildung über die Höhe zu

$$\alpha_m = \frac{4}{3}\,\alpha\,.\tag{356}$$

Nach Gl. (355) hängt die NUSSELTsche Zahl beim Kondensationsvorgang von der unter der Wurzel stehenden Kenngröße ab. Eine Benennung dieser Kennzahl ist bisher noch nicht erfolgt. In die Gl. (355) sind gemäß ihrer Ableitung die Stoffwerte für das Kondensat einzuführen.

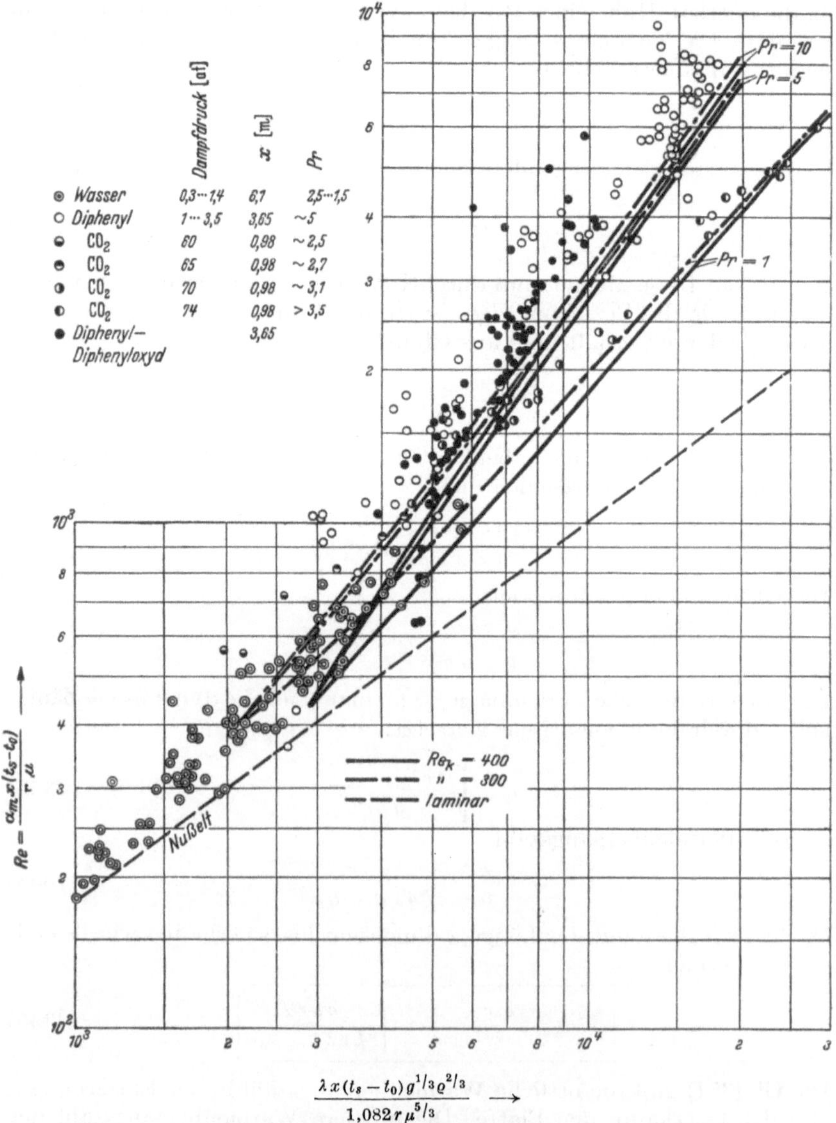

Abb. 115. Dimensionslose Wärmeübergangszahl von kondensierendem Dampf mit laminarer und turbulenter Wasserhaut.

Eine sehr vollständige Berechnung der Filmkondensation unter Anwendung der Grenzschichttheorie haben KOH, SPARROW und HART-

NETT[1] durchgeführt. Dabei wurde auch der Einfluß der Schubspannung an der Grenzfläche zwischen Kondensat und Dampf berücksichtigt. Es zeigte sich, daß nur bei flüssigen Metallen nennenswerte Abweichungen von der Gl. (355) vorhanden sind. Bei Metallen haben aber Messungen Wärmeübergangszahlen ergeben, die um eine oder mehrere Größenordnungen kleiner sind als die vorstehend berechneten. Sie wurde in neuester Zeit dahin aufgeklärt, daß ein Temperatursprung an der Grenze zwischen Kondensat und Dampf auftritt, der einen nicht zu vernachlässigenden Übergangswiderstand darstellt (SUKHATME u. ROHSENOW[2]).

Auch die Wasserhaut geht bei einer bestimmten Dicke in die turbulente Strömungsform über. Die Berechnung des Wärmeüberganges in der turbulenten Wasserhaut läßt sich in der gleichen Weise durchführen wie bei der längsangeströmten Platte mit turbulenter Grenzschicht. Diese Berechnung wurde von U. GRIGULL[3] ausgeführt. Sie zeigt, daß in der turbulenten Wasserhaut die NUSSELTsche Kennzahl außer von der in Gl. (355) angegebenen Kenngröße auch von der PRANDTLschen Kennzahl abhängt, wobei auch die PRANDTLsche Kennzahl mit den Stoffwerten für das Kondensat zu bilden ist. Die Beziehung für den Wärmeübergang in der turbulenten Wasserhaut ist recht verwickelt, so daß es sich empfiehlt, die Wärmeübergangszahl aus dem von GRIGULL mitgeteilten Schaubild (Abb. 115, S. 198) abzulesen. In diesem Schaubild ist die REYNOLDSsche Kennzahl der Wasserhaut als Ordinate aufgetragen. Die REYNOLDSsche Kennzahl ist dabei mit der Wasserhautdicke δ und der mittleren Geschwindigkeit u_m gebildet

$$Re = \frac{u_m \delta}{\nu} .$$

Aus dieser Kennzahl läßt sich die mittlere Wärmeübergangszahl α_m berechnen, indem man zum Ausdruck bringt, daß die auf der Wand von der Höhe x übergehende Wärmemenge aus der Verflüssigungswärme des an der Stelle x herabfließenden Kondensates stammt:

$$\alpha_m x (t_s - t_0) = \varrho \, u_m \delta r .$$

Daraus folgt

$$Re = \frac{u_m \delta}{\nu} = \frac{u_m \delta \varrho}{\mu} = \frac{\alpha_m x (t_s - t_0)}{r \mu} . \tag{357}$$

Setzt man hier $\alpha_m x = \frac{4}{3} \alpha x$ aus Gl. (356) für die laminare Grenzschicht ein, so erhält man aus Gl. (355)

$$Re = \left(\frac{\lambda g^{1/3} \varrho^{2/3} x (t_s - t_0)}{1{,}082 \, r \, \mu^{5/3}} \right)^{3/4} . \tag{358}$$

Diese Gleichung ist in Abb. 115 durch die gestrichelte, mit „NUSSELT" bezeichnete Gerade dargestellt. Über der gleichen Kennzahl ist die REY-

---

[1] KOH, I. C. Y., E. M. SPARROW u. J. P. HARTNETT: Intern. Journ. Heat Mass Transfer 2 (1961) 69–82.

[2] SUKHATME, S. P., u. W. M. ROHSENOW: Amer. Soc. Mech. Eng.. Paper Nr. 65-HT-29.

[3] GRIGULL, U.: Forsch. Ing.-Wes. 13 (1942) 49–57.

NOLDSsche Zahl auch für die turbulente Wasserhaut aufgetragen, wobei die PRANDTLsche Kennzahl nunmehr als Parameter auftritt. In der Abb. 115 sind zwei Linienbündel eingezeichnet, das ausgezogene ist mit einer kritischen REYNOLDSschen Zahl $Re_{kr} = 400$ für den Umschlag zur Turbulenz, das strichpunktierte mit $Re_{kr} = 300$ berechnet. Die eingetragenen Versuchspunkte einer großen Zahl von deutschen und amerikanischen Messungen deuten darauf hin, daß die Annahme $Re_{kr} = 300$ besser der Wirklichkeit entspricht. Die NUSSELTsche Theorie wird durch die eingetragenen Meßpunkte für den laminaren Bereich, wie die gestrichelte Gerade zeigt, recht gut bestätigt.

Von NUSSELT wurde auch der Wärmeübergang an einem horizontalen Rohr mit Kreisquerschnitt berechnet. Das Ergebnis dieser Berechnung läßt sich wie bei der freien Konvektion in einfacher Form so aussprechen, daß die mittlere Wärmeübergangszahl des Rohres mit dem Durchmesser d ebensogroß ist wie die mittlere Wärmeübergangszahl einer senkrechten Wand von der Höhe $x = 2,5 d$. Liegen mehrere Rohre übereinander, so fließt das vom obersten Rohr abtropfende Kondensat auf das darunterliegende und verdickt dessen Wasserhaut (Abb. 116). Dadurch wird der Wärmeübergang der tiefer liegenden Rohre verschlechtert. Von NUSSELT wurde berechnet, daß das zweite Rohr nur mehr 60% der Wärme des ersten Rohres aufnimmt. Bei den tiefer liegenden Rohren vermindert sich die Wärmeübergangszahl noch weiter. Diese rechnungsmäßig ermittelte Verschlechterung des Wärmeüberganges wird jedoch in manchen Fällen durch eine vermehrte Turbulenz im Kondensatfilm wettgemacht.

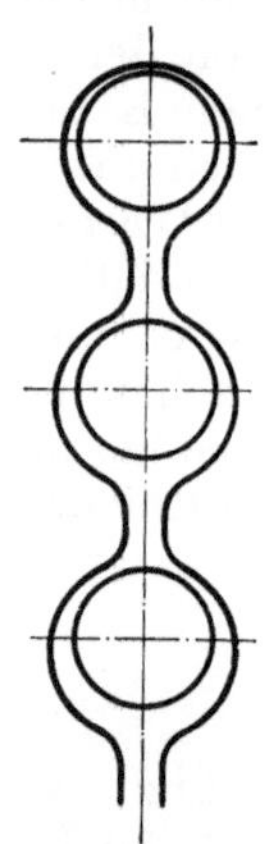

Abb. 116. Dampfkondensation mit übereinanderliegenden waagerechten Rohren.

Während durch die meisten Messungen die NUSSELTsche Wasserhauttheorie bestätigt wurde, ergaben sich in Einzelfällen doch immer wieder bedeutend größere Wärmeübergangszahlen. Die Aufklärung dieser Erscheinung brachte eine Arbeit von E. SCHMIDT, W. SCHURIG und W. SELLSCHOPP[1]. Diese Forscher zeigten, daß unter bestimmten Verhältnissen der Dampf nicht als zusammenhängende Wasserhaut kondensiert, sondern in Form von kleinen und kleinsten Tröpfchen, die im Laufe der Zeit anwachsen und bei Erreichen einer bestimmten Größe an der Wand herablaufen, wobei sie hinter sich eine von Tröpfchen freie Spur hinterlassen, an der sofort die neue Kondensation als kleinste Tröpfchen einsetzt. Abb. 117 zeigt diese Kondensationsform. Es ist verständlich, daß bei dieser Art der Kondensation viel höhere Wärmeübergangszahlen auftreten müssen. Die Frage, wann der Dampf als zusammenhängende Haut und wann er in Tropfenform kondensiert, ist durch eine große Zahl vor allem amerikanischer Messungen im wesentlichen dahin geklärt, daß reiner Dampf an reinen Oberflächen stets als zusammenhängende Haut kondensiert. Verunreinigungen des Dampfes oder der Oberfläche der Wand, vor allem

---

[1] SCHMIDT, E., W. SCHURIG u. W. SELLSCHOPP: Techn. Mech. u. Thermodyn. 1 (1930) 53.

durch Fettsäuren, dagegen verhindern die Benetzung und führen zur Tropfenkondensation. Die Umbildung in die Tropfenkondensation tritt an glatten Oberflächen leichter auf als an rauhen. An Stahl- und Aluminiumrohren ist unter technischen Bedingungen nur Hautkondensation zu erwarten. Da man demnach schwer mit Sicherheit voraussehen kann,

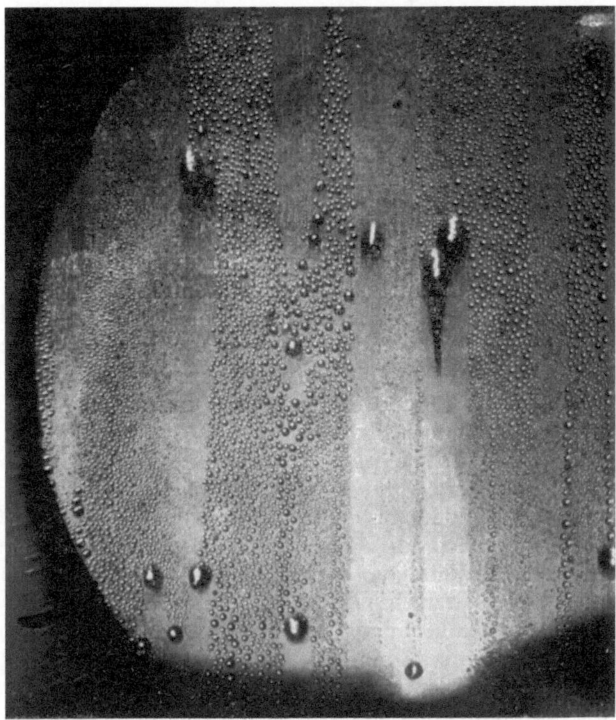

Abb. 117. Tropfenkondensation von Wasserdampf (nach E. SCHMIDT).

welche Kondensationsform in einer zu entwerfenden Kondensationsanlage auftritt, empfiehlt es sich, die Berechnung derselben stets für Hautkondensation nach Gl. (355) oder für größere Höhe x nach Abb. 115 vorzunehmen.

Zahlenbeispiel. Es soll die Wärmeübergangszahl berechnet werden, die bei der Filmkondensation von Wasserdampf an einer senkrechten Wand 8 cm von der Oberkante entfernt auftritt. Der Dampfdruck sei 0,098 b, die Siedetemperatur ist daher 45,5 °C. Das Temperaturgefälle sei $t_s - t_0 = 5\ °C$.

Aus den VDI-Dampftafeln entnimmt man hierfür die Verdampfungswärme $r = 2392$ kJ/kg und die Dichte der Flüssigkeit $\varrho = 991$ kg/m³. Die Stoffwerte λ und ν lassen sich aus dem Anhang entnehmen:

Die Kennzahl in Gl. (355) folgt damit

$$\frac{g\,\varrho\,r\,x^3}{4\,\nu\,\lambda\,(t_s - t_0)} = \frac{9{,}81\ \frac{\text{m}}{\text{s}^2} \cdot 991\ \frac{\text{kg}}{\text{m}^3} \cdot 2392\ \frac{\text{kJ}}{\text{kg}} \cdot 0{,}08^3\ \text{m}^3}{4 \cdot 0{,}0066\ \frac{\text{cm}^2}{\text{s}}\ 10^{-4}\ \frac{\text{m}^2}{\text{cm}^2}\ 0{,}634\ \frac{\text{W}}{\text{m grd}}\ \frac{\text{kJ}}{10^3\ \text{Ws}}\ 5\ \text{grd}} = 1{,}423 \cdot 10^{12}$$

und die NUSSELTsche Kennzahl $Nu = \sqrt[4]{1{,}423 \cdot 10^{12}} = 1{,}092 \cdot 10^3$.

Die örtliche Wärmeübergangszahl ist

$$\alpha = \frac{\lambda}{x}\,1092 = \frac{0{,}634}{0{,}08}\,1092\,\frac{W}{m^2\,grd} = 8650\,\frac{W}{m^2\,grd}$$

Die mittlere Wärmeübergangszahl auf der 8 cm hohen Wand ist

$$\alpha_m = \frac{4}{3}\,8650 = 11530\,\frac{W}{m^2\,grd}\;;$$

ebensogroß ist die mittlere Wärmeübergangszahl eines waagerechten Rohres vom Durchmesser $d = \dfrac{x}{2{,}5} = 3{,}2$ cm.

Man sieht, daß bei der Kondensation sehr große Wärmeübergangszahlen auftreten.

48. Verdampfung

Die Verdampfung einer Flüssigkeit kann in Sonderfällen derart erfolgen, daß der Dampf unmittelbar an der Trennfläche zwischen Flüssigkeit und Dampf gebildet wird. Dies wird beispielsweise erreicht, wenn man die benötigte Wärme durch den Dampfraum in die Flüssigkeitsoberfläche einstrahlt. Ein solcher Verdampfungsvorgang hat viel Ähnlichkeit mit den in den Abschn. 20 und 45 besprochenen Vorgängen und läßt sich in ähnlicher Weise rechnerisch verfolgen.

Im allgemeinen wird bei technischen Verdampfungsvorgängen die Wärme durch eine in der Flüssigkeit angeordnete feste Heizfläche zugeführt. Der Dampf bildet sich dann in Form von Bläschen an der Heizfläche. Diese lösen sich los, sobald sie eine bestimmte Größe erreicht haben, und steigen durch die Flüssigkeit hoch. Verdampfung mit Blasenbildung wollen wir als *Sieden* bezeichnen und in diesem Abschnitt besprechen. Der Vorgang ist physikalisch recht verwickelt, und unsere Kenntnis war daher lange Zeit auf eine Sammlung empirischer Daten beschränkt. In den letzten Jahren hat aber intensive experimentelle Forschung und rechnerische Verfolgung vereinfachter Modelle einen entscheidenden Fortschritt gebracht, und es steht zu hoffen, daß in naher Zukunft Verdampfungsvorgänge in ähnlicher Weise wie die im vorhergehenden besprochenen Wärmeaustauschvorgänge vorausberechnet werden können.

Um zu einer Einteilung der verschiedenen Verdampfungsvorgänge zu gelangen, sei der Vorgang betrachtet, daß eine Flüssigkeit durch eine untergetauchte Heizfläche allmählich erwärmt wird. Man beobachtet, daß zu einem bestimmten Zeitpunkt Dampfbläschen an der Heizfläche erscheinen. Diese verschwinden aber wieder, nachdem sie eine kleine Strecke in der Flüssigkeit hochgestiegen sind. Offenbar hat die Flüssigkeit in einiger Entfernung von der Heizfläche die Verdampfungstemperatur noch nicht erreicht, und der Dampf in den Bläschen kondensiert wieder, nachdem sich diese von der Heizfläche getrennt haben. Dieser Vorgang sei *örtliches Sieden*[1] genannt.

Nach einiger Zeit ist die Flüssigkeit derart durchgewärmt, daß die Dampfblasen bis zum Spiegel hochsteigen und der Dampf sich im Dampf-

---

[1] Dieser und die folgenden Ausdrücke sind Übersetzungen der in der amerikanischen Literatur üblichen Bezeichnungen.

raum ansammelt, von wo er normalerweise abgeführt wird. Dieser Vorgang sei als *Sieden mit Dampfbildung* bezeichnet.

Eine weitere Einteilung kann danach vorgenommen werden, ob die Flüssigkeitsbewegung nur durch Temperaturunterschiede in der Flüssigkeit und durch die Rührwirkung der Dampfblasen erzeugt wird oder ob die Flüssigkeit in einem erzwungenen Strom an der Heizfläche entlangfließt. Diese beiden Fälle seien als *Behältersieden* oder als *Sieden mit erzwungener Konvektion* unterschieden.

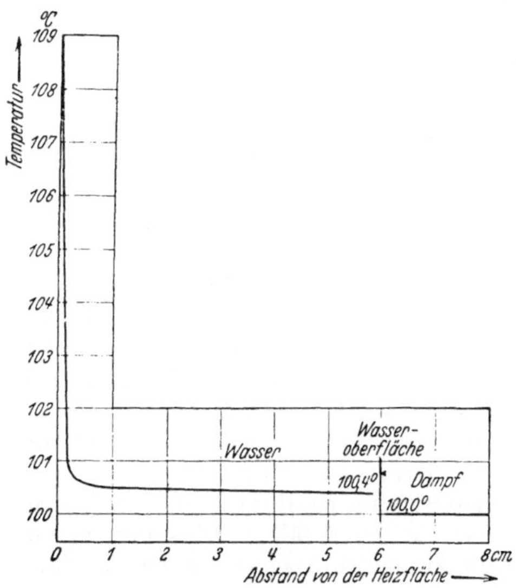

Abb. 118. Temperaturverlauf in siedendem Wasser (nach M. JAKOB und W. FRITZ).

Der am meisten untersuchte Verdampfungsvorgang ist *Behältersieden mit Dampfbildung*. Dieser Vorgang wird daher zunächst eingehend behandelt.

Abb. 118 stellt den Temperaturverlauf in Wasser dar, das über einer horizontalen Heizplatte bei normalem Drucke (entsprechend einer Verdampfungstemperatur von 100,0 °C) siedet. Man erkennt, daß in einer dünnen Grenzschicht über der Heizfläche ein starkes Temperaturgefälle vorhanden ist, während die Wassertemperatur im Flüssigkeitskern recht gleichmäßig und um 0,4 °C höher als die Dampftemperatur ist. In seinen Einzelheiten hängt das Temperaturfeld in einer siedenden Flüssigkeit von der Größe des Wärmestromes an der Heizfläche, vom Drucke, der Flüssigkeit und von der Geometrie der Heizfläche ab. Qualitativ ergibt sich jedoch stets das gleiche Bild. Zu seinem Verständnis sollen zunächst die Verhältnisse an einer Dampfblase betrachtet werden, die in einer Flüssigkeit mit örtlich konstanter Temperatur im thermischen Gleichgewicht schwebt.

Ein solches Gleichgewicht ist vorhanden, wenn der Dampf in der Blase die gleiche Temperatur hat wie die Flüssigkeit. Die Blase behält

dann ihre Größe bei, während sie beim Vorhandensein eines Temperaturunterschiedes entweder durch Verdampfen von Flüssigkeit wächst oder
durch Kondensation von Dampf schrumpft[1]. Der Druck innerhalb der
Blase ist stets größer als der Druck in der Flüssigkeit. Dies läßt sich erkennen, wenn man sich eine Blase wie in Abb. 119 durch eine Ebene 1–1
in zwei Hälften zerschnitten denkt. Auf jede Hälfte der Blase wirkt dann
von innen der Druck p_d im Dampfraum, von außen der Druck p_f in der
Flüssigkeit und außerdem eine Oberflächenspannung σ je Längeneinheit
der Trennlinie in der Ebene 1–1. Die Kräftebilanz in Richtung senkrecht zur Trennfläche für eine Blasenhälfte lau-
tet daher

$$r^2 \pi \, (p_d - p_f) = 2 \, r \, \pi \, \sigma,$$

wenn r den Blasenradius angibt. Der Druck-
unterschied ist

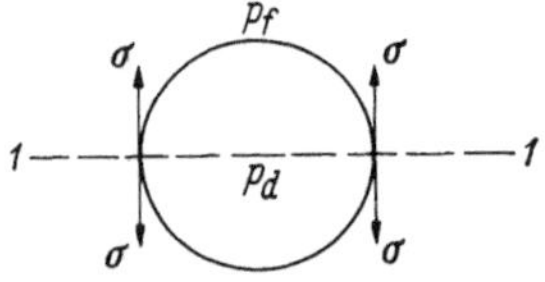

Abb. 119. Gleichgewicht einer
Dampfblase.

$$p_d - p_f = \frac{2\,\sigma}{r}\,. \tag{359}$$

Die Dampftemperatur innerhalb der Blase muß gleich der dem Drucke p_d
entsprechenden Sättigungstemperatur sein[2]. Dies bedeutet aber, daß die
Flüssigkeit, die die gleiche Temperatur, aber einen kleineren Druck hat,
überhitzt sein muß, damit die Dampfblase in ihr im thermischen Gleichgewicht bestehen kann. Die Überhitzung der Flüssigkeit ist um so größer,
je kleiner der Radius der Blase ist. Die obige Gleichung würde aussagen,
daß eine unendliche Überhitzung nötig ist, um eine Blase in einer Flüssigkeit entstehen zu lassen (beim Radius 0). In Wahrheit muß man das erste
Entstehen der Blase als ein zufälliges Zusammentreffen energiereicher
Moleküle betrachten. Immerhin zeigt die obige Gleichung die Wichtigkeit
des Blasenentstehens für den Siedevorgang an. Blasen entstehen im Inneren einer Flüssigkeit in den homogenen Atomreaktoren, in denen die
nötige Wärme durch den Zerfall von in der Flüssigkeit verteilten Ura-
niumatomen geliefert wird. Die Blasenbildung ist der Teil des Siedevor-
ganges, dessen Vorausberechnung noch nicht geglückt ist, während das
Blasenwachstum von FORSTER und ZUBER[3] in guter Übereinstimmung
mit Versuchen berechnet werden konnte. Bei Sieden an einer Heizfläche
ist die Blasenbildung wegen des starken Temperaturanstieges innerhalb
der Grenzschicht möglich. Besonders hohe Temperaturen werden in Ver-
tiefungen in der Oberfläche vorhanden sein und dies ist wahrscheinlich
der Grund, weshalb man beim Sieden beobachtet, daß die Blasen ständig
an bestimmten Punkten der Oberfläche entstehen. Das Gleichgewicht
einer solchen Blase an einer Oberfläche ist komplizierteren Bedingungen
unterworfen und durch mehrere Oberflächenspannungen bedingt. Abb. 120

---

[1] BOSNJAKOVIC, F.: Techn. Mechanik u. Thermodyn. 1 (1930) 358–362.

[2] Die Thermodynamik lehrt, daß der Sättigungsdruck p_d eines Dampfes, der sich
in thermischem Gleichgewicht mit einer Flüssigkeit von bestimmter Temperatur befindet und von ihr durch eine ebene Grenzfläche getrennt ist, etwas größer ist als
wenn die Grenzfläche konkav gegen den Dampfraum ist. Der Unterschied ist aber
recht klein mit Ausnahme der Umgebung des kritischen Druckes.

[3] FORSTER, H. K., u. N. ZUBER: Journ. Appl. Phys. 25 (1954) 474.

zeigt, daß drei Oberflächenspannungen auftreten. σ_{sf} ist durch die Eigenschaften der Flüssigkeit und der festen Oberfläche, σ_{df} durch die Eigenschaften des Dampfes und der Flüssigkeit und σ_{ds} durch die Eigenschaften des Dampfes und der festen Oberfläche bestimmt. Das Gleichgewicht in Richtung der Oberfläche ergibt folgende Beziehung:

$$\sigma_{ds} - \sigma_{sf} = \sigma_{df}\cos\beta. \tag{359a}$$

Der Winkel β hängt von der Größe der einzelnen Oberflächenspannungen ab. Bei einer die Oberfläche „benetzenden" Flüssigkeit ist er kleiner als 90 Grad, bei einer nichtbenetzenden Flüssigkeit ist er größer als 90 Grad. Es wird häufig angenommen, daß bei nichtbenetzenden Flüssigkeiten stets eine dünne Dampfschicht zwischen Flüssigkeit und fester Oberfläche vorhanden ist. Es ist verständlich, daß die Oberflächenbenetzung einen starken Einfluß auf die Blasenbildung

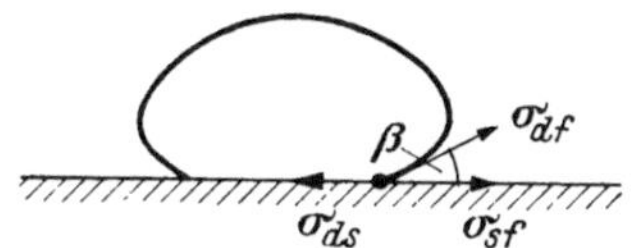

Abb. 120. Gleichgewicht einer Dampfblase an einer Wand.

ausübt. Versuche ergaben, daß eine frische Oberfläche zunächst eine kleinere Übertemperatur zur Übertragung eines bestimmten Wärmestromes benötigt und daß die Übertemperatur bei längerem Sieden allmählich anwächst. Man erklärt dies damit, daß zunächst Gase in der Oberfläche adsorbiert sind, die Keime für die Blasenbildung darstellen, und daß diese Gase allmählich mit dem Dampf abgeführt werden.

Das Vorhergesagte zeigt an, daß die Blasenbildung von vielen schwer zu erfassenden Umständen abhängt. Die Feinstruktur der Oberfläche, Gasadsorption, die Natur der Flüssigkeit, des Dampfes und der festen Wand spielen eine Rolle. Aus diesem Grunde war es bisher nicht möglich, die Blasenbildung an einer Heizfläche theoretisch zu erfassen. Auf der anderen Seite ergab sich, daß die örtliche Rührwirkung der Blasen oft so groß ist, daß die Geometrie der Heizfläche nur einen kleinen Einfluß auf den Wärmeübergang beim Sieden hat.

Nunmehr möge das Augenmerk auf den Wärmeübergang beim Sieden an einer Heizfläche gerichtet werden. Entsprechend Abb. 118 ist der Wärmeübergangswiderstand im wesentlichen in einer dünnen Grenzschicht an der Heizfläche konzentriert. Er wird üblicherweise durch eine Wärmeübergangszahl ausgedrückt. In der Literatur finden sich zwei Definitionen hierfür. Bei der einen wird der Wärmestrom je Flächeneinheit der Heizfläche durch die Differenz Δt der Oberflächentemperatur und der zum Drucke über der Flüssigkeit gehörigen Sättigungstemperatur geteilt, bei der anderen wird die Differenz zwischen Oberflächentemperatur und Flüssigkeitstemperatur außerhalb der Grenzschicht verwendet. Die erste Definition hat den Vorteil, daß die Sättigungstemperatur eindeutiger definiert ist und aus einer Druckmessung genau bestimmt werden kann. Sie wird daher im allgemeinen vorgezogen. Der Unterschied der auf die beiden Arten bestimmten Wärmeübergangszahlen ist im allgemeinen klein.

Abb. 121 zeigt Wärmeübergangszahlen, die beim Behältersieden mit Dampferzeugung von Wasser bei atmosphärischem Druck gemessen wurden. Es läßt sich beobachten, daß die Wärmeübergangszahl mit wachsender Temperaturdifferenz Δt zunächst mäßig anwächst. Von $\Delta t \sim 6\,°C$ an wird der Anstieg wesentlich steiler, bis bei etwa $\Delta t \sim 22\,°C$ ein Maximum erreicht wird. Von da an beginnt die Wärmeübergangszahl abzufallen. Messungen, die über den Bereich der Abb. 121 hinaus ausgedehnt wurden, zeigen, daß die Wärmeübergangszahl ein Minimum bei $\Delta t \sim 110\,°C$ erreicht und bei großen Temperaturdifferenzen wieder

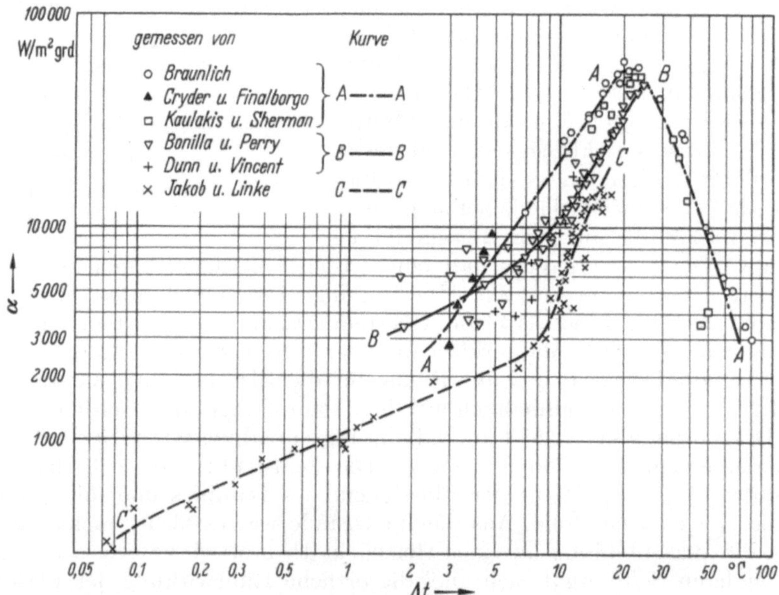

Abb. 121. Wärmeübergangszahl an siedendes Wasser bei Behältersieden mit 1 at Druck (nach W. H. McAdams: Heat Transmission, New York: McGraw-Hill 1942).

anwächst. Eine Beobachtung der Blasenbildung liefert die Erklärung für dieses eigenartige Verhalten. Man beobachtet, daß im Bereiche $0 < \Delta t < 6\,°C$ Dampfblasen nur an einzelnen weit auseinanderliegenden Punkten der Heizfläche entstehen und in Säulen über diesen Stellen aufsteigen. M. Jakob schloß daraus, daß diese wenigen Blasen nur einen kleinen Einfluß auf den Wärmeübergang haben können und daß dieser daher im wesentlichen durch die in der Flüssigkeit auftretende freie Konvektion bestimmt wird. Verdampfen in diesem Bereiche wird daher *Sieden bei freier Konvektion* genannt. Mit wachsendem Δt nimmt die Zahl der Dampfsäulen zu, und bei $\Delta t > 6\,°C$ ist die Heizfläche bereits so dicht mit Blasen besetzt, daß deren Loslösung eine erhebliche Rührwirkung in der Flüssigkeit hat. Dementsprechend steigt die Wärmeübergangszahl nun steiler an. Der Vorgang im Temperaturbereich $6 < \Delta t < 22\,°C$ wird *Bläschensieden* genannt. Bei $\Delta t \sim 110\,°C$ ist die Dampferzeugung so intensiv, daß der Dampf die Heizfläche als ein zusammen-

hängender Film überzieht, aus dem sich die aufsteigenden Blasen loslösen. Verdampfung in diesem Bereich heißt *Filmsieden*. Die kleine
Wärmeleitzahl von Dampf liefert die Erklärung für die kleinen Wärmeübergangszahlen in diesem Bereich. Die Tatsache, daß ein Dampffilm
die Flüssigkeit von einer heißen Wand trennt, ist seit langem bekannt.
LEIDENFROST hat bereits im Jahre 1756 den Vorgang beschrieben, daß
auf eine heiße Platte gespritzte Wassertropfen über der Platte zu schwe-
ben scheinen und wesentlich langsamer verdampfen als Tropfen auf einer
Platte von niederer Temperatur. Im Bereiche $22 < \Delta t < 110\,°C$, in dem

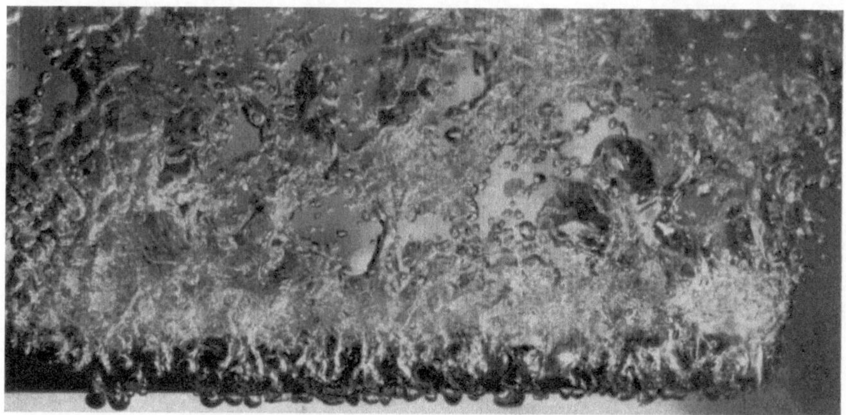

Abb. 122a–c. Siedevorgang von Methanol an einem horizontalen Rohr von 9,5 mm Durchmesser
(nach J. W. WESTWATER). a Bläschensieden, $\Delta t = 37\,°C$.

die Wärmeübergangszahl mit wachsendem Δt abfällt, beobachtet man,
daß die Heizfläche teilweise mit Bläschen und teilweise mit einem Film
bedeckt ist. Verdampfen in diesem Bereich wird *Übergangssieden* oder
teilweises Filmsieden genannt. Die Abb. 122a–c zeigen Momentaufnahmen
der verschiedenen Siedevorgänge nach I. W. WESTWATER.

Der Wärmestrom q_0 je Einheit der Heizfläche ergibt sich aus den
Wärmeübergangszahlen in Abb. 121 durch Multiplizieren mit Δt. In
Abb. 123 ist dieser Wärmestrom über der Temperaturdifferenz Δt auf-
getragen. Man erkennt, daß q_0 ebenfalls im Temperaturbereich $22 <
\Delta t < 110\,°C$ mit wachsendem Δt abfällt. Dies hat eine wichtige Folge.
Bei vielen technischen Anwendungen ist der Wärmestrom die Größe,
die in einem Verdampfer geregelt wird. Es ist dies beispielsweise in einem
Kernreaktor der Fall oder wenn die Heizleistung als elektrische Energie
zugeführt wird. Wenn der Wärmestrom auf den Wert q_A eingestellt wird,
dann nimmt die Heizfläche nach Abb. 123 die Übertemperatur Δt_A an.
Läßt man nun den Wärmestrom anwachsen, so steigt auch die Übertemperatur an, bis sie für einen Wärmestrom q_B den Wert Δt_B erreicht. Bei
einer kleinen Überschreitung von q_B dagegen steigt die Temperaturdifferenz an, bis bei dem Werte Δt_C ein neuer Gleichgewichtszustand erreicht
ist. Die Temperatur der Heizfläche, die dem Werte Δt_C entspricht, ist oft

höher als die Schmelztemperatur vieler Metalle, und dementsprechend wird die Heizfläche bei Überschreitung des Wärmestromes q_B häufig zerstört. Aus diesem Grunde nennt man den dem Punkte B entsprechenden

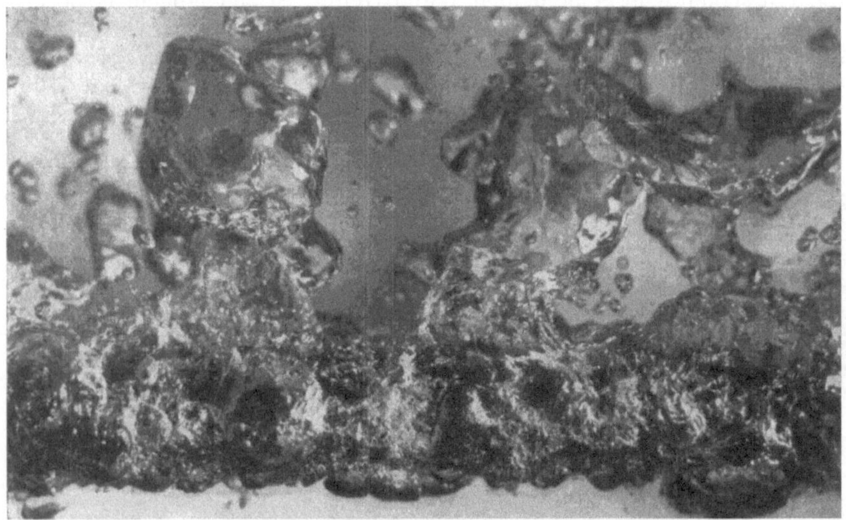

Abb. 122b. Übergangssieden, $\Delta t = 62\,°\mathrm{C}$.

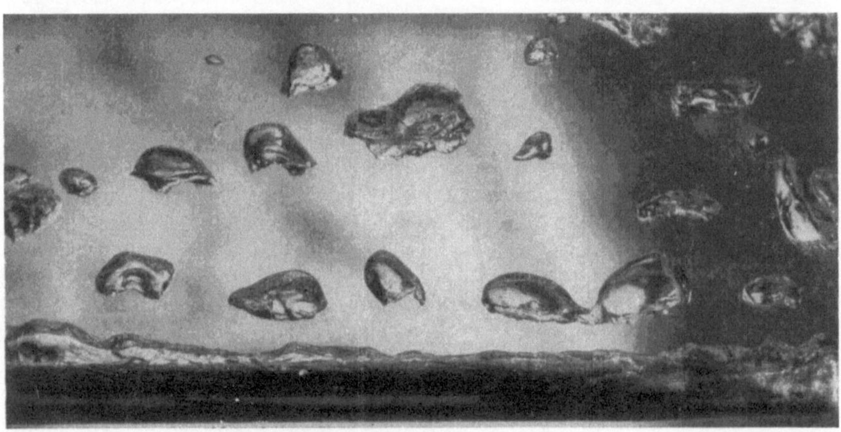

Abb. 122c. Filmsieden, $\Delta t = 100\,°\mathrm{C}$.

Zustand *Ausbrennpunkt*. In dem Bestreben, seine Apparate zu verkleinern, trachtet der Ingenieur die Verdampfer so zu entwerfen, daß sie nahe am Ausbrennpunkt arbeiten. Eine genaue Kenntnis der Lage dieses Punktes ist daher von großer Wichtigkeit.

Wenn die Annahme, daß der Wärmeübergang beim *Sieden mit freier Konvektion* durch die Konvektionsströmungen bedingt wird, korrekt ist, muß sich die Wärmeübergangszahl in diesem Bereich aus Beziehungen von der Form

$$Nu = f\,(Gr,\ Pr),$$

wie sie im Abschnitt über freie Konvektion enthalten sind, berechnen lassen. M. Jakob zeigte, daß die Ergebnisse solcher Rechnungen durch Versuche gut bestätigt werden.

Im Bereiche des *Bläschensiedens* ist die Wärmeübergangszahl, wie bereits erwähnt wurde, durch die Rührwirkung der Blasen bestimmt. Dies läßt sich aus Versuchen von Gunther und Kreith[1] erschließen, die zeigten, daß sich die Bläschen mit Geschwindigkeiten bis zu 5 m/s von der Heizfläche loslösen. In der gleichen Untersuchung wurde gezeigt, daß der überwiegende Teil des Wärmestromes von der Heizfläche in die Flüssigkeit und erst von dort in die Dampfblasen fließt. Dies bedeutet, daß der Wärmeübergang an der Heizfläche seinem Wesen nach als Wärmeübergang an die Flüssigkeit bei erzwungener Konvektion betrachtet werden kann und damit durch eine Beziehung von der Form $Nu = f\,(Re,\ Pr)$ darstellbar sein muß. Neuere Versuche, diesen Wärmeübergang theoretisch zu erfassen, bestanden daher im wesentlichen darin, die in der

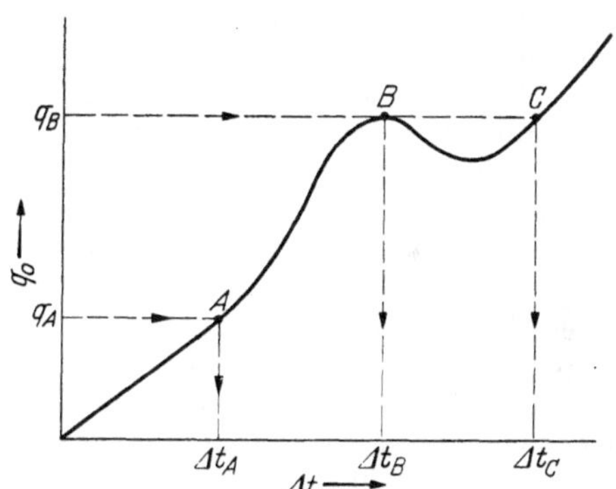

Abb. 123. Wärmestrom von einer Heizfläche an siedendes Wasser.

obigen Beziehung vorkommende Bezugslänge und Geschwindigkeit mit der Rührwirkung der Blasen zu verknüpfen. Diese Rührwirkung wird aber unter anderem mit der Zahl der Bläschen, die je Zeit und Flächeneinheit entstehen, zusammenhängen. Die Tatsache, daß diese Zahl durch verschiedene schwer erfaßbare Parameter beeinflußt wird, wie bereits auseinandergesetzt wurde, verhinderte bisher eine vollständige theoretische Berechnung. Halbempirische Beziehungen wurden unter anderen von Rohsenow[2] und von Forster und Zuber[3] angegeben. Rohsenows Gleichung lautet

$$\frac{c\,\Delta t}{r} = a\left(\frac{q_0}{\mu_f\,r}\sqrt{\frac{\sigma}{\varrho_f - \varrho_a}}\right)^{1/3}(Pr_f)^{1,7}, \tag{360}$$

in der Δt den Unterschied zwischen Heizflächentemperatur und Siedetemperatur, r die Verdampfungswärme, q_0 den Wärmestrom an der Heiz-

---

[1] Gunther, F. C., u. F. Kreith: Heat Transfer and Fluid Mechanics Institute Berkeley, California 1949.

[2] Rohsenow, W. M.: Trans. Amer. Soc. Mech. Eng. 74 (1952) 969.

[3] Forster, H. K., u. N. Zuber: Amer. Inst. Chem. Eng. Journ. 1 (1955) 531 bis 535.

fläche, σ die Oberflächenspannung bedeutet und die Stoffwerte der Flüssigkeit durch den Index f und die des Dampfes durch den Index b gekennzeichnet sind. Die Konstante a hängt von allen Faktoren ab, die die Blasenbildung beeinflussen. ROHSENOW fand durch Auswertung der verfügbaren Versuchsergebnisse Werte zwischen 0,0027 und 0,013 und PIRET und ISBIN[1] bestimmten aus eigenen Versuchen an Sieden mit erzwungener Konvektion und Dampfbildung Werte zwischen 0,0022 und 0,015 für die Konstante a. Der verhältnismäßig große Bereich der Werte für die Konstante a zeigt an, daß noch mehr Forschung nötig ist, um diesen Siedevorgang zu erfassen. Die Übereinstimmung der Werte für Behältersieden und für Sieden mit erzwungener Konvektion deutet andererseits darauf hin, daß eine erzwungene Strömung der Flüssigkeit über die Heizfläche nur einen kleinen Einfluß auf den Wärmeübergang im Bereich des Bläschensiedens ausübt. Versuche mit flüssigen Metallen zeigen, daß der Siedevorgang stark von der Benetzung der Oberflächen abhängt. Es scheint, als ob Bläschenbildung an einer nichtbenetzenden Oberfläche überhaupt nicht auftreten würde. Eine Berechnung des Wärmeüberganges beim *Filmsieden* wurde von L. A. BROMLEY[2] durchgeführt auf Grund eines vereinfachten Modelles, das im wesentlichen gleichartig ist mit NUSSELTS Wasserhauttheorie. Lediglich die Dampf- und Wasserzone sind vertauscht. Die Gl. (355) für Kondensation an einer senkrechten Wand kann beispielsweise auf den Siedevorgang übertragen werden, indem man die in der Gleichung vorkommende Dichte ϱ durch die Dichtedifferenz $\varrho_f - \varrho_d$ ersetzt und im übrigen die Stoffgrößen des Dampfes einsetzt. Eine entsprechende Gleichung für das waagerechte Rohr führte zu Wärmeübergangszahlen, die gut mit Versuchswerten übereinstimmen, wenn man eine Korrektur einführte, die eine Schleppwirkung der Flüssigkeit auf den Dampffilm berücksichtigt. In manchen Fällen muß auch beachtet werden, daß ein bestimmter Wärmestrom durch den Dampffilm durch Wärmestrahlung zustande kommt.

Von besonderer Bedeutung ist die Kenntnis des Ausbrennpunktes. Gestützt auf Arbeiten von KUTADELADZE[3] und ROHSENOW und GRIFFITH[4] hat N. ZUBER[5] die folgende Beziehung für den Wärmestrom q_B am Ausbrennpunkt rein theoretisch durch Stabilitätsbetrachtungen der Trennfläche zwischen einem Dampf- und einem Flüssigkeitsstrom erhalten:

$$\boxed{q_B = \frac{\pi}{24}\, r\, \varrho_d \left(\frac{\sigma\, g\, (\varrho_f - \varrho_d)}{\varrho_d^2}\right)^{1/4} \left(\frac{\varrho_f + \varrho_d}{\varrho_f}\right)^{1/2}}, \tag{361}$$

in der die Beziehungen die gleichen sind wie in Gl. (360). Abb. 124 vergleicht diese Beziehung mit Versuchspunkten, die von einer Reihe von Forschern erhalten wurden. Man erkennt eine sehr befriedigende Über-

[1] PIRET, E. L., u. H. S. ISBIN: Chem. Eng. Progr. 50 (1954) 305.
[2] BROMLEY, L. A.: Chem. Eng. Progr. 46 (1950) 221–227.
[3] KUTADELADZE, S. S.: Izv. Akad. Nauk. USSR, Otd. Tekh. Nauk. Nr. 4 (1951) 529.
[4] ROHSENOW, W. M., u. P. GRIFFITH: Preprint No. 9, ASME-AICHE Heat Transfer Symposium Louisville, Ky., March 1955.
[5] ZUBER, N.: Trans. Amer. Soc. Mech. Engrs. 80 (1958) 711.

einstimmung. Es erscheint danach, daß die Oberfläche am Ausbrennpunkt so dicht mit Dampfblasen besetzt ist, daß die Oberflächenbeschaffenheit keinen Einfluß mehr auf den Wärmeübergang ausübt. Versuche
haben ergeben, daß der maximale Wärmestrom bei *Sieden mit erzwungener Konvektion* höher ist als bei *Behältersieden*, für das die obige Gleichung gilt.

Die Tatsache, daß die Wärmeübergangszahlen beim Sieden sehr hoch
sind, macht diesen Vorgang zu einem sehr wirksamen Kühlverfahren. So

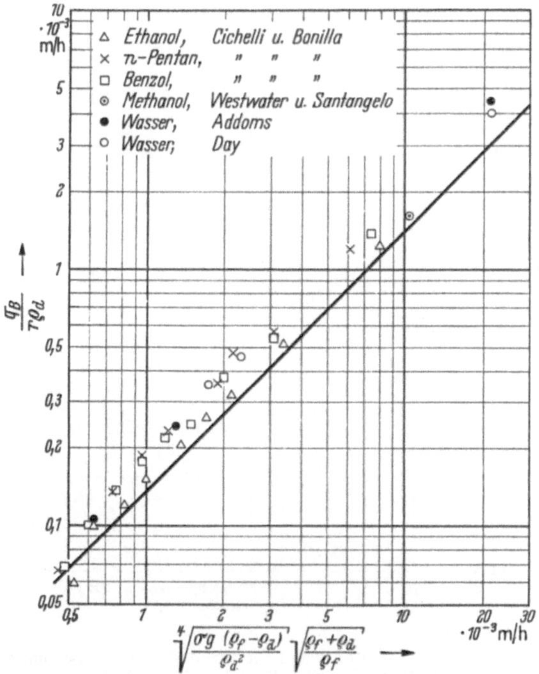

Abb. 124. Maximale Wärmestromdichte am Ausbrennpunkt bei Behältersieden (nach N. ZUBER).

wird beispielsweise im Raketenofen einer der beiden Kraftstoffe oft durch
einen den Ofen umgebenden Kühlmantel geleitet, bevor er eingespritzt
wird. Der Wärmestrom durch die Ofenwand ist so groß, daß örtliches Sieden eintritt, während der Kern der Flüssigkeit die Verdampfungstemperatur nicht erreicht. Die Geschwindigkeit der Flüssigkeit entlang der
Ofenwand ist meist beträchtlich. Man hat es daher mit *örtlichem Sieden
bei erzwungener Konvektion* zu tun. Dieser Vorgang wurde in den letzten
Jahren intensiv studiert. Abb. 125 zeigt Ergebnisse, die von ROHSENOW
und CLARK[1] für Strömung von Wasser durch ein elektrisch beheiztes Rohr
gewonnen wurden. Der Wasserstrom je Flächeneinheit der Rohrwand ist
über der Differenz der Wandtemperatur und der mittleren Flüssigkeits-

---

[1] ROHSENOW, W. M., u. J. A. CLARK: Heat Transfer and Fluid Mech. Institute,
Stanford, Calif., Stanford University Press 1951, S. 1937–2207.

14*

temperatur aufgetragen. Man erkennt, daß die Meßergebnisse mit ansteigender Temperaturdifferenz zunächst dem nach Gl. (248) berechneten Wärmestrom für erzwungene Konvektion folgen. Sobald Bläschenbildung und Sieden eintritt, steigt derWärmestrom sehr stark an, und die Temperaturdifferenz ändert sich mit dem Wärmestrom außerordentlich wenig. ROHSENOW und CLARK zeigten, daß die verschiedenen Kurven in Abb. 125 in diesem Bereich in eine einzige zusammenfallen, wenn man den

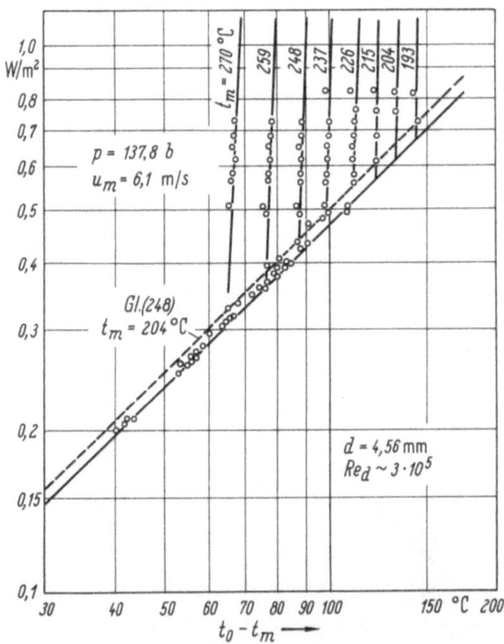

Abb. 125. Wärmestromdichte an der Rohrwand für turbulente Wasserströmung durch ein Rohr
(nach W. ROHSENOW und J. A. CLARK).

Wärmestrom über der Differenz Wandtemperatur minus Siedetemperatur aufträgt. Dies deutet wieder darauf hin, daß der Hauptwiderstand für den Wärmeübergang in der Nähe der Wand konzentriert ist, wo die Flüssigkeit die Siedetemperatur annimmt.

Besondere Verhältnisse treten beim Sieden in langen Rohren auf, wie man sie in Dampfkesseln oder in Verdampfern der chemischen Industrie verwendet. Auf ihre Besprechung kann hier nicht eingegangen werden, und es sei auf die einschlägige Literatur verwiesen[1].

Zahlenbeispiel. Als Abschluß des Kapitels über den Wärmeübergang soll die Heizfläche eines Kondensators zum Verflüssigen einer Dampfmenge von 10000 kg/h berechnet werden. Der Dampfdruck im Kondensator betrage 0,098 b. Dem entspricht eine Siedetemperatur von $t_s = 45,5\,°C$. Die Heizfläche soll aus Messingrohren mit $d = 30$ mm lichte Weite und 1 mm Wandstärke gebildet werden. Die

---

[1] KIRSCHBAUM, E.: Destillier- und Rektifiziertechnik, 3. Aufl., Berlin/Göttingen/ Heidelberg: Springer 1959.

Rohre sind $l = 3$ m lang. Die Kühlwassermenge G sei 400000 kg/h mit einer Zulauftemperatur von $t_{wa} = 27\,°C$. Die Wassergeschwindigkeit in den Rohren sei $u_m = 2$ m/s.

Die Verdampfungswärme von Wasser bei 0,098 b ist 2392 kJ/kg, daher die Wärmeleistung des Kondensators $Q = 2392 \cdot 10000 = 2,392 \cdot 10^7$ kJ/h. Da diese Wärme von Kühlwasser aufgenommen werden muß, läßt sich dessen Ablauftemperatur t_{we} sofort angeben: $Q = Gc\,(t_{we} - t_{wa})$, daraus

$$t_{we} = \frac{Q}{G} + t_{wa} = \frac{2,392 \cdot 10^7}{400000 \cdot 4,19} + 27 = 41,3\,°C\,.$$

Dampfseitig herrscht längs der ganzen Heizfläche die Siedetemperatur $\vartheta_s = 45,5\,°C$ (von einem kleinen Einfluß der Luft im Dampfe soll hier abgesehen werden). Die mittlere Temperaturdifferenz auf beiden Seiten der Heizfläche folgt daher aus Gl. (24):

$$\varDelta t_m = \frac{(t_s - t_{wa}) - (t_s - t_{we})}{\ln \dfrac{t_{wa} - t_s}{t_{we} - t_s}} = \frac{18.5 - 4,2}{\ln \dfrac{18,5}{4,2}} = 10.1 \qquad \text{(berechnet mit Tab. 2)}$$

Zur Berechnung der nötigen Heizfläche nach Gl. (23) braucht man noch die Wärmedurchgangszahl. Diese setzt sich nach Gl. (11 b) aus den beiden Wärmeübergangszahlen α und dem Ausdruck λ/b für die Messingwand der Rohre zusammen. Zur Berechnung der Wärmeübergangszahl α_w vom Kühlwasser an die Rohrwand beim Durchströmen der Rohre bilden wir zunächst die REYNOLDSsche Kennzahl

$$Re = \frac{u_m d}{v} = \frac{200 \cdot 3}{0,0066} = 90910\,.$$

Die Strömung ist also turbulent und wegen $l/d = 100$ ausgebildet. Die Wärmeübergangszahl ist daher nach Gl. (248) zu berechnen. Mit einer PRANDTL-Zahl $Pr = 4,34$ ergibt sich

$$\frac{Nu}{Re\,Pr} = \frac{0,0396\,(90910)^{-1/4}}{1 + 1,6\,(90910)^{-1/8}\,(4,34 - 1)} = 0,000997 \text{ und } Nu = 393,4\,.$$

Mit einer Wärmeleitzahl $\lambda = 0,634\,\dfrac{W}{m\,grd}$ folgt daraus $\alpha_w = Nu\,\dfrac{\lambda}{d} = 393,4\,\dfrac{0,634}{0,03}$
$= 8314\,\dfrac{W}{m^2\,grd}$. Die Wärmeübergangszahl dampfseitig wurde bereits im vorhergehenden Zahlenbeispiel berechnet. Es ergab sich $\alpha_d = 11530\,\dfrac{W}{m^2\,grd}$. Die Wärmeleitzahl von Messing ist $112\,\dfrac{W}{m^2\,grd}$. Damit erhält man nun die Wärmedurchgangszahl Gl. (11 b):

$$\frac{1}{k} = \frac{1}{\alpha_w} + \frac{b}{\lambda} + \frac{1}{\alpha_d} = \frac{1}{8314} + \frac{0,001}{112} + \frac{1}{11530} = 2,16 \cdot 10^{-4}$$

und $k = 4630$ W/m²grd. Aus der gegenseitigen Größe der drei Glieder in der Gleichung für k sieht man, daß der Wärmeübergangswiderstand dampfseitig und wasserseitig etwa zu gleichen Teilen am gesamten Durchgangswiderstand beteiligt ist. Der Wärmeleitwiderstand der Messingwand ist dagegen klein gegen die Wärmeübergangswiderstände. Die nötige Heizfläche F folgt nunmehr aus Gl. (23):

$$F = \frac{Q}{k\,\varDelta t_m} = \frac{2,392 \cdot 10^7\,\dfrac{kJ}{h}\,\dfrac{1}{3600}\,\dfrac{h}{s}\,10^3\,\dfrac{Ws}{kJ}}{4630\,\dfrac{W}{m^2\,grd}\,10,1\,grd} = 142,1\,m^2\,.$$

Da ein Rohr eine Oberfläche von 0,292 m² hat, sind 487 Rohre im Kondensator unterzubringen. – Durch Anwesenheit von Luft im Kondensator wird die Wärmeübergangszahl auf der Dampfseite herabgesetzt. Hat man also mit einer solchen zu rechnen, so muß man auf die berechnete Heizfläche noch einen Sicherheitszuschlag machen.

IV. Die Wärmestrahlung

49. Grundbegriffe

Feste und flüssige Körper sowie eine Reihe von Gasen können Wärme auch in Form von Strahlung abgeben. Die Wärmestrahlen erscheinen nach MAXWELL als elektromagnetische Wellen, die sich von den Lichtstrahlen nur durch ihre meist größere Wellenlänge unterscheiden. Während die als Licht sichtbaren elektromagnetischen Wellen einen Wellenbereich von 0,35 bis 0,75 μ umfassen, erstreckt sich der Wellenbereich der Wärmestrahlen bis zu 10 μ und darüber hinaus.

Die moderne Physik hat gezeigt, daß Strahlung einen merkwürdigen Doppelcharakter besitzt. Strahlungsenergie kann unter dem Einfluß verschiedener physikalischer oder chemischer Vorgänge von den Atomen oder Molekülen abgegeben oder aufgenommen werden. Dabei wird die Strahlungsenergie in endlichen Beträgen losgelöst, und diese „Photonen" fliegen geradlinig und mit Lichtgeschwindigkeit, bis sie auf einen anderen Körper (Atomverband) treffen, an dem sie entweder abgelenkt oder absorbiert werden. Während ihrer Existenz benehmen sich diese Teilchen aber in vielen Erscheinungen wie Wellen, und sie wurden daher oben als elektromagnetische Wellen angesprochen. Man spricht von *Temperatur-* oder *Wärmestrahlung,* wenn die Atome oder Moleküle zur Aussendung der Strahlung durch die Eigenbewegung angeregt werden, die sie infolge ihrer Temperatur besitzen oder, genauer ausgedrückt, wenn der strahlende Körper sich wenigstens örtlich im thermodynamischen Gleichgewicht befindet. Wir wollen uns in diesem Abschnitt auf die Behandlung solcher Strahlung beschränken. Diese Strahlung umfaßt stets Wellenlängen in einem weiten Bereich, wobei die mittlere Wellenlänge von der Temperatur des strahlenden Körpers abhängt. Je höher diese Temperatur, desto kleiner die mittlere Wellenlänge. Temperaturen, mit denen wir es in technischen Anwendungen zu tun haben, sind im allgemeinen niedriger als etwa 4000 °K. In diesem Falle ist die mittlere Wellenlänge größer als die Grenze sichtbaren Lichtes (0,75 μ), und die ausgestrahlte Energie liegt zum überwiegenden Teil im „infraroten" Bereich. In neuester Zeit hat man es allerdings gelernt, beispielsweise durch Kernreaktionen, Temperaturen zu erzeugen, die Millionen von Graden entsprechen. In diesem Falle rückt die mittlere Wellenlänge der ausgesandten Strahlung zu sehr kleinen Wellenlängen (weit ins ultraviolette Gebiet). In diesem Buche wird vorwiegend infrarote Strahlung behandelt.

Die Energieübertragung durch Strahlung unterscheidet sich von den bisher betrachteten Wärmeübertragungsvorgängen dadurch, daß sich

Photonen im Raume fortbewegen können, ohne an materielle Teilchen gebunden zu sein. Es kann also Wärme durch Strahlung auch durch ein Vakuum transportiert werden. So empfängt unsere Erde ständig Wärmeenergie von der Sonne, obwohl der Raum zwischen beiden Himmelskörpern beinahe frei von Materie ist. Im Vakuum strömt die Strahlungsenergie entlang der geradlinigen „Wärmestrahlen", ohne in ihrer Intensität eine Veränderung zu erfahren. Das gleiche trifft auch mit mehr oder weniger guter Annäherung für viele Gase (z.B. Luft) zu, während in anderen Stoffen die Intensität des Energietransportes entlang eines Strahles durch Absorption verringert oder durch Emission von Photonen verstärkt wird. Schließlich kann die Intensität entlang eines Strahles noch dadurch geändert werden, daß ein Teil der Energie durch „Streuung" in andere Richtungen abgelenkt wird. Ein Stoff, in dem Strahlung keine von den eben genannten Beeinflussungen erleidet, wird diatherman oder ideal durchlässig genannt.

Trifft Strahlung etwa aus dem Vakuum kommend auf einen Körper, so wird sie zum Teil an der Oberfläche reflektiert, zum Teil dringt sie in das Innere des Körpers ein. Die Reflexion an der Oberfläche kann so erfolgen, daß der Winkel des reflektierten Strahles gegen die Flächennormale gleich ist dem Winkel des einfallenden Strahles. Man spricht in diesem Fall von spiegelnder Reflexion. An rauhen Oberflächen dagegen wird der auftreffende Strahl bei der Reflexion nach allen Richtungen des Raumes hin zerstreut. Eine in dieser Weise reflektierende Oberfläche nennt man matt und den Reflexionsvorgang diffus. Die in den Körper eindringende Strahlung wird auf ihrem Wege zum Teil absorbiert (geschluckt), der Rest tritt durch den Körper hindurch. Bezeichnen wir das Verhältnis der reflektierten Strahlungsenergie zur auffallenden als *Reflexionszahl* oder *Reflexionsverhältnis R*, den Bruchteil der absorbierten Strahlungsenergie als *Absorptionszahl* oder *Absorptionsverhältnis A* und den der durchgelassenen Strahlungsenergie als *Durchlaßzahl D*, so gilt die folgende Gleichung

$$R + A + D = 1 . \tag{362}$$

Die meisten festen und flüssigen Körper absorbieren bereits in sehr dünnen Schichten praktisch die ganze Strahlung. Bei elektrischen Leitern (Metallen) genügt hierzu schon eine Schichtdicke von der Größenordnung $1/_{1000}$ mm. Aber auch die meisten elektrischen Nichtleiter schlucken praktisch die gesamte auftreffende Strahlung in einer Schicht von etwa 1 mm Dicke. Bei den Abmessungen, wie sie in der Technik vorkommen, kann man daher im allgemeinen bei festen und flüssigen Körpern von der durchgelassenen Strahlung vollkommen absehen. Für diese gilt dann die Gleichung

$$R + A = 1 . \tag{363}$$

Gase auf der anderen Seite benötigen im allgemeinen große Schichtdicken, um in sie eindringende Wärmestrahlung vollkommen zu absorbieren. Dagegen ist die an der Grenze zwischen einem strahlenden und einem nichtstrahlenden Gase oder an der Grenze zwischen zwei strahlenden Gasen reflektierte Energie vernachlässigbar klein. Man kann daher im allgemeinen für ein Gas schreiben

$$A + D = 1. \tag{364}$$

Es wird im folgenden gezeigt, daß Körper, die Wärme absorbieren, auch Wärme ausstrahlen. Die Gesetze für die ausgestrahlte Energie werden besonders einfach für einen Körper, der keine Strahlung an seiner Oberfläche reflektiert und alle eindringende Strahlung absorbiert. Man nennt ihn „schwarzer Körper“. Für einen solchen gilt also: $A = 1$, $R = 0$, $D = 0$. Die Bezeichnung rührt davon her, daß für das Auge eine Fläche, die alle auftreffenden Lichtstrahlen schluckt, als schwarz erscheint. Eine für Wärmestrahlung praktisch schwarze Fläche braucht aber in keiner Weise auch alle Lichtstrahlen zu absorbieren. So hat man beispielsweise auch eine hell getünchte Wand oder die Oberfläche eines lackierten Heizkörpers als beinahe schwarz hinsichtlich der Wärmestrahlung zu bezeichnen. In der Natur gibt es strenggenommen keine absolut schwarzen Körper, da ein gewisser Bruchteil der auftreffenden Strahlung stets reflektiert wird. Verschiedene Stoffe kommen allerdings dem schwarzen Körper recht nahe. Trotzdem ist der Begriff des schwarzen Körpers auch für technische Zwecke sehr nützlich, da für ihn die einfachsten Gesetze gelten und da man auf diese Weise stets eine obere Schranke für die durch Strahlung ausgetauschte Wärme erhält. Es läßt sich nämlich zeigen, daß der schwarze Körper bei einer gegebenen Temperatur von allen in der Natur möglichen Körpern die größte Wärmemenge ausstrahlt.

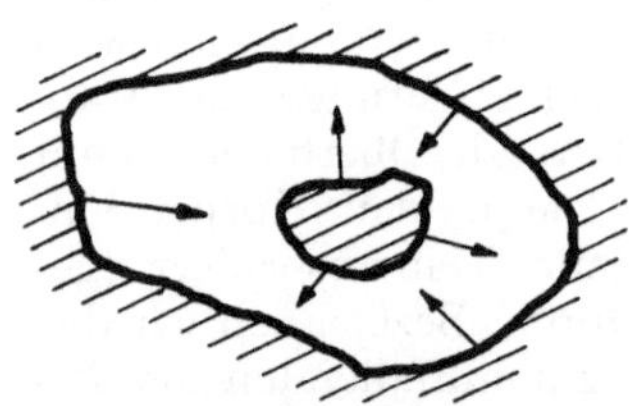

Abb. 126. Zur Ableitung des Kirchhoffschen Gesetzes.

Dies ist der Inhalt des Kirchhoffschen Gesetzes. Zur Ableitung dieses Gesetzes denken wir uns einen evakuierten Hohlraum (Abb. 126), dessen schwarze Wände eine einheitliche Temperatur haben. In dem Hohlraum befindet sich ein kleiner Körper 1 mit schwarzer Oberfläche. Der Körper soll die gleiche Temperatur haben wie die Wand des Hohlraumes. Dann ist leicht einzusehen, daß der Körper ebensoviel Wärme ausstrahlen muß, als er durch Absorption der auf ihn treffenden Strahlen erhält, denn nach dem zweiten Hauptsatz der Thermodynamik können von selbst in einem im Temperaturgleichgewicht stehenden System keine Temperaturunterschiede entstehen. Dies wäre aber der Fall, wenn der Körper mehr Energie abstrahlte, als er durch Absorption aufnimmt oder umgekehrt. Bezeichnen wir die Wärmemenge, die der schwarze Körper 1 aussendet, mit Q_s, so muß demnach die auf den Körper 1 treffende Wärmemenge ebenfalls die Größe Q_s haben. Nunmehr entfernen wir den Körper 1 und ersetzen ihn durch einen gleichgestalteten und gleichgroßen Körper 2 mit der Absorptionszahl A. Von den Wänden des Hohlraumes wird gegen diesen Körper die gleiche Wärmemenge Q_s gestrahlt. Er schluckt aber hiervon nur den Betrag $A Q_s$. Ebensogroß ist wieder nach dem zweiten Hauptsatz der Thermodynamik seine Ausstrahlung Q:

$$Q = A Q_s. \tag{365}$$

Dies ist der mathematische Ausdruck für das Kirchhoffsche Gesetz. Das Verhältnis der Ausstrahlung eines Körpers Q zur Strahlung Q_s eines gleichgroßen schwarzen Körpers gleicher Temperatur ist gleich der Absorptionszahl des ersten Körpers. Eine andere Ableitung des Kirchhoffschen Gesetzes, die nicht von schwarzen Körpern Gebrauch macht, wird später mitgeteilt.

Das Verhältnis der von einem Körper ausgesandten Wärmemenge zu der von einem schwarzen Körper bei gleicher Temperatur ausgestrahlten Q_s bezeichnen wir als *Emissionsverhältnis* ε. Wir können daher das Kirchhoffsche Gesetz in einfachster Weise so formulieren, daß das Emissionsverhältnis des Körpers gleich seiner Absorptionszahl sein muß:

$$\varepsilon = A. \tag{366}$$

Durch die Angabe des Emissionsverhältnisses ist daher bei der Wärmestrahlung auch die Absorptionszahl des Körpers festgelegt. Bei einem festen oder flüssigen Körper kennt man damit nach Gl. (363) auch die Reflexionszahl R, bei einem Gase nach Gl. (364) die Durchlaßzahl.

In der hier abgeleiteten Form gilt Gl. (366) nur, wenn die auf den Körper auftreffende schwarze Strahlung die gleiche Temperatur hat wie der betrachtete Körper. Allgemein gilt die Beziehung für Strahlung einer bestimmten Wellenlänge, für sogenannte „monochromatische Strahlung". Auf die hier angedeutete Einschränkung wird im folgenden noch näher eingegangen.

A. Die Strahlungswerte verschiedener Stoffe

50. Der schwarze Körper

Ein Flächenelement der Oberfläche eines schwarzen Körpers sendet Wärmestrahlung nach allen Richtungen im Raum aus. Die Wärmestromdichte, die auf diese Weise die strahlende Fläche verläßt, soll Ausstrahlung genannt und mit e bezeichnet werden. Die Strahlung, die in einer bestimmten Richtung ausgesendet wird, messen wir dadurch, daß wir die Strahlung de bestimmen, die durch ein Flächenelement der Halbkugel hindurchtritt, die wir uns mit dem Halbmesser $r = 1$ um die strahlende Fläche gelegt denken (Abb. 127). Die Größe die-

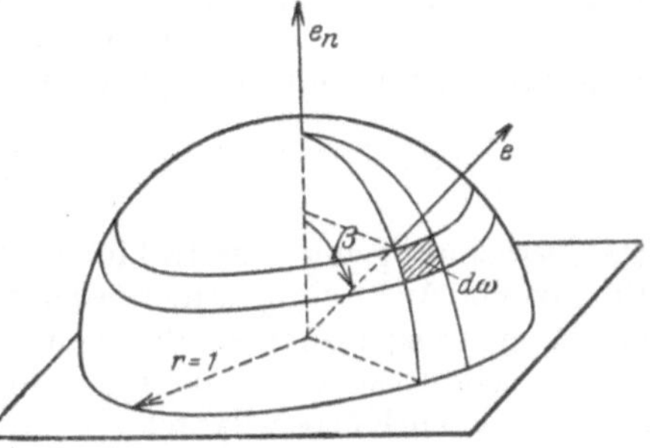

Abb. 127. Raumwinkelelement der Halbkugel.

ser Fläche ist dem Zahlenwert nach gleich dem Raumwinkel $d\omega$. Als Strahlung in der betrachteten Richtung, als Strahlungsintensität i, wird

in der technischen Literatur vielfach die durch die Einheit des Flächenelements $d\omega$ hindurchtretende Wärmemenge

$$i_d = \frac{de}{d\omega}$$

bezeichnet. Für die Strahlung i_{sd} des schwarzen Körpers in einer bestimmten Richtung gilt dann das LAMBERTsche Gesetz

$$i_{sd} = i_{sn} \cos\beta .$$

i_{sn} ist darin die Strahlungsintensität in Richtung der Flächennormalen
und β der Winkel zwischen der betrachteten Ausstrahlungsrichtung und
der Flächennormalen. In neuerer Zeit setzt sich jedoch eine andere Definition der Strahlungsintensität immer mehr durch, nämlich

$$i = \frac{de}{\cos\beta \, d\omega} . \tag{367}$$

Das LAMBERsche Gesetz drückt nun dieTatsache aus, daß die so definierte
Strahlungsintensität des schwarzen Körpers unabhängig vom Winkel β
oder allgemein unabhängig von der Ausstrahlungsrichtung ist

$$i_s = \text{konst.} \tag{368}$$

Das LAMBERTsche Gesetz kann aus einer Betrachtung am Kirchhoffschen
Hohlraum leicht theoretisch abgeleitet werden. Die Ausstrahlung, die
insgesamt den schwarzen Körper verläßt, ergibt sich aus einer Integration
über die gesamte Halbkugel nach Abb. 127

$$e_s = \int i_s \cos\beta \, d\omega = 2\pi i_s \int\limits_0^{\pi/2} \cos\beta \, \sin\beta \, d\beta = \pi i_s . \tag{369}$$

Die gesamte von der Flächeneinheit des schwarzen Körpers je Zeiteinheit
ausgestrahlte Wärmemenge ist daher das π-fache der Strahlungsintensität.
   Die Strahlung, die von einem Körper ausgeht, umfaßt stets einen größeren Wellenlängebereich. Um die bei einer bestimmten Wellenlänge
ausgesandte Strahlung i_λ festzulegen, bilden wir ebenso wie bei Gl. (367)
den Quotienten der in einem unendlich kleinen Wellenlängenbereich $d\lambda$
ausgehenden Strahlungsmenge di zu der Größe $d\lambda$

$$i_\lambda = \frac{di}{d\lambda} . \tag{370}$$

Die Berechnung der Ausstrahlung des schwarzen Körpers führte MAX
PLANCK zur Aufstellung seiner berühmten Quantentheorie und wurde damit zum Ausgangspunkt der neueren Entwicklung der Physik. Das
PLANCKsche Gesetz für die monochromatische Strahlungsintensität $i_{s\lambda}$
des schwarzen Körpers lautet

$$\boxed{i_{s\lambda} = \frac{2\,c_1}{\lambda^5\,(e^{c_2/\lambda T} - 1)}} . \tag{371}$$

Die Konstanten haben dabei den folgenden Zahlenwert:

$$c_1 = 0{,}589 \cdot 10^{-12} \text{ W cm}^2$$

$$c_2 = 1{,}432 \text{ cm grd}.$$

T ist die vom absoluten Nullpunkt ($-273{,}16\,°$C) gezählte Temperatur. Sie wird in Grad Kelvin ($°$K) angegeben. Die PLANCKsche Gleichung gilt ihrer Ableitung gemäß für Ausstrahlung in Vakuum und mit außerordentlich guter Annäherung für Ausstrahlung in gasförmige Körper. Für Ausstrahlung in Flüssigkeiten oder Festkörper ist die rechte Seite der Gl. (371) mit dem Faktor n^2 zu multiplizieren, wobei n den Berechnungsindex des Körpers bedeutet.

Die Gl. (371) ist in Abb. 128 in Abhängigkeit von der Wellenlänge λ dargestellt. Die absolute Temperatur T tritt dabei als Parameter für die einzelnen Kurven auf. Aus der Abbildung ist zu ersehen, daß bei jeder Temperatur Wärmestrahlen in einem ziemlich breiten Wellenlängenbereich ausgesendet werden. Das Maximum der Ausstrahlung verschiebt sich mit steigender Temperatur immer mehr gegen kürzere Wellenlängen zu. Hierfür gilt *das* WIENsche *Gesetz*

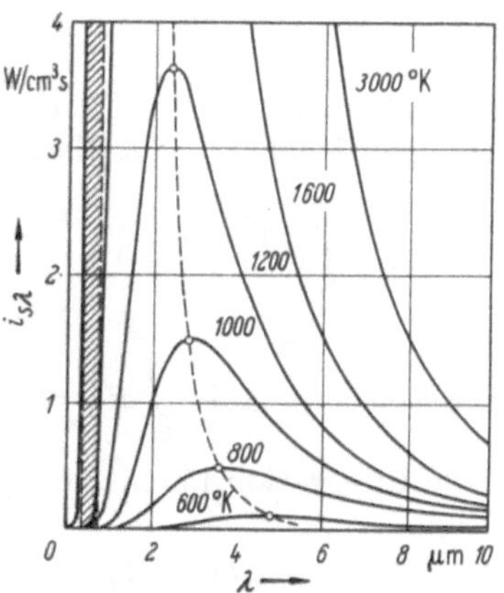

Abb. 128. PLANCKsches Strahlungsgesetz des absolut schwarzen Körpers. Der schraffierte Streifen entspricht dem sichtbaren Gebiet.

$$\lambda_{\max} T = 2885\,\mu\,°\text{K}. \tag{372}$$

Der sichtbare Wellenlängenbereich ist in Abb. 128 als schraffierter Streifen kenntlich gemacht. Man sieht, daß mit wachsender Temperatur ein immer größerer Anteil der gesamten ausgestrahlten Energie in den sichtbaren Bereich kommt. Da das Auge recht kleine Energiemengen feststellen kann, merkt man bereits die geringe sichtbare Ausstrahlung eines Körpers bei 1000 $°$K, also 627 $°$C, als dunkelrotes Glühen. Bei einer Steigerung der Temperatur wird der sichtbare Anteil der Strahlung immer größer, das Glühen also immer stärker. Aber auch bei einer Temperatur von 3000 $°$K ist dieser Anteil noch recht klein. Diese Temperatur hat die Wolframwendel einer Glühlampe. Man sieht daraus, daß der Wirkungsgrad einer solchen Lampe recht schlecht ist. Erst bei der Temperatur der Sonnenoberfläche (etwa 5600 $°$K) fällt das Energiemaximum der Strahlung etwa in die Mitte des sichtbaren Bereiches.

Die PLANCKsche Gleichung läßt sich in die folgende Form bringen:

$$\frac{i_s\lambda}{T^5} = \frac{2\,c_1}{(\lambda\,T)^5\,(e^{c_2\lambda/T} - 1)},$$

welche nur mehr einen Parameter λT enthält. Die Funktion $\frac{i_{s\lambda}}{T^5}$ läßt sich daher bequem in einer Tabelle darstellen[1]. Die Gleichung kann auch zur Umrechnung der Kurven in Abb. 128 auf andere Temperaturen verwendet werden.

Die Ausstrahlung im ganzen Wellenlängenbereich, die für technische Rechnungen vor allem interessiert, erhält man aus dem PLANCKschen Strahlungsgesetz durch Integration über die Wellenlänge gemäß Gl. (370)

$$i_s = \int\limits_0^\infty i_{s\lambda}\, d\lambda.$$

Die Integration dieser Gleichung gelingt durch Einführen einer neuen Veränderlichen $x = 1/\lambda$. Man erhält damit

$$i_s = 2c_1 \int\limits_0^\infty x^3 \left(e^{\frac{c_2}{T}x} - 1\right)^{-1} dx = 2c_1 \int\limits_0^\infty x^3 \left(e^{-\frac{c_2}{T}x} + e^{-\frac{c_2}{T}2x} + \cdots\right) dx.$$

Die Einzelintegrale $\int\limits_0^\infty x^3 e^{-\frac{c_2}{T}ix}\, dx$ $(i = 1, 2, 3, \ldots)$ lassen sich durch partielle Integration lösen. Sie ergeben $\frac{6\,T^4}{c_2^4\, i^4}$, so daß die Gesamtstrahlung

$$i_s = \frac{12\,c_1}{c_2^4} T^4 \left(1 + \frac{1}{2^4} + \frac{1}{3^4} + \cdots\right) = \frac{12\,c_1}{c_2^4} \frac{\pi^4}{90} T^4 = K\,T^4 \tag{373}$$

wird. Dies ist das STEFAN-BOLTZMANNsche Gesetz, das von STEFAN gefunden und von BOLTZMANN theoretisch abgeleitet wurde. Nach ihm ist die schwarze Strahlung der vierten Potenz der absoluten Temperatur verhältnisgleich. Die Ausstrahlung eines schwarzen Körpers über den Halbraum erhält man, wenn man die Strahlungsintensität i_s nach Gl. (369) mit dem Faktor π multipliziert. Da die so bestimmte Konstante ein unbequem kleiner Zahlenwert ist, wird das STEFAN-BOLTZMANNsche Gesetz für die Gesamtstrahlung in dem Halbraum bei technischen Berechnungen in der folgenden Form verwendet:

$$\boxed{e_s = C_s \left(\frac{T}{100}\right)^4}. \tag{374}$$

Die Strahlungszahl C_s des schwarzen Körpers wurde auch durch unmittelbare sehr sorgfältige Messungen bestimmt. Der versuchsmäßig gefundene Wert $C_s = 5{,}77\ \mathrm{W/m^2\ grd^4}$ ist etwas größer als der sich aus Gl. (374) ergebende.

Da es in der Natur, wie schon erwähnt, keinen absolut schwarzen Körper gibt, muß er für Versuchszwecke durch eine besondere Anordnung geschaffen werden. Ein schwarzer Körper absorbiert nach dem Kirchhoff-

---

[1] CZERNY, M., u. A. WALTHER: Tabellen der Bruchteilfunktionen zum Planckschen Strahlungsgesetz, Berlin/Göttingen/Heidelberg: Springer 1961.

schen Gesetz sämtliche auftreffenden Strahlen. Man kann daher einen schwarzen Körper nach Abb. 129 durch einen Hohlraum verwirklichen, dessen Wände auf einer einheitlichen Temperatur gehalten werden und der eine kleine Öffnung besitzt. Die Strahlung, die durch diese Öffnung in den Hohlraum hereinfällt, muß erst mehrfach an den Wänden reflektiert werden, ehe sie die Öffnung wieder verläßt. Führt man die Wand des Hohlraumes aus einem Stoff mit einer großen Absorptionszahl aus, so wird bei jeder Reflexion der größere Bruchteil der auftreffenden Strahlung absorbiert, so daß nach einigen Reflexionen praktisch die ganze Strahlung von den Wänden geschluckt wird. Nach dem Kirchhoffschen Gesetz muß die Öffnung auch ihrerseits schwarze Strahlung aus-

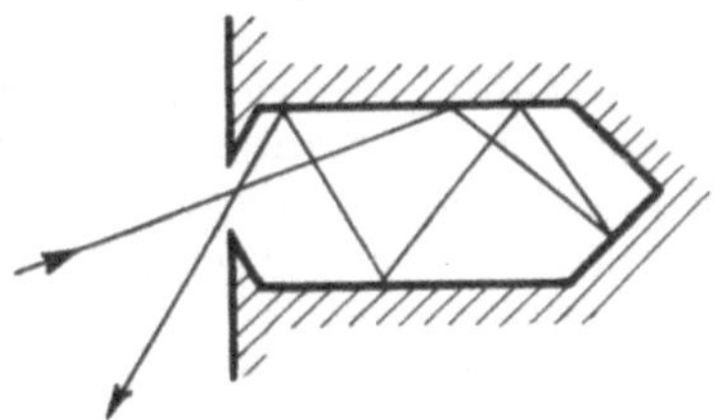

Abb. 129. Verwirklichung des schwarzen Körpers.

senden. Die Öffnung des Hohlraumes wirkt also wie die Oberfläche eines schwarzen Körpers. Dadurch, daß man die Öffnung entsprechend klein macht, kann man sich dem schwarzen Körper beliebig weit nähern.

Die von BOLTZMANN nach den Lehren der klassischen Thermodynamik durchgeführte Berechnung des Strahlungsgesetzes nach Gl. (374) soll im folgenden besprochen werden. Als Vorbereitung hierzu müssen zwei Begriffe eingeführt werden, die *Strahlungsdichte* und der *Strahlungsdruck*.

Die Strahlungsdichte u gibt die in der Volumseinheit enthaltene Strahlungsenergie an. Sie möge für den Mittelpunkt eines Hohlraumes nach Abb. 130 mit der Gestalt einer Hohlkugel berechnet werden, dessen Wände örtlich konstante Temperatur T haben. Es wurde bereits gezeigt, daß ein solcher Hohlraum mit schwarzer Strahlung erfüllt ist. Die in einem Zeitelement $d\tau$ vom Flächenelement dF_s der Kugeloberfläche kommende und durch das im Kugelmittelpunkt angeordnete Flächenelement dF passierende Strahlungsenergie ist

$$i_s\, dF_s\, \frac{dF}{r^2}\, d\tau,$$

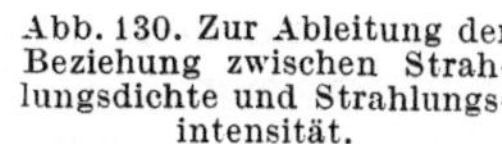

Abb. 130. Zur Ableitung der Beziehung zwischen Strahlungsdichte und Strahlungsintensität.

wenn i_s die der Temperatur T entsprechende Intensität der schwarzen Strahlung angibt. Die das Flächenteilchen dF durchsetzende Strahlung muß in einer Säule von der Länge $c\,d\tau$ enthalten sein, wenn sich die Strahlung mit der Lichtgeschwindigkeit c fortpflanzt. Damit ist die oben berechnete Strahlungsenergie in einem Volumenelement von der Größe $dF\,c\,d\tau$ enthalten, und die Strahlungsenergie je Volumeneinheit ist

$$\frac{i_s}{c}\,\frac{dF_s}{r^2}\,.$$

Dies ist die Strahlung, die vom Flächenteilchen dF_s kommt. Um den Beitrag der ganzen Kugeloberfläche zur je Volumeneinheit im Kugelmittelpunkt enthaltenen Strahlungsenergie zu erhalten, muß man über die Kugeloberfläche integrieren

$$\int \frac{i_s}{c}\, \frac{dF_s}{r^2}\,.$$

Die Strahlungsenergie i_s und die Lichtgeschwindigkeit c sind für diese Integration Konstante. dF_s/r^2 ist der Raumwinkel, unter dem die Fläche dF_s vom Kugelmittelpunkt aus erscheint. Die Integration von dF_s/r^2 über die Kugelfläche ergibt somit 4π, und die Strahlungsdichte u_s im Mittelpunkt ist

$$u_s = \frac{4\,\pi\,i_s}{c}\,.$$

Mit der Gleichung $e_s = \pi i_s$ läßt sich die Strahlungsdichte folgendermaßen schreiben:

$$u_s = \frac{4\,e_s}{c}\,. \tag{375}$$

MAXWELL leitete aus der von ihm entwickelten elektromagnetischen Lichttheorie im Jahre 1865 ab, daß Strahlung auf eine Oberfläche, auf die sie auftrifft, einen Druck ausübt. Man versteht dies auch aus der von A. EINSTEIN gefundenen Äquivalenz von Energie und Masse. Die Photonen haben daher Masse und, da sie sich mit Lichtgeschwindigkeit bewegen, Bewegungsgröße. Eine Änderung der Bewegungsrichtung beim Auftreffen der Photonen auf eine Wand muß daher einen Druck erzeugen. Für schwarze Strahlung mit der Dichte u_s ist danach der Strahlungsdruck p_s auf eine vollständige reflektierende Fläche ($R = 1$)

$$p_s = \frac{u_s}{3}\,. \tag{376}$$

Aus diesem einfachen Zusammenhange läßt sich zunächst der Schluß ziehen, daß der oben für den Kugelmittelpunkt berechnete Ausdruck für die Strahlungsdichte für jede Stelle innerhalb des Hohlraumes gelten muß. Denn wäre die Strahlungsenergie in dem Hohlraum örtlich verschieden, dann würde auch der Strahlungsdruck örtlich verschiedene Werte aufweisen, und man könnte damit leicht Vorrichtungen in den Hohlraum einbauen, mit deren Hilfe man mechanische Arbeit gewinnen könnte. Dies ist aber in einem abgeschlossenen System, das sich im thermischen Gleichgewicht befindet, nach dem zweiten Hauptsatz der Thermodynamik unmöglich. Durch Anwendung des Kirchhoffschen Satzes läßt sich auch leicht nachweisen, daß Gl. (375) für einen isothermen Hohlraum beliebiger Gestalt gilt.

Nunmehr kann zur Ableitung des STEFAN-BOLTZMANNschen Gesetzes geschritten werden. Hierzu wird ein Hohlraum nach Abb. 131 von der Gestalt eines Zylinders verwendet, der durch einen Kolben abgeschlossen ist. Das Zylindervolumen sei evakuiert, die Zylinderwände seien auf der konstanten Temperatur T gehalten, und die dem Zylinderinneren zugekehrte Kolbenfläche möge vollkommen reflektieren ($R = 1$). Der Zylinder ist mit schwarzer Strahlung von derDichte u_s erfüllt und die Strahlung übt auf den Kolben einen Druck $p_s = \dfrac{u_s}{3}$ aus. Nunmehr möge der folgende umkehrbare Kreisprozeß ausgeführt werden. Der Kolben wird nach rechts bewegt, so daß das Zylindervolumen von V_1 auf V_2 anwächst. Die Zylinderwandtemperatur wird dabei durch Verbindung des Zylinders mit einem Wärmespeicher von der Temperatur T konstant gehalten. Dem Speicher wird bei diesem Vorgang eine Wärmemenge entzogen, da die im Zylinder gespeicherte Strahlungsenergie um $u_s(V_2 - V_1)$ angewachsen ist (u_s bleibt wegen der konstanten Temperatur ungeändert) und da der Strahlungsdruck die Arbeit $p_s(V_2 - V_1)$ am Kolben leistet. Nach dem ersten Hauptsatz der Thermodynamik gilt:

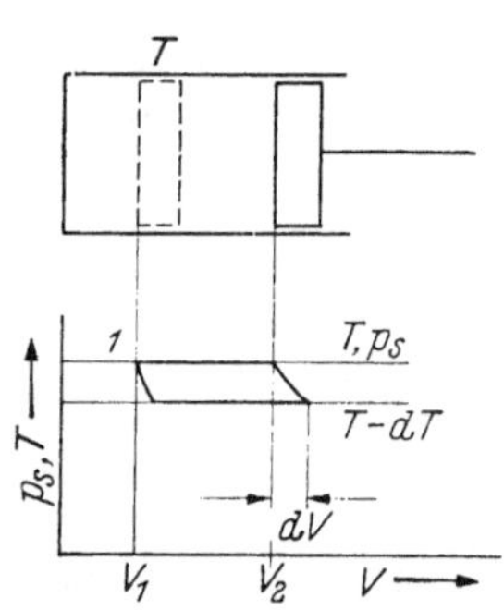

Abb. 131. Zur Ableitung des STEFAN-BOLTZMANNschen Gesetzes.

$$Q = u_s(V_2 - V_1) + p_s(V_2 - V_1) = \frac{4}{3}\, u_s(V_2 - V_1).$$

Nach Erreichen des Volumens V_2 werde die Verbindung des Zylinders mit dem Wärmespeicher unterbrochen und die weitere Vergrößerung des Zylindervolumens um einen Betrag dV adiabatisch vorgenommen. Dabei muß dieTemperatur, die Strahlungsdichte und nach Gl. (376) der Druck p_s absinken, da nun die Verschiebungsarbeit des Kolbens aus dem inneren Energiegehalt gedeckt wird. Nach Erreichen der Temperatur $T - dT$ wird der Zylinder mit einem Wärmespeicher der gleichen Temperatur verbunden und der Kolben so weit nach links verschoben, daß er bei weiterer adiabatischer Verschiebung den Ausgangspunkt 1 erreicht, womit der Kreisprozeß beendet ist. Bei diesem Prozeß wurde am Kolben die Arbeit dA

$$dA = (V_2 - V_1)\, dp_s = \frac{1}{3}(V_2 - V_1)\, du_s$$

geleistet. Der thermische Wirkungsgrad des Prozesses ist

$$d\eta = \frac{dA}{Q} = \frac{1}{4}\,\frac{du_s}{u_s}.$$

Auf der anderen Seite ist der thermische Wirkungsgrad aller umkehrbaren Kreisprozesse zwischen zwei vorgeschriebenen Temperaturspeichern gleich groß und gleich dem Wirkungsgrad des CARNOTschen Kreisprozesses

$$d\eta = \frac{dT}{T}.$$

Damit wird

$$\frac{du_s}{u_s} = 4\,\frac{dT}{T}$$

oder integriert

$$\ln u_s = 4\ln T + \ln C$$

oder

$$u_s = C\,T^4 .$$

Dieser Ausdruck ist gleichwertig mit Gl. (374).

Durch Beachtung der Wellenlängen der Strahlung in dem gebildeten Kreisprozeß gelang es W. WIEN, das nach ihm benannte Verschiebungsgesetz der schwarzen Strahlung abzuleiten, dagegen schlugen alle Versuche fehl, das durch Messung bestimmte Verteilungsgesetz monochromatischer Strahlung theoretisch auf dem Boden der klassischen Physik zu begründen. Erst MAX PLANCK gelang eine theoretische Ableitung dieses Gesetzes im Jahre 1900 mit der Annahme, daß Atome und Moleküle Strahlungsenergie nicht in beliebigen Beträgen absorbieren oder aussenden können, sondern nur als Vielfache von bestimmten endlichen Beträgen, den sogenannten Energiequanten E. Diese sind durch die Gleichung

$$E = h\nu \tag{377}$$

mit der Frequenz ν der Strahlung verknüpft, wobei h eine universelle Konstante, das PLANCKsche Wirkungsquantum mit dem Zahlenwert $6{,}623 \cdot 10^{-34}$ J/s darstellt. Die Frequenz der Strahlung ist wie die jeder Wellenbewegung durch die Gleichung

$$\nu = c\lambda \tag{378}$$

gegeben, wobei c die Lichtgeschwindigkeit und λ die Wellenlänge ist.

51. Feste und flüssige Körper

Die in der Natur vorkommenden festen und flüssigen Körper reflektieren einen bestimmten Bruchteil der auf sie auftreffenden Wärmestrahlung und strahlen demgemäß nach dem Kirchhoffschen Gesetz auch eine kleinere Wärmemenge aus als der schwarze Körper. Hinsichtlich ihrer Strahlungseigenschaften im Infrarot unterscheiden sich dabei die elektrisch nichtleitenden Körper grundsätzlich von den elektrischen Leitern. Während die letzteren den größeren Teil der auftreffenden Strahlung reflektieren und demgemäß nur wenig Wärme ausstrahlen, ist die Absorptionszahl und damit das Emissionsverhältnis der Nichtleiter wesentlich größer. Bei beiden Gruppen ändert sich das Absorptions- und Emissionsverhältnis mit der Wellenlänge. Im Prinzip hängen beide Strahlungsgrößen nicht nur von der Natur des Körpers ab, auf den die Strahlung auftrifft bzw. von dem sie ausgesendet wird, sondern auch von der Natur des Körpers, in dem sie auf die Trennfläche zuströmt bzw. in den sie eingestrahlt wird. Versuchsergebnisse liegen jedoch fast nur für Luft als die angrenzende Materie vor. Die entsprechenden Werte können ohne weiteres auf andere Gase übertragen werden. Abb. 132a zeigt die von W. SIEBER[1] gemessene Reflexionszahl R_λ und die daraus

---

[1] SIEBER, W.: Z. techn. Phys. 22 (1941) 130–135.

ermittelte Absorptionszahl A_λ monochromatischer Strahlung für Aluminium als Beispiel eines elektrischen Leiters und Abb. 132b für einige technisch wichtige nichtleitende Baustoffe, Abb. 132c gibt das Absorptionsverhältnis A_λ von Wasser nach Messungen von ASCHKINASS[1] wieder.

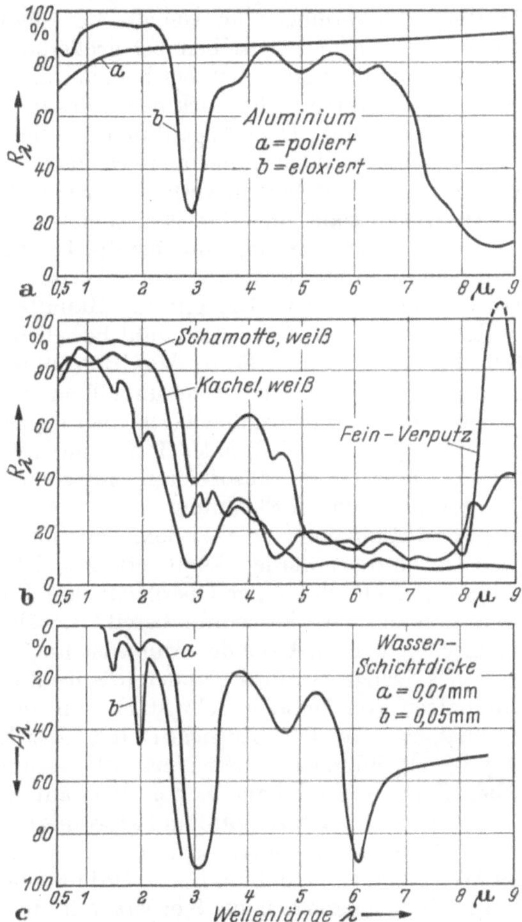

Abb. 132. Reflexion und Absorption von Oberflächen (nach W. SIEBER). a) Reflexionszahl von Aluminium; b) Reflexionszahl von nichtmetallischen Oberflächen; c) Absorptionszahl von dünnen Wasserschichten.

Die polierte Aluminiumoberfläche besitzt nach Abb. 132 bei kleinen Wellenlängen ein kleineres Reflexionsvermögen als bei größeren. Der Verlauf desselben über der Wellenlänge läßt sich auch aus der elektromagnetischen Lichttheorie berechnen. Er ist für alle elektrischen Leiter (Metalle) von derselben Art wie bei Aluminium. Entsprechend Gl. (363) ist umgekehrt die Absorptionszahl A_λ für kleine Wellenlängen bei Me-

---

[1] ASCHKINASS, E.: Wied. Ann. 55 (1895) 404.

tallen größer als für große Wellenlängen. Der Verlauf der Reflexionszahl bei elektrischen Nichtleitern ist wesentlich unregelmäßiger. Die Oxydhaut der eloxierten Aluminiumoberfläche (Abb. 132a) entspricht in ihren Strahlungseigenschaften mehr den Nichtleitern als den Leitern. Charakteristisch für viele technisch wichtige Stoffe dieser Art ist das verhältnismäßig große Reflexionsvermögen im Gebiete der sichtbaren Lichtstrahlung und der starke Abfall desselben bei größeren Wellenlängen. Während also diese Stoffe dem Auge hell erscheinen, nähern sie sich für die langwellige Wärmestrahlung recht stark dem schwarzen Körper, der eine Reflexionszahl $R_\lambda = 0$ hat. Dem Auge dunkel erscheinende Körper besitzen auch im sichtbaren Wellenlängenbereich nur ein kleines Reflexionsvermögen. Durch das Reflexionsverhältnis ist nach Gl. (363)und (365) auch die Absorptionszahl und das Emissionsverhältnis für jede Wellenlänge bestimmt, genau allerdings nur für die Temperatur, bei der die Reflexionszahl gemessen wurde, da die Reflexionszahl von der Temperatur der Körper abhängt. Abb. 132 gilt für Raumtemperatur. Ein Körper, dessen Reflexions- und Absorptionszahl bei allen Wellenlängen die gleiche Größe hat, heißt *grau*. Die in Abb. 132 dargestellten Stoffe nähern sich dem grauen Körper nur recht unvollkommen. Am besten stimmen dem Auge dunkel erscheinende Oberflächen nichtleitender Körper wie Schiefer, Dachpappe und dunkles Linoleum mit einer grauen Oberfläche überein. Diese Stoffe absorbieren zwischen 0,5 und 9 μ etwa 85 bis 92% der auffallenden Strahlung.

Die Tatsache, daß Emissions- wie Reflexionsverhältnis der Oberflächentemperatur zugeordnet werden kann, erklärt sich daraus, daß nur eine sehr dünne Schicht unter der Oberfläche am Emissions- bzw. Absorptionsvorgang teilnimmt. Es wurde bereits erwähnt, daß diese Schicht bei elektrischen Leitern besonders dünn ist und nur Bruchteile eines μ beträgt. Dies bringt es auf der anderen Seite mit sich, daß die Strahlungseigenschaften von Metallen sehr stark von der Oberflächenbeschaffenheit abhängen. Die Bearbeitungsart der Oberfläche oder ein hauchdünner Oxyd- oder Ölfilm kann diese Werte schon stark beeinflussen.

Bei technischen Rechnungen kommt es vor allem auf die gesamte, im ganzen Wellenlängenbereich ausgestrahlte und absorbierte Wärmemenge an. Die letztere kann man aus der Absorptionszahl A_λ der einwelligen Strahlung in der Weise ermitteln, daß man jede Ordinate der Strahlungskurve des die Strahlung aussendenden Körpers mit der Absorptionszahl A_λ multipliziert und die so entstandene Kurve planimetriert. Kommt die Strahlung von einem schwarzen Körper, so ist die Strahlungskurve durch die PLANCKsche Gleichung festgelegt (Abb. 128). Teilt man die so ermittelte absorbierte Wärmemenge durch die auftreffende, dann erhält man die Absorptionszahl A der Gesamtstrahlung. Dieser Vorgang ist durch die folgende Gleichung ausgedrückt:

$$A = \frac{\int_0^\infty A_\lambda B_\lambda \, d\lambda}{\int_0^\infty B_\lambda \, d\lambda} \qquad (379)$$

in der B_λ die Intensität der auf die Fläche auftreffenden Strahlung bedeutet. Speziell gilt für Strahlung, die von einem schwarzen Körper
kommt und die Intensität $i_{\lambda s}$ hat,

$$A = \frac{\int\limits_0^\infty A_\lambda i_{\lambda s}\, d\lambda}{\int\limits_0^\infty i_{\lambda s}\, d\lambda}. \tag{380}$$

Mit Gl. (380) wurden von W. SIEBER die in Abb. 133 dargestellten Ergebnisse gewonnen. Man sieht daraus, wie sich die Absorptionszahl A
der Gesamtstrahlung mit der Temperatur des schwarzen Strahlers ändert.

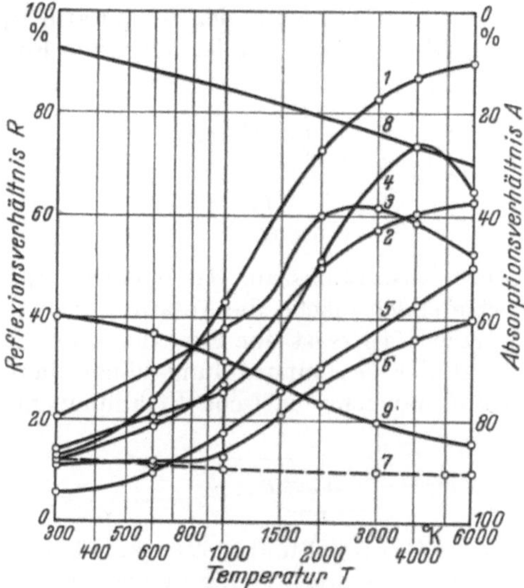

Abb. 133. Reflexions- und Absorptionsverhältnis fester Körper für schwarze Strahlung von der
Temperatur T (nach W. SIEBER). *1* Schamotte, weiß; *2* Asbestpappe; *3* Kork; *4* Holz; *5* Porzellan;
6 Beton; *7* Dachpappe, Schiefer; *8* Aluminium, poliert; *9* Graphit.

Auch hier unterscheiden sich wieder die elektrischen Leiter von den nichtleitenden Stoffen. Bei ersteren wächst die Absorptionszahl mit steigender
Temperatur der auftreffenden schwarzen Strahlung an, bei letzteren sinkt
sie, und zwar im allgemeinen recht stark ab. Die in der Technik vorkommenden Strahler haben Temperaturen zwischen 300 und 1500 °K. Für
solche Strahlung ist die Absorptionszahl der elektrisch nichtleitenden
Baustoffe wesentlich größer als die der Metalle. Die Sonne hat, wie bereits erwähnt, eine Temperatur von etwa 6000 °K. Bei dieser Temperatur
hat sich der Abfall des Absorptionsverhältnisses der Nichtleiter bereits so
stark ausgewirkt, daß weiße nichtleitende Oberflächen weniger Sonnen-
wärme absorbieren als Metalloberflächen. Eine Ausnahme unter den
Metallen macht Silber, das auch im Wellenlängengebiet der Lichtstrahlung eine sehr kleine Absorptionszahl hat ($R_\lambda \sim 0{,}96$). Aus dem Gesagten

15*

geht hervor, daß es zweckmäßig ist, die Dächer von Kraftwagen mit einem weißen Anstrich zu versehen, wenn man das Wageninnere gegen Erwärmung durch Sonnenbestrahlung schützen will.

Nunmehr soll der Zusammenhang des Gesamtemissionsverhältnisses ε mit dem monochromatischen Emissionsverhältnis ε_λ und dem Absorptionsverhältnis besprochen werden. Das Gesamtemissionsverhältnis ist durch die folgende Gleichung definiert:

$$\varepsilon(T_0) = \frac{\int\limits_0^\infty \varepsilon_\lambda(T_0)\, e_{s\lambda}(T_0)\, d\lambda}{\int\limits_0^\infty e_{s\lambda}(T_0)\, d\lambda}, \tag{381}$$

wobei angedeutet ist, welche Werte von der Temperatur T_0 der strahlenden Fläche abhängen. Gl. (380) möge in der folgenden Form geschrieben werden:

$$A(T_0, T_i) = \frac{\int\limits_0^\infty A_\lambda(T_0)\, e_{s\lambda}(T_i)\, d\lambda}{\int\limits_0^\infty e_{s\lambda}(T_i)\, d\lambda}. \tag{382}$$

Die monochromatische Absorptionszahl A_λ ist eine Funktion der Temperatur T_0 der absorbierenden Fläche, die Ausstrahlung $e_{s\lambda}$ des die Fläche bestrahlenden schwarzen Körpers ist eine Funktion seiner Temperatur T_i. Die Absorptionszahl A der Gesamtstrahlung hängt damit von beiden Temperaturen ab. Für monochromatische Strahlung gilt KIRCHHOFFS Gesetz

$$\boxed{A_\lambda = \varepsilon_\lambda}. \tag{383}$$

Aus einem Vergleich der Gln. (381) und (382) erkennt man aber, daß die gleiche Beziehung für die Gesamtstrahlung nur erfüllt ist, wenn $T_0 = T_i$ ist. Das Emissionsverhältnis läßt sich daher im allgemeinen aus gemessenen Absorptionszahlen nur berechnen, wenn man die monochromatischen Werte A_λ kennt. In zwei Grenzfällen läßt sich die Integration nach Gl. (382) umgehen.

1. Für einen grauen Körper ist A_λ unabhängig von der Wellenlänge. Damit läßt sich die Absorptionszahl in Gl. (382) vor das Integralzeichen setzen, und es gilt

$$A(T_0, T_i) = A_\lambda(T_0) = \varepsilon(T_0). \tag{384}$$

2. Für einen Körper, bei dem die Absorptionszahl unabhängig ist von der Oberflächentemperatur T_0, gilt mit Beachtung der Gl. (383)

$$A(T_0, T_i) = \varepsilon(T_i). \tag{385}$$

Bei elektrischen Nichtleitern ist die Abhängigkeit des Wertes A_λ von der Wellenlänge nach Abb. 132 meist viel stärker als die Abhängigkeit von der Temperatur. Es empfiehlt sich dann, mit Gl. (385) zu rechnen. Bei elektrischen Leitern ist die Abhängigkeit der Absorptionszahl von beiden Parametern etwa gleich stark. Man kann dann aus der elektromagnetischen Lichttheorie die folgende Beziehung ableiten[1]

$$A(T_0 . T_i) = \varepsilon\left(\mid \overline{T_0 T_i}\right). \tag{386}$$

In Worten ausgedrückt besagt diese Gleichung, daß die Absorptionszahl der Oberfläche eines elektrisch leitenden Körpers von der Temperatur T_0 für auffallende schwarze Strahlung der Temperatur T_i gleich ist dem Emissionsverhältnis der Oberfläche bei der Temperatur $\sqrt{\overline{T_0 T_i}}$.

Die im vorstehenden dargestellten Unterschiede für verschiedene Materialien sind auch für ingenieurmäßige Berechnung von Bedeutung,

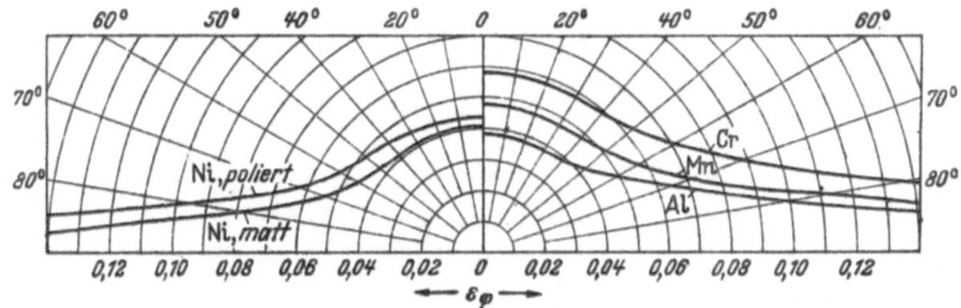

Abb. 134. Richtungsverteilung der Wärmestrahlung von blanken Metallen (nach E. SCHMIDT und E. ECKERT).

wie die im folgenden mitgeteilten Ergebnisse einer zahlenmäßigen Berechnung zeigen. Für die Schamotte, für die die monochromatische Absorptionszahl A_λ in Abb. 132 dargestellt ist, ergibt Gl. (381) das Emissionsverhältnis der Gesamtstrahlung zu $\varepsilon = 0{,}68$. Die Absorptionszahl für auffallende schwarze Strahlung von 1670 °K ist nach Gl. (382) $A = 0{,}30$. Für auffallende Strahlung, die von dem gleichen Schamottematerial bei einer Temperatur von 1670 °K kommt, ist die Absorptionszahl nach Gl. (379) $A = 0{,}585$. Dabei ist angenommen, daß A_λ temperaturunabhängig ist. Die Gl. (366) ergäbe für alle beiden Fälle $A = \varepsilon = 0{,}68$, also von der Wirklichkeit stark abweichende Werte.

Auch das LAMBERTsche Cosinusgesetz ist bei den in der Natur vorkommenden Stoffen nicht streng erfüllt. Dies erkennt man aus Abb. 134 und 135, wo für eine Reihe von elektrischen Leitern und Nichtleitern die Größe des gemessenen Emissionsverhältnisses für verschiedene Ausstrahlungsrichtungen aufgetragen ist. Dabei ist das Emissionsverhältnis ε_φ mit den Strahlungsintensitäten in der jeweiligen Richtung gebildet nach der Gleichung

$$\varepsilon_\varphi = \frac{i_\varphi}{i_s}. \tag{387}$$

Wäre das LAMBERTsche Cosinusgesetz erfüllt, so müßte das Emissionsverhältnis ε unabhängig von der Richtung der Ausstrahlung sein. In den beiden Abb. 134 und 135 müßten sich also Halbkreise um den Mittel-

[1] ECKERT, E.: Forsch. Ing.-Wes. 7 (1936) 265–270.

punkt ergeben. Es zeigt sich, daß Nichtleiter in der Gegend kleiner Ausstrahlungswinkel einen Abfall des Emissionsverhältnisses aufweisen. Bei den Leitern wächst das Emissionsverhältnis mit kleiner werdendem Ausstrahlungswinkel zunächst an und fällt später ebenso wie bei Nichtleitern bis auf den Wert 0 für den streifenden Ausstrahlungswinkel ab. Bei gutleitenden Körpern ist allerdings der Abfall auf einen derart kleinen Winkelbereich beschränkt, daß er bei den in Abb. 134 wiedergegebenen Körpern nicht mehr gemessen werden konnte. Infolge der Abweichung vom LAMBERTschen Cosinusgesetz unterscheidet sich das Emissionsverhältnis

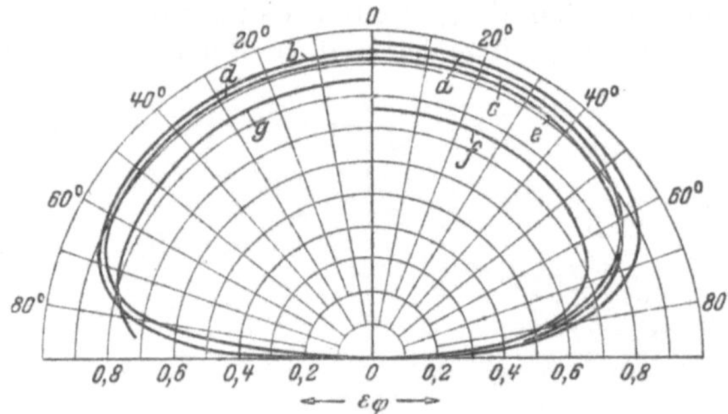

Abb. 135. Richtungsverteilung der Wärmestrahlung von elektrischen Nichtleitern (nach E. SCHMIDT und E. ECKERT). *a* feuchtes Eis; *b* Holz; *c* Glas; *d* Papier; *e* Ton; *f* Kupferoxyd; *g* rauher Korund.

$\varepsilon = e/e_s$ für die gesamte Ausstrahlung in den Halbraum von dem Emissionsverhältnis ε_φ für die Ausstrahlung unter einem bestimmten Winkel. In Tab. 10 ist das Emissionsverhältnis ε_n bei Raumtemperatur für die Ausstrahlung in Richtung der Flächennormalen und dasjenige ε für die Gesamtstrahlung zusammengestellt.

Bei der Berechnung der Absorptionszahl aus dem Emissionsverhältnis muß man auch hinsichtlich der Richtungsverteilung der auftreffenden Strahlung Vorsicht walten lassen. Die Beziehung $\varepsilon_\varphi = A_\varphi$ gilt ohne weiteres. Dagegen gilt die Gleichung $\varepsilon = A$ nur, wenn die in Frage kommende Oberfläche von allen Seiten gleichmäßig bestrahlt wird.

Bei höherer Temperatur hat man nach Abb. 133 ein Anwachsen des Emissionsverhältnisses für Metalle und einen Abfall desselben für Nichtleiter zu erwarten. Mit Hilfe des Emissionsverhältnisses läßt sich die ausgestrahlte Wärmestromdichte aus der Gleichung

$$q = \varepsilon\, C_s \left(\frac{T}{100}\right)^4 \tag{388}$$

ermitteln.

Die in Gl. (362) auftretende Reflexionszahl gibt den gesamten reflektierten Anteil auftreffender Strahlung an, gleichgültig ob die Reflexion spiegelnd oder diffus erfolgt.

Hinsichtlich der Verteilung der von einer Oberfläche reflektierten Strahlung im Raum unterscheidet man, wie bereits erwähnt, spiegelnde und zerstreute Reflexionen. Auch diese beiden Begriffe stellen wieder Grenzfälle dar, denen sich die wirklichen Oberflächen mehr oder weniger

Tabelle 10. *Emissionsverhältnisse ε_n der Strahlung in Richtung der Flächennormalen und ε der Gesamtstrahlung für verschiedene Körper bei Temperatur t nach Messungen von E. Eckert und E. Schmidt*

Bei Metallen nimmt das Emissionsverhältnis mit steigender Temperatur zu, bei nichtmetallischen Körpern (Metalloxyde, organische Körper) in der Regel etwas ab. Soweit genauere Messungen nicht vorliegen, kann für blanke Metalloberflächen im Mittel $\varepsilon/\varepsilon_n = 1{,}2$, für andere Körper bei glatter Oberfläche $\varepsilon/\varepsilon_n = 0{,}95$, bei rauher Oberfläche $\varepsilon/\varepsilon_n = 0{,}98$ gesetzt werden.

Oberfläche	t	ε_n	ε
Gold, poliert	130°	0,018	
	400°	0,022	
Silber	20°	0,020	
Kupfer, poliert	20°	0,030	
Kupfer, poliert, leicht angelaufen	20°	0,037	
Kupfer, geschabt	20°	0,070	
Kupfer, schwarz oxydiert	20°	0,78	
Kupfer, oxydiert	130°	0,76	0,725
Aluminium, walzblank	170°	0,039	0,049
	500°	0,050	
Aluminiumbronzeanstrich	100°	0,20–0,40	
Siluminguß, poliert	150°	0,186	
Nickel, blank matt	100°	0,041	0,046
Nickel, poliert	100°	0,045	0,053
Manganin, walzblank	118°	0,048	0,057
Chrom, poliert	150°	0,058	0,071
Eisen, blank geätzt	150°	0,128	0,158
Eisen, blank abgeschmirgelt	20°	0,24	
Eisen, rot angerostet	20°	0,61	
Eisen, Walzhaut	20°	0,77	
	130°	0,60	
Eisen, Gußhaut	100°	0,80	
Eisen, stark verrostet	20°	0,85	
Eisen, hitzebeständig, oxydiert	80°	0,613	
	200°	0,639	
Zink, grau oxydiert	20°	0,23–0,28	
Blei, grau oxydiert	20°	0,28	
Wismut, blank	80°	0,340	0,366
Korund-Schmirgel, rauh	80°	0,855	0,84
Ton, gebrannt	70°	0,91	0,86
Heizkörperlack	100°	0,925	
Mennigeabstrich	100°	0,93	
Emaille, Lacke	20°	0,85–0,95	
Schwarzer Lack, matt	80°	0,970	
Bakelitlack	80°	0,935	
Ziegelstein, Mörtel, Putz	20°	0,93	
Porzellan	20°	0,92–0,94	
Glas	90°	0,940	0,876
Eis, glatt, Wasser	0°	0,966	0,918
Eis, rauher Reifbelag	0°	0,985	
Wasserglasrußanstrich	20°	0,96	
Papier	95°	0,92	0,89
Holz, Buche	70°	0,935	0,91
Dachpappe	20°	0,93	

annähern. Die Abb. 136 und 137 geben einige gemessene Richtungsverteilungen für auf die Oberfläche nahezu senkrecht auffallende schwarze Strahlung von 280 °C wieder. Das einfallende Strahlenbündel hatte einen

Öffnungswinkel von 6°. Die das Strahlenbündel begrenzenden Blenden waren bei der Versuchsapparatur so eingestellt, daß bei vollkommen spiegelnder Reflexion die reflektierte Strahlung in einem Bündel mit dem Öffnungswinkel 12° enthalten wäre. Die gebeizte Aluminiumoberfläche reflektierte also spiegelnd, andererseits sieht man aus Abb. 137, daß auch dem Auge matt erscheinende Oberflächen in der Nachbarschaft des gespiegelt reflektierten Strahles einen größeren Anteil der auffallenden Strahlung reflektieren als in den übrigen Richtungen. In die Gln. (362) und (363) ist das mittlere Reflexionsverhältnis über alle Richtungen einzusetzen. Bei der Benutzung von Abb. 132

Abb. 136 u. 137. Richtungsverteilung zurückgeworfener schwarzer Wärmestrahlung von 280 °C Temperatur.

Das Verhältnis der Rückstrahlung R_z der untersuchten Oberfläche zu der Rückstrahlung R_{zw} einer alle auffallenden Strahlen vollkommen zerstreut zurückwerfenden (d. h. vollkommen weißen) Oberfläche ist über dem Winkel des gemessenen Strahles gegen den gespiegelt zurückgeworfenen aufgetragen. Der zur Messung benutzte Strahl entsprach einem Kegel von 6° Öffnungswinkel. Bei vollkommen spiegelnder Reflexion würde also auch der reflektierende Strahl 6° Öffnungswinkel haben wie in Abb. 136 durch die gestrichelten Geraden angedeutet.

b Aluminium, schwarz gebeizt; *c* Aluminiumbronze; *d* Eisen, entzundert; *e* Eisen, Walzhaut; *f* Kupferoxyd; *h* Gußeisen, Gußhaut; *i* Ton; *k* Holz.

ist dies zu beachten. Dort sind die Reflexionszahlen, die in der Nähe des gespiegelten Strahles gemessen wurden, eingetragen. Aus ihnen läßt sich daher nicht unmittelbar das Absorptions- und Emissionsverhältnis entnehmen. Bei der Berechnung der Abb. 133 wurde diese Erscheinung bereits berücksichtigt.

Man muß erwarten, daß der spiegelnde oder diffuse Charakter einer Oberfläche in erster Linie von der Oberflächenrauhigkeit abhängt und daß eine Fläche spiegelnd reflektiert, wenn die mittlere Größe der Rauhigkeitselemente klein ist gegenüber der Wellenlänge der Strahlung, während eine Fläche mit Rauhigkeitselementen, die groß sind gegenüber der Wellenlänge diffus erscheinen wird. Dies hat sich durch neuere Messungen auch bestätigt. Man fand dabei, daß der Übergang von spiegelnder zu diffuser Reflexion innerhalb eines Zehnerbereiches des Verhältnisses Rauhigkeitslänge zu Wellenlänge erfolgte[1].

52. Gase

Neben den festen und flüssigen Körpern strahlt auch ein Teil der Gase Wärme aus und absorbiert damit nach dem Kirchhoffschen Gesetz auch auffallende Wärmestrahlung. Die Strahlung der Gase im infraroten Wellenlängenbereich kommt dabei so zustande, daß die Atome, aus denen die Moleküle aufgebaut sind, bei ihren Zusammenstößen in Schwingungen geraten. Da an die Atome elektrische Ladungen gebunden sind, wirken die Moleküle wie kleine elektrische Sender. Bei den elementaren Gasen, das sind solche, deren Moleküle aus gleichartigen Atomen bestehen, besitzen die Atome keine freie elektrische Ladung. Infolgedessen strahlen solche Gase (Wasserstoff, Sauerstoff, Stickstoff u. dgl.) keine Wärme im Infrarot aus und sind auch für fremde Strahlung vollkommen durchlässig. Für technische Berechnungen ist die Strahlung von Kohlensäure und Wasserdampf besonders wichtig, da diese Gase einerseits recht stark strahlen und auf der anderen Seite in den Rauchgasen mit größeren Konzentrationen vorkommen. Kohlenoxyd und vor allem Methan und

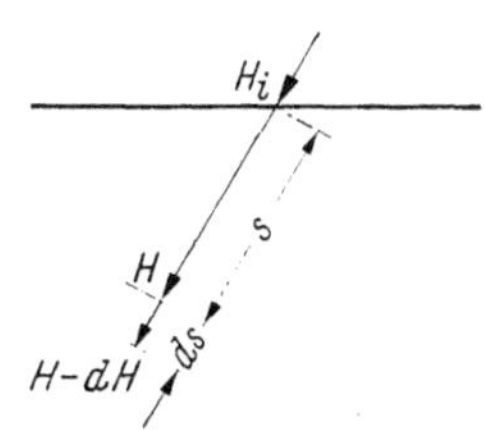

Abb. 138. Absorption eines Strahles in einem Gas.

andere Kohlenwasserstoffe senden zwar auch Wärmestrahlung aus, sind aber normalerweise in Rauchgasen nur in kleiner Konzentration vorhanden.

Da ein Gas, wie eingangs bereits erwähnt wurde, eindringende Strahlung nur in beträchtlichen Schichtdicken absorbiert, ist es notwendig, sich mit dem Absorptionsvorgang näher zu befassen. Wir betrachten monochromatische Strahlung, die eine Energiemenge $H_{\lambda,i}$ je Zeit- und Flächeneinheit transportiert. Diese Strahlung dringe nach Abb. 138 durch die Grenzfläche 1–1 in einen Gaskörper ein. Nachdem sie einen Weg s im Gas zurückgelegt hat, möge die Strahlungsintensität durch Absorption auf H_λ abgesunken sein. Entlang der weiteren Wegstrecke ds möge die Energiemenge dH_λ absorbiert werden. Dieser Absorptionsvorgang wird durch einen Absorptionskoeffizienten $a_{g\lambda}$ beschrieben, der durch die folgende Gleichung definiert ist:

$$-\frac{dH_\lambda}{H_\lambda} = a_{g\lambda}\,ds. \tag{389}$$

Da die Absorption an den einzelnen Molekülen erfolgt, liegt die Vermutung nahe, daß der Absorptionskoeffizient der Zahl der Moleküle je Volumeneinheit verhältnisgleich ist. Außerdem erwartet man, daß sie stark von der Gastemperatur abhängt, da diese die Energiespeicherung

---

[1] BIRKEBAK, R. C., u. E. R. G. ECKERT: Journ. Heat Transfer 87 (1965) 85–94.

im Molekül bestimmt. Danach sollte $a_{g\,\lambda}$ eine Funktion der Gastemperatur an der betrachteten Stelle sein und proportional dem Gasdrucke anwachsen. Die letztere Vermutung wurde experimentell nur in erster Näherung bestätigt. Man fand, daß die Absorptionszahl etwa mit einer Potenz zwischen 1,25 und 1,5 des Druckes anwächst. Wenn die Absorption in einem Gemisch aus einem absorbierenden Gase und einem nichtabsorbierenden Gase stattfindet, dann sollte sie im wesentlichen nur durch die Zahl der absorbierenden Moleküle bestimmt werden. In dem Falle erwartet man, daß der Absorptionskoeffizient $a_{g\,\lambda}$ dem Teildruck p des absorbierenden Gases proportional anwächst. Dieses Gesetz, das als BEERsches Gesetz bezeichnet wird, ist bei manchen Gasen recht gut erfüllt, bei anderen – z. B. Wasserdampf – aber nicht.

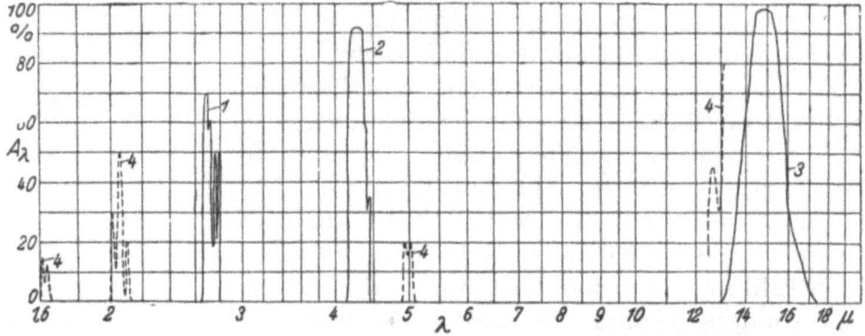

Abb. 139. Absorptionsbanden der Kohlensäure. Die ausgezogenen Linien gelten für 5 cm Schichtdicke, die gestrichelten kommen bei 100 cm Schichtdicke dazu, sie stellen also schwache Banden dar, die erst bei großer Schichtdicke bemerkbar werden. Alle Messungen sind bei atmosphärischem Druck und bei Raumtemperatur ausgeführt.

Die von einem endlichen Gaskörper absorbierte Energie wird im Prinzip aus Gl. (389) durch Integration gewonnen, wobei die örtlich veränderliche Temperatur, Dichte und chemische Zusammensetzung berücksichtigt werden muß. Derartige Rechnungen werden äußerst verwickelt und überschreiten den Rahmen dieses Buches. Wir beschränken uns hier auf Gaskörper mit örtlich unveränderlicher Temperatur, Dichte und Zusammensetzung.

Wenn die Temperatur und der Druck sowie die Gaszusammensetzung eines Gemisches längs der Strecke s in Abb. 138 konstant sind, ist auch der Absorptionskoeffizient $a_{g\,\lambda}$ örtlich konstant, und Gl. (389) kann integriert werden. Dies ergibt mit Beachtung der Bedingung: $H_\lambda = H_{\lambda i}$ für $s = 0$ die Beziehung

$$H_\lambda = H_{\lambda i}\,e^{-a_{g\lambda}s}. \tag{390}$$

Man kann nun eine Absorptionszahl $A_{g\,\lambda}$ als das Verhältnis der auf der Strecke s absorbierten Strahlung zur ursprünglichen Strahlung $H_{\lambda i}$ einführen und erhält die Gleichung

$$A_{g\,\lambda} = \frac{H_{\lambda i} - H_\lambda}{H_{\lambda i}} = 1 - e^{-a_{g\lambda}s}. \tag{391}$$

Ergebnisse von Messungen an absorbierenden Gasen werden gewöhnlich als Absorptionszahlen dargestellt.

In Abb. 139 und 140 ist das Absorptionsspektrum von Kohlensäure und Wasserdampf dargestellt. Man sieht daraus, daß sich die Gase hinsichtlich ihrer Wärmestrahlung von den festen und flüssigen Körpern dadurch unterscheiden, daß die Strahlung nur in begrenzten Wellenlängenbereichen ausgesendet wird. Bei Wasserdampf liegen diese Bereiche allerdings recht dicht beeinander. Die Ausstrahlung erfolgt bei beiden Gasen

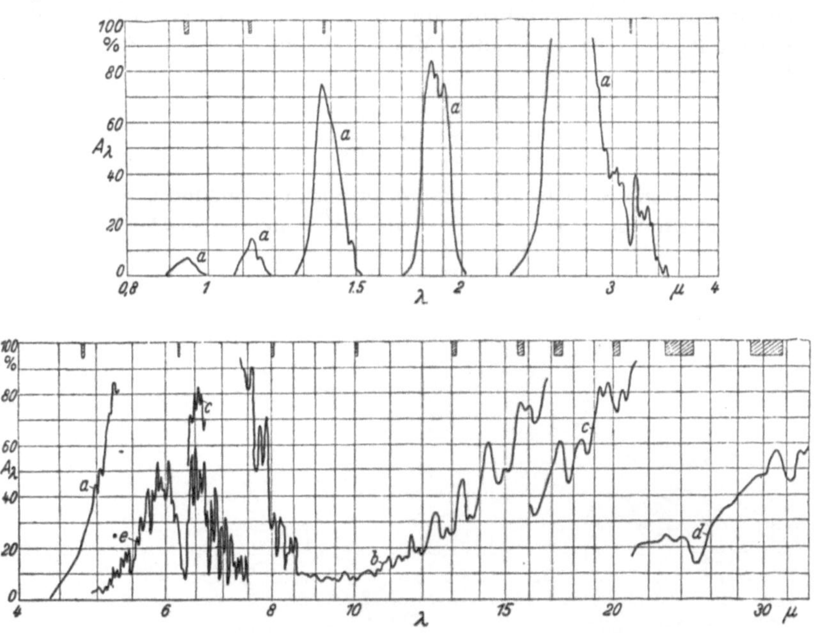

Abb. 140. Absorptionsbanden für Wasserdampf; (oben) für Wellenlängen von 0,8 bis 4 μ bei 127° und 109 cm Schichtdicke, (unten) für Wellenlängen von 4 bis 34 μ, und zwar a bei 127° und 109 cm Schichtdicke, b bei 127° und 104 cm Schichtdicke, c bei 127° und 32,4 cm Schichtdicke, d bei 81° und 32,4 cm Schichtdicke Dampfluftgemisch, entsprechend etwa 4 cm reiner Dampfschicht, e bei 20° und 220 cm dicker Schicht feuchter Zimmerluft entsprechend etwa 7 cm feiner Dampfschicht von Atmosphärendruck. Die kleinen schraffierten Rechtecke am oberen Rand geben die Breite des jeweils benutzten Spektrometerspaltes im Maßstab der Wellenlängen an. Alle Messungen sind bei atmosphärischem Druck ausgeführt.

wesentlich bei Wellenlängen über 1 μ, ist daher für das Auge unsichtbar. Wie aus den beiden Abbildungen zu ersehen ist, benötigen Gase im Gegensatz zu festen und flüssigen Körpern eine beträchtliche Schichtdicke, um den größeren Teil der auftreffenden Strahlung zu absorbieren.

Reflexion von Wärmestrahlung an Grenzflächen zwischen Gaskörpern ist im allgemeinen vernachlässigbar klein, und auch der Einfluß des Gases auf die Reflexion an angrenzenden festen oder flüssigen Oberflächen ist in der Regel verschwindend. Damit kann die Durchlaßzahl $D_{g\lambda}$ eines absorbierenden Gases aus Gl. (364) und (391) berechnet werden.

$$D_{g\lambda} = e^{-a_{g\lambda}s}. \qquad (392)$$

Ein absorbierendes Gas hat stets auch die Fähigkeit, Energie auszustrahlen. Die Intensität $i_{g\lambda}$ der Strahlung, die die Grenzfläche eines Gases je

Zeit- und Flächeneinheit in einer bestimmten Richtung und mit der Wellenlänge λ verläßt, wird durch das Emissionsverhältnis $\varepsilon_{g\lambda}$ ausgedrückt gemäß der Gleichung

$$i_\lambda = \varepsilon_{g\lambda} i_{s\lambda}. \tag{393}$$

Eine Wiederholung der Betrachtung auf S. 216, die zur Ableitung des Kirchhoffschen Gesetzes führte, mit dem Unterschied, daß der Hohlraum einmal evakuiert, das andere Mal von einem absorbierenden Gas erfüllt ist, ergibt

$$\boxed{\varepsilon_{g\lambda} = A_{g\lambda}} \; . \tag{394}$$

Für technische Berechnungen benötigt man vor allem die gesamte, im ganzen Wellenlängenbereich ausgestrahlte Wärmemenge. Diese läßt sich

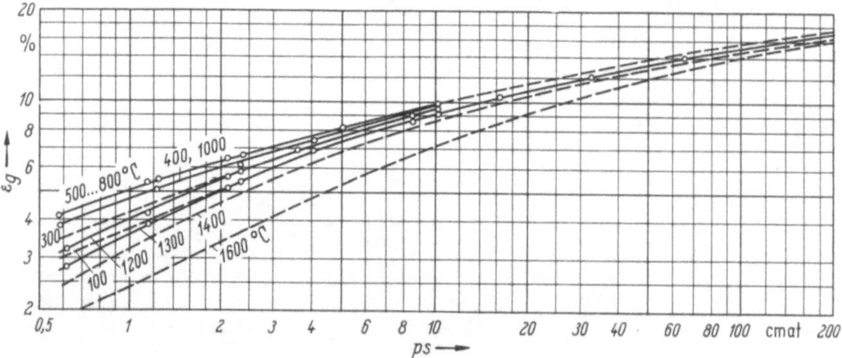

Abb. 141. Emissionsverhältnis der Wärmestrahlung von Kohlensäure (nach E. ECKERT).

im Prinzip aus monochromatischen Messungen durch Integration ermitteln. Praktisch wurde jedoch bisher eine unmittelbare Messung dieser Größe vorgezogen. Besonders für die beiden Gase Kohlensäure und Wasserdampf wurden eine größere Zahl von Messungen ausgeführt, nachdem auf die Bedeutung der Strahlung dieser beiden Gase für den Wärmeübergang im Dampfkessel und in industriellen Feuerungen zuerst von A. SCHACK aufmerksam gemacht worden war. In Abb. 141 ist die Strahlung der Kohlensäure nach Messungen von E. ECKERT[1] mitgeteilt. Die Messungen sind so ausgewertet, daß ebenso wie bei festen Körpern ein Emissionsverhältnis ε_g bestimmt wurde, indem nach Gl. (388) die Strahlung des Gases zu der des schwarzen Körpers bei der gleichen Temperatur in Beziehung gesetzt ist. Die Messungen wurden mit Kohlensäure-Stickstoff-Gemischen von verschiedener Schichtdicke ausgeführt. Dabei wurde das BEERsche Gesetz für dieses Gas bestätigt. Dementsprechend ist das Emissionsverhältnis in Abb. 141 über dem Produkt Teildruck $p \times$ $\times$ Schichtdicke s aufgetragen. Gleichartige Messungen bei einer Schicht-

---

[1] ECKERT, E.: VDI-Forsch.-Heft 387 (1937).

dicke von 56 cm mit Kohlensäure-Luft-Gemischen wurden von HOTTEL und MANGELSDORF veröffentlicht[1]. Sie stimmen recht gut mit den Ergebnissen in Abb. 141 überein. Lediglich in den auf hohe Temperaturen extrapolierten Werten sind größere Unterschiede vorhanden. Die HOTTELschen Werte liegen hier tiefer. Da auch nach einer theoretischen Untersuchung von SCHWIEDESSEN ein Absinken des Emissionsverhältnisses bei hohen Temperaturen wahrscheinlich ist, wurden die Werte bei 1400° und 1600° in Abb. 141 gegenüber der früheren Arbeit[2] etwas verkleinert.

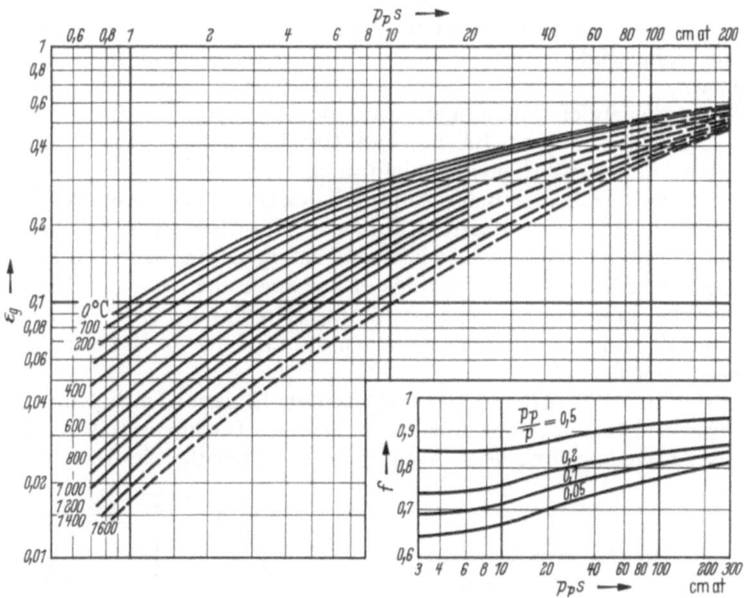

Abb. 142. Emissionsverhältnis der Wärmestrahlung von Wasserdampf
(nach E. SCHMIDT, H. C. HOTTEL und E. ECKERT).

Die ersten Messungen über die Gesamtstrahlung von Wasserdampf wurden von E. SCHMIDT[3] ausgeführt. Dieser untersuchte reinen Wasserdampf bei veränderlicher Schichtdicke. Nachfolgende Versuche von HOTTEL und MANGELSDORF an Wasserdampf-Luft-Gemischen stimmten bei großem Teildruck des Wasserdampfes recht gut mit den vorhergenannten überein, liegen jedoch bei kleinen Wasserdampfteildrücken wesentlich niedriger. Messungen von E. SCHMIDT und E. ECKERT[4] an Wasserdampf-Stickstoff-Gemischen brachten die Aufklärung dieser Abweichung. Es zeigte sich, daß das BEERsche Gesetz für Wasserdampf nicht gilt, sondern daß das Emissionsverhältnis bei einem festen Wert $p_p s$ für kleine Wasser-

---

[1] HOTTEL, H. C., u. H. G. MANGELSDORF: Trans. Amer. Inst. chem. Engrs. 31 (1935) 517–549.

[2] Fußn. S. 236.

[3] SCHMIDT, E.: Forsch. Ing.-Wes. 3 (1932) 57–70.

[4] SCHMIDT, E., u. E. ECKERT: Forsch. Ing.-Wes. 8 (1939) 87. – ECKERT, E.: VDI-Forsch.-Heft 387 (1937).

dampfteildrücke niedriger liegt als bei einem großen Wasserdampfteildruck. Diese Erscheinung läßt sich so berücksichtigen, daß man die Emissionsverhältnisse für reinen Wasserdampf mit einem Abminderungsfaktor f multipliziert, wenn der Wasserdampfteildruck kleiner als 1 ist. In Abb. 142 ist das Emissionsverhältnis von reinem Wasserdampf nach den Messungen von E. Schmidt in Abhängigkeit von dem Produkt Teildruck × Schichtdicke dargestellt. Das kleine Diagramm rechts unten gibt den Abminderungsfaktor an. Der Abminderungsfaktor ist nach Versuchen von Hottel und Mangelsdorf und nach den Messungen von E. Eckert berechnet. Eine kleine nach den letzteren Versuchen vorhandene Abhängigkeit von der Gastemperatur ist dabei unberücksichtigt geblieben.

Alle vorliegenden Messungen wurden bei einem Gesamtdruck von 0,98 b (1 ata) ausgeführt. Bei höheren Drucken ist die Strahlung eines Gases von unveränderlicher Schichtdicke und Zusammensetzung zunächst dadurch größer, daß der Teildruck des Gases verhältnisgleich dem Gesamtdruck anwächst. Darüber hinaus dürfte aber auch die Emission einer bestimmten Zahl von Molekülen mit steigendem Druck zunehmen. Messungen hierüber liegen allerdings bisher noch nicht vor. Die Gesamtstrahlung bei höheren Drücken ist für die Berechnung des Wärmeübergangs im Zylinder von Verbrennungsmotoren oder in Raketenbrennkammern wichtig.

Mit den in Abb. 141 und 142 mitgeteilten Emissionsverhältnissen ist zunächst die Intensität der Ausstrahlung eines Gaskörpers in einer bestimmten Richtung festgelegt, wenn der Gaskörper die Erstreckung s in

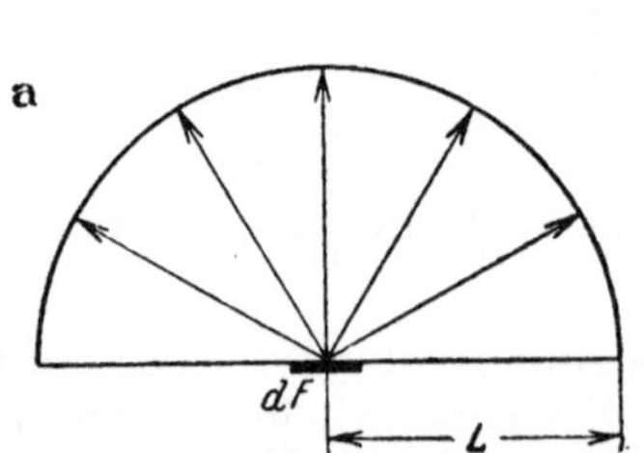
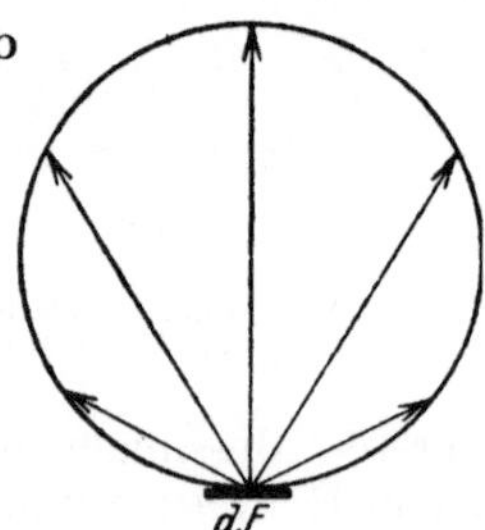

Abb. 143a u. b. Zur Bestimmung des gleichwertigen Halbmessers.

dieser Richtung hat. Nach Gl. (388) kann damit auch die Bestrahlung des Flächenelements dF durch einen Gaskörper von der Gestalt einer Halbkugel nach Abb. 143a berechnet werden. In diesem Fall ist der Weg der Wärmestrahlen, die aus den verschiedenen Richtungen auf das Flächenteilchen auftreffen, gleich groß. In allen anderen Fällen, beispielsweise auch in Abb. 143b, ist eine Integration über die verschiedenen Richtungen im Raum notwendig. Solche Berechnungen wurden von Nusselt, Jakob, E. Schmidt, Hottel und Eckert durchgeführt. Hottel zeigt, daß die Strahlung eines beliebigen Körpers mit praktischer Genauigkeit gleich ist der einer Halbkugel von einer bestimmten Größe des Halbmessers L. Dieser soll als „*gleichwertiger Halbmesser*" bezeichnet werden; seine Größe ist

Tabelle 11. *Gleichwertige Halbmesser L verschiedener Gaskörper*

Kreiszylinder: Höhe = Dmr. d,	
Einstrahlung in die Mitte der Grundfläche	$L = 0{,}77\,d$
Kreiszylinder: Höhe = ∞, Dmr. = d, ...	
Einstrahlung in die Mantelfläche	$L = 0{,}95\,d$
Zylinder: Höhe = ∞, Grundfläche Halbkreis mit Halbmesser r,	
Einstrahlung in die Mitte der ebenen Mantelfläche	$L = 1{,}26\,r$
Kugel: Dmr. = d,	
Einstrahlung in den Mantel	$L = 0{,}65\,d$
Schicht zwischen zwei parallelen unbegrenzten Ebenen mit dem Abstand h,	
Einstrahlung in die Ebenen	$L = 1{,}8\,h$
Kreiszylinder: Höhe = ∞, Dmr. = d,	
Einstrahlung in die Mitte der Grundfläche	$L = 0{,}9\,d$
Rohrbündel: im Dreieck: $s = d$	$L = 3{,}0\,s$
$s = 2d$	$L = 3{,}8\,s$
im Quadrat: $s = d$	$L = 3{,}5\,s$
$s =$ lichte Weite zwischen den Rohren, $d =$ Rohrdmr.	
Würfel: Seitenlänge = a, . . .	
Einstrahlung in jede Würfelfläche	$L = 0{,}66\,s$

in Tab. 11 für verschiedene Gaskörper zusammengestellt. H. Hausen[1] und F. J. Port[2] haben darauf hingewiesen, daß für beliebige Körperformen der „gleichwertige Halbmesser" in eine Beziehung zu einer Größe gebracht werden kann, die ganz ähnlich dem hydraulischen Durchmesser gebildet ist. Es gilt mit guter Näherung

$$L = 0{,}9\,\frac{4\,V}{F}. \tag{395}$$

wenn V das Volumen und F die von den wärmeaufnehmenden Wänden gebildete Oberfläche des Gaskörpers ist. Diese Feststellung gibt einen guten Anhalt, mit dem auch für Körperformen, die bisher nicht durchgerechnet wurden, die Größe des gleichwertigen Halbmessers angenähert bestimmt werden kann. Hinsichtlich einer Besprechung des Rechnungsganges zur Ermittlung des gleichwertigen Halbmessers sei auf die Literatur verwiesen[3].

Wenn man aus dem Emissionsverhältnis ε_g der Gesamtstrahlung die Absorptionszahl A_g oder die Durchlaßzahl D_g berechnen will, begegnet man den gleichen Schwierigkeiten wie bei festen Körpern. Regeln zur angenäherten Ermittlung findet man in der Literatur[3]. Vollständige Information über die Strahlungseigenschaften von Gasen dagegen gewinnt man nur aus monochromatischen Messungen. Leider sind solche Messun-

---

[1] Nach einer brieflichen Mitteilung.

[2] Port, F. J.: Heat transmission by radiation from gases. Sci. D. Thesis, the Massachusetts Inst. of Techn. 1939.

[3] Eckert, E.: VDI-Forsch.-Heft 387 (1937) oder H. C. Hottels Kapitel „Wärmeaustausch durch Strahlung" in W. H. McAdams „Heat Transmission", 3. Aufl., New York: McGraw-Hill 1954.

gen bis heute nur spärlich durchgeführt worden[1]. An einer theoretischen Berechnung der Strahlungseigenschaften wurde in den letzten Jahren mit viel Erfolg gearbeitet[2].

B. Der Strahlungsaustausch

53. Schwarze Körper

Mit den in den vorhergehenden Abschnitten zusammengestellten Gesetzen für die Wärmestrahlung kann nun auch der Wärmeaustausch berechnet werden, der durch die gegenseitige Bestrahlung zweier Körper zustande kommt, die sich auf verschiedenen Temperaturen befinden. Zunächst soll der Strahlungsaustausch zwischen den Oberflächen zweier schwarzer Körper behandelt werden. Die beiden betrachteten Flächen sollen die Größen dF_1 und dF_2 haben, die klein sind gegen ihre gegenseitige Entfernung s (Abb. 144). Die Winkel, die die Flächennormalen mit der Verbindungslinie der beiden Flächenmittelpunkte einschließen, seien β_1 und β_2. Dann ist die Wärmemenge, die je Zeiteinheit von der Fläche dF_1 gegen die Fläche dF_2 gestrahlt wird, nach Gl. (367) und (368) gegeben durch

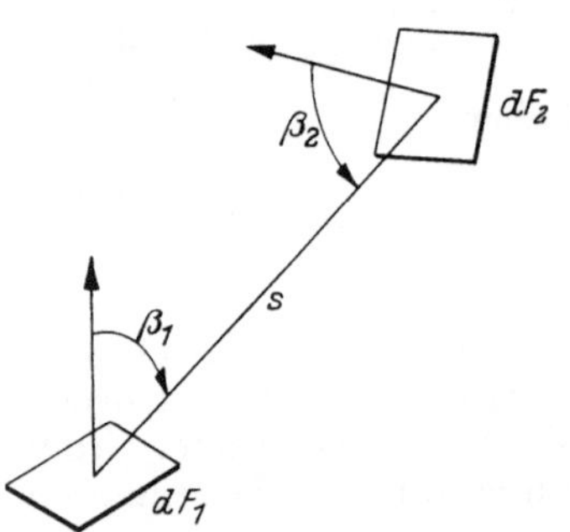

Abb. 144. Strahlungsaustausch zwischen zwei Flächenelementen.

$$dQ_{1-2} = i_1 \cos\beta_1 \, d\omega_1 \, dF_1. \qquad (396)$$

i_1 ist darin die Strahlungsintensität der Fläche dF_1 und $d\omega_1$ der Raumwinkel, unter dem die Fläche dF_2 von dF_1 aus gesehen wird. Für ihn gilt die Beziehung

$$d\omega_1 = \frac{dF_2 \cos\beta_2}{s^2}. \qquad (397)$$

Damit erhält man für die ausgestrahlte Wärme dQ_{1-2} den Ausdruck

$$dQ_{1-2} = i_1 \frac{\cos\beta_1 \cos\beta_2}{s^2} dF_1 \, dF_2.$$

In gleicher Weise läßt sich die von dF_2 gegen dF_1 gestrahlte Wärme bestimmen

$$dQ_{2-1} = i_2 \cos\beta_2 \, d\omega_2 \, dF_2 = i_2 \frac{\cos\beta_1 \cos\beta_2}{s^2} dF_1 \, dF_2. \qquad (398)$$

Diese Wärmemenge wird von der schwarzen Fläche dF_1 geschluckt, der Wärmestrom, der infolge der gegenseitigen Bestrahlung von dF_1 nach dF_2 fließt, ist daher

$$dQ = dQ_{1-2} - dQ_{2-1} = (i_1 - i_2) \frac{\cos\beta_1 \cos\beta_2}{s^2} dF_1 \, dF_2.$$

[1] EDWARDS, D. K.: Journ. Opt. Soc. Amer. 50 (1960) 617–666; Journ. Heat Transfer 84 (1962) 1–11.

[2] PENNER, S. S.: Quantitative Molecular Spectroscopy and Gas Emissivities. Reading, Mass.: Addison-Wesley Publ. 1959.

Für die Strahlungsintensität i_1 eines schwarzen Körpers gilt nach Gl. (369) und Gl. (374)

$$i_1 = \frac{C_s}{\pi} \left(\frac{T_1}{100}\right)^4.$$

Eine gleichartige Beziehung besteht auch für i_2. Damit erhält man für den Wärmestrom

$$dQ = \frac{\cos\beta_1 \cos\beta_2}{s^2} dF_1 dF_2 \frac{C_s}{\pi} \left[\left(\frac{T_1}{100}\right)^4 - \left(\frac{T_2}{100}\right)^4\right]. \qquad (399)$$

Mit dieser Gleichung läßt sich also der Wärmeaustausch zweier kleiner beliebig im Raum liegender schwarzer Flächen berechnen. Durch eine Integration der Gleichung erhält man auch den Strahlungsaustausch zweier Flächen von größerer Ausdehnung. Hierzu ist es zweckmäßig, einen neuen Begriff einzuführen, nämlich das *Winkelverhältnis* zweier Flächen. Unter dem Winkelverhältnis der Fläche dF_1 gegen dF_2 versteht man die von dF_1 gegen dF_2 gestrahlte Wärmemenge dQ_{1-2}, geteilt durch die insgesamt von dF_1 ausgehende Wärmestrahlung dQ_{g1}. Die erstere Wärmemenge ist durch Gl. (396), die zweite durch Gleichung $dQ_{g1} = \pi i_1 dF_1$ gegeben [siehe Gl. (369)]. Das Winkelverhältnis $d\varphi_{1-2}$ ist daher

$$d\varphi_{1-2} = \frac{dQ_{1-2}}{dQ_{g1}} = \frac{1}{\pi} \cos\beta_1 d\omega_1. \qquad (400)$$

Die Größe des Winkelverhältnisses ist demnach durch die geometrischen Beziehungen der beiden Flächen festgelegt. Die von dF_1 gegen dF_2 ausgestrahlte Wärme läßt sich nunmehr in folgender Form schreiben:

$$dQ_{1-2} = e_1 d\varphi_{1-2} dF_1, \qquad (401)$$

wenn e_1 die Ausstrahlung oder die Wärmestromdichte der insgesamt von dF_1 ausgesandten Strahlung ist. In gleicher Weise ergibt sich für die von dF_2 nach dF_1 gestrahlte Wärme nach Gl. (397) und (398)

$$dQ_{2-1} = i_2 \cos\beta_1 d\omega_1 dF_1 = e_2 d\varphi_{1-2} dF_1$$

und daher für den Wärmestrom

$$dQ = (e_1 - e_2) d\varphi_{1-2} dF_1 = C_s d\varphi_{1-2} dF_1 \left[\left(\frac{T_1}{100}\right)^4 - \left(\frac{T_2}{100}\right)^4\right]. \qquad (402)$$

Der Wärmestrom läßt sich auch mit Hilfe des Winkelverhältnisses der Fläche dF_2 gegen dF_1 ausdrücken

$$dQ = C_s d\varphi_{2-1} dF_2 \left[\left(\frac{T_1}{100}\right)^4 - \left(\frac{T_2}{100}\right)^4\right]. \qquad (403)$$

Der Wärmestrom, der durch den Strahlungsaustausch zweier endlicher Flächen zustande kommt, ergibt sich aus den beiden Gln. (402) oder (403) durch eine zweimalige Integration. Die Durchführung dieser Rechnungen findet man in dem Buch „Technische Strahlungsaustauschrechnungen"[1].

---

[1] ECKERT, E.: Technische Strahlungsaustauschrechnungen, Berlin: VDI-Verlag 1937.

Die Integration läßt sich mit Vorteil zeichnerisch ausführen, worauf erstmalig von R. A. HERMANN (1900) und später nochmals etwa gleichzeitig von W. NUSSELT und O. SEIFERT hingewiesen wurde. Nach Gl. (400) ist das Winkelverhältnis eines Flächenelementes dF_1 gegen eine endliche Fläche F_2 durch das folgende Integral gegeben:

$$\varphi_{1-2} = \frac{1}{\pi} \int \cos\beta_1 \, d\omega_1 \, . \tag{404}$$

Der Ausdruck unter dem Integral $\cos\beta_1 \, d\omega_1$ stellt nichts anderes dar als die Projektion $d\omega'$ des Raumwinkelelements $d\omega_1$ auf die Ebene der strahlenden Fläche F_1. Man kann demnach das Integral $\int \cos\beta_1 \, d\omega_1$ nach Abb. 145 in folgender Weise zeichnerisch ermitteln. Man projiziert die Fläche, deren Winkelverhältnis gesucht ist (in Abb. 145 das Rechteck 1) auf die Halbkugel mit dem Radius $R = 1$ und erhält so auf der Oberfläche der Kugel eine Fläche 1', die gleich ist dem Raumwinkel der Fläche 1. Diese Fläche 1' projiziert man nun ein zweites Mal in der in Abb. 145 angegebenen Weise auf die Ebene von dF_1. Die so erhaltene Fläche 1'' stellt bereits das gesuchte Integral dar. Da die Fläche des Halbkreises, den die Einheitskugel auf der Ebene von dF_1 herausschneidet, gleich π ist, ergibt sich das Winkelverhältnis, indem man die Fläche 1'' durch die Fläche des Einheitskreises teilt. Hat man das Winkel-

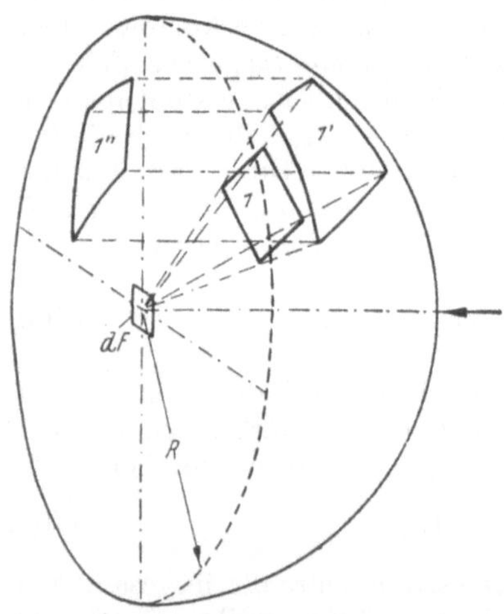

Abb. 145. Zeichnerische Ermittlung des Winkelverhältnisses.

verhältnis für den Strahlungsaustausch einer endlichen Fläche F_1 gegen eine endliche Fläche F_2 zu bestimmen, dann teilt man die erstere in eine Reihe von gleichgroßen kleinen Einzelflächen und muß für jede dieser Teilflächen die angegebene Konstruktion durchführen. Der Mittelwert der einzelnen so bestimmten Winkelverhältnisse der Teilflächen ergibt dann das Winkelverhältnis $\bar{\varphi}_{1-2}$ der gesamten Fläche F_1. Mit diesem erhält man den Wärmestrom zwischen den beiden Flächen F_1 und F_2 aus der Gleichung

$$Q = \bar{\varphi}_{1-2} F_1 C_s \left[\left(\frac{T_1}{100}\right)^4 - \left(\frac{T_2}{100}\right)^4 \right] . \tag{405}$$

Man hätte auch bei der Konstruktion von der Fläche F_2 ausgehen können und würde dann zur Berechnung des Wärmestromes die Gleichung

$$Q = \bar{\varphi}_{2-1} F_2 C_s \left[\left(\frac{T_1}{100}\right)^4 - \left(\frac{T_2}{100}\right)^4 \right] \tag{406}$$

benutzen. Die Freiheit, die man in der Wahl der Bezugsfläche F bei der Berechnung des Wärmestroms hat, läßt sich oft mit Vorteil ausnutzen. Wenn beispielsweise eine Fläche F_1 von einer zweiten F_2 vollkommen umgeben ist, dann läßt sich das Winkelverhältnis von F_1 gegen F_2 sofort angeben. Es muß nämlich gleich 1 sein, da ja alle von F_1 ausgehenden Strahlen auf die Fläche F_2 treffen. Man wird daher den Wärmestrom in diesem Fall mit Gl. (405) berechnen.

54. Feste, flüssige und gasförmige Körper

Erfolgt der Strahlungsaustausch zwischen zwei nicht schwarzen Oberflächen, dann werden die Verhältnisse dadurch verwickelter, daß von der auf die bestrahlte Oberfläche auftreffenden Wärmestrahlung nur ein Teil absorbiert wird. Der andere Teil wird reflektiert, trifft zum Teil wieder auf die ausstrahlende Fläche, wird von dieser zum Teil absorbiert, zum Teil reflektiert, und dieses Spiel wiederholt sich immer weiter. Der Wärmestrom,

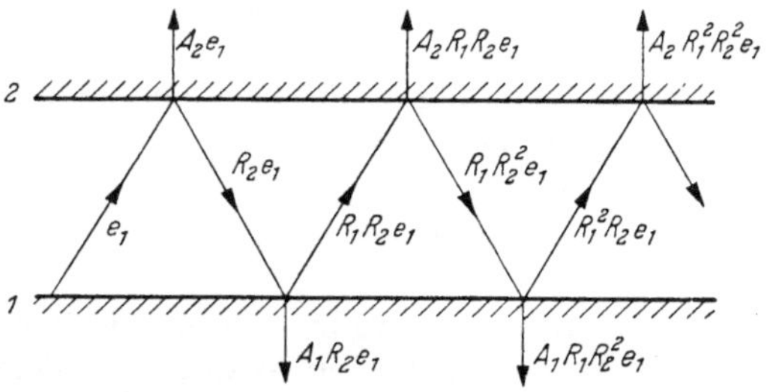

Abb. 146. Strahlungsaustausch zweier paralleler Wände.

der in dieser Weise zustande kommt, läßt sich am leichtesten an zwei zueinander parallelen Oberflächen von großer Ausdehnung übersehen. Wir setzen voraus, daß die Flächen für Strahlung undurchlässig ($D = 0$) und grau ($A = \varepsilon$) sind. Verfolgt man in Abb. 146 den Weg der von der Fläche 1 ausgehenden Wärmestrahlung, so ergeben sich die folgenden Verhältnisse: Von der je Flächeneinheit ausgehenden Strahlung e_1 wird an der Fläche 2 der Anteil $A_2 e_1$ geschluckt, der Teil $R_2 e_1$ reflektiert. Der letztere trifft wieder auf die Fläche 1, wo der Teil $A_1 R_2 e_1$ absorbiert, der Teil $R_1 R_2 e_1$ reflektiert wird, usw. Die Wärmestrahlung, die die Fläche 1 verlassen hat, ist daher durch folgende Reihe gegeben:

$$q_{1,2} = (1 - A_1 R_2 - A_1 R_1 R_2^2 - A_1 R_1^2 R_2^3 - \cdots) e_1$$
$$= [1 - A_1 R_2 (1 + R_1 R_2 + R_1^2 R_2^2 + \cdots)] e_1 .$$

Die Reihe in der runden Klammer ergibt $\dfrac{1}{1 - R_1 R_2}$ als Summe, da R_1 und R_2 kleiner als 1 sind. Damit erhält man

$$q_{1,2} = \left(1 - \frac{A_1 R_2}{1 - R_1 R_2}\right) e_1 .$$

Für strahlungsundurchlässige Körper gilt die Gl. (363), und man erhält

$$q_{1,2} = \frac{A_2}{A_1 + A_2 - A_1 A_2} e_1 .$$

Auf der anderen Seite sendet auch die Fläche 2 je Flächeneinheit die Strahlung e_2 aus. Von dieser wird beim Auftreffen auf die Fläche 1 die Wärmemenge $A_1 e_2$ absorbiert. Der reflektierte Anteil trifft nach einer zweiten Reflexion an der Fläche 2 wieder auf die Fläche 1. Nunmehr wird die Wärmemenge $A_1 R_1 R_2 e_2$ geschluckt, und auch dieses Spiel wiederholt sich immer weiter. Insgesamt wird von der Wärmemenge, die die Fläche 2 ausstrahlt, der folgende Teil von F_1 absorbiert:

$$q_{2,1} = A_1 (1 + R_1 R_2 + R_1^2 R_2^2 + \cdots) e_2 .$$

Bildet man die Summe dieser Reihe und führt wieder die Absorptionszahlen ein, so ergibt sich

$$q_{2,1} = \frac{A_1}{1 - R_1 R_2} e_2 = \frac{A_1}{A_1 + A_2 - A_1 A_2} e_2 .$$

Die Wärmestromdichte, die die Fläche 1 beim Strahlungsaustausch insgesamt verläßt, ist daher

$$q = q_{1,2} - q_{2,1} = \frac{A_2 e_1 - A_1 e_2}{A_1 + A_2 - A_1 A_2} . \tag{407}$$

Aus dieser Gleichung ergibt sich ein zweiter Beweis des Kirchhoffschen Gesetzes. Wenn die beiden Wände die gleiche Temperatur haben, ist nach dem zweiten Hauptsatz der Thermodynamik der Wärmestrom $q = 0$. Daraus ergibt sich

$$\frac{e_1}{A_1} = \frac{e_2}{A_2} = e_s , \tag{407 a}$$

wenn e_s die Ausstrahlung einer schwarzen Wand ($A = 1$) bedeutet. Die letzte Gleichung beinhaltet daher das Kirchhoffsche Gesetz.

Für graue Wände läßt sich Gl. (401) auch schreiben

$$q = \frac{\varepsilon_2 e_1 - \varepsilon_1 e_2}{\varepsilon_1 + \varepsilon_2 - \varepsilon_1 \varepsilon_2} . \tag{407 b}$$

Ebensogroß muß natürlich die Wärmestromdichte sein, die die Fläche 2 aufnimmt. Nun ist die Ausstrahlung der Fläche 1 durch die folgende Gleichung gegeben:

$$e_1 = \varepsilon_1 C_s \left(\frac{T_1}{100}\right)^4 .$$

Ein gleichartiger Ausdruck gilt auch für die Ausstrahlung der Fläche F_2. Damit erhält man die endgültige Beziehung für den Wärmestrom zwischen zwei parallelen Wänden

$$q = \frac{C_s}{\dfrac{1}{\varepsilon_1} + \dfrac{1}{\varepsilon_2} - 1} \left[\left(\frac{T_1}{100}\right)^4 - \left(\frac{T_2}{100}\right)^4\right] . \tag{408}$$

Den Bruch bezeichnet man als Strahlungsaustauschverhältnis $\varepsilon_{1,2}$. Mit diesem ergibt sich die Gleichung

$$q = \varepsilon_{1,2}\, C_s \left[\left(\frac{T_1}{100} \right)^4 - \left(\frac{T_2}{100} \right)^4 \right]. \tag{409}$$

die auch für andere Flächenanordnungen ihre Gültigkeit behält. Das Strahlungsaustauschverhältnis $\varepsilon_{1,2}$ wurde für zwei parallele Wände im vorhergehenden berechnet:

$$\frac{1}{\varepsilon_{1,2}} = \frac{1}{\varepsilon_1} + \frac{1}{\varepsilon_2} - 1. \tag{410}$$

Sind die Oberflächen nicht grau, dann läßt sich die vorstehende Betrachtung nur für monochromatische Strahlung durchführen. Man erhält als Resultat eine Gleichung, die identisch ist mit Gl. (407) mit der Ausnahme. daß q, e_1 und e_2 jetzt als monochromatische Strahlung zu interpretieren sind. Eine Integration von q_λ über alle Wellenlängen liefert endlich den genannten Wärmeaustausch.

Für zwei gleichmittige Kugeln oder Zylinder. deren graue Oberflächen diffus reflektieren, gilt[1]

$$\frac{1}{\varepsilon_{1,2}} = \frac{1}{\varepsilon_1} + \frac{F_1}{F_2}\left(\frac{1}{\varepsilon_2} - 1 \right). \tag{411}$$

Hierin ist F_1 die Fläche des kleineren, F_2 die des größeren Körpers. Gl. (409) gibt mit diesem Strahlungsaustauschverhältnis die Wärmestromdichte der kleineren umschlossenen Fläche an. Bei spiegelnder Reflexion gilt auch für gleichmittige Kugeln und Zylinder Gl. (410). Für den Strahlungsaustausch zweier kleiner grauer Flächen nach Abb. 144 kann man die durch wiederholte Reflexionen auf die Flächen treffende Strahlung vernachlässigen und erhält dann für das Strahlungsaustauschverhältnis die Beziehung

$$\varepsilon_{1,2} = \varepsilon_1 \varepsilon_2. \tag{412}$$

Diese Gleichung kann meist als untere Grenze des wahren Strahlungsaustauschverhältnisses angesehen werden. Der wirkliche Wert liegt in der Regel zwischen diesem und dem Wert 1.

In ähnlicher Weise wie für die beiden parallelen Wände läßt sich auch der Strahlungsaustausch zwischen einer Gasschicht und zwei parallelen begrenzenden Wänden im Abstand s berechnen, wenn man voraussetzt. daß die Behälterwand wie ein grauer Körper absorbiert[2]. Man erhält so für das Strahlungsaustauschverhältnis ε_{gw} die Gleichung

$$\varepsilon_{gw} = \varepsilon_w^2 \sum_{i=1}^{\infty} (1 - \varepsilon_w)^{i-1} \varepsilon_g(i s) \tag{413}$$

---

[1] Siehe Fußn. S. 241.
[2] ELGETI, K.: Brennstoff-Wärme-Kraft 14 (1962) 1–6.

oder angenähert

$$\varepsilon_{gw} = \varepsilon_w \varepsilon_g \left(\varepsilon_w^{-0,85} s\right)$$

In diesen Gleichungen ist $\varepsilon_g (is)$ das Emissionsverhältnis der Gasschicht mit der Schichtdicke is, das beispielsweise für Kohlensäure und Wasserdampf aus den Abb. 141 und 142 entnommen werden kann. $\varepsilon_g (\varepsilon_w^{-0,85} s)$ ist das Emissionsverhältnis des Gases bei der Schichtdicke $\varepsilon_w^{-0,85} s$. ε_w ist das Emissionsverhältnis der Wände. Die Wärmestromdichte zwischen dem Gas und der Behälterwand ergibt sich sodann aus der Gleichung

$$q = \varepsilon_{gw} C_s \left(\frac{T_g}{100}\right)^4 - \varepsilon_{gw} C_s \left(\frac{T_w}{100}\right)^4. \tag{414}$$

Für das erste Glied dieser Gleichung ist das Strahlungsaustauschverhältnis bei der Temperatur des Gases T_g, im zweiten Glied bei der Temperatur der Behälterwand T_w zu bilden. Ist das Emissionsverhältnis ε_w der Behälterwand groß (in der Nähe von 1), wie dies bei technischen Berechnungen sehr häufig vorkommt, dann kann das Strahlungsaustauschverhältnis statt mit Gl. (413) mit der einfacheren Beziehung

$$\varepsilon_{gw} = \varepsilon_g \varepsilon_w \tag{415}$$

berechnet werden.

Zahlenbeispiel. Es soll der Strahlungsaustausch zwischen den beiden Glaswänden einer Thermosflasche berechnet werden. Die Wände sind an ihrer Innenseite versilbert. Die Innenwand soll eine Temperatur $t_1 = 100°$, die Außenwand eine solche $t_2 = 20\,°C$ haben.

Das Emissionsverhältnis von Silber ist $\varepsilon_n = 0,02$ nach Tab. 10. Das Strahlungsaustauschverhältnis $\varepsilon_{1,2}$ berechnet sich nach Gl. (410), da die Silberschichten spiegelnd reflektieren. Man erhält: $\dfrac{1}{\varepsilon_{1,2}} = \dfrac{1}{0,02} + \dfrac{1}{0,02} - 1$, $\varepsilon_{1,2} = 0,01$. Der durch den Strahlungsaustausch je Flächeneinheit zustande kommende Wärmestrom ist daher nach Gl. (409):

$$q = 0,01 \cdot 5,77 \left[\left(\frac{373}{100}\right)^4 - \left(\frac{293}{10}\right)^4\right] = 6,92\,\frac{\text{W}}{\text{m}^2}.$$

Wollte man die gleiche Wärmeisolierung durch eine Korkschicht erreichen, so müßte diese nach Gl. (2) die Dicke $b = \lambda (t_1 - t_2)/q$ haben. Mit $\lambda = 0,04\,\text{W/m grd}$ ergibt sich $b = \dfrac{0,04\,(100 - 20)}{6,92} = 0,462$ m. Auch wenn man berücksichtigt, daß bei der Thermosflasche noch ein Wärmeverlust durch Leitung im Glas um den Flaschenhals zustande kommt, sieht man daraus, daß die Vakuum-Mantelisolierung sehr hochwertig ist. Durch die Anordnung von beidseitig versilberten Zwischenwänden läßt sich der Wärmeverlust weiter verringern, und zwar, wie man leicht berechnet, bei n Wänden auf den $(n + 1)$-ten Teil.

Den geringen Strahlungsaustausch von Metallschichten macht sich auch die Alfolisolierung nach E. Schmidt zunutze. Bei dieser Isolierung wird der zu schützende Körper mit einer Reihe von Aluminiumfolien in etwa 1 cm Abstand voneinander umgeben. Zu dem Strahlungsaustausch tritt hierbei allerdings noch ein Verlust durch Wärmeleitung in der Luft zwischen den Folien. Der Abstand der Folien ist so gewählt, daß ein an sich noch vorhandener weiterer Austausch durch Konvektion klein gehalten wird.

55. Der Strahlungsaustausch in einem abgeschlossenen Raum

In technischen Apparaten und Maschinen findet man häufig die folgende Anordnung. Ein Raum ist von festen Wänden umschlossen und mit strahlenden oder nichtstrahlenden Gasen erfüllt. Manche der Wände sind durch äußere Wärmezu- oder -abfuhr auf höheren oder niederen Temperaturen gehalten. Die Temperatur anderer Wände ist durch den inneren Wärmeaustausch selbst bestimmt. Die Gase, die den Raum erfüllen, können Wärmequellen enthalten oder nicht. Ein Beispiel einer solchen An-

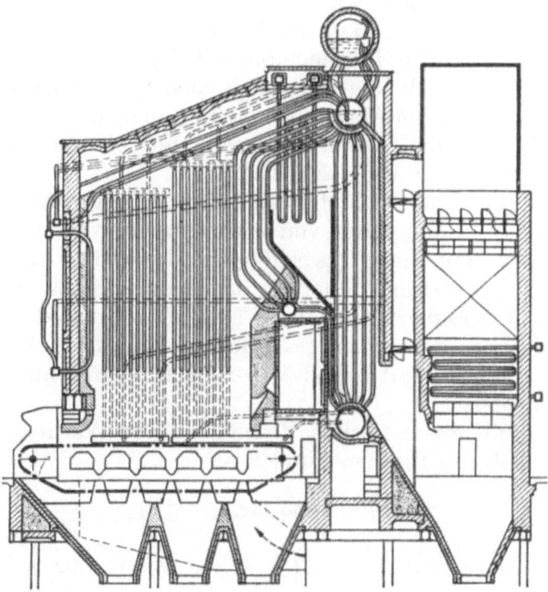

Abb. 147. Großfeuerraumkessel (Strahlungskessel) von STEINMÜLLER. Maßstab 1 : 200.

ordnung stellt der Feuerraum des in Abb. 147 dargestellten Dampfkessels dar. Der Feuerraum ist von den durch Wasser gekühlten Rohrreihen der Kesselheizfläche, vom glühenden Brennstoffbett auf dem Roste und vom Mauerwerk umgeben und von Flammengasen erfüllt.

Für eine Vorausberechnung der Betriebsdaten des Dampfkessels und für seinen Entwurf ist die Kenntnis der zwischen den Flammengasen und den verschiedenen Wänden ausgetauschten Wärme und der Temperatur der Gase und Wände erforderlich. Dies stellt eine außerordentlich schwierige Aufgabe dar, besonders wenn man berücksichtigten will, daß manche oder alle Wände einen Teil der auffallenden Strahlung erst nach mehrmaligen Reflexionen absorbieren. Durch ein von G. POLJAK[1] erstmalig angegebenes Verfahren kann der Rechnungsgang wesentlich vereinfacht werden, er führt aber immer noch auf ein System verwickelter Integro-

---

[1] POLJAK, G.: Techn. Physics UdSSR 1 (1935) 555.

Differentialgleichungen, da an der Oberfläche mancher Wände und im Gase im allgemeinen örtlich veränderliche Temperaturen herrschen. Eine weitere Erschwerung ist dadurch bedingt, daß der Strahlungsaustausch sich mit der vierten Potenz der beteiligten Temperaturen ändert, der konvektive Wärmeaustausch und Wärmeleitvorgänge dagegen etwa mit der ersten Potenz. Die letztere Komplikation fällt weg, wenn man den konvektiven Wärmeaustausch als klein gegenüber dem Strahlungsaustausch vernachlässigen kann. Auf dieser Basis wird im vorliegendem Abschnitt der Strahlungsaustausch behandelt. Es wird außerdem vorausgesetzt, daß die den Raum umschließenden Flächen derart in Teilflächen unterteilt werden können, daß die Temperatur und der Strahlungsfluß je Flächeneinheit auf jeder dieser Teilflächen als örtlich konstant angesehen werden kann. In den folgenden Abschnitten wird dabei zunächst mit einfachen Verhältnissen begonnen und allmählich zu schwierigeren fortgeschritten.

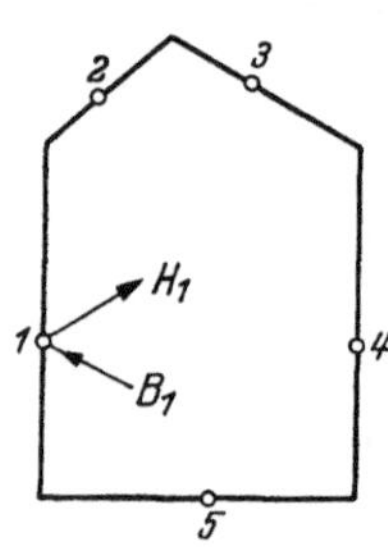

Abb. 148. Strahlungsaustausch in einem abgeschlossenen Raum.

a) Nichtstrahlendes Gas, schwarze Wände. Der Raum möge von n schwarzen Wänden begrenzt und mit einem Gas erfüllt sein, das weder strahlt noch absorbiert und daher am Strahlungsvorgang nicht teilnimmt. Die Temperatur der Oberflächen der Wände möge entweder durch äußere Wärmequellen oder Senken vorgeschrieben oder durch den Strahlungsvorgang dadurch bestimmt sein, daß keine Wärmeaufnahme oder -abgabe nach außen erfolgt.

Abb. 148 stellt einen solchen Raum dar. Der Wärmeaustausch zwischen zwei beliebigen Flächen i und k ist

$$Q_{i-k} = F_i \varphi_{i-k} (e_{s,\,i} - e_{s,\,k}), \tag{416}$$

wobei $e_{s,\,i} = C_s \left(\dfrac{T_i}{100}\right)^4$ und $e_{s,\,k} = C_s \left(\dfrac{T_k}{100}\right)^4$ die Ausstrahlung der schwarzen Flächen i und k angibt.

Der gesamte Strahlungsaustausch der Fläche i mit allen übrigen Flächen ist

$$Q_i = F_i \sum_k{}' \varphi_{i-k} (e_{s,\,i} - e_{s,\,k}). \tag{417}$$

Es lassen sich n solche Gleichungen schreiben. Auf der anderen Seite ist für die Wände entweder die Temperatur und damit e_s vorgegeben und Q_i gesucht oder die Bedingung $Q_i = 0$ vorgeschrieben und die Temperatur gesucht. Das Problem hat damit n Unbekannte, die durch Auflösen des Gleichungssystems bestimmt werden können. V. Paschkis und in neuerer Zeit K. Oppenheim[1] gaben ein elektrisches Analogieverfahren zum vorliegenden Strahlungsaustauschvorgang an. Es ist in Abb. 149 für den in Abb. 148 angegebenen Raum dargestellt und besteht aus einem Netzwerk elektrischer Widerstände. Ein Knoten im Netzwerk

---

[1] Oppenheim, A. K.: Trans. Amer. Soc. Mech. Engrs. 78 (1956) 725–735; Z. angew. Math. Mech. 36 (1956) 81–93.

entspricht einer Fläche im Strahlungsaustauschproblem. Die Knotenpunkte werden auf elektrische Potentiale gebracht, die der Ausstrahlung e_s entsprechender Flächen proportional sind. Dies kann beispielsweise durch die in Abb. 149 angedeuteten Batterien geschehen. Sämtliche Knoten sind durch Leitungen miteinander verbunden, in die Widerstände eingebaut sind, die dem Betrage $1/F_i\varphi_{i-k}$ proportional sind. Aus den vorstehenden Gleichungen erkennt man, daß beispielsweise der elektrische Strom durch den Leiter zwischen den Knotenpunkten 1 und 3 dem Wärmestrom Q_{13} verhältnisgleich ist und daß von der Batterie zum Knotenpunkt 3 ein dem Betrag Q_3 proportionaler Strom fließt. Um den Wärmestrom an einer adiabatischen Wand gleich Null zu machen, beläßt man den entsprechenden Knotenpunkt (z. B. 1) ohne Verbindung nach außen. Das elektrische Potential dieses Punktes ist dann der Ausstrahlung $e_{s,i}$ der entsprechenden Fläche verhältnisgleich und gibt deren Temperatur an.

b) Nichtstrahlendes Gas, graue Wände. Nunmehr mögen die im vorhergehenden Abschnitt betrachteten Verhältnisse so weit abgeändert werden, daß die Wände einen Teil der auftreffenden Strahlung reflektieren. Die Reflexion sei diffus, d. h., die Ausstrahlung wie die reflektierte Strahlung möge in ihrer Richtungsverteilung dem LAMBERTschen Cosinusgesetz folgen. Die Absorptionszahlen A der Flächen seien unabhängig von der Wellenlänge, die Flächen seien also grau. Damit gilt $\varepsilon = A$. Nach POLJAK führt man zweckmäßig zwei neue Begriffe in die Berechnung

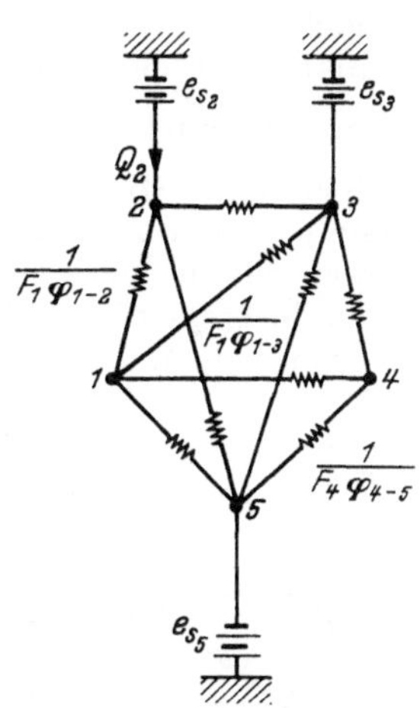

Abb. 149. Elektrisches Analogieverfahren des Strahlungsaustausches in einem Raum mit schwarzen Wänden nach Abb. 148.

ein. Der gesamte Strahlungsfluß, der eine Fläche verläßt, sei H. Dieser Energiefluß umfaßt von der Fläche ausgesandte wie reflektierte Strahlung. Für Lichtstrahlung ist dieser Betrag der Helligkeit proportional, unter welcher die Fläche dem Auge erscheint. Aus diesem Grunde ist das Zeichen H hierfür verwendet. Der gesamte Strahlungsfluß, der auf eine Fläche auftrifft, sei B. Der Wärmeaustausch der Fläche i (Abb. 148) mit den übrigen den Raum umgebenden Flächen ist damit

$$Q_i = F_i \sum_k \varphi_{i-k} (H_i - H_k). \tag{418}$$

Auf der anderen Seite muß gelten

$$Q_i = F_i(H_i - B_i)$$

und

$$H_i = \varepsilon_i e_{s,i} + (1 - \varepsilon_i) B_i.$$

Die letzte Gleichung drückt aus, daß der eine Fläche verlassende Energiefluß aus der Eigenstrahlung $\varepsilon_i e_{s,i}$ der Fläche und aus reflektierter Strahlung zusammengesetzt ist. Durch Elimination von B_i aus den zwei letzten Gleichungen erhält man

$$Q_i = F_i \frac{\varepsilon_i}{1 - \varepsilon_i} (e_{s,i} - H_i). \tag{419}$$

Für jede Fläche lassen sich die beiden Gln. (418) und (419) anschreiben. Man hat damit $2n$ Gleichungen. Auf der anderen Seite gibt es nun auch $2n$ Unbekannte, nämlich für jede der n-Flächen H und e_{si} oder Q_i. Das Problem ist damit im Prinzip gelöst.

Abb. 150 stellt die elektrische Analogie zu der in diesem Abschnitt behandelten Situation dar. Nach Gl. (418) müssen nunmehr die Knotenpunkte auf elektrischen Potentialen proportional zu H_i gehalten werden, was nach Gl. (419) durch Anbringen von Widerständen $\frac{1 - \varepsilon_i}{\varepsilon_i F_i}$ zwischen den Batterien und den Knotenpunkten gelingt. Die elektrischen Ströme in den verschiedenen Leitungen sind in der gleichen Weise auszudeuten wie im vorhergehenden Abschnitt.

Eine interessante Schlußfolgerung läßt sich sofort aus dem Analogieverfahren ziehen. Es ist klar, daß das am Ende der äußeren Leitungen von den Knotenpunkten 1 und 4 gemessene elektrische Potential von der Größe des Widerstandes in dieser Leitung unabhängig ist, da in der Leitung kein Strom fließt. Dies bedeutet, daß beim Strahlungsaustauschproblem die Temperatur adiabatischer Flächen unabhängig vom Wert der Absorptionszahl dieser Flächen ist.

Sind die Flächen nicht grau, dann gilt $A_\lambda = \varepsilon_\lambda$ nur für monochromatische Strahlung. Die Gln. (418) und (419) lassen sich dann nur für monochromatische Strahlung anschreiben, und der gesamte Energieaustausch durch Strahlung ist durch eine Integration über alle Wellenlängen zu gewinnen, eine Berechnung, die recht umständlich wird, da die Bedingung $Q = 0$ an den Flächen 1 und 4 nur auf den über alle Wellenlängen integrierten Strahlungsfluß angewendet werden kann. Einige Bemerkungen hierzu finden sich im nächsten Abschnitt. Das Verfahren wurde neuerdings auch dahin erweitert, daß die Reflexion an einigen der Flächen spiegelnd erfolgt[1].

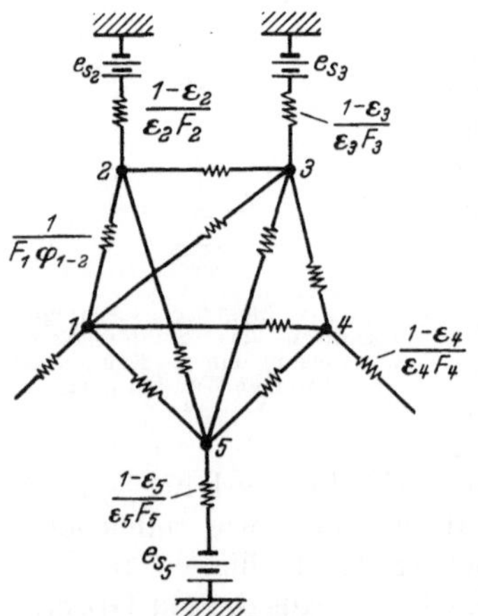

Abb. 150. Elektrisches Analogieverfahren des Strahlungsaustausches in einem Raum mit grauen Wänden nach Abb. 148.

c) **Strahlendes Gas, graue Wände.** Die Betrachtung vom vorhergehenden Abschnitt soll nun noch dahin erweitert werden, daß das im Raum enthaltene Gas am Strahlungsaustausch teilnimmt. Es möge als graues

---

[1] ECKERT, E. R. G., u. E. M. SPARROW: Intern. Journ. Heat Mass Transfer 3 (1961) 42–54.

Gas strahlen mit einer Absorptionszahl, die von der Wellenlänge unabhängig ist ($A_g = \varepsilon_g$). Diese letztere Bedingung wird später fallengelassen. Das Gas soll den Raum mit einer örtlich konstanten Temperatur und Zusammensetzung erfüllen. Gl. (419) gibt den Zusammenhang zwischen der Ausstrahlung einer Wand und dem gesamten die Wand verlassenden Strahlungsfluß wieder und bleibt ungeändert. Gl. (418) dagegen muß erweitert werden, da der von der Wand k kommende Strahlungsfluß teilweise im Gas absorbiert wird, bevor er die Fläche i erreicht. Der die Fläche k verlassende Strahlungsfluß ist $F_i \varphi_{i-k} H_k$, der die Fläche i erreichende Fluß ist $F_i \varphi_{i-k}(1 - \varepsilon_{i-k,g}) H_k$, wenn $\varepsilon_{i-k,g}$ das Emissionsverhältnis des Gases für Strahlen zwischen den Flächen i und k ist.

Die von dem Gas ausgehende Strahlung, die die Fläche i erreicht, ist

$$F_i \varepsilon_{i,g} e_{s,g},$$

wobei $\varepsilon_{i,g}$ das Emissionsverhältnis des Gaskörpers für Einstrahlung in die Fläche i bedeutet. Der die Fläche i verlassende Strahlungsfluß ist $F_i H_i$. Damit ergibt sich die Wärmeabgabe der Fläche durch Strahlungsaustausch mit den übrigen Flächen

$$\left.\begin{aligned}
Q_i &= F_i \left(H_i - \sum_k \varphi_{i-k}(1 - \varepsilon_{i-k,g}) H_k - \varepsilon_{i,g} e_{s,g} \right) \\
&= F_i \varepsilon_{i-g}(H_i - e_{s,g}) + \sum_k \varphi_{i-k}(1 - \varepsilon_{i-k,g})(H_i - H_k).
\end{aligned}\right\} \quad (420)$$

Der Wärmeverlust des Gases durch Strahlungsaustausch mit den Wänden ist schließlich

$$Q_g = \sum_i F_i \varepsilon_{i,g}(e_{sg} - H_i). \quad (421)$$

Gln. (419), (420) und (421) genügen für eine Berechnung aller unbekannten Größen. Das in den obigen Gleichungen vorkommende Emissionsverhältnis $\varepsilon_{i,g}$ des Gases kann mit den auf S. 238 eingeführten gleichwertigen Halbmessern berechnet werden. Das Absorptionsverhältnis $\varepsilon_{i-k,g}$ unterscheidet sich von dem obigen Wert dadurch, daß es nur Strahlen zwischen den Flächen i und k berücksichtigt. Eine mittlere Länge dieser Strahlen ist in Gl. (391) einzuführen oder in einer der Abb. 141 und 142 zu verwenden.

Die elektrische Analogie für den in diesem Abschnitt behandelten Strahlungsaustauschvorgang ist in Abb. 151 dargestellt. Dabei sind nur die Verbindungen zwischen den Knoten 1 und 3 und dem das Gas darstellenden Knoten g eingetragen. Der letztere ist entweder mit einer Batterie verbunden, wenn das Gas durch Wärmequellen beheizt wird. Dabei kann entweder die Gastemperatur und dementsprechend das elektrische Potential des Knotens vorgegeben sein oder die Intensität der Wärmequelle und dementsprechend die elektrische Stromstärke von der Batterie in den Knoten g. Wenn die Gastemperatur lediglich durch den Strahlungsaustausch bestimmt wird, bleibt der Knoten g ohne äußere Verbindung, und sein elektrisches Potential bestimmt die Gastemperatur.

Die in der Natur vorkommenden Gase weichen oft stark von einem grauen Gase ab dadurch, daß das Absorptionsverhältnis sich stark mit der Wellenlänge ändert. Im Prinzip muß dann das hier beschriebene Verfahren für jede Wellenlänge durchgeführt und das Ergebnis integriert werden. Eine gute Annäherung erreicht man oft schon, wenn man den wirklichen Verlauf des Absorptionsverhältnisses nach Abb. 152 vereinfacht, wie es durch den gestrichelten Linienzug angedeutet ist. Man zerlegt danach den gesamten Wellenlängenbereich in zwei Gebiete, in eins, in dem das Gas nicht strahlt, und in ein zweites, in dem das Gas durch ein graues Gas mit einem Emissionsverhältnis $\varepsilon_{g\lambda}$ ersetzt wird. Das elektrische Netzwerk nach Abb. 151 entspricht dem Strahlungsaustausch im zweiten Bereich, Abb. 150 dem im ersten Bereich.

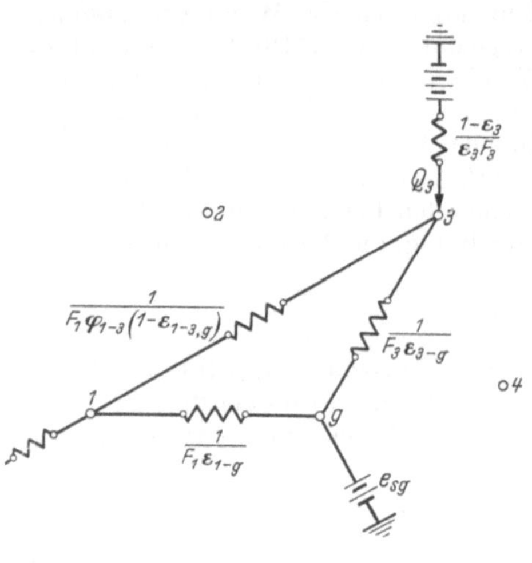

Abb. 151. Elektrisches Analogieverfahren des Strahlungsaustausches in einem Raum ausgefüllt von einem strahlenden Gase.

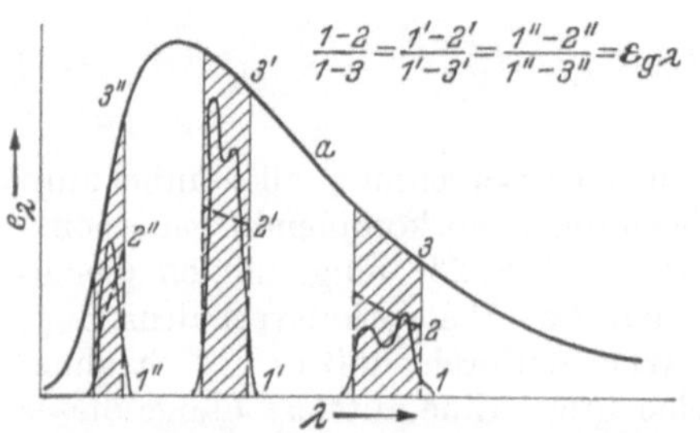

Abb. 152. Annäherung eines strahlenden Gases durch ein partiell graues Gas.

An den Knotenpunkten 1 und 4, die den adiabaten Wänden entsprechen, müssen die folgenden Bedingungen erfüllt sein. Die Summe der elektrischen Ströme in den äußeren Leitungen in den beiden Netzen muß für jeden der beiden Knoten gleich Null sein, entsprechend der Bedingung

$$Q_s + Q_N = 0,$$

wobei Q_s den Wärmeverlust durch Strahlung im Wellenlängenbereich s, in dem das Gas strahlt, und Q_N den Verlust im restlichen Wellenlängenbereich bedeutet. Außerdem muß das Verhältnis $e_{s,s}/e_{s,N}$ der Ausstrahlungen eines schwarzen Körpers in den entsprechenden Wellenlängenbereichen einen Wert annehmen, der beispielsweise für den Knotenpunkt 1 in der folgenden Weise ermittelt werden kann. Die Temperatur der dem Knotenpunkt 1 entsprechenden Fläche sei T_1. Zu dieser Temperatur gehört eine schwarze Ausstrahlung $e_{s\lambda}$, die durch den Linienzug a in Abb. 152 wiedergegeben sei. $e_{s,s}$ stellt dann den schraffierten Teil der Fläche unter der Kurve a dar und $e_{s,N}$ den Rest. Auf der anderen Seite kann man das Verhältnis der elektrischen Potentiale im Punkte 1 an beiden Netz-

werken messen. Dieses Verhältnis muß gleich dem aus Abb. 152 ent-
nommenen Verhältnis $e_{s,s}/e_{s,N}$ sein. Endlich muß gelten

$$e_{s,s} + e_{s,N} = \sigma T_1^4. \tag{422}$$

Gl. (422) läßt sich dadurch erfüllen, daß die Punkte 1 in den beiden Netzen
durch eine Leitung verbunden werden, in die man je nach den Verhältnissen einen Regelwiderstand oder eine Batterie und einen Regelwiderstand einschaltet. Durch Verstellen des Widerstandes können die Potentiale $e_{s,s}$ und $e_{s,N}$ verändert werden. Da man die Temperatur T_1 von vornherein nicht kennt, lassen sich die oben genannten Bedingungen nur durch
Probieren erfüllen.

56. Das scheinbare Emissionsverhältnis in einer zylindrischen Bohrung

Es soll nun noch ein Beispiel besprochen werden, bei dem die mathematische Formulierung des Strahlungsaustausches zu einer Integralgleichung führt[1].

In einem festen Körper sei eine zylindrische Bohrung angebracht
(Abb. 153). Ihre Tiefe sei so, daß sie für die vorliegende Berechnung als
unendlich angesehen wer-
den kann. Die grauen, dif-
fusen Wände mit einem
Emissionsverhältnis ε mögen eine örtlich konstante
Temperatur T haben. Die
durch die Öffnung der Bohrung aus der Umgebung
eindringende Strahlung
möge vernachlässigbar klein
sein. Der Strahlungsfluß
$H(x)$, der von der Ober-

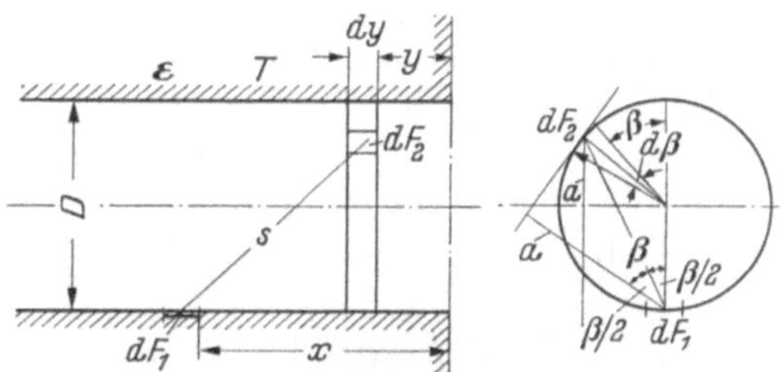

Abb. 153. Zur Berechnung des scheinbaren Emissionsverhältnisses in einer zylindrischen Bohrung.

fläche der Bohrung ausgeht, wird mit zunehmender Entfernung x von
der Öffnung anwachsen. Man kann nun ein scheinbares Emissionsverhältnis $\varepsilon_s(x)$ nach der Gleichung

$$\varepsilon_s(x) = \frac{H(x)}{e_s} = \frac{H(x)}{C_s\left(\dfrac{T}{100}\right)^4} \tag{423}$$

definieren. Der in der Entfernung x auf die Oberfläche der Bohrung auftreffende Strahlungsfluß sei B. Dann gilt wieder die Beziehung

$$H = \varepsilon_s e_s = \varepsilon e_s + (1 - \varepsilon) B. \tag{424}$$

Um den Strahlungsfluß B zu berechnen, sei zunächst der Fluß dB bestimmt, der von dF_2 nach dF_1 gerichtet ist. Die Koordinaten von dF_2
seien y und β. Damit gilt

---

[1] Eine Rechnung dieser Art wurde erstmals von H. BUCKLEY [Phil. Mag. 4
(1921) 753] veröffentlicht.

$$dB = H_2\,d\varphi_{1-2} = \varepsilon_s(y)\,e_s\,\frac{\cos\beta_1\cos\beta_2}{\pi\,s^2}\,dF_2 = \varepsilon_s(y)\,e_s\,\frac{a^2\,dy\,D\,d\beta}{2\,\pi\,s^4}\,.$$

Die folgenden Beziehungen sind aus Abb. 153 ersichtlich:

$$a = D\cos^2\left(\frac{\beta}{2}\right),\quad s^2 = (x-y)^2 + D^2\cos^2\left(\frac{\beta}{2}\right).$$

Damit ergibt sich

$$dB = \varepsilon_s(y)\,e_s\,\frac{D^3\cos^4\left(\dfrac{\beta}{2}\right)}{\pi\left[(x-y)^2 + D^2\cos^2\left(\dfrac{\beta}{2}\right)\right]^2}\,d\left(\frac{\beta}{2}\right)dy\,.$$

Den Gesamtfluß B erhält man daraus durch Integration

$$B = \frac{2\,D^3}{\pi}\,e_s\int\limits_{y=0}^{\infty}\varepsilon_s(y)\int\limits_{\beta/2=0}^{\pi/2}\frac{\cos^4\left(\dfrac{\beta}{2}\right)}{\left[(x-y)^2 + D^2\cos^2\left(\dfrac{\beta}{2}\right)\right]^2}\,d\left(\frac{\beta}{2}\right)dy\,.$$

Die Integration über den Winkel β gelingt durch Einführen der folgenden neuen Veränderlichen:

$$\frac{x}{D} = \xi,\quad \frac{y}{D} = \eta,\quad \tan\left(\frac{\beta}{2}\right) = z\,.$$

Man erhält

$$B = e_s\int\limits_0^{\infty}\varepsilon_s(\eta)\left(1 - |\xi - \eta|\,\frac{2(\xi-y)^2 + 3}{2\,[(\xi-\eta^2) + 1]^{3/2}}\right)d\eta\,. \tag{425}$$

Die Integration muß in zwei Schritten ausgeführt werden, da der absolute Betrag $(\xi - \eta)$ in die obige Gleichung einzusetzen ist. Durch Einführen von Gl. (425) in Gl. (424) ergibt sich

$$\varepsilon_s(\xi) = \varepsilon + (1 - \varepsilon)\int\limits_0^{\infty}\varepsilon_s(\eta)\left(1 - |\xi - \eta|\,\frac{2(\xi-\eta)^2 + 3}{2\,[(\xi-\eta)^2 + 1]^{3/2}}\right)d\eta\,. \tag{426}$$

Die unbekannte Größe ε_s erscheint in dieser Gleichung auf beiden Seiten, auf der rechten Seite unter dem Integralzeichen. Die Gleichung ist daher eine Integralgleichung. Ihre Auflösung soll hier nicht weiter behandelt werden. Das Ergebnis ist in Abb. 154 dargestellt. Man erkennt, wie das scheinbare Emissionsverhältnis mit wachsender Entfernung x vom Rande der Bohrung zunimmt. Die Kenntnis des Wertes ε ist von Interesse, da man in der Pyrometrie einen schwarzen Körper häufig durch eine zylindrische Bohrung annähert. Abb. 154 gestattet für eine solche Anwendung zu bestimmen, welche Teile der Bohrung ausgeblendet werden müssen, wenn die in das Pyrometer eintretende Strahlung schwarze Strahlung annähern soll.

Es ist wohl auch von Interesse, den Wärmestrom q zu bestimmen, der in jeder Tiefe x der Oberfläche der Bohrung je Flächeneinheit zugeführt werden muß, um die vorgeschriebene Temperatur aufrechtzuerhalten. Die Oberfläche verliert durch Emission je Flächen- und Zeiteinheit die Wärme εe_x. Sie erhält auf der anderen Seite durch Absorption die Wärme αB oder, da $\alpha = \varepsilon$ vorausgesetzt wurde, εB. Daher ist

$$q = \varepsilon e_x - \varepsilon B.$$

Wenn man hierin B aus Gl. (424) ersetzt, ergibt sich

$$q = \varepsilon\left(1 - \frac{\varepsilon_s}{1-\varepsilon}\right)e_x.$$

Aus Abb. 154 kann dieser Wärmefluß für jeden Wert ξ berechnet werden.

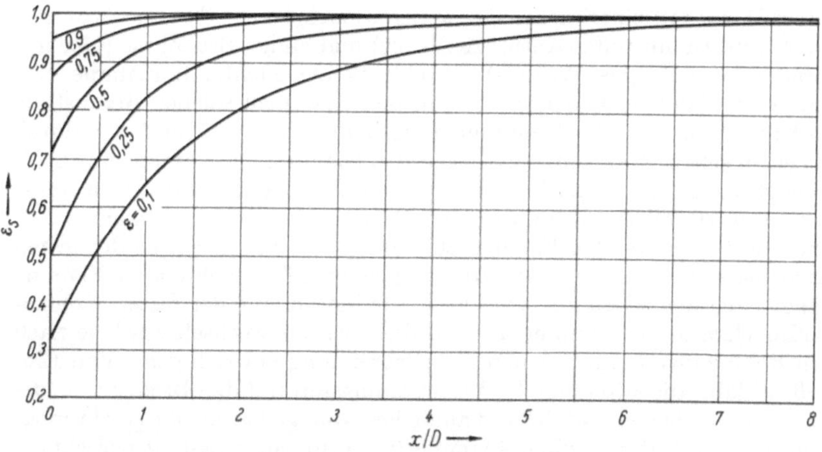

Abb. 154. Scheinbares Emissionsverhältnis in einer zylindrischen Bohrung (nach E. M. Sparrow und L. V. Albers).

In einer Bohrung mit spiegelnd reflektierenden Wänden ist $\varepsilon_s = 1$ unabhängig von der Größe des Emissionsverhältnisses ε. Das läßt sich sofort aus der Tatsache erkennen, daß jeder aus der Umgebung in die Bohrung eintretende Strahl durch Reflexion ständig tiefer in das Innere der Bohrung eindringt und damit die Bohrung nicht mehr verlassen kann. Jeder in die Bohrung eindringende Strahl wird damit vollständig absorbiert. Ein in entgegengesetzter Richtung wandernder Strahl muß daher nach dem Kirchhoffschen Gesetz schwarze Strahlungsenergie transportieren.

57. Die Flammenstrahlung

Aus den Messungen über die Strahlung von Kohlensäure und Wasserdampf läßt sich nach dem Vorhergehenden der Wärmefluß berechnen, der durch den Strahlungsaustausch zwischen Rauchgasen und festen Wänden beispielsweise in den Zügen eines Dampfkessels zustande kommt. Die Ausstrahlung der Flamme in der Brennkammer dagegen kann in dieser Weise nicht bestimmt werden. Es verbrennen nämlich die meisten Brennstoffe mit einer leuchtenden Flamme, und die Ausstrahlung einer solchen kann um ein Vielfaches größer sein als die durch ihren Kohlensäure- und Wasserdampfgehalt hervorgerufene Gasstrahlung.

Das gelbliche Leuchten einer Flamme kommt dadurch zustande, daß die aus den Brennstoffen ausgetriebenen flüchtigen Bestandteile bei der Verbrennung nur schrittweise abgebaut werden. Es entstehen dabei als Zwischenstufen immer kohlenstoffreichere Moleküle und schließlich feste Kohlenstoffteilchen, die infolge der hohen Temperatur glühen und dadurch der Flamme ihre Leuchtkraft geben. Diese festen Teilchen senden auch eine beträchtliche Wärmestrahlung aus. Alle gasreichen Brennstoffe, wie Holz, Braun- und Steinkohlen und vor allem Heizöle, verbrennen in dieser Weise mit einer mehr oder weniger leuchtenden Flamme. Nur gasarme feste Brennstoffe (Anthrazit, Koks) und einige Brenngase (Generatorgase, Hochofengas, Wasserstoff) bilden keine leuchtende Flamme. Das schwache bläuliche Leuchten, das in den Flammen solcher Brennstoffe vorhanden ist und als Chemilumiszenz bezeichnet wird, entsteht durch die chemischen Reaktionen zwischen den gasförmigen Komponenten. Es erzeugt jedoch, wie neuerdings verschiedentlich nachgeprüft wurde, keine nennenswerte Wärmestrahlung. Der Feuerungstechniker versteht daher unter einer leuchtenden Flamme auch nur das gelbe Leuchten der festen Kohlenstoffteilchen. Die Ausstrahlung einer gelb leuchtenden Flamme hängt nach dem Gesagten von der Verteilungsdichte der festen Kohlenstoffteilchen in der Flamme ab, und diese wieder wechselt stark je nach den Bedingungen, unter denen die Verbrennung vor sich geht. Von Einfluß ist dabei die Mischung der Verbrennungsluft mit den Brenngasen, die Vorwärmung beider Anteile und ähnliches. Infolgedessen ist es nicht möglich, die Ausstrahlung einer Flamme im vorhinein genau zu berechnen. Man begnügt sich daher bei der Berechnung des Strahlungsaustausches in Brennkammern oft mit der Näherung, daß man die Flamme als schwarzen Körper ansieht und den so bestimmten Wärmestrom mit einem Abminderungsfaktor p versieht. Man erhält so für den Wärmestrom an die Brennkammerwände die Formel

$$Q = p\,\varepsilon_w\,C_s F\left[\left(\frac{T_F}{100}\right)^4 - \left(\frac{T_W}{100}\right)^4\right]. \tag{427}$$

Darin ist ε_w das Emissionsverhältnis (gleich der Absorptionszahl) der Wand, T_F die mittlere Temperatur der Flamme, T_W die Temperatur der Wand und F deren Oberfläche. Aus dieser Gleichung läßt sich die Flammentemperatur berechnen, da die Wärmeabstrahlung Q aus dem Wärmeinhalt der Rauchgase gedeckt werden muß und daher die weitere Beziehung

$$Q = G\,(i_{th} - i_F) \tag{428}$$

besteht, in der Q die je Zeiteinheit entstehende Abgasmenge, i_{th} deren Wärmeinhalt bei der theoretischen Verbrennungstemperatur und i_F deren

Wärmeinhalt bei der Flammtemperatur ist. Durch Gleichsetzen der beiden Ausdrücke erhält man die Flammtemperatur.

Der Abminderungsfaktor p hängt nach dem oben Gesagten von der Art des Brennstoffes ab. Daneben ist er auch eine Funktion der Feuerraumgröße, und zwar nähert er sich um so mehr dem Wert 1, je größer der Feuerraum ist. In der Brennkammer von Dampfkesseln wird die Wärmeeinstrahlung in die Strahlungsheizflächen auch noch durch die Strahlung des glühenden Brennstoffbettes bei Rostfeuerungen und durch die Strahlung des heißen Mauerwerks vergrößert. Der Faktor p ist also bei Brennkammern, die nur wenig Kühlfläche besitzen, größer als bei allseitig gekühlten Brennkammerwänden. Bei den gebräuchlichen Brennkammergrößen liegt er etwa zwischen den Grenzwerten 0,6 und 1,0.

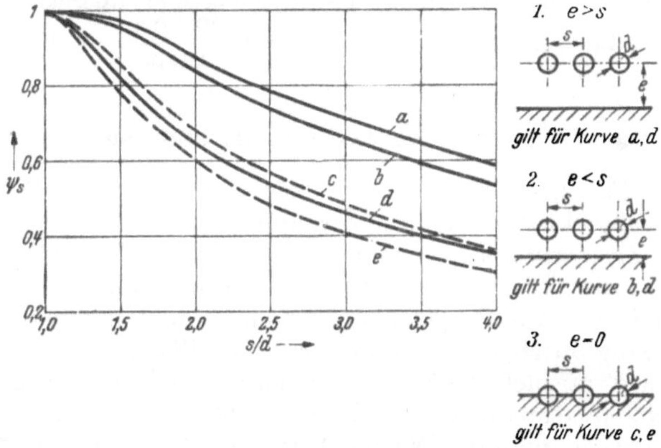

Abb. 155. Winkelverhältnis der Wärmestrahlung für eine Rohrreihe vor einer rückstrahlenden Wand bei verschiedener Anordnung der Rohrreihen.

Will man mit Gl. (427) die Wärmeeinstrahlung in die Kühlfläche eines Dampferzeugers berechnen, so stößt man noch auf die Schwierigkeit, daß man zunächst nicht weiß, welche Heizfläche F man in die Gleichung einsetzen soll. Eingehendere Untersuchungen hierüber wurden etwa gleichzeitig von H. C. Hottel[1] und E. Eckert[2] ausgeführt. Nach ihnen ergibt sich die Fläche F, indem man die Fläche der Brennkammerwände, vor der die Kühlrohre angeordnet sind, mit einem Faktor ψ_s multipliziert. Dieser kann aus Abb. 155 für verschiedene Kühlrohranordnungen entnommen werden.

Zahlenbeispiel. Es soll die Aufnahme von Strahlungswärme durch die beiden Rohrbündel berechnet werden, die die Seitenwand des Feuerraumes eines Dampfkessels nach Abb. 147 kühlen. Der Dampfdruck sei 78,5 b. Dem entspricht eine Siedetemperatur von 283 °C. Die Rohrwandtemperatur ist etwas höher. Sie sei zu 300 °C geschätzt. Die Feuerraumtemperatur sei 1400 °C. Die Teilung s der Rohre der Bündel sei $2d$ ($d\ldots$ Rohrdurchmesser), ihr Wandabstand $e > s$ (wie in Abb. 155, rechts oben).

---

[1] Hottel, H. C.: Mech. Engng. 52 (1930) 699 u. Trans. Amer. Mech. Engrs. 53 (1931) 265.

[2] Eckert, E.: HTI-Mitt. 1931, S. 483–486 u. Arch. f. Wärmewirtsch. 13 (1932) 241.

Zunächst muß die Kühlfläche berechnet werden, die in Gl. (427) einzuführen ist. Aus Abb. 155 entnimmt man auf Linienzug a den Wert $\psi_s = 0,88$. Die Wandfläche vor der die beiden Kühlrohrbündel angeordnet sind, hat nach Abb. 147 die Größe $1,6 \cdot 4,5 + 1,6 \cdot 5,3 = 15,68 \ \text{m}^2$. Die Kühlfläche ist daher $F = 0,88 \cdot 15,68 = 13,8 \ \text{m}^2$. Der Abminderungsfaktor p in Gl. (427) sei zu 0,8 geschätzt. Das Emissionsverhältnis der Rohrwand wird nach Tab. 10 bei $\varepsilon_w = 0,8$ liegen, wobei berücksichtigt ist, daß die Rohroberfläche eine Walzhaut trägt und außerdem verschmutzt ist. Damit erhält

man aus Gl. (427): $Q = 0,8 \cdot 0,8 \cdot 5,77 \cdot 13,8 \left[\left(\dfrac{1673}{100} \right)^4 - \left(\dfrac{573}{100} \right)^4 \right] = 3\,937\,000 \ \text{W}$. Die

Verdampfungswärme bei 78,5 b ist 1450 kJ/kg. Die Kühlrohre einer Seitenwand

erzeugen also $\dfrac{3\,937\,000}{1450 \cdot 10^3} = 2,72 \ \text{kg/s}$ Dampf. Die Rohroberfläche ist im Verhältnis

$d\pi/s$ größer als die Mauerfläche, vor der die Rohre liegen, da ein Rohr mit dem Umfang $d\pi$ auf eine Mauerwerksbreite s entfällt. Die Rohroberfläche ist daher

$15,68 \, \pi/2 = 24,62 \ \text{m}^2$ und damit die Dampferzeugung je m² Rohrfläche $\dfrac{2,72 \cdot 3600}{24,62}$

$= 398 \ \text{kg/m}^2 \ \text{h}$. Die Wärmebelastung in W beträgt $\dfrac{3\,937\,000}{24,62} = 159\,900 \ \text{W/m}^2$.

58. Die Wärmeübergangszahl des Strahlungsaustausches

In vielen Fällen findet an Heizflächen gleichzeitig ein Wärmeübergang durch Konvektion und durch Strahlung statt, wobei sich die beiden Arten des Wärmeaustausches nicht gegenseitig beeinflussen. Man erhält dann die gesamte Wärmeabgabe bzw. Wärmeaufnahme der Heizfläche, indem man beide Anteile getrennt berechnet und summiert. Da der Wärmeübergang durch Konvektion durch eine Wärmeübergangszahl erfaßt wird, ist es in solchen Fällen zweckmäßig, auch für den Strahlungsaustausch eine Wärmeübergangszahl durch Strahlung α_s zu bestimmen. Nach Gl. (8) erhält man die Wärmeübergangszahl, indem man die Wärmestromdichte q durch den wirksamen Temperaturunterschied dividiert. Die Wärmeübergangszahl durch Strahlung ergibt sich daher aus der Gleichung

$$\alpha_s = \frac{q}{T_1 - T_2} = \varepsilon_{1-2} \, C_s \, \varphi \, \frac{\left(\dfrac{T_1}{100} \right)^4 - \left(\dfrac{T_2}{100} \right)^4}{T_1 - T_2} = \varepsilon_{1-2} \, C_s \, \varphi \, f(T) \ . \tag{429}$$

Sie ist zum Unterschied von der Wärmeübergangszahl durch Konvektion sehr stark von den Temperaturen T_1 und T_2 abhängig. Die Temperaturfunktion

$$f(T_{1,2}) = \frac{\left(\dfrac{T_1}{100} \right)^4 - \left(\dfrac{T_2}{100} \right)^4}{T_1 - T_2}$$

ist zur leichteren Berechnung der Wärmeübergangszahlen in Tab. 12 dargestellt. Zur Ermittlung der Wärmeübergangszahl entnimmt man die Temperaturfunktion aus der Tabelle und multipliziert sie nach Gl. (429) mit der Strahlungszahl C_s des schwarzen Körpers, dem Strahlungsaustauschverhältnis ε_{1-2} und dem Winkelverhältnis φ. Die Temperaturfunktion und damit die Wärmeübergangszahl α_s steigt, wie man aus der Tabelle ersieht, mit zunehmenden Temperaturen stark an.

Zahlenbeispiel. Der Feuerraum von Dampfkesseln wird heute fast stets mit Kühlrohren verkleidet (Abb. 147), die der Flamme Strahlungswärme entziehen und dadurch die Brennkammertemperatur herabsetzen. Die Kühlrohre werden als Siederohre an den Kessel angeschlossen. Es entsteht dabei die Frage, ob es wirtschaftlicher ist, die Strahlungsheizfläche auf Kosten der Berührungsheizfläche groß zu halten, indem man die Kühlrohre mit enger Teilung verlegt, oder bei weiterer Teilung die Strahlungsheizfläche kleiner vorzusehen. Zweckmäßig ist die Lösung, die die kleinste Gesamtheizfläche ergibt. Es sollen daher die Wärmeübergangszahlen der Strahlungs- und der Berührungsheizfläche berechnet und miteinander verglichen werden. Die Rohre sollen 50 mm Durchmesser haben und bei der Berührungsheizfläche (im 1. Kesselzug) versetzt auf den Ecken eines gleichseitigen Dreieckes mit einer lichten Weite von 50 mm angeordnet sein. Die Rauchgasgeschwindigkeit im 1. Zug sei 5 m/s, die Rauchgase sollen 14% CO_2 und 7% H_2O enthalten. Die Rohrwandtemperatur sei 300 °C entsprechend einem Kesseldruck von 78,5 b.

Die Wärmeaufnahme eines Kühlrohres der Strahlungsheizfläche erhält man aus Gl. (427). Dabei hat F für eine Rohrlänge von 1 m den Wert $\psi_s s$ (s = Rohrteilung). Die Wärmeübergangszahl α_s durch Strahlung erhält man, wenn man die Wärmeaufnahme Q nach Gl. (427) durch die Oberfläche des Rohres $d\pi$ und durch die Differenz der Feuerraumtemperatur T_f gegen die Wandtemperatur T_W teilt:

$$\alpha_s = \frac{p \cdot \varepsilon_w \cdot \psi_s\, C_s\, s}{d\pi} \cdot \frac{\left(\dfrac{T_f}{100}\right)^4 - \left(\dfrac{T_W}{100}\right)^4}{T_F - T_W}.$$

17*

Tabelle 12. *Temperaturfaktor* $f = \dfrac{(T_1/100)^4 - (T_2/100)^4}{T_1 - T_2}$ *nach Gl. (429) zur Berechnung des Strahlungsaustausches*

$t_2 =$	-273	-200	-100	0	100	200	300	400	500	600	700	800	900	$1000°$
$t_1 = -273°$	0													
200°	0,0039	0,0156												
100°	0,0518	0,0867	0,207											
0°	0,2034	0,2764	0,465	0,814										
100°	0,519	0,644	0,923	1,380	2,076									
200°	1,058	1,251	1,630	2,225	3,07	4,233								
300°	1,882	2,155	2,673	3,408	4,42	5,77	7,53							
400°	3,05	3,418	4,08	4,99	6,19	7,75	9,73	12,19						
500°	4,62	5,10	5,94	7,03	8,44	10,23	12,46	15,19	18,48					
600°	6,66	7,24	8,28	9,59	11,30	13,27	15,77	18,70	22,38	26,61				
700°	9,21	9,96	11,19	12,72	14,62	16,92	19,71	23,04	26,96	31,55	36,84			
800°	12,35	13,26	14,72	16,50	18,66	21,26	24,36	28,01	32,29	37,29	42,93	49,5		
900°	16,14	17,21	18,92	20,97	23,42	26,33	29,76	33,76	38,41	43,75	49,85	56,8	64,6	
1000°	20,45	21,88	23,87	26,21	28,96	32,20	35,98	40,35	45,38	51,1	57,6	65,0	73,3	82,6

Der Feuerraum soll sehr groß sein, also $p = 1$ gesetzt werden. Wird im übrigen mit den gleichen Zahlenwerten wie im vorhergehenden Zahlenbeispiel gerechnet, so ergibt sich

$$\alpha_s = \frac{0,8 \cdot 5,77 \cdot 2}{\pi} \frac{\left[\left(\dfrac{1673}{100}\right)^4 - \left(\dfrac{573}{100}\right)^4\right]}{(1673 - 573)} = 206 \ \frac{\text{W}}{\text{m}^2 \, \text{grd}}$$

Berechnet man in gleicher Weise die Wärmeübergangszahlen α_s für andere Teilungsverhältnisse s/d der Kühlfläche und andere Feuerraumtemperaturen t_f, so erhält man die in Abb. 156 dargestellten Werte.

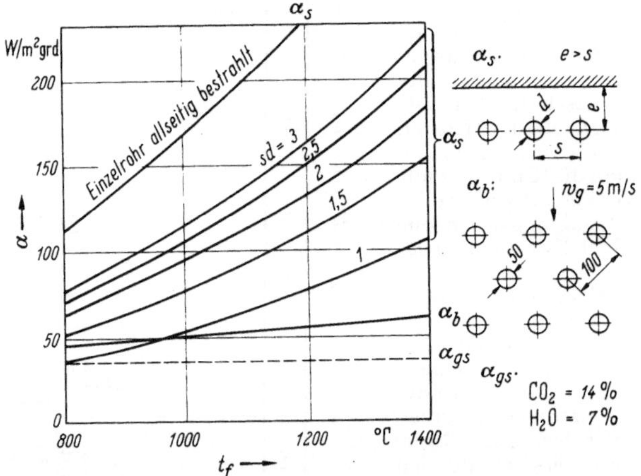

Abb. 156. Vergleich der Wärmeübergangszahlen bei der Strahlungsheizfläche (α_s) und bei der Berührungsheizfläche (α_b) in Abhängigkeit von der Temperatur des Feuerraumes. Die Anordnung der Rohre der Strahlungsheizfläche vor einer Wand und das Rohrbündel der Berührungsheizfläche sind rechts skizziert.

Nunmehr ist der Wärmeübergang an der Beheizungsfläche α_b zu bestimmen. Dieser setzt sich aus zwei Teilen zusammen, aus dem Wärmeübergang durch Konvektion und demjenigen durch Gasstrahlung. Die letztere wieder besteht aus den beiden Anteilen der Kohlensäure- und der Wasserdampfstrahlung. Zu ihrer Ermittlung benötigt man zunächst den gleichwertigen Halbmesser der strahlenden Gasschichten. Aus Tab. 11 entnimmt man für die vorliegende Rohranordnung $L = 3s = 3 \cdot 5 = 15$ cm. Die Strahlung ist nunmehr nach Gl. (414) zu berechnen. Die Rechnung soll zunächst für eine Gastemperatur von 1000 °C durchgeführt werden. Der Teildruck p_{CO_2} der Kohlensäure ist bei 1 b Gesamtdruck 0,14 b; daher das Produkt $p_{CO_2} L = 0,14 \cdot 15 = 2,1$ cm b. Aus Abb. 141 entnimmt man das Emissionsverhältnis bei 1000 °C zu $\varepsilon_{CO_2} = 0,06$ und bei 300 °C zu $\varepsilon_{CO_2} = 0,055$. Mit dem Emissionsverhältnis der Rohrwand $\varepsilon_w = 0,8$ ergeben sich aus Gl. (415) die entsprechenden Strahlungsaustauschverhältnisse zu $0,8 \cdot 0,06 = 0,048$ und $0,8 \cdot 0,055 = 0,044$ und damit die Wärmestromdichte durch CO_2-Strahlung aus Gl. (414)

$$q_{CO_2} = 5,77 \left[0,048 \left(\frac{1273}{100}\right)^4 - 0,044 \left(\frac{573}{100}\right)^4\right] = 6997 \ \text{W/m}^2$$

Für Wasserdampf beträgt der Teildruck $p_{H_2O} = 0,07$ ata, daher das Produkt $p_{H_2O} L = 1,05$ cm at. In Abb. 142 liest man zunächst im Diagramm rechts unten den Abminderungsfaktor f zu 0,67 ab. Das Emissionsverhältnis für reinen Wasserdampf ergibt sich aus dem großen Diagramm zu 0,022 bei 1000 °C und 0,064 bei

300 °C. Man erhält so die Emissionsverhältnisse $\varepsilon_{H_2O} = 0,0156$ für 1000 °C und $\varepsilon_{H_2O} = 0,0444$ für 300 °C. Die Strahlungsaustauschverhältnisse sind $0,8 \cdot 0,0156 = 0,0125$ und $0,8 \cdot 0,0444 = 0,0355$. Die Wärmestromdichte der H_2O-Strahlung ist

$$q_{H_2O} = 5,77 \left[0,0125 \left(\frac{1273}{100} \right)^4 - 0,0355 \left(\frac{573}{100} \right)^4 \right] = 1673 \text{ W m}^2$$

und damit die für die ganze Gasstrahlung $6997 + 1673 = 8670$ W/m². Die Wärmeübergangszahl durch Gasstrahlung ist daher $\alpha_{gs} = \dfrac{8670}{1000 - 300} = 12,4$ W/m² grd.

Die Wärmeübergangszahl durch Konvektion ergibt sich aus Gl. (287) und den Werten aus Tab. 9 zu $\alpha_k = 34,9$ W/m² grd. Die gesamte Wärmeübergangszahl an der Berührungsheizfläche ist daher $\alpha_h = \alpha_{gs} + \alpha_k = 12,4 + 34,9 = 47,3$ W/m² grd bei 1000 °C Gastemperatur. Rechnet man wieder die Wärmeübergangszahlen für andere Gastemperaturen aus, so kommt man zu den in Abb. 156 eingetragenen Werten. Ein Vergleich derselben mit denen der Strahlungsheizfläche lehrt, daß nur bei sehr engen Teilungen ($s/d = 1$, aneinanderstoßende Rohre) und Feuerraumtemperaturen unter 1000 °C die Berührungsheizfläche mehr Wärme je Flächeneinheit aufnimmt als die Strahlungsheizfläche. Es ist daher wirtschaftlich, die Kühlrohre im Feuerraum möglichst dicht zu verlegen, solange nicht andere Gründe (Zündschwierigkeiten und dgl.) dagegen sprechen.

59. Sonnenstrahlung

Die Möglichkeit, daß die irdischen Energiequellen in absehbaren Zeiträumen erschöpft werden, lenkt unsere Aufmerksamkeit auf die Sonnenstrahlung als eine unerschöpfliche Energiequelle. In diesem Abschnitt werden die Eigenschaften der Sonnenstrahlung behandelt. Daten über Sonnenstrahlung sind auch für den Entwurf von Satelliten und Raumschiffen wesentlich.

Die von der Sonne kommende Strahlung ist hinsichtlich ihrer Intensität und Wellenlängenverteilung weitgehend die gleiche wie schwarze Strahlung mit der Temperatur $T_s = 5600$ °K. Der Energiestrom, der auf eine Fläche je Zeit- und Flächeneinheit auftrifft, wenn sie außerhalb der Erdatmosphäre so orientiert ist, daß ihre Normale gegen die Sonne zeigt, läßt sich damit aus der Gleichung

$$q = \varphi_{e-s} C_s \left(\frac{T_s}{100} \right)^4 \tag{430}$$

berechnen. Die Sonne erscheint von der Erde aus als Kreisscheibe mit einem Öffnungswinkel $\beta = 32$ min. Damit wird das Winkelverhältnis $\varphi_{e-s} = \beta^2/4$ und der Energiestrom

$$\boxed{q = 1337 \text{ W/m}^2} \tag{431}$$

In Wahrheit ändert sich der Öffnungswinkel während eines Jahres etwas mit dem Sonnenabstand, und der Energiestrom ist 1280 W/m² im Januar und 1365 W/m² im Juli. Dieser Energiestrom je Flächeneinheit ist recht klein. Dies stellt die Hauptschwierigkeit für eine Ausnutzung der Sonnenenergie dar, da man Sammler von sehr großen Flächenausdehnungen benötigt, um größere Energiemengen zu erfassen.

Das Gros der Sonnenstrahlung liegt wegen der hohen Temperaturen in einem Bereich verhältnismäßig kleiner Wellenlängen. Das Energiemaximum ist einer Wellenlänge von 0,5 μ zugeordnet, und etwa die Hälfte der Energie wird im sichtbaren Wellenlängenbereich ausgestrahlt. Der Rest liegt im wesentlichen im Infrarot.

Nur ein Teil der von der Sonne kommenden Strahlungsenergie erreicht die Erdoberfläche. Der Rest wird in der Atmosphäre absorbiert oder abgelenkt. Wie viel die Strahlung verringert wird, hängt hauptsächlich vom Ozon- und Wassergehalt sowie vom Staubgehalt der Atmosphäre und von der Weglänge der Sonnenstrahlung in der Atmosphäre ab. Abb. 157 gibt den die Erdoberfläche erreichenden Strahlungsfluß je Flächeneinheit einer normal zu den Sonnenstrahlen orientierten Fläche als Funktion des Winkels zwischen den Strahlen und der Horizontalen auf der Erdoberfläche an. Die Abbildung ist das Ergebnis von Messungen von P. Moon an einem klaren Wintertag in staubfreier Atmosphäre.

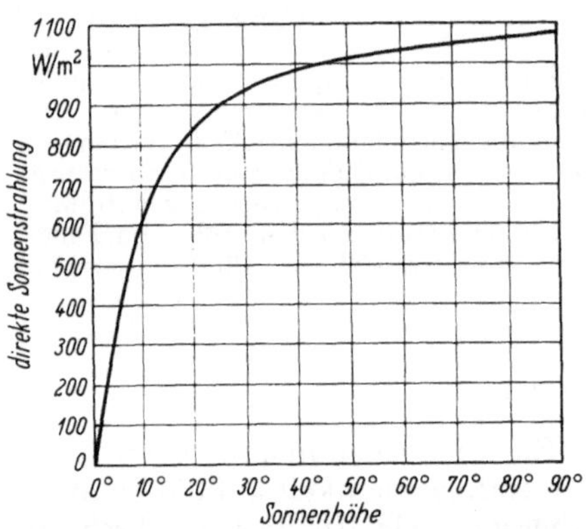

Abb.157. Wärmestromdichte der Sonnenstrahlung auf eine Fläche senkrecht zu den Sonnenstrahlen an einem klaren Wintertag (nach P. Moon).

Ein Teil der Sonnenstrahlung erreicht die Erdoberfläche zusätzlich als diffuse Himmelsstrahlung. Der Betrag dieser Strahlung schwankt innerhalb weiter Grenzen. An einem klaren Tage fällt ein Energiestrom von etwa 40 bis 90 W/m² auf eine waagerechte Fläche. Bei bewölktem Himmel sinkt die Strahlung zu sehr niedrigen Beträgen ab, oft weniger als 1% der Strahlung am klaren Tage.

Die von einer der Sonnenstrahlung ausgesetzten Fläche absorbierte Energiemenge hängt vom Absorptionsvermögen der Fläche ab. Wegen der kurzen Wellenlängen der Sonnenstrahlung weicht das hierfür in Frage kommende Absorptionsvermögen stark von dem in Tab. 11 angegebenen ab. Einen Anhalt kann man aus Abb. 133 gewinnen. Man erkennt daraus, daß helle, nichtmetallische Oberflächen oder Anstriche weniger Sonnenstrahlung absorbieren als Metallflächen und damit für Dächer in heißem Klima besonders geeignet sind. Für Sammler von Sonnenstrahlung auf der anderen Seite ist ein großer Wert des Absorptionsvermögens für kurzwellige Strahlung und ein kleines Emissionsvermögen für langwellige Strahlung erwünscht, das letztere, um Wärmeverluste durch Abstrahlung klein zu halten. Abb. 132 zeigt, daß Nichtmetalle meist das entgegengesetzte Verhalten aufweisen, und man muß zu speziellen Maßnahmen greifen, um die gewünschte Eigenschaft zu erzielen. Eine solche Oberfläche wurde kürzlich vom Nationalen Physikalischen Laboratorium in Israel beschrieben[1].

____
[1] Scientific American 194 (1956) 102.

60. Pyrometrie

Das Verfahren, die Temperatur eines Körpers aus der von ihm ausgesendeten Wärmestrahlung zu bestimmen, nennt man Pyrometrie. Es wird besonders zur Messung hoher Temperaturen verwendet, bei denen mit dem Körper in Berührung gebrachte Thermometer nicht mehr verwendet werden können. Bei sachgemäßer Handhabung kann man mit Pyrometern Temperaturen sehr genau messen. So ist beispielsweise die internationale Temperaturskala über den Schmelzpunkt von Gold hinaus (1063 °C) durch Messung der Temperaturstrahlung festgelegt.

Geräte zur pyrometrischen Temperaturmessung werden vor allem nach zwei Prinzipien gebaut; es wird entweder die vom Körper aus-

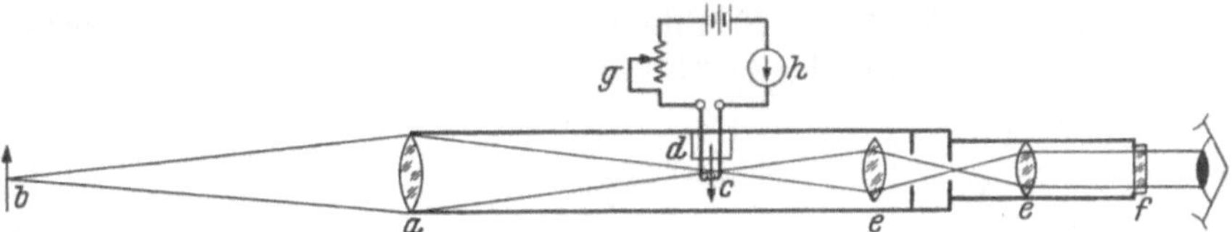

Abb. 158. Optisches Pyrometer.

gesandte Gesamtstrahlung kalorimetrisch gemessen, wobei meist eine Thermosäule – mehrere in Reihen geschaltete Thermoelemente – als Strahlungsempfänger dient, oder es wird subjektiv durch Beobachtung mit dem Auge die monochromatische Strahlungsintensität im sichtbaren Bereich mit jener einer geeichten Strahlungsquelle verglichen. Ein nach dem erstgenannten Prinzip arbeitendes Gerät heißt *Gesamtstrahlungspyrometer*. Ein das zweite Verfahren verwendendes *optischer Pyrometer* ist in Abb. 158 dargestellt. Es ist im wesentlichen ein Fernrohr. Das Objektiv a bildet den glühenden Gegenstand b, dessen Temperatur bestimmt werden soll, in der Ebene c ab. In dieser Ebene ist die Drahtwendel d einer kleinen Glühlampe angeordnet. Die letztere wird von einer Batterie gespeist und durch einen Widerstand g in ihrer Helligkeit geregelt. Durch das Okular e und einen Farbfilter f kann das Bild c und die Wendel d gleichzeitig betrachtet werden. Man reguliert nun durch Verstellen des Widerstandes den elektrischen Strom durch die Wendel so lange, bis das Bild c des Gegenstandes und die Wendel dem Auge gleich hell erscheinen. Nach dieser Einstellung wird die Größe des elektrischen Stromes an dem Strommesser h abgelesen. Durch eine vorhergehende Eichung des Gerätes wurde der Zusammenhang zwischen der Temperatur verschiedener schwarzer Strahler, die mit dem Instrument anvisiert werden, und dem vom Strommesser h bei Ausgleich der Helligkeiten angezeigten elektrischen Strom festgestellt. Aus der so gewonnenen Eichkurve läßt sich nun auch die Temperatur jedes beliebigen Strahlers ablesen, vorausgesetzt, daß die von ihm ausgesandte Strahlung schwarze Strahlung ist.

Besitzt die Oberfläche des anvisierten Körpers ein Emissionsvermögen kleiner als Eins, dann muß man dasselbe künstlich vergrößern. Das kann durch einen dünnen Oberflächenbelag oder Anstrich aus einem Stoff mit großem Emissionsverhältnis geschehen oder am besten dadurch, daß man eine kleine Bohrung anbringt und das Innere der Bohrung mit dem Pyrometer anvisiert. Wenn die Bohrung tief genug ist, wirkt sie wie ein Kirchhoffscher Hohlraum, und die entweichende Strahlung ist schwarze Strahlung. Kann man derartige Mittel nicht anwenden und kennt man das Emissionsverhältnis des Körpers, dessen Temperatur gemessen werden soll, nicht, dann kann man seine wahre Temperatur mit einem Pyrometer nicht bestimmen, sondern nur eine scheinbare, „schwarze Temperatur", die ein schwarzer Körper hat, der Strahlung mit der gleichen Intensität aussendet wie das untersuchte Objekt. Die Beziehungen zwischen der vom Instrument angezeigten schwarzen Temperatur und der wahren Temperatur sollen im folgenden abgeleitet werden.

Ein Gesamtstrahlungspyrometer mißt kalorimetrisch die auf die Thermosäule auftreffende Strahlungsenergie. Diese hängt von einem Winkelverhältnis φ ab, das durch die Blenden im Instrument festgelegt ist, und ist

$$\varphi \, \varepsilon \, C_s \left(\frac{T}{100} \right)^4 ,$$

wenn ε das Emissionsverhältnis der anvisierten Oberfläche und T ihre Temperatur ist. Das Gerät wurde an einem schwarzen Körper geeicht, und die Temperaturanzeige T_s ist daher durch die Beziehung

$$\varphi \, C_s \left(\frac{T_s}{100} \right)^4$$

festgelegt. Die „schwarze Gesamttemperatur", die man am Gerät abliest, wenn man es auf die Fläche mit dem Emissionsverhältnis ε und der wahren Temperatur T richtet, ist damit durch die Beziehung

$$T_s = \sqrt[4]{\varepsilon} \; T \tag{432}$$

gegeben. Man erkennt, daß die scheinbare Temperatur immer niedriger ist als die wahre Temperatur T.

Das optische Pyrometer mißt durch Vergleich mit der Helligkeit der Drahtwendel die ins Auge gelangende Intensität monochromatischer Strahlung. Die Wellenlänge der Strahlung ist durch den am Okular angebrachten Farbfilter f festgelegt. In der Regel wird ein Rotfilter verwendet, der Licht mit einer Wellenlänge von $0{,}665\,\mu$ durchläßt. Damit ist die ins Auge gelangende Intensität einer Fläche mit dem monochromatischen Emissionsverhältnis ε_λ und der Temperatur T nach Gl. (371)

$$\frac{2\,\varepsilon_\lambda\,c_1}{\lambda^5 \, (e^{c_2/\lambda T} - 1)} .$$

Wenn die Temperatur nicht außerordentlich hoch ist, ergibt sich die e-Potenz im Nenner als groß gegen Eins, und man kann vereinfacht schreiben

$$\frac{2\,\varepsilon_\lambda\,c_1}{\lambda^5 \, e^{c_2/\lambda T}} .$$

Das Gerät wurde an schwarzer Strahlung der Temperatur $T_{s\lambda}$ geeicht gemäß der Beziehung

$$\frac{2\,c_1}{\lambda^5\,e^{c_2/\lambda T_{s\lambda}}}\,.$$

Daraus ergibt sich die folgende Beziehung zwischen der „monochromatischen schwarzen Temperatur" $T_{s\lambda}$. die ein schwarzer Körper hat. wenn seine Helligkeit im optischen Pyrometer gleich ist derjenigen des Körpers mit dem Emissionsverhältnis ε_λ und der Temperatur T

$$\frac{1}{T} = \frac{1}{T_{s\lambda}} - \frac{\lambda}{c_2}\ln\varepsilon_\lambda\,. \tag{433}$$

Man erkennt. daß die monochromatische schwarze Temperatur ebenfalls stets niedriger ist als die wahre Temperatur. Es zeigt sich jedoch. daß bei $\varepsilon_\lambda = \varepsilon$. also bei einem grauen Körper. der Unterschied zwischen der Temperatur $T_{s\lambda}$ und der wahren Temperatur T kleiner ist als der Unterschied zwischen T_s und T. Außerdem ist bei Körpern mit kleinem Emissionsverhältnis in der Regel ε_λ größer als ε. was den Unterschied zwischen $T_{s\lambda}$ und T weiter verringert. Beides ist als ein Vorteil des optischen Pyrometers gegenüber dem Gesamtstrahlungspyrometer zu werten.

Mit dem optischen Pyrometer läßt sich noch eine andere scheinbare Temperatur messen. die „Farbtemperatur" genannt wird. Grob gesprochen ist die Farbtemperatur jene Temperatur. bei der ein schwarzer Körper dem Auge mit der gleichen Farbe glühend erscheint wie der Körper. dessen Temperatur gesucht ist. Genauer ist die Farbtemperatur als die Temperatur definiert, bei der ein schwarzer Körper das gleiche Verhältnis der Strahlungsintensitäten bei zwei festgelegten Wellenlängen hat wie das untersuchte Objekt. Meist werden die Wellenlängen roten Lichtes ($\lambda_r = 0{,}665\,\mu$) und grünen Lichtes ($\lambda_g = 0{,}544\,\mu$) verwendet. Für ein Objekt mit dem Emissionsverhältnis ε_{λ_r} und ε_{λ_g} für rotes und grünes Licht und der Temperatur T gilt daher für die Farbtemperatur T_f die Beziehung

$$\frac{\dfrac{2\,c_1}{\lambda_r\,e^{c_2/\lambda_r T_f}}}{\dfrac{2\,c_1}{\lambda_g\,e^{c_2/\lambda_g T_f}}} = \frac{\dfrac{2\,\varepsilon_{\lambda_r}\,c_1}{\lambda_r\,e^{c_2/\lambda_r T}}}{\dfrac{2\,\varepsilon_{\lambda_g}\,c_1}{\lambda_g\,e^{c_2/\lambda_g T}}}$$

oder

$$\frac{1}{T} = \frac{1}{T_f} + \frac{\lambda_r\,\lambda_g}{(\lambda_r - \lambda_g)\,c_2}\ln\frac{\varepsilon_{\lambda_g}}{\varepsilon_{\lambda_r}}\,. \tag{434}$$

Für eine graue Oberfläche ($\varepsilon_{\lambda_g} = \varepsilon_{\lambda_r}$) ist daher die Farbtemperatur gleich der wahren Temperatur. Im allgemeinen kann erwartet werden, daß die Farbtemperatur der wahren Temperatur näher kommt als die schwarze Temperatur.

Aus den mit dem optischen Pyrometer gemessenen monochromatischen schwarzen Temperaturen $T_{s\lambda_r}$ mit Rotfilter und $T_{s\lambda_g}$ mit Grünfilter berechnet man die Farbtemperatur T_f aus der Gleichung

$$\frac{1}{T_f} = \frac{\dfrac{1}{\lambda_r\, T_{s\,\lambda_r}} - \dfrac{1}{\lambda_g\, T_{s\,\lambda_g}}}{\dfrac{1}{\lambda_r} - \dfrac{1}{\lambda_g}}\,. \tag{435}$$

Es wurden auch Geräte entwickelt, an denen man die Farbtemperatur unmittelbar ablesen kann. Diese arbeiten mit einem verschiebbaren Farbfilter, mit dem man je nach der Stellung mehr rotes oder grünes Licht durchläßt. Die Geräte sind empirisch geeicht.

Für Temperaturmessung in heißen Gasen oder in Flammen wird häufig das Verfahren der Linienumkehr verwendet. Hierauf soll hier nicht näher eingegangen werden. Es sei auf das Buch von F. Henning[1]: Temperaturmessung verwiesen, das auch die übrigen pyrometrischen Verfahren eingehend bespricht.

V. Der Stoffaustausch

In vielen Ingenieurtätigkeiten, besonders im Chemie-Ingenieurwesen, spielen Prozesse eine Rolle, die als Stoffaustausch bezeichnet werden. Der Ausdruck Stoffaustausch umfaßt alle Vorgänge, bei denen anfänglich vorhandene Konzentrationsunterschiede in Mehrstoffgemischen durch Diffusion oder Konvektion ausgeglichen werden. Oft ist mit solchen Stoffaustauschvorgängen auch ein Wärmeaustausch gekuppelt. Die Differentialgleichungen, die diese Vorgänge beschreiben, können aus den Lehren der irreversiblen Thermodynamik in sehr allgemeiner Form abgeleitet werden. In diesem Buch werden nur Stoffaustauschvorgänge in Gemischen von idealen Gasen behandelt. Die entwickelten Beziehungen können unverändert auch auf verdünnte Lösungen angewendet werden. Die Betrachtungen werden ferner auf Zweistoffgemische beschränkt, und es wird vorausgesetzt, daß keine Reaktion zwischen den beiden Komponenten stattfindet.

Von besonderer Bedeutung ist der Stoffaustausch durch eine Grenzfläche zwischen einem festen und einem gasförmigen Körper, wie er beispielsweise bei einem Sublimationsvorgang oder einer Oberflächenverbrennung stattfindet oder zwischen einem Gas und einer Flüssigkeit, wie bei der Verdampfung oder Kondensation. Es wird dabei angenommen, daß die Grenzfläche in ihrer Ausdehnung und Form bekannt ist. Manchmal ist dies nicht der Fall, wie bei der Verdunstung von zerstäubten Flüssigkeiten oder an der Oberfläche von durch die Flüssigkeit aufsteigenden Bläschen. Eine theoretische Erfassung solcher Prozesse ist derzeit nur in sehr beschränktem Maße möglich.

Zur Vorbereitung für eine Besprechung des Stoffaustausches sollen zunächst die hieran beteiligten Parameter besprochen werden.

---

[1] Henning, F.: Temperaturmessung, 2. Aufl., Leipzig: J. A. Barth 1955.

61. Die Zustandsgrößen für Zweistoffgasgemische

In der heutigen Literatur herrscht leider keine Einheitlichkeit hinsichtlich der Zustandsgrößen, in denen die Gleichungen für Stoffaustausch ausgedrückt werden. Aus diesem Grunde werden zunächst diese Größen definiert und ihre gegenseitigen Beziehungen festgestellt.

Es liege ein Gemisch der zwei Komponenten 1 und 2 vor. Dies Gemisch bestehe aus den Mengen G_1 und G_2, die das Volumen V mit einheitlichem Druck und einheitlicher Temperatur erfüllen mögen. Die Gesamtmenge ist dann $G = G_1 + G_2$ und die Dichte $\varrho = G/V$. Man kann auch Partialdichten $c_1 = G_1/V$ und $c_2 = G_2/V$ definieren. Diese Größen werden auch *Konzentrationen* genannt. Oft wird das Gemisch auch durch die Massenverhältnisse $w_1 = G_1/G$ und $w_2 = G_2/G$ gekennzeichnet. An Stelle der Masse wird oft das Mol als Bezugsgröße verwendet. Wenn die Molgewichte M_1 und M_2 sind, dann besteht das Gemisch aus $N_1 = G_1/M_1$ und $N_2 = G_2/M_2$ Molen. Die tatsächliche Zahl der Moleküle erhält man, wenn man die Molzahl N mit der LOSCHMIDTschen Zahl $6{,}03 \cdot 10^{23}$ multipliziert. Die Moldichte des Gemisches ist N/V mit $N = N_1 + N_2$, die partiellen Moldichten sind $n_1 = N_1/V$ und $n_2 = N_2/V$. Die Molverhältnisse sind N_1/N und N_2/N.

Ein Gasgemisch wird oft durch seine Teildrücke gekennzeichnet. Für ein Gemisch idealer Gase, die miteinander nicht chemisch reagieren, gilt im Gleichgewicht DALTONS Gesetz: Jedes Gas im Gemisch erfüllt den zur Verfügung stehenden Raum so, als ob die anderen Gase des Gemisches nicht vorhanden wären. Der Druck, den jedes Gas auf diese Weise erzeugt, ist sein Teildruck. Der Gesamtdruck ist die Summe aller Teildrücke. Wenn man in einem Zweistoff-Gasgemisch die Teildrücke mit p_1 und p_2, die universelle Gaskonstante mit $\Re$, die individuellen Gaskonstanten mit R_1 und R_2 und die gemeinsame Temperatur mit T bezeichnet, gelten daher die folgenden Gleichungen:

$$p_1 V = G_1 R_1 T = \frac{G_1}{M_1} \Re T = N_1 \Re T \tag{436}$$

$$p_2 V = G_2 R_2 T = \frac{G_2}{M_2} \Re T = N_2 \Re T$$

$$p = p_1 + p_2 .$$

Durch Addition erhält man das Gasgesetz des Gemisches

$$p V = G R T \quad \text{mit} \quad R = \frac{G_1 R_1 + G_2 R_2}{G} = w_1 R_1 + (1 - w_1) R_2 .$$

Die verschiedenen Zustandsgrößen, die das Zweistoffgemisch charakterisieren, lassen sich leicht ineinander umwandeln. So gilt beispielsweise

$$c_1 = \frac{G_1}{V} = \frac{p_1}{R_1 T} , \quad w_1 = \frac{G_1}{G} = \frac{p_1 R}{p R_1} = \frac{p_1 R_2}{R_1 p + (1 - R_2) p_1}$$

$$n_1 = \frac{N_1}{V} = \frac{p_1}{\Re T} , \quad \frac{N_1}{N} = \frac{p_1}{p} .$$

Für feuchte Luft oder allgemein für Gas-Dampf-Gemische werden häufig noch andere Zustandsgrößen verwendet. Diese sind im folgenden Abschnitt besprochen.

62. Feuchte Luft

Feuchte Luft stellt ein Gemisch von Luft und Wasserdampf dar. Bei kleinen Drücken kann man beide Komponenten als ideale Gase ansehen und damit feuchte Luft als ein Zweistoffgemisch idealer Gase behandeln. Sie weist jedoch insofern eine Besonderheit auf, als der Maximalgehalt an Wasserdampf der Bedingung unterliegt, daß dessen Teildruck nicht größer sein kann als der Sättigungsdruck. Die dadurch bedingten Verhältnisse mögen zunächst betrachtet werden, bevor wir auf den Stoffaustausch im Einzelnen eingehen. Nennen wir den Teildruck des Wasserdampfes p_d und jenen der Luft p_l, so gilt für den Gesamtdruck p die Gleichung

$$p = p_l + p_d. \tag{437}$$

Wir betrachten nun einen Raum mit dem Inhalt V und der absoluten Temperatur T, in dem eine Luftmenge G_l und eine Dampfmenge G_d vorhanden sein soll. Für die Luft gilt nach dem DALTONschen Gesetz die Beziehung

$$p_l V = G_l R_l T = G_l \frac{\Re}{M_l} T. \tag{438}$$

Für den Dampf, der, wie schon erwähnt, auch als ideales Gas behandelt sei, haben wir in gleicher Weise

$$p_d V = G_d R_d T = G_d \frac{\Re}{M_d} T. \tag{439}$$

R_d ist darin die Gaskonstante des Dampfes, R_l jene der Luft, $\Re$ die universelle Gaskonstante ($\Re = 8320$ Nm/kmol grd); M_d ist das Molgewicht des Dampfes, M_l jenes der Luft. Für die folgenden Rechnungen erweist es sich als zweckmäßig, den Wasserdampfgehalt der feuchten Luft stets auf 1 kg Trockenluft zu beziehen, da die letztere bei Trocknungsvorgängen konstant bleibt, während sich der Dampfgehalt ständig ändert. Der so bezogene Wassergehalt soll mit x bezeichnet werden. Aus den obigen Gleichungen ergibt sich

$$x = \frac{G_d}{G_l} = \frac{M_d}{M_l} \frac{p_d}{p_l}. \tag{440}$$

Das Molekulargewicht von Wasserdampf ist $M_d = 18$, jenes von Luft $M_l = 29$. Damit erhält man

$$x = 0{,}622 \frac{p_d}{p_l} = 0{,}622 \frac{p_d}{p - p_d}. \tag{441}$$

Luft kann bei einer bestimmten Temperatur Wasserdampf nur bis zu einer festen Höchstmenge aufnehmen. Man nennt Luft, die die größtmögliche Wasserdampfmenge enthält, „gesättigt". Der Sättigungspunkt der Luft ist dadurch festgelegt, daß der Teildruck des Wasserdampfes nicht größer sein kann als der zur Lufttemperatur gehörige Sättigungsdruck p_s. In Tab. 13 ist der Sättigungsdruck für Temperaturen bis zu 100° nach den VDI-Wasserdampftafeln zusammengestellt. Der Feuchtigkeitsgehalt x_s gesättigter Luft ergibt sich aus der Gleichung

$$x_s = 0{,}622 \frac{p_s}{p - p_s} \,. \tag{442}$$

In der Meteorologie wird der Feuchtigkeitsgehalt der Luft vielfach durch das Verhältnis des in der Luft vorhandenen Wasserdampfteildruckes p_d zum Sättigungsdruck p_s bei der Lufttemperatur angegeben. Man nennt dieses Druckverhältnis relative Feuchtigkeit φ,

$$\varphi = \frac{p_d}{p_s} \,. \tag{443}$$

Für technische Rechnungen ist es oft zweckmäßiger, mit dem Wassergehalt x statt mit dem Teildruck p_d zu rechnen und dementsprechend das Verhältnis der tatsächlich vorhandenen Wassermenge x zur im Sättigungszustand vorhandenen Menge x_s anzugeben. Dieses Verhältnis heißt Sättigungsgrad ψ der Luft

$$\psi = \frac{x}{x_s} \,. \tag{444}$$

Bei niedrigen Temperaturen und einem Gesamtdruck 1 b macht nach Tab. 13 der Wasserdampfteildruck nur einen kleinen Bruchteil des Gesamtdruckes aus. Man kann dann an Stelle der Gl. (441) mit guter Näherung schreiben

$$x \sim 0{,}622 \frac{p_d}{p} \,.$$

Für den entsprechenden Sättigungszustand gilt

$$x_s \sim 0{,}622 \frac{p_s}{p} \,.$$

Damit wird die relative Feuchtigkeit angenähert gleich dem Sättigungsgrad der Luft

$$\varphi = \frac{p_d}{p_s} \sim \frac{x}{x_s} = \psi \,.$$

Eine größere Feuchtigkeitsmenge als der Sättigungsgehalt x_s kann in der Luft nur in flüssiger Form (als Wassertröpfchen, Nebel) oder in fester Form (als Eis, Schnee) vorhanden sein. Die in dieser Form in der Luft enthaltene Wassermenge ist gleich $x - x_s$, sobald x größer ist als die Sättigungsmenge x_s.

Für die folgenden Berechnungen benötigen wir auch die Enthalpie (den Wärmeinhalt) der feuchten Luft. Ist der Wassergehalt kleiner als der Sättigungsgehalt, so setzt sich die Enthalpie aus jener der Luft und

Tabelle 13. *Sättigungsdruck p_s von Wasserdampf in Abhängigkeit von der Siedetemperatur t_s* (nach den VDI-Wasserdampftafeln)

t_s	p_s	t_s	p_s	t_s	p_s	t_s	p_s
°C	b	°C	b	°C	b	°C	b
0	0,006108	35	0,05622	70	0,3116	105	1,2080
1	0,006565	36	0,05940	71	0,3253	106	1,2504
2	0,007054	37	0,06274	72	0,3396	107	1,2941
3	0,007574	38	0,06624	73	0,3543	108	1,3390
4	0,008129	39	0,06991	74	0,3696	109	1,3852
5	0,008718	40	0,07375	75	0,3855	110	1,4327
8	0,009346	41	0,07777	76	0,4019		
7	0,010013	42	0,08198	77	0,4189		
8	0,010721	43	0,08639	78	0,4365		
9	0,011473	44	0,09100	79	0,4547		
10	0,012271	45	0,09582	80	0,4736		
11	0,013117	46	0,10085	81	0,4931		
12	0,014015	47	0,10612	82	0,5133		
13	0,014966	48	0,11162	83	0,5342		
14	0,015974	49	0,11736	84	0,5557		
15	0,017040	50	0,12335	85	0,5780		
16	0,018169	51	0,12960	86	0,6010		
17	0,019363	52	0,13613	87	0,6249		
18	0,02062	53	0,14293	88	0,6495		
19	0,02196	54	0,15002	89	0,6749		
20	0,02337	55	0,15741	90	0,7011		
21	0,02485	56	0,16509	91	0,7281		
22	0,02642	57	0,17312	92	0,7561		
23	0,02808	58	0,18146	93	0,7849		
24	0,02982	59	0,19015	94	0,8146		
25	0,03167	60	0,19917	95	0,8452		
26	0,03360	61	0,2086	96	0,8769		
27	0,03564	62	0,2184	97	0,9095		
28	0,03779	63	0,2285	98	0,9430		
29	0,04004	64	0,2391	99	0,9776		
30	0,04241	65	0,2501	100	1,0132		
31	0,04491	66	0,2614	101	1,0500		
32	0,04753	67	0,2733	102	1,0878		
33	0,05029	68	0,2856	103	1,267		
34	0,05318	69	0,2983	104	1,1668		

jener des Wasserdampfes zusammen. Mit der spezifischen Wärme c_{pl} der Luft bei konstantem Druck ist die Enthalpie der trockenen Luft $i_l = c_{pl}t$. Die Enthalpie des Wasserdampfes läßt sich nach MOLLIER angenähert in folgender Form ausdrücken: $i_d = c_{pd}t + r_0$, wobei c_{pd} die spezifische Wärme des Dampfes und r_0 die Verdampfungswärme von Wasser bei 0 °C bedeutet. Die Enthalpie feuchter Luft, bezogen auf 1 kg Trockenluft, ergibt sich daher zu

$$i_{1+x} = i_l + x i_d = c_{pl}t + x(r_0 + c_{pd}t), \qquad (445)$$

mit den Zahlenwerten: $c_{pl} = 1{,}00$ kJ/kg grd, $c_{pd} = 1{,}93$ kJ/kg grd und $r_0 = 2491$ kJ/kg. Enthält die Luft Wasser außer in dampfförmigem auch noch in flüssigem oder festem Zustand, so müssen wir noch die Enthalpie des flüssigen und festen Wassers hinzuzählen. Für flüssiges Wasser mit der spezifischen Wärme $c = 4{,}19$ kJ/kg grd gilt

$$i_w = ct$$

und daher für Luft mit größerem Wassergehalt als der Sättigungsmenge

$$i_{1+x} = c_{pl}t + x_s(r_0 + c_{pd}t) + (x - x_s)\,ct. \tag{446}$$

Die Enthalpie von Eis ist $i_c = -e + c_c t$, wenn e die Schmelzwärme von Eis ($e = 333{,}7$ kJ/kg) und c_c die spezifische Wärme des Eises bedeutet ($c_c = 2{,}09$ kJ/kg grd). Da die Enthalpie für Wasser von 0 °C gleich Null gesetzt wird, hat Eis eine negative Enthalpie. Die Enthalpie von Luft mit Eisnebel ist

$$i_{1+x} = c_{pl}t + x_s(r_0 + c_{pd}t) - (x - x_s)\,(e - c_c t). \tag{447}$$

Die Gln. (446) und (447) gelten, sobald $x > x_s$ ist. Gl. (445) für $x < x_s$.

In ungesättigter Luft ist der Wasserdampf in überhitztem Zustand vorhanden, da der Dampfteildruck kleiner als der Sättigungsdruck und damit die Temperatur größer als die Sättigungstemperatur ist, die dem Dampfteildruck entspricht. Unter besonderen Bedingungen gelingt es, in der Luft auch eine größere Wassermenge, als der Sättigung entspricht, in Dampfform zu erhalten. Dies ist beispielsweise beim Abkühlen feuchter Luft möglich, wenn der Abkühlungsvorgang sehr schnell erfolgt oder die Luft sehr rein ist (Fehlen von Kondensationskernen). Die feuchte Luft ist dann, wie man sich ausdrückt, „unterkühlt". Dies ist jedoch ein labiler Zustand, der für technische Anwendungen nur von untergeordneter Bedeutung ist. Wir sehen daher bei unseren folgenden Überlegungen von der Möglichkeit einer Unterkühlung ab.

63. Das i,x-Diagramm für feuchte Luft

Für die Untersuchung von Trocknungs- und Befeuchtungsvorgängen leistet das von R. MOLLIER[1] eingeführte i,x-Diagramm sehr gute Dienste. Trägt man die Enthalpie i der feuchten Luft über ihrem Wassergehalt x auf, so kommt man zur Abb. 159a. Darin sind zunächst eine Reihe von Isothermen eingetragen. Die Linien konstanter Temperatur setzen sich aus Geraden zusammen. Die Isotherme für $t = 0°$ hat beispielsweise für ungesättigte Luft nach Gl. (445) die Steigung 2491 kJ/kg bis zum Sättigungsgehalt x_s. Für größere Wassergehalte verläuft die Isotherme nach Gl. (446), also als horizontale Gerade. Ist der Wasserüberschuß in der Luft nicht in flüssiger, sondern in fester Form vorhanden, dann ist die Isotherme nach Gl. (447) zu zeichnen. Sie läuft also vom Sättigungspunkt ab mit dem Gefälle 333,7 kJ/kg. Die Isothermen für positive Temperaturen laufen nach Gl. (445) und (446) etwas steiler als die 0°-Isothermen für Wasser, die Isothermen für negative Temperaturen etwas mehr nach abwärts geneigt als die Isothermen für Eis von 0°. Verbindet man die Punkte, die dem Sättigungszustand bei den verschiedenen Temperaturen

---

[1] MOLLIER, R.: Ein neues Diagramm für Dampf-Luft-Gemische. Z. VDI 67 (1923) 869–872. – Das i,x-Diagramm für Dampf-Luft-Gemische. Z. VDI 73 (1929) 1009–1013.

entsprechen, miteinander, so erhält man im i,x-Diagramm die Sättigungslinie. Diese trennt das Gebiet der ungesättigten Luft von dem übersättigten Zustand, in dem Nebel oder Eisnebelbildung auftritt. Die Sättigungslinie hat am Schnittpunkt mit der 0°-Isotherme einen leichten Knick, da sie oberhalb dieses Punktes durch die Siedekurve flüssigen Wassers, unterhalb dieses Punktes durch die Sublimationskurve von Eis

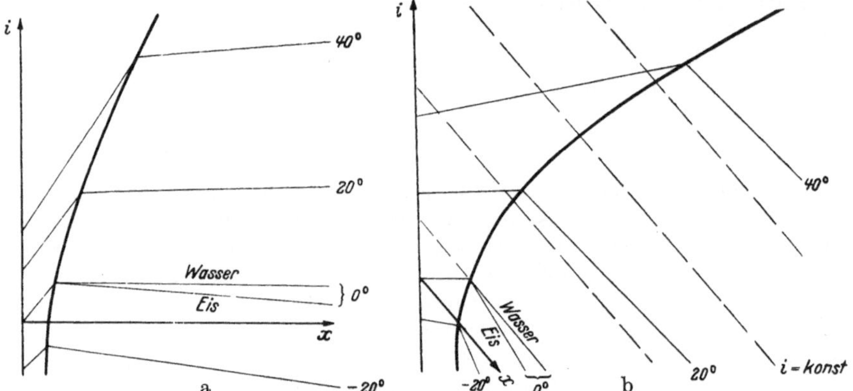

Abb. 159a u. b i, x-Diagramm der feuchten Luft nach MOLLIER. a) in rechtwinkligen Koordinaten; b) in schiefwinkligen Koordinaten.

festgelegt ist. Die Sättigungskurve gilt nur für einen bestimmten Gesamtdruck der feuchten Luft. Da man das Diagramm meist nur für normalen Luftdruck benötigt, stellt dies keinen wesentlichen Nachteil dar. Erweiterungen des Diagramms auf veränderlichen Gesamtdruck hat z. B. M. GRUBENMANN[1] angegeben. In der in Abb. 159a dargestellten Form ist das Diagramm insofern noch unzweckmäßig, als das Gebiet der ungesättigten Luft auf einen schmalen Streifen zusammengedrängt ist und die Isothermen darin recht steil verlaufen. Dieser Nachteil läßt sich dadurch vermeiden, daß man für das Diagramm ein schiefwinkliges Koordinatensystem verwendet, bei dem die x-Achse schräg nach abwärts gerichtet ist. Nach dem Vorschlag von MOLLIER wählt man die Richtung der x-Achse so, daß die 0°-Isotherme für ungesättigte Luft waagerecht verläuft. Ein solches Diagramm ist in Abb. 159b dargestellt. Die Linien i = konst., die in Abb. 159a waagerecht sind, verlaufen nun in Abb. 159b als zueinander parallele, schräg nach abwärts gerichtete Geraden. In größerem Maßstab ist das Diagramm für einen Gesamtdruck von 1 b im Anhang auf S. 308 wiedergegeben.

64. Stoffaustausch als ein Mischvorgang

An einigen Beispielen soll gezeigt werden, wie sich Zustandsänderungen der feuchten Luft in diesem Diagramm verfolgen lassen. Der Zustand feuchter Luft von 1 b ist durch zwei Größen festgelegt. Meist kennt man

---

[1] GRUBENMANN, M.: i, x-Tafeln feuchter Luft, 3. Aufl., Berlin: Springer 1952.

die Temperatur t_1 und den Feuchtigkeitsgehalt x_1. Man erhält dann den entsprechenden Zustandspunkt 1 im i,x-Diagramm als Schnittpunkt der t_1-Isotherme mit der Ordinate x_1. In Abb. 160 ist der Luftzustand also durch Punkt 1 festgelegt. Man kann dann auch sofort den Sättigungsgrad ψ_1 aus dem Diagramm entnehmen, indem man den Wassergehalt $x_{s,1}$ aufsucht, den die Luft hat, wenn sie bei der Temperatur t_1 mit Wasserdampf gesättigt ist. Der Sättigungsgrad ist dann $\psi_1 = \dfrac{x_1}{x_{s,1}}$. Kühlt man nun die Luft ab, so ändert sich der Luftzustand auf einer senkrechten Geraden, da die Feuchtigkeit ungeändert bleibt. Die relative Feuchtigkeit nimmt dabei ständig zu. Ist die Abkühlung bis zum Punkt 2 fortgeschritten, so hat man die Sättigungslinie erreicht, die Luft im Zustand 2 ist gerade gesättigt. Man nennt diesen Punkt Taupunkt und die Temperatur im Punkt 2, die durch die entsprechende Isotherme t_2 festgelegt ist, Tautemperatur. Kühlt man die Luft weiter ab, dann fällt ein Teil des Wassergehaltes in flüssiger Form unter Nebelbildung

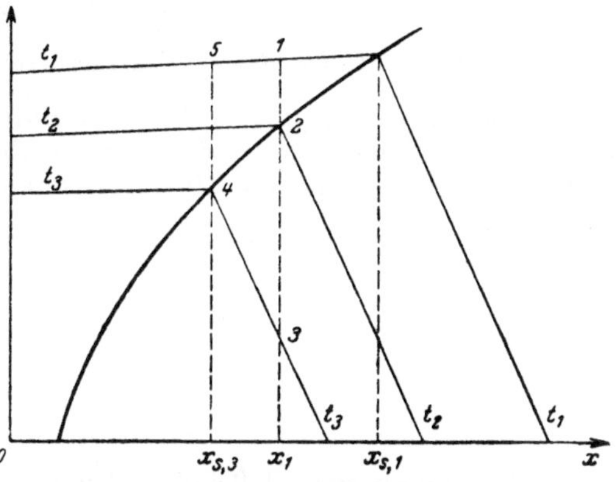

Abb. 160. Lufttrocknung durch Abkühlung unter den Taupunkt.

aus. Im Punkt 3 wird dabei die Temperatur t_3 erreicht. Von dem Wassergehalt x_1 ist nunmehr der Teil $x_{s,3}$ in Dampfform, der Rest $x_1 - x_{s,3}$ als Nebel in flüssiger Form in der Luft enthalten. Den Sättigungsgehalt $x_{s,3}$ findet man, indem man die Isotherme t_3 bis zum Schnittpunkt mit der Sättigungslinie verfolgt. Der in flüssiger Form in der Luft enthaltene Wasserdampf kann nun aus der Luft ausgeschieden werden, z. B. dadurch, daß man entsprechend lange wartet, bis die Nebeltröpfchen sich abgesetzt haben. Hat man auf diese Weise das flüssige Wasser aus der Luft entfernt, dann ist der Feuchtigkeitsgehalt der Luft geringer geworden. Er hat sich von dem Wert x_1 auf $x_{s,3}$ verringert. Der entsprechende Zustandspunkt in Abb. 160 ist der Punkt 4. Man hat auf diese Weise die Möglichkeit, auf rein physikalischem Wege den Feuchtigkeitsgehalt der Luft zu verringern. Will man beispielsweise die Luft vom Zustand 1 auf den Feuchtigkeitsgehalt $x_{s,3}$ trocknen, so kühlt man sie bis auf die Temperatur t_3 ab. Man erreicht bei diesem Vorgang zunächst den Taupunkt 2, und nach Unterschreitung desselben und Ausfällen des flüssigen Wassers kommt man zum Zustandspunkt 4. Nunmehr kann man die Luft wieder erwärmen, bis sie die ursprüngliche Temperatur t_1 annimmt. Der Endzustand, der Zustandspunkt 5, hat die gleiche Temperatur wie der Ausgangszustand (Punkt 1), aber eine kleinere Feuchtigkeit. Von diesem Verfahren der Lufttrocknung wird in der Klimatechnik ausgiebig Gebrauch gemacht.

Eine in der Trocknungstechnik häufig gestellte Aufgabe, die Stoffaustausch einschließt, ist die, den Zustand zu ermitteln, der sich durch das Vermischen zweier Luftmengen von verschiedener Temperatur und Feuchtigkeit einstellt. Mischt man die Luftmenge G_1 mit der Temperatur t_1 und dem Wassergehalt x_1 mit der Luftmenge G_2 von der Temperatur t_2 und der Feuchtigkeit x_2 und bezeichnet man die Menge des Gemisches mit G, seine Temperatur mit t und seinen Wassergehalt mit x, so gelten die folgenden Gleichungen:

$$G_1 x_1 + G_2 x_2 = G x \quad \text{(Mengenbilanz für das Wasser)} \tag{448}$$

$$G_1 + G_2 = G \quad \text{(Mengenbilanz für die Luft)} \tag{449}$$

$$G_1 i_1 + G_2 i_2 = G i \quad \text{(Wärmebilanz)}. \tag{450}$$

i sind dabei die Enthalpien der feuchten Luft, die aus dem i,x-Diagramm ohne weiteres abgegriffen werden können. Eliminiert man aus den beiden letzteren Gleichungen G mit Hilfe der ersten Gleichung, so erhält man

$$G_1(x - x_1) = G_2(x_2 - x),$$

$$G_1(i - i_1) = G_2(i_2 - i).$$

Durch Division folgt daraus

$$\frac{x - x_1}{i - i_1} = \frac{x_2 - x}{i_2 - i}. \tag{451}$$

Diese Gleichung besagt, daß im i,x-Diagramm der Zustandspunkt M des Gemisches auf der Verbindungsgeraden 1–2 der beiden Ausgangszustände liegen muß (Abb. 161). Die Lage des Punktes M auf dieser Verbindungsgeraden erhält man, indem man sich das Mengenverhältnis G_1 zu G_2 aus Gl. (448) und (449) ausrechnet.

$$\frac{G_1}{G_2} = \frac{x_2 - x}{x - x_1}. \tag{452}$$

Es muß sich daher die Strecke $M-2$ in Abb. 161 zu Strecke $M-1$ so verhalten wie die Menge G_1 zur Menge G_2. Durch eine Teilung der Strecke 1–2 im Verhältnis der gemischten Mengen erhält man daher den Zustandspunkt M des Gemisches. Im i,x-Diagramm erkennt man nun auch sofort, daß die Mischung zweier ungesättigter Luftmengen unter Umständen auf ein feuchtes Gemisch führen kann. Dies ist in Abb. 161 bei der Mischung von Luft mit den Zuständen 3 und 4 der Fall. Im Zustandspunkt M' des Gemisches fällt also Nebel aus, obwohl die beiden Ausgangszustände das Wasser nur in Dampfform enthalten. Diese Erscheinung beobachtet man beispielsweise im täglichen Leben beim Ausatmen in kalter Luft. Der warme wasserdampfhaltige Atem mischt sich dabei mit der kalten Luft und es entstehen Gemische, in denen der Wasserdampfgehalt als Nebel sichtbar ist.

Eine weitere oft gebrauchte Aufgabe, die sich mit dem i, x-Diagramm auch sehr einfach behandeln läßt, ist die Befeuchtung von Luft durch Wasser in flüssiger Form oder als Dampf. Ist die Luft im Ausgangszustand wieder durch die Angabe G_1, x_1 und t_1 festgelegt und die beigemischte Wassermenge W bekannt, dann gelten die beiden folgenden Gleichungen:

$$\left.\begin{array}{r} G_1(x_2 - x_1) = W, \\ G\,(i_2 - i_1) = W\,i_w, \end{array}\right\} \tag{453}$$

worin i_w der Wärmeinhalt des zugemischten Wassers oder Dampfes ist. Dividiert man die zweite durch die erste Gleichung, so erhält man

$$\frac{i_2 - i_1}{x_2 - x_1} = i_w. \tag{454}$$

Durch diese Gleichung ist die Richtung festgelegt, auf der der Luftzustand sich durch die Befeuchtung ändert. In Abb. 162 ist die Gerade 1–3 parallel

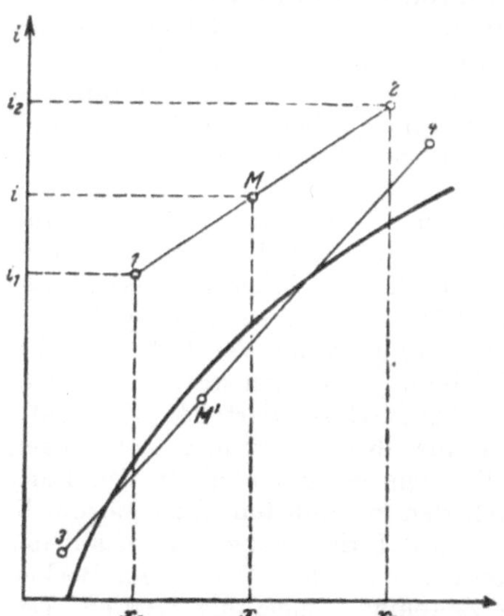

Abb. 161. Mischungen zweier Luftmengen verschiedener Feuchtigkeit.

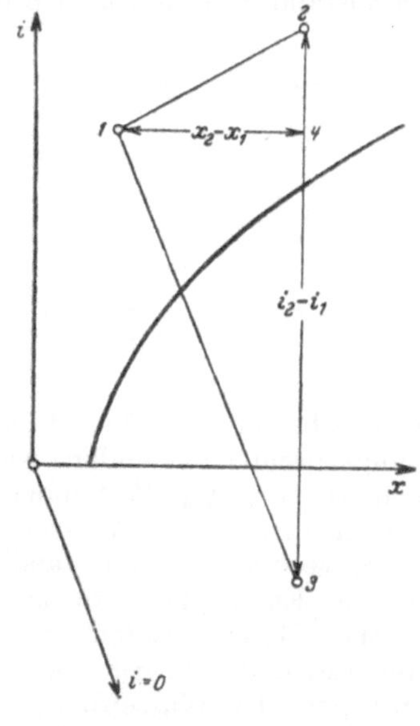

Abb. 162. Befeuchtung von Luft durch Dampf- oder Wasserzusatz.

zur Achse $i = 0$ des schiefwinkligen Koordinatensystems. Dann ist die Richtung 1–2 festgelegt durch das Verhältnis der Seite 2–3 $= i_2 - i_1$ des Dreieckes 1–2–3 zu seiner Höhe 1–4 $= x_2 - x_1$. Dieses Verhältnis ist nach Gl. (454) gleich dem Wärmeinhalt i_w des zugemischten Wassers oder Dampfes. Um diese Richtung im beigegebenen i,x-Diagramm in einfacher Weise auffinden zu können, ist im Diagramm im Anhang nach MOLLIER ein Randmaßstab angebracht. Die Strahlen des Randmaßstabes laufen alle nach dem Punkt 0° auf der Ordinate $x = 0$ und sind mit dem Zahlenwert der Enthalpie i_w beziffert. Man kann daher dem Randmaßstab für jede Größe i_w die Richtung der Zustandsänderung ohne weiteres entnehmen. Zieht man eine Gerade mit dieser Richtung durch den Zustandspunkt 1 in Abb. 162, so muß auf diesem Strahl der Zustand der befeuchteten Luft liegen. Die Lage des Zustandspunktes auf diesem Strahl ist durch die Menge des eingespritzten Wassers festgelegt. Nach der Gl. (453) gilt

$$x_2 - x_1 = \frac{W}{G_1}, \qquad (455)$$

womit der Zustandspunkt 2 festliegt. Der Wärmeinhalt von Dampf von 100° beträgt etwa 2679 kJ/kg. Aus dem i,x-Diagramm im Anhang erkennt man, daß die Richtung des Randmaßstabes für diese Enthalpie etwa waagerecht ist. Befeuchtet man ungesättigte Luft durch Einblasen von Dampf, so ändert sich daher ihre Temperatur nur sehr wenig. Die Enthalpie von Wasser ist 4,19 mal die Wassertemperatur. Die Richtung der Zustandsänderung beim Einspritzen von Wasser ist stark nach unten geneigt. Im ungesättigten Gebiet kühlt sich also Luft durch Einspritzen von Wasser stark ab. Es ergibt sich dabei die zunächst merkwürdig erscheinende Tatsache, daß Luft von der Temperatur t_1 durch Einspritzen von Wasser abgekühlt werden kann, selbst wenn die Temperatur des Wassers t_2 größer ist als die der Luft (Abb. 162). Dies kommt daher, daß das Wasser beim Einspritzen verdampft und seine Verdampfungswärme der Luft entzieht.

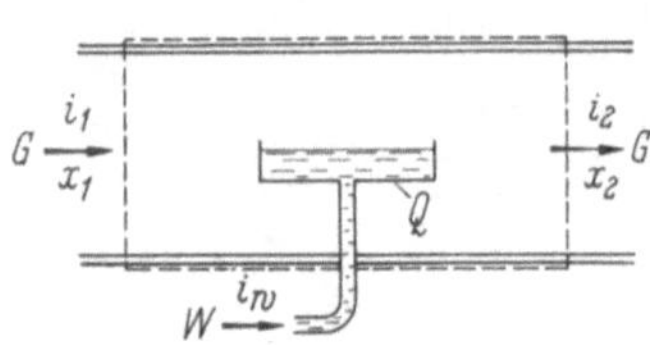

Abb. 163. Verdunstung von Wasser in einem Luftstrom.

Das besprochene Verfahren läßt sich auch auf einen stationären Strömungsvorgang anwenden, wie er in Abb. 163 skizziert ist. Eine Luftmenge G strömt je Zeiteinheit durch einen Kanal, der in einem Becken Wasser enthält. Die Wassermenge W möge je Zeiteinheit in den Luftstrom verdunsten und ständig durch den zugeführten Wasserstrom W mit der Enthalpie i_w ersetzt werden, so daß der Wasserspiegel auf der gleichen Höhe erhalten wird. Außerdem möge dem Wasser im Becken von außen die Wärmemenge Q je Zeiteinheit zugeführt werden. Der Transport des Wasserdampfes von der Wasseroberfläche in den Luftstrom erfolgt im wesentlichen in einer Grenzschicht durch Diffusion, Konvektion und gegebenenfalls durch turbulente Mischung. Dieser Vorgang soll später im einzelnen besprochen werden. Zunächst kann man aber schon durch Bilanzgleichungen eine Reihe von Aussagen gewinnen. Zu diesem Zwecke seien die Transportvorgänge durch das gestrichelt in Abb. 163 angedeutete Kontrollvolumen betrachtet. In dieses Volumen strömt Luft im Betrage G mit der Enthalpie i_1 und dem Wassergehalt x_1 und die Wassermenge W mit der Enthalpie i_w. Aus dem Volumen strömt die gleiche Menge Luft G mit der Enthalpie i_2 und dem Wassergehalt x_2. Die Mengenbilanzen für das Wasser sowie die Energiebilanz lauten daher

$$G\,x_1 + W = G\,x_2,$$

$$G i_1 + W i_w + Q = G i_2.$$

Im allgemeinen kann man nicht damit rechnen, daß x_2 und i_2 über den Querschnitt 2 konstant sind. In den obigen Gleichungen erscheinen dann die Mischungsmittelwerte. Dividiert man die obigen Gleichungen, so erhält man

$$\frac{i_2 - i_1}{x_2 - x_1} = i_w - \frac{Q}{W} \qquad (455\,\text{a})$$

eine Beziehung von der gleichen Form wie Gl. (455). Um die in Abb. 162 angegebene Konstruktion auszuführen, benötigt man aber die Wassermenge W. Deren Ermittlung wird im folgenden Abschnitt behandelt.

Auch für die Behandlung anderer Zweistoffgemische als Luft und Wasserdampf hat sich das i,x-Diagramm und ähnlich aufgebaute Diagramme sehr gut bewährt. Eine eingehende Beschreibung des Aufbaues und der Anwendung solcher Diagramme für beliebige Zweistoffgemische findet man im zweiten Band des Buches „Technische Thermodynamik" von F. BOŠNJAKOVIĆ[1].

65. Analogie zwischen Wärme- und Stoffaustausch

Im Abschn. 34 wurde die Analogie zwischen Impuls- und Wärmeaustausch in turbulenter Strömung behandelt. In diese Analogie läßt sich auch der Stoffaustausch einbeziehen. Man findet sogar, daß die Analogie zwischen Wärme- und Stoffaustausch weitergehend ist als die zwischen Impuls- und Wärmeaustausch und daß sie in vielen Fällen auch auf laminare Strömung ausgedehnt werden kann. Dies soll im vorliegenden Abschnitt besprochen werden.

Es ist ohne weiteres verständlich, daß die turbulenten Mischbewegungen in einer Strömung in gleicher Weise zum Transport von Wärme und Materie beitragen und damit einen Ausgleich von Temperatur- und Konzentrationsunterschieden bewirken. Wie in Abb. 81 stellen wir uns diesen Austausch vereinfacht so vor, daß eine Flüssigkeitsmasse G' je Zeit- und Flächeneinheit aus der Ebene 1–1 in die Ebene 2–2 transportiert wird und eine gleich große Masse G' von 2–2 nach 1–1 kommt. Der Austausch dieser Massen bewirkt einen Transport von Wärme

$$q_t = G' c_p (t - t') \qquad (455\,\text{b})$$

je Flächen- und Zeiteinheit durch die Ebene a–a von 1–1 nach 2–2, wenn t die Temperatur in der Ebene 1–1 und t' jene in der Ebene 2–2 bedeutet. Diese Beziehung wurde bereits als Gl. (235) abgeleitet. Bestehen nun in der gleichen Strömung oder in einer Strömung von gleichem Turbulenzgrad Unterschiede im Massenverhältnis w, dann läßt sich eine analoge Gleichung für den Massentransport je Flächen- und Zeiteinheit $\dot{m}_{wt}$ jeder der Komponenten eines Zweistoffgemisches anschreiben (z. B. für den Wasserdampftransport in feuchter Luft)

$$\dot{m}_{wt} = G' (w - w'), \qquad (455\,\text{c})$$

---

[1] BOŠNJAKOVIĆ, F.: Technische Thermodynamik, 2. Teil, Dresden 1937.

wobei w und w' die Massenverhältnisse des Wasserdampfes in den Ebenen 1–1 und 2–2 bedeuten. Die unbekannte Größe G' eliminiert man wieder, wenn man Gl. (455b) durch Gl. (455c) dividiert.

$$\frac{q_t}{\dot{m}_{wt}} = c_p \frac{t - t'}{w - w'}. \tag{455 d}$$

Diese Gleichung beschreibt die Analogie zwischen Wärme- und Stoffaustausch.

In einer turbulenten Grenzschicht, oder im allgemeinen in einer turbulenten Strömung über eine feste Wand, wird Austausch von Wärme durch Leitung wie durch turbulente Vermischung bewirkt. In gleicher Weise trägt Diffusion und turbulente Mischung zum Stoffaustausch bei. In Abschn. 34 wurde dies in angenäherter Weise dadurch berücksichtigt, daß die Grenzschicht in eine laminare Randzone und eine turbulente Zone unterteilt gedacht wurde, und es stellte sich heraus, daß das Verhältnis von Wärmestrom q zu Schubspannung τ in turbulenter wie in laminarer Strömung durch die gleiche Beziehung gegeben ist, wenn die PRANDTL-Zahl der Flüssigkeit den Wert Eins hat. In gleicher Weise beschreibt Gl. (455d) den Stoffaustausch in laminarer wie in turbulenter Strömung eines Zweistoffgemisches, wenn eine als LEWIS-Zahl bezeichnete dimensionslose Kenngröße den Wert Eins hat.

Die LEWISsche Kennzahl ist in folgender Weise definiert

$$Le = \frac{D}{a}, \tag{455 e}$$

wobei D den Diffusionskoeffizienten und a die Temperaturleitzahl des Zweistoffgemisches bedeutet. Werte des Diffusionskoeffizienten sind für einige Gasgemische im Anhang mitgeteilt. Man berechnet daraus leicht, daß die LEWIS-Zahl mit Ausnahme von Wasserstoff-Luft-Gemischen nicht sehr vom Zahlenwerte Eins abweicht. Damit stellt Gl. (455d) eine brauchbare Annäherung für viele technische Stoffaustauschvorgänge dar.

Wie im Abschn. 34 lassen sich nun die Wärmestromdichte in Gl. (455d) als die Wärmestromdichte q_0, die die feste Wand verläßt, und entsprechend die Stoffstromdichte als die die Wand verlassende Stoffstromdichte $\dot{m}_{w0}$ des Wasserdampfes sowie die Temperaturen und Massenverhältnisse als die an der Wand bzw. außerhalb der Grenzschicht auftretenden Werte interpretieren. Aus Gl. (455d) wird damit

$$\frac{q_0}{\dot{m}_{w0}} = c_p \frac{t_0 - t_k}{w_0 - w_k}. \tag{455 f}$$

Konvektiven Wärmeübergang beschreibt man üblicherweise durch eine Wärmeübergangszahl α

$$q_0 = \alpha\,(t_0 - t_k). \tag{455 g}$$

In gleicher Weise läßt sich eine Stoffübergangszahl β mit der folgenden Gleichung definieren

$$\dot{m}_{w0} = \beta\,(w_0 - w_k). \tag{455 h}$$

Aus den letzten 3 Gleichungen ergibt sich nunmehr

$$\beta = \frac{\alpha}{c_p}\,. \tag{455 i}$$

Diese Beziehung wurde erstmalig von W. K. Lewis[1] abgeleitet und wird daher LEWISsche Beziehung genannt. Sie ist für Stoffaustauschvorgänge von grundlegender Bedeutung, da sie gestattet, Stoffübergangszahlen aus bekannten Wärmeübergangszahlen zu berechnen. In dimensionsloser Form wird sie oft in folgender Form geschrieben

$$St_{,,,} = St\,, \tag{455 k}$$

wobei St die bekannte STANTONsche Kennzahl für Wärmeaustausch und $St_{,,,} = \dfrac{\beta}{\varrho\,u_k}$ die STANTONsche Kennzahl für Stoffaustausch ist. Jede der im Kap. III dieses Buches angeführten Gleichungen für STANTON- oder NUSSELT-Zahlen läßt sich damit als STANTON-Zahl für einen Stoffaustauschvorgang interpretieren, wenn die LEWIS-Zahl gleich Eins oder nahe an Eins ist. Die die Wand verlassende Stoffmenge ergibt sich dann aus Gl. (455 h). Eine Verfeinerung der Analogiebeziehung, die auch Abweichungen der LEWISschen Zahl von Eins zu berücksichtigen gestattet, wird in Abschn. 68 behandelt. Es ist hierzu notwendig, zunächst auf den Diffusionsvorgang einzugehen, was im folgenden Abschnitt geschieht.

Für kleine Werte des Massenverhältnisses w unterscheidet sich diese Größe nur unerheblich von dem für Wasserdampf-Luft-Gemische eingeführten Wassergehalt x. Man kann dann Gl. (455 h) mit guter Annäherung folgendermaßen schreiben

$$\dot{m}_{w\,0} = \beta\,(x_0 - x_k)\,. \tag{455 l}$$

Diese Beziehung gestattet die Berechnung der verdunsteten Wassermenge $\dot{m}_{w\,0}$ in dem am Ende des vorhergehenden Abschnittes behandelten Vorgang (Abb. 163).

Von besonderer Bedeutung für Verdunstungsvorgänge ist die Kenntnis der Temperatur, die ein feuchter Körper in einem Luftstrom annimmt; sie ist niedriger als die Lufttemperatur, da die benötigte Verdampfungswärme der umgebenden Luft entzogen werden muß. Ist die Luftgeschwindigkeit genügend groß, so daß die Wärmeaufnahme durch Strahlung gegenüber der durch Konvektion vernachlässigt werden kann, und erhält der feuchte Körper auf keinem anderen Wege Wärme, so läßt sich die Temperatur aus der LEWISschen Beziehung berechnen. Die Temperatur, die der Körper in diesem Falle annimmt, heißt „Kühlgrenze". Für den Stoffstrom und den Wärmestrom je Flächeneinheit des verdunstenden Körpers gelten die beiden Gln. (455 g) und (455 l). Entnimmt der Körper die gesamte Verdunstungswärme aus der Luft, so gilt $q_0 = \dot{m}_{w\,0}\,r$, wenn r die Verdampfungswärme je kg Wasser bedeutet.

---

[1] LEWIS, W. K.: Mech. Eng. 44 (1922) 445.

Daraus erhält man mit Berücksichtigung der LEWISschen Beziehung

$$\frac{t_k - t_0}{x_k - x_0} = r\,\frac{\beta}{\alpha} = \frac{r}{c_p}\,. \tag{455m}$$

Durch diese Gleichung ist die Richtung der Geraden festgelegt, die sich im i, x-Diagramm (Abb. 164) als Verbindungslinie des Zustandspunktes 0 (x_0, t_0) der Luft unmittelbar über der verdunstenden Oberfläche und des Zustandspunktes k (x_k, t_k) der Luft im Luftstrom in größerer Entfernung vom Körper ergibt. Von R. MOLLIER[1] wurde gezeigt, daß man bei Gültig-keit des LEWISschen Gesetzes die Temperatur des feuchten Körpers im i,x-Diagramm in der Weise findet, daß man die Isotherme t_0 im Nebelgebiet aufsucht, deren Verlängerung durch den Zu-standspunkt k geht. Man erhält damit eine sehr einfache Bestim-mung des Luftzustandes aus einer Psychrometermessung. Ein Psy-chrometer besteht aus einem trok-kenen und einem feuchten Ther-mometer. Beide Thermometer werden durch einen kleinen Ven-tilator mit der Luft angeblasen, deren Zustand ermittelt werden soll, und die Anzeigen der beiden Thermometer abgelesen. Das feuchte Thermometer zeigt die Kühlgrenze an. Nach dem eben

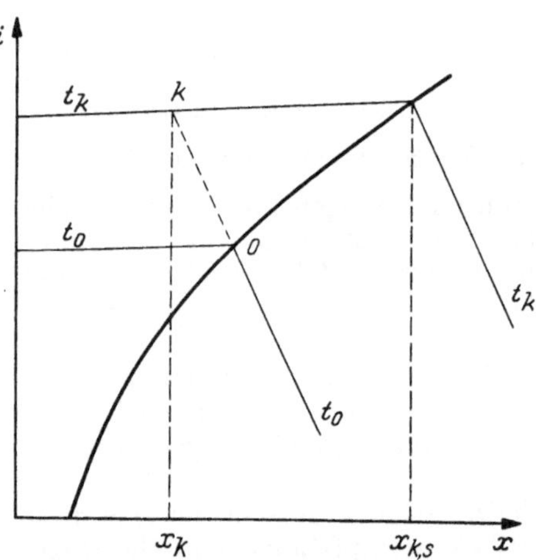

Abb. 164. Kühlgrenze und Feuchtigkeitsmessung mit dem Psychrometer.

Gesagten sucht man hierauf im i,x-Diagramm die beiden Isothermen für das trockene und für das feuchte Thermometer auf und ver-längert die Nebelisotherme des feuchten Thermometers bis zum Schnitt-punkt mit der Isothermen des trockenen Thermometers. Dieser Punkt gibt den Zustand der Luft an, in der die Psychrometermessung ausgeführt wurde.

Zahlenbeispiel. In Luft von 1b Druck wurde eine Psychrometermessung durch-geführt. Das trockene Thermometer zeigte 20 °C, das feuchte 10 °C an. Der Luft-zustand ist zu bestimmen.

Im beigegebenen i,x-Diagramm sucht man die Nebelisotherme $t = 10°$ auf und verlängert sie bis zum Schnitt mit der Isotherme $t = 20°$. Der Schnittpunkt gibt be-reits den Zustand der Luft an. Ihr Wassergehalt ist durch die Abszisse des Schnitt-punktes zu $x = 0{,}0037$ kg Wasser/kg Trockenluft festgelegt. Die Temperatur ist 20°. Den Sättigungsgrad der Luft erhält man, wenn man im Diagramm den Wassergehalt gesättigter Luft von 20°: $x_s = 0{,}0151$ abliest und das Verhältnis $\psi = \dfrac{x}{x_s} = \dfrac{0{,}0037}{0{,}0151}$ bildet. Es ist $\psi = 0{,}245$. Zur Ermittlung der relativen Feuchtigkeit der Luft muß der Teildruck des Wasserdampfes aus Gl. (441) berechnet werden: $p_d = \dfrac{p\,x}{0{,}622 + x}$ $= \dfrac{1 \cdot 0{,}0037}{0{,}622 + 0{,}0037} = 0{,}0059$b, der Teildruck gesättigter Luft von 20° ist nach den

<hr>

[1] MOLLIER, R.: Stodola-Festschrift, Leipzig 1929.

VDI-Wasserdampftafeln: $p_s = 0{,}0233$ b und daher die relative Feuchtigkeit $\varphi = \dfrac{p_d}{p_s} = \dfrac{0{,}0059}{0{,}0233} = 0{,}254$. Die relative Feuchtigkeit stimmt also mit dem Sättigungsgrad fast überein.

66. Stoffaustausch durch Diffusion

In einem Zweistoffgemisch mit örtlichen Konzentrationsunterschieden findet ein Stoffaustausch durch Diffusion statt. Dieser Vorgang soll nunmehr näher besprochen werden.

Molengleiche Diffusion. Wir betrachten hierzu einen Behälter, wie er in Abb. 165 skizziert ist. Er enthalte ein Zweistoffgasgemisch bei örtlich konstantem Druck und örtlich konstanter Temperatur. Die Molendichten oder -konzentrationen der beiden Komponenten seien n_1 und n_2. Die Molenkonzentration des Gemisches $n = n_1 + n_2$ ist nach Avogadros Gesetz ebenfalls örtlich konstant. Die Molenkonzentrationen n_1 und n_2 mögen dagegen in y-Richtung veränderlich sein, was einen Diffusionsvorgang zur Folge hat. Die Zahl der Mole $\dot{n}_1$ der Komponente 1, die je Flächen- und Zeiteinheit durch eine beliebige Ebene 0–0 senkrecht zum Konzentrationsgefälle strömen, ist durch das Ficksche Gesetz

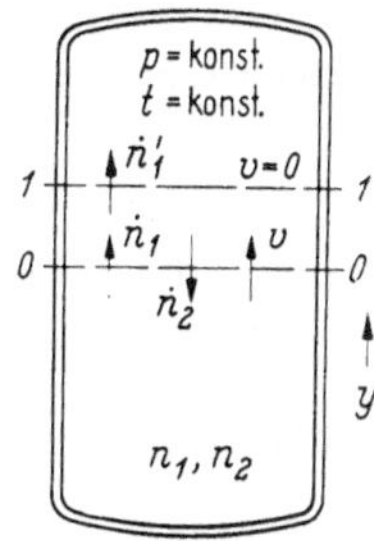

Abb. 165. Diffusion in einem Zweistoff-Gasgemisch.

$$\dot{n}_1 = - D_{12} \frac{d n_1}{d y} \qquad (456)$$

gegeben, das experimentell bestätigt ist und auch aus der kinetischen Gastheorie abgeleitet werden kann[1]. D_{12} bezeichnet eine Stoffgröße, die Diffusionskonstante für Diffusion der Komponente 1 in die Komponente 2. Die Stromdichte der Mole für die Komponente 2 durch die gleiche Ebene ist

$$\dot{n}_2 = - D_{21} \frac{d n_2}{d y}. \qquad (457)$$

Nach Avogadros Gesetz ändert sich die Molendichte des Gemisches n nicht mit der Zeit, daher gilt

$$\dot{n} = \dot{n}_1 + \dot{n}_2 = 0. \qquad (458)$$

Die Gleichung drückt die Tatsache aus, daß der Molenstrom des Gemisches Null ist, mit anderen Worten, daß der Molenstrom der Komponente 1 in der einen Richtung gleich ist dem Molenstrom der Komponente 2 in der entgegengesetzten Richtung. Aus diesem Grunde wird dieser Diffusionsvorgang als *molengleich* bezeichnet. Da die Molendichte des Gemisches auch örtlich konstant ist, gilt

$$\frac{d n}{d y} = \frac{d n_1}{d y} + \frac{d n_2}{d y} = 0. \qquad (459)$$

---

[1] Chapman, S., u. Cowling, T. G.: The mathematical theory of nonuniform gases. New York: Cambridge University Press 1952.

Aus den Gln. (456) bis (459) folgt sofort

$$D_{12} = D_{21}.$$

Im folgenden werden wir daher die Indizes weglassen und den Diffusionskoeffizienten mit D bezeichnen. Nach der kinetischen Theorie gilt für den Diffusionskoeffizienten von Gasen

$$D = C\,\frac{T^{1+b}}{p}, \tag{460}$$

wobei C eine Konstante ist und b Werte zwischen 0,5 und 1 annimmt. Gleichartige Beziehungen gelten für die kinematische Zähigkeit und die Temperaturleitzahl. Den Massentransport der Komponente 1 erhält man aus Gl. (456), wenn man beide Seiten der Gleichung mit dem Molekulargewicht M_1 multipliziert

$$\dot{m}_1 = -\,D\,\frac{d\,c_1}{d\,y}. \tag{461}$$

Eine gleichartige Gleichung gilt für den Stoff 2.

Im allgemeinen ist der betrachtete Vorgang mit einem Massenstrom $\dot{m}$ des Gemisches durch die Ebene 0–0 verbunden, der die folgende Größe hat

$$\dot{m} = \dot{n}_1 M_1 + \dot{n}_2 M_2 = \dot{n}_1 (M_1 - M_2), \tag{462}$$

da $\dot{n}_2 = -\,\dot{n}_1$ gilt.

In der Strömungslehre wird die Geschwindigkeit einer Flüssigkeit als die Bewegung je Zeiteinheit einer Ebene, durch die kein Massenstrom erfolgt, definiert. Für die Aufstellung der Bewegungsgleichungen eines Zweistoffgemisches benötigt man daher Beziehungen für den Diffusionsstrom durch eine derartige Ebene, d.h. durch eine Ebene so orientiert, daß der Diffusionsmassenstrom des einen Stoffes durch den Diffusionsmassenstrom des anderen Stoffes in der entgegengesetzten Richtung kompensiert wird.

Massengleiche Diffusion. Nach der Gl. (462) existiert in der Ebene 0–0 der Abb. 165 eine Geschwindigkeit vom Betrage

$$v = \frac{\dot{m}}{\varrho}, \tag{463}$$

wobei ϱ die Dichte des Gemisches ist. Der Massenstrom und die Geschwindigkeit sind Null durch eine Ebene 1–1, die sich mit der Geschwindigkeit v relativ zu der Ebene 0–0 bewegt. Die Molenstromdichte $\dot{n}_1$ des Stoffes 1 durch die Ebene 1–1 ist die Differenz der Molenstromdichte $\dot{n}_1$ durch die Ebene 0–0 und der je Zeiteinheit im Raum zwischen den beiden Ebenen gespeicherten Mole

$$\dot{n}_1' = \dot{n}_1 - n_1 v.$$

Mit den Gln. (456) und (463) ergibt sich daraus

$$\dot{n}_1' = \dot{n}_1 \left[1 - \frac{n_1}{\varrho}(M_1 - M_2)\right] = -\left[1 - \frac{n_1}{\varrho}(M_1 - M_2)\right] D\,\frac{d\,n_1}{d\,y}. \tag{464}$$

Die Dichte eines Zweistoffgemisches ist

$$\varrho = n_1 M_1 + n_2 M_2 .$$

Damit ergibt sich

$$\dot{n}_1' = - \frac{(n_1 + n_2) M_2}{n_1 M_1 + n_2 M_2} D \frac{d n_1}{d y} = - \frac{M_2}{M} D \frac{d n_1}{d y} .$$

Wenn man die rechte Seite der Gleichung mit n multipliziert und dividiert, erhält man

$$\dot{n}_1 = - \frac{M_2}{M^2} \varrho D \frac{d (n_1/n)}{d y} . \tag{465}$$

Diese Gleichung gibt die Molenstromdichte des Stoffes 1 durch eine Ebene an, durch die kein Gesamtmassenstrom erfolgt. Das Komma wurde nunmehr wieder weggelassen.

In einem Gemisch, in dem Druck und Temperatur nicht konstant sind, wird Diffusion auch noch durch andere Vorgänge hervorgerufen, die durch die irreversible Thermodynamik beschrieben werden. Man bezeichnet als Druckdiffusion einen Vorgang, der einen Diffusionsstrom als Folge eines Druckgradienten erzeugt, und als Thermodiffusion einen Prozeß, der einen Diffusionsstrom als Folge eines Temperaturgradienten hervorruft. Schließlich können auch Massenkräfte einen Diffusionsstrom bewirken, wenn sie in verschiedener Weise auf die Moleküle 1 und 2 wirken (etwa elektrische oder magnetische Felder in einem ionisierten Gase). Im allgemeinen sind alle diese Diffusionsströme klein gegen den in Gl. (465) beschriebenen und sollen hier nicht weiter in Betracht gezogen werden.

Die Gl. (465), die dann den Diffusionsvorgang beschreibt, nimmt eine besonders einfache Form an, wenn man das Massenverhältnis an Stelle des Molenverhältnisses einführt. Es gilt

$$w_1 = \frac{n_1 M_1}{n M} .$$

In Abschn. 61 wurde die folgende Beziehung abgeleitet

$$R = \frac{\mathfrak{R}}{M} = w_1 (R_1 - R_2) + R_2 .$$

Führt man die obige Gleichung in Gl. (465) ein, berücksichtigt dabei, daß R_1, R_2, M_1 und M_2 konstant sind, und multipliziert beide Seiten der Gl. (465) mit M_1, so erhält man

$$\dot{m}_1 = M_1 \dot{n}_1 = - \frac{\mathfrak{R} M_2}{M^2} \varrho D \frac{d}{d y} \left(\frac{w_1}{w_1 (R_1 - R_2) + R_2} \right)$$

und nach Differentiation des Bruches und einigen Vereinfachungen

$$\dot{m}_1 = - \varrho D \frac{d w_1}{d y} . \tag{466}$$

Diese Gleichung beschreibt den Massenstrom des Stoffes 1 je Flächeneinheit durch eine Fläche, durch die kein Gemischmassenstrom fließt.
Durch eine beliebige Fläche ist die Massenstromdichte somit

$$\dot m_1 = - \varrho D \frac{d w_1}{d y} + \varrho_1 v \tag{467}$$

mit der Geschwindigkeit v des Gemisches.

Halbdurchlässige Wand. Einen wichtigen Sonderfall stellt die Diffusion in einem Zweistoffgemische dar, das durch eine Wand begrenzt wird,
die nur einem der beiden Mischungspartner den Durchtritt gestattet. Bei
der Verdunstung von Wasser in
einem Luftstrom liegen zum Beispiel die Verhältnisse so, daß ein
Strom von Wasserdampf den Wasserspiegel verläßt, daß aber die
Wasseroberfläche für Luft undurchlässig ist.

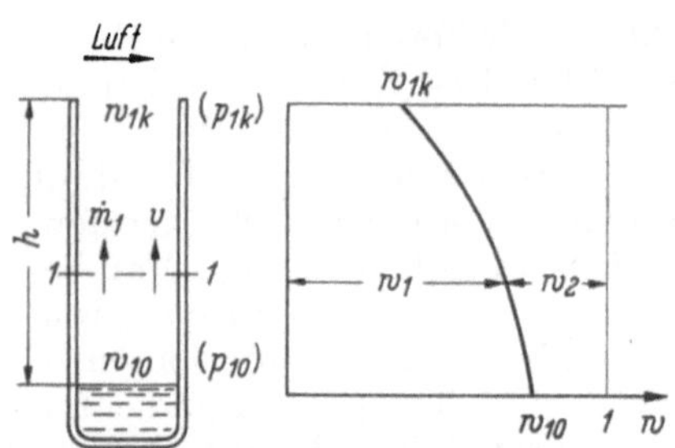

Abb. 166. Diffussion mit halbdurchlässiger Wand.

Wir wollen diesen Vorgang an
dem in Abb. 166 skizzierten Vorgang
studieren. Ein Glasrohr ist bis zu
einer gewissen Höhe mit Wasser ge-
füllt. Ein langsamer Luftstrom wird
über den oberen Rand des Gefäßes

geleitet, so daß dem Austrittsquerschnitt das Massenverhältnis w_{1k} des
Wasserdampfes im Luftstrom aufgezwungen wird. Etwaige Wirbel-
bildung und Gischbewegungen, die der Luftstrom im Rohre veranlassen
könnte, seien vermieden. Das Massenverhältnis des Wasserdampfes über
dem Wasserspiegel sei w_{10}. Es ist durch den zur Temperatur der Wasseroberfläche gehörigen Sättigungsdruck gegeben[1]. Durch entsprechende
Wärmezufuhr werde die Temperatur des Wasserdampf-Luft-Gemisches
im Gefäß konstant gehalten.

Durch den willkürlich gewählten Querschnitt 1–1 strömt je Flächen-
und Zeiteinheit eine Wasserdampfmenge

$$\dot m_1 = - \varrho D \frac{d w_1}{d y} + \varrho_1 v \quad [\text{Gl. (467)}].$$

---

[1] Es wurde verschiedentlich angenommen, daß der beim Verdunstungsvorgang
über dem Wasserspiegel herrschende Dampfdruck merklich kleiner ist als der Sättigungsdruck. Durch Messungen von Schirmer, Prüger und Krischer ist diese Frage
aber eindeutig dahin geklärt, daß der zwar vorhandene Unterschied zwischen dem
Dampfdruck über dem Flüssigkeitsspiegel und dem Sättigungsdruck bei der Temperatur des Flüssigkeitsspiegels auch bei großem Diffusionsstrom so klein ist, daß er
für technische Berechnungen bedeutungslos ist und vernachlässigt werden kann. Dagegen ist zu beachten, daß in vielen Fällen die zur Verdunstung nötige Wärme aus
dem Innern der Flüssigkeit an den Spiegel herangeschafft werden muß. Es bildet
sich dann am Flüssigkeitsspiegel auch auf der Wasserseite ein Temperaturgefälle aus,
und die Temperatur des Flüssigkeitsspiegels ist kleiner als die im Innern der Flüssigkeit.

Durch eine analoge Gleichung wird die Massenstromdichte $\dot{m}_2$ der Luft beschrieben

$$\dot{m}_2 = - \varrho D \frac{d w_2}{d y} + \varrho_2 v = \varrho D \frac{d w_1}{d y} + \varrho_2 v ,$$

da $w_1 + w_2 = 1$ ist. Der Massenstrom der Luft muß aber gleich Null sein, da der Wasserspiegel für Luft undurchlässig ist. Damit ergibt sich

$$v = - \frac{D}{1 - w_1} \frac{d w_1}{d y} .$$

In dem Rohr ist also eine Geschwindigkeit v des Gemisches nach oben vorhanden. Führt man diesen Ausdruck in die Gl. (467) ein, so ergibt sich

$$\dot{m}_1 = - \varrho D \frac{d w_1}{d y} - \frac{\varrho_1}{1 - w_1} D \frac{d w_1}{d y} = - \frac{\varrho D}{1 - w_1} \frac{d w_1}{d y} . \tag{468}$$

Für die weitere Rechnung ist es vorteilhaft, auf Teildrücke überzugehen, da der Gesamtdruck im Gefäß bei den kleinen Geschwindigkeiten v als konstant anzusehen ist. Mit den Beziehungen in Abschn. 61 erhält man

$$w_1 = \frac{p_1 R}{p R_1}$$

$$R = w_1 (R_1 - R_2) + R_2$$

$$\frac{d w_1}{d y} = \frac{R^2}{R_1 R_2} \frac{1}{p} \frac{d p_1}{d y}$$

$$\dot{m}_1 = - \frac{\varrho R}{\varrho_2 R_2} \frac{D}{R_1 T} \frac{d p_1}{d y} = - \frac{D}{R_1 T} \frac{p}{p - p_1} \frac{d p_1}{d y} . \tag{469}$$

Diese Gleichung wird als das STEFANsche Gesetz[1] bezeichnet. Hat das Röhrchen in Abb. 166 einen über die Höhe konstanten Querschnitt, so läßt sich das STEFANsche Gesetz ohne weiteres integrieren, da dann die Dichte des Dampfstromes $\dot{m}_1$ im Beharrungszustand unabhängig von der Entfernung y ist. Durch Trennung der Veränderlichen erhält man

$$\frac{d p_1}{p - p_1} = - \frac{\dot{m}_1}{D} \frac{R_1 T}{p} d y \tag{470}$$

und durch Integration zwischen $y = 0$ und $y = h$

$$\ln \frac{p - p_{1k}}{p - p_{10}} = \dot{m}_1 \frac{h}{D} \frac{R_1 T}{p} , \tag{471}$$

wenn der Austrittsquerschnitt des Gefäßes durch den Index k und der Wasserspiegel durch den Index o gekennzeichnet wird.

Nach $\dot{m}_1$ aufgelöst ergibt sich die Gleichung

$$\dot{m}_1 = \frac{D}{h} \frac{p}{R_1 T} \ln \frac{p - p_{1k}}{p - p_{10}} . \tag{472}$$

---

[1] Es wurde von STEFAN im Jahre 1874 angegeben: Wiener Ber. 68 (1874) 385 bis 425.

Mit Hilfe dieser Gleichung läßt sich aus den Wasserdampfteildrücken am Boden und am oberen Ende des Röhrchens die diffundierende Dampfmenge berechnen, sobald der Diffusionskoeffizient D bekannt ist. Umgekehrt kann ein Versuch nach Abb. 166 dazu dienen, durch Messung der diffundierten Wassermenge den Diffusionskoeffizienten zu bestimmen. Ist der Unterschied der Wasserdampfteildrücke klein gegenüber dem mittleren Luftdruck $p - p_1$, so geht die Gl. (472) über in die Beziehung

$$\dot{m} = \frac{D}{h}\, \frac{1}{R_1 T}\, (p_{10} - p_{1k}).\tag{473}$$

Diese Gleichung stimmt nunmehr in ihrer Form vollkommen mit der Gl. (2) für die Wärmeleitung in einer ebenen Wand überein. Ebenso geht bei kleinen Wasserdampfteildrücken das STEFANsche Gesetz Gl. (469) in das FICKsche Gesetz Gl. (456) über und nimmt daher die gleiche Form an wie die allgemeine Wärmeleitungsgleichung (36). Der Unterschied zwischen molengleicher, massengleicher Diffusion und Diffusion mit halbdurchlässiger Wand verschwindet ebenfalls.

Die vorstehenden Beziehungen wurden für die Verdunstung von Wasserdampf abgeleitet, um mit den Berechnungen eine konkrete Vorstellung zu verknüpfen. Sie gelten aber an sich ganz allgemein für die Diffusion zweier Gase ineinander.

Zahlenbeispiel. In einem senkrechten Röhrchen nach Abb. 166 mit 5 cm² Querschnitt und 64,2 mm Höhe vom Wasserspiegel bis zum oberen Ende wurde bei 30,8 °C Temperatur und 1 b Druck die je Stunde verdunstende Wassermenge zu 25,45 mg/h ausgewogen. Der über das Röhrchen geblasene Luftstrom war vollkommen trocken. Wie groß ist der Diffusionskoeffizient von Wasserdampf in Luft bei dieser Temperatur?

Der Mengenstrom je m² Querschnittsfläche ist

$$\dot{m}_d = \frac{25{,}45 \cdot 10^{-6}}{5 \cdot 10^{-4}}\, \frac{\text{kg}}{\text{m}^2\,\text{h}} = 0{,}0509\, \frac{\text{kg}}{\text{m}^2\,\text{h}}\,.$$

Den Sättigungsdruck von Wasserdampf bei einer Temperatur von 30,8 °C erhält man nach den VDI-Wasserdampftafeln oder durch Interpolieren aus Tab. 13 zu $p_{d_1} = 0{,}0444$ b. Die Gaskonstante des Wasserdampfes ergibt sich aus seinem Molgewicht 18 kg/kmol und der universellen Gaskonstanten

$$\mathfrak{R} = 8320\, \frac{\text{Nm}}{\text{kmol grd}}\ \text{zu}\ R_d = \frac{8320}{18}\, \frac{\text{Nm}}{\text{kg grd}} = 462\, \frac{\text{Nm}}{\text{kg grd}}\,.$$

Löst man die Gl. (472) nach D auf, so erhält man den Diffusionskoeffizienten

$$D = \frac{\dot{m}_d\, h\, R_d\, T}{p \ln \dfrac{p}{p - p_{d_0}}} = \frac{0{,}0509 \cdot 0{,}0642 \cdot 303{,}8}{10^5 \cdot \ln \dfrac{1}{1 - 0{,}0444}} = 0{,}101\, \frac{\text{m}^2}{\text{h}}\,.$$

67. Gleichzeitiger Wärme- und Stofftransport

Ein Diffusionsvorgang bedingt im allgemeinen einen Wärmetransport, selbst wenn die Temperatur örtlich konstant ist. Dies ist dadurch bedingt, daß die diffundierenden Komponenten ihre Enthalpien mit sich führen. Der dadurch hervorgerufene Wärmestrom je Flächeninhalt ist durch eine beliebige Fläche

$$q_D = \dot{m}_1 i_1 + \dot{m}_2 i_2 , \qquad (474)$$

wenn i_1 und i_2 die Enthalpien der zwei Komponenten sind. Der Wärmestrom durch die Fläche 1–1 der Abb. 165 (mit $v = 0$ relativ zur Fläche) ist

$$q_D = \dot{m}_1 (i_1 - i_2) . \qquad (475)$$

Wenn örtliche Temperaturunterschiede vorhanden sind, wird Wärme auch noch durch Leitung transportiert und der gesamte Wärmestrom ist dann

$$q = - \lambda \frac{dt}{dy} - \dot{m}_1 i_1 - \dot{m}_2 i_2 .$$

Mit der Gl. (467) wird daraus

$$q = \lambda \frac{dt}{dy} - (i_1 - i_2) \varrho D \frac{dw_1}{dy} - (\varrho_1 i_1 - \varrho_2 i_2) v , \qquad (476)$$

da $\dfrac{dw_1}{dy} = - \dfrac{dw_2}{dy}$ ist. Für temperaturunabhängige spezifische Wärmen läßt sich Gl. (476) auch schreiben

$$q = - \lambda \frac{dt}{dy} - (c_{p1} - c_{p2}) \varrho D t \frac{dw_1}{dy} - (\varrho_1 c_{p1} - \varrho_2 c_{p2}) t v . \qquad (477)$$

Der gesamte Wärmetransport durch eine Ebene, durch die kein Gesamtmassenstrom erfolgt ($v = 0$) ist

$$q = - \lambda \frac{dt}{dy} - (i_1 - i_2) \varrho D \frac{dw_1}{dy} . \qquad (478)$$

Die Enthalpie eines Zweistoffgasgemisches ist eine Funktion der Temperatur und des Massenverhältnisses. Daher läßt sich eine infinitesimale Änderung von i folgendermaßen schreiben

$$d i = \frac{\partial i}{\partial t} d t + \frac{\partial i}{\partial w_1} d w_1 .$$

Die partielle Ableitung $\partial i / \partial t$ wird als die spezifische Wärme des Gemisches c_p bei eingefrorenem Massenverhältnis bezeichnet. Die Ableitung $\partial i / \partial w_1$ ist $i_1 - i_2$, da $i = i_1 w_1 + i_2 (1 - w_1)$ gilt. Damit wird

$$d i = c_p d t + (i_1 - i_2) d w_1 .$$

Führt man diesen Ausdruck in Gl. (478) ein, so erhält man

$$q = - \frac{\lambda}{c_p} \frac{di}{dy} - \varrho D \left(1 - \frac{\lambda}{\varrho c_p D} \right) (i_1 - i_2) \frac{dw_1}{dy} .$$

Das dimensionslose Verhältnis $\varrho c_p D / \lambda$ wurde bereits in einem vorhergehenden Abschnitt als LEWISsche Zahl Le identifiziert. Manchmal wird es in der Literatur auch als SEMENOV-Zahl bezeichnet nach dem Russen

SEMENOV, der wichtige Beiträge zur Analyse von gleichzeitigem Wärme- und Stoffaustausch mit Einschluß chemischer Reaktionen machte. Die obige Gleichung schreibt sich dann

$$q = -\frac{\lambda}{c_p}\frac{di}{dy} - \varrho D\left(1 - \frac{1}{Le}\right)(i_1 - i_2)\frac{dw_1}{dy}. \tag{479}$$

Für viele Gasgemische weicht die LEWIS-Zahl nicht stark vom Werte Eins ab. Setzt man dann angenähert $Le = 1$, so erhält man die einfache Gleichung

$$q = -\frac{\lambda}{c_p}\frac{di}{dy}. \tag{480}$$

Sie wurde in der neueren Literatur vielfach mit Vorteil zum Studium von Wärme- und Stoffaustausch mit Einschluß chemischer Reaktionen verwendet[1].

68. Laminare Grenzschichten an einer ebenen Platte

In einem ruhenden Mehrstoffgemisch mit Konzentrationsunterschieden findet Stoffaustausch durch Diffusion statt, wie er in den vorhergehenden Abschnitten besprochen wurde. Technische Stoffaustauschvorgänge sind meist mit Strömungsvorgängen gekuppelt, und es erfolgt ein Transport zusätzlich durch Konvektion. Meist ist der Stoffaustausch durch Konvektion im Kern der Strömung dominierend und hinreichend kräftig, um nur kleine Konzentrationsunterschiede zuzulassen. In einer dünnen Grenzschicht an Grenzflächen dagegen klingen die Strömungsgeschwindigkeiten auf Null ab und die Diffusion muß im wesentlichen den Stofftransport übernehmen. In dieser Grenzschicht spielt sich nun ein Austausch von Impuls und von Stoff ab. Oft ist ein Wärmeaustausch mitbeteiligt.

Diese miteinander gekuppelten Vorgänge werden durch das folgende System von Grenzschichtgleichungen beschrieben, wobei stationäre, zweidimensionale, laminare Strömung eines Zweistoffgasgemisches vorausgesetzt wird.

Kontinuität
$$\frac{\partial(\varrho u)}{\partial x} + \frac{\partial(\varrho v)}{\partial y} = 0 \tag{481}$$

Impuls
$$\varrho u\frac{\partial u}{\partial x} + \varrho v\frac{du}{dy} = \frac{\partial}{\partial y}\left(\mu\frac{\partial u}{\partial y}\right) - \frac{\partial p}{\partial x} \tag{482}$$

Stoffaustausch
$$\varrho u\frac{\partial w_1}{\partial x} + \varrho v\frac{\partial w_1}{\partial y} = \frac{\partial}{\partial y}\left(\varrho D\frac{\partial w_1}{\partial y}\right) \tag{483}$$

Energie
$$\left.\begin{aligned}
&\varrho u c_p\frac{\partial t}{\partial x} + \varrho v c_p\frac{\partial t}{\partial y} \\
&= \frac{\partial}{\partial y}\left(k\frac{\partial t}{\partial y}\right) + \mu\left(\frac{\partial u}{\partial y}\right)^2 + u\frac{\partial p}{\partial x} + D(c_{p1} - c_{p2})\frac{\partial t}{\partial y}\frac{\partial w_1}{\partial y}
\end{aligned}\right\} \tag{484}$$

---

[1] LEES, L.: Convective Heat Transfer with Mass Addition and Chemical Reactions; in „Recent Advances in Heat and Mass Transfer", herausgegeben von J. P. HARTNETT, New York: McGraw-Hill 1961, S. 161.

Die Stoffwerte ϱ, μ, D, c des Gemisches sind als örtlich veränderlich vorausgesetzt. Die Grenzschichtgleichung des Stoffaustausches ist mit Verwendung des Massenverhältnisses w_1 angeschrieben, da sie mit dieser Zustandsgröße die einfachste Form hat. Eine entsprechende Gleichung für die zweiteKomponente w_2 ist unnötig, da die Beziehung $w_1 + w_2 = 1$ gilt. In der Energie-Grenzschichtgleichung stellen die Glieder auf der rechten Seite der Reihe nach die folgenden Vorgänge dar: Wärmeleitung, Wärmeerzeugung durch innere Reibung, Temperaturänderung durch Expansion oder Kompression, Diffusion von Enthalpie, wie sie im vorhergehenden Abschnitt besprochen wurde[1]. Die Thermodiffusion, auf die im vorhergehenden Abschnitt hingewiesen wurde, ist im technischen Stoffaustausch im allgemeinen vernachlässigbar klein und ist daher in den obigen Gleichungen nicht enthalten. In Sonderfällen kann sie jedoch merkliche Werte annehmen[2].

Das durch die Stoffwerte gekuppelte System der vier obigen Gleichungen verlangt sehr umständliche Lösungsverfahren, die hier nicht behandelt werden sollen[3]. Es lassen sich aber aus ihnen unter vereinfachenden Bedingungen interessante und lehrreiche Ähnlichkeitsbeziehungen zwischen den Impuls-, Stoff- und Wärmeaustauschvorgängen ableiten und die im Abschn. 65 besprochenen Analogien schärfer fassen.

Es wird laminare Strömung über eine ebene Platte, d. h. außerhalb der Grenzschicht konstanter Druck und damit konstante Geschwindigkeit vorausgesetzt. Außerdem seien die Stoffwerte praktisch konstant mit nahezu den gleichen Werten für die beiden Komponenten des Gemisches. Die Geschwindigkeiten seien genügend klein, so daß man die Wärmeerzeugung durch innere Reibung in der Energiegleichung vernachlässigen kann. Die Grenzschichtgleichungen vereinfachen sich dann zu

$$\text{Kontinuität} \qquad \frac{\partial u}{\partial x} + \frac{\partial v}{\partial y} = 0 \qquad\qquad (485)$$

$$\text{Impuls} \qquad u\,\frac{\partial u}{\partial x} + v\,\frac{\partial u}{\partial y} = \nu\,\frac{\partial^2 u}{\partial y^2} \qquad\qquad (486)$$

$$\text{Stoffaustausch} \qquad u\,\frac{\partial w_1}{\partial x} + v\,\frac{\partial w_1}{\partial y} = D\,\frac{\partial^2 w_1}{\partial y^2} \qquad\qquad (487)$$

$$\text{Energie} \qquad u\,\frac{\partial t}{\partial x} + v\,\frac{\partial t}{\partial y} = a\,\frac{\partial t}{\partial y^2}\,. \qquad\qquad (488)$$

Zu den Gleichungen gehören die folgenden Randbedingungen:

$$\begin{aligned} \text{für}\quad y = 0:&\quad u = 0,\quad v = v_0,\quad w_1 = w_{10},\quad t = t_0 \\ y \to \infty:&\quad u = u_k,\qquad\qquad\; w_1 = w_{1k},\quad t = t_k\,. \end{aligned} \Bigg\} \;(489)$$

---

[1] Eine Ableitung der Grenzschichtgleichungen kann beispielsweise in S. CHAPMAN u. T. G. COWLING: The mathematical Theorie of Non-Uniform Gases, Cambridge Univ. Press 1952, nachgesehen werden.

[2] ECKERT, E. R. G.: Thermodynamische Kopplung von Stoff- und Wärmeübergang. Forsch. Ing.-Wes. 29 (1963) 125–168.

[3] ECKERT, E. R. G., P. J. SCHNEIDER, A. A. HAYDAY u. R. M. LARSON: Jet Propulsion 28 (1958) 34–39.

Für die Geschwindigkeit v_0 an der Grenzfläche ist ein endlicher Wert zugelassen, da mit einem Stoffaustausch oft eine konvektive Strömung verknüpft ist, wie das im vorhergehenden Abschnitt gezeigt wurde.

Die Ähnlichkeit der drei letzten Gleichungen in dem |obigen System ist unverkennbar. Sie wird noch augenfälliger, wenn man die folgenden dimensionslosen Größen einführt:

$$x' = \frac{x}{L}\,, \qquad y' = \frac{y}{L}\,. \qquad u' = \frac{u}{U}\,, \qquad v' = \frac{v}{U}\,, \left.\begin{array}{c} \\ \\ \\ \\ \end{array}\right\}$$
$$\varphi' = \frac{w_1 - w_{10}}{w_{1k} - w_{10}}\,, \qquad \vartheta' = \frac{t - t_0}{t - t_k}\,. \tag{490}$$

Damit und mit den Kenngrößen

$$Re = \frac{U L}{\nu}\,, \qquad Pr = \frac{\nu}{a}\,, \qquad Sc = \frac{\nu}{D} \tag{491}$$

lauten diese Gleichungen und ihre Randbedingungen

$$\frac{\partial u'}{\partial x'} + \frac{\partial v'}{\partial y'} = 0 \tag{492}$$

$$u' \frac{\partial u'}{\partial x'} + v' \frac{\partial u'}{\partial y'} = \frac{1}{Re} \frac{\partial^2 u'}{\partial y'^2} \tag{493}$$

$$u' \frac{\partial \varphi'}{\partial x'} + v' \frac{\partial \varphi'}{\partial y'} = \frac{1}{Re\,Sc} \frac{\partial^2 \varphi'}{\partial y'^2} \tag{494}$$

$$u' \frac{\partial \vartheta'}{\partial x'} + v' \frac{\partial \vartheta'}{\partial x'} = \frac{1}{Re\,Pr} \frac{\partial^2 \vartheta'}{\partial^2 \vartheta'} \tag{495}$$

$$\text{Rdb.:} \quad \begin{array}{l} y = 0: \quad u' = 0\,, \quad v'_0 = \frac{v_0}{U}\,, \quad \varphi' = 0\,, \quad \vartheta' = 0 \\ y \to \infty: \quad u' = 1\,, \qquad\qquad\quad \varphi' = 1\,, \quad \vartheta' = 1\,. \end{array} \left.\begin{array}{c} \\ \\ \end{array}\right\} \tag{496}$$

Die oben eingeführte Kenngröße Sc wird SCHMIDTsche Kennzahl genannt.

Die Randbedingungen in den dimensionslosen Geschwindigkeiten u', den dimensionslosen Teildrucken φ' und den dimensionslosen Temperaturen ϑ' sind identisch. Daraus und aus der Form der Differentialgleichungen folgen sofort die folgenden Ähnlichkeitsbeziehungen: für $Pr = 1$ sind das Geschwindigkeitsfeld und das Temperaturfeld physikalisch ähnlich. Für $Sc = 1$ sind Stoffeld und Geschwindigkeitsfeld einander ähnlich und für $Pr = Sc$ besteht physikalische Ähnlichkeit zwischen Temperatur- und Stoffeld. Das Verhältnis $\frac{Pr}{Sc}$ ist die LEWISsche Zahl

$$Le = \frac{D}{a}\,. \tag{497}$$

Ähnlichkeit zwischen Stoff- und Temperaturfeld existiert also für $Le = 1$. Der Wärmeübergang an die Plattenoberfläche wird in dimensionsloser

Form durch die NUSSELTsche Kennzahl charakterisiert. Wenn man den Wärmefluß je Flächeneinheit durch die Gleichung

$$q_0 = - \lambda \left(\frac{\partial t}{\partial y}\right)_0 \tag{498}$$

definiert, so gilt

$$Nu = \frac{\alpha L}{\lambda} = \frac{L}{t_k - t_0}\left(\frac{\partial t}{\partial y}\right)_0 = \left(\frac{\partial \vartheta'}{\partial x'}\right)_0 \tag{499}$$

In der gleichen Weise wurde in Gl.(455g) eine Stoffübergangszahl durch die Gleichung

$$\dot m_1 = \beta\,(w_{10} - w_{1k}) \tag{500}$$

eingeführt und eine NUSSELT-Zahl für Stoffübergang gebildet

$$\boxed{Nu_D = \frac{\beta L}{\varrho D}} \tag{501}$$

Es gilt hierfür

$$Nu_D = \frac{\beta L}{\varrho D} = \frac{L}{w_{1k} - w_{10}}\left(\frac{\partial w_1}{\partial y}\right) = \left(\frac{\partial \varphi'}{\partial y'}\right)_0. \tag{502}$$

Nach dem Vorhergesagten haben für $Le = 1$ die dimensionslosen Teildruckgradienten und Temperaturgradienten die gleiche Größe, und es gilt

$$Nu_D = Nu. \tag{503}$$

Hat man allgemein für den Wärmeübergang eine Beziehung

$$Nu = f\,(Re,\,Pr), \tag{504}$$

so braucht man in dieser Gleichung nur Nu durch Nu_D und Pr durch Sc zu ersetzen, um die Gleichung für Stoffaustausch zu erhalten. Ähnlich einfache Beziehungen bestehen auch zwischen den NUSSELT-Zahlen und dem Reibungsbeiwert, wenn $Pr = 1$ oder $Sc = 1$ gilt.

Dabei ist jedoch das folgende zu beachten. 1. Die mit Gl. (498) und (500) definierten Wärme- und Massenstromdichten stellen nicht den gesamten Wärme- und Stofftransport an der festen Oberfläche dar, sondern sind nach Gl. (476) und (467) noch um den diffusiven und konvektiven Enthalpietransport, bzw. um den konvektiven Massentransport zu vermehren. In der Literatur findet man auch Wärme- und Stoffübergangszahlen, die mit Einschluß aller Transportanteile gebildet sind. – 2. In den Randbedingungen zu den Grenzschichtgleichungen wurde die Geschwindigkeit v_0 als endliche Größe beibehalten, und es wurde darauf hingewiesen, daß sie einen von Null verschiedenen Wert hat, wenn durch den Stoffaustausch ein konvektiver Massenstrom von der Oberfläche weg oder auf sie zu hervorgerufen wird. Die Geschwindigkeit v_0 stellt dann einen Parameter dar, von dem die diversen Grenzschichtprofile abhängen.

19*

Dies geht aus Abb. 167 hervor, in der die durch Lösung der Grenzschicht-gleichungen erhaltenen Profile für Wärme und Stoffaustausch an einer halbdurchlässigen ebenen Platte über dem dimensionslosen Wandabstand $\eta = \dfrac{y}{x}\sqrt{Re_x}$ aufgetragen sind. Die Profile können als Geschwindigkeits-profile u' oder Temperaturprofile ϑ' für $Pr = 1$ beziehungsweise als Teil-druckprofile φ' für $Sc = 1$ gedeutet werden. Als Parameter für die Profile erscheint die Kenngröße $\dfrac{v_0}{U}\sqrt{Re_x}$, und diese erscheint daher auch zusätz-

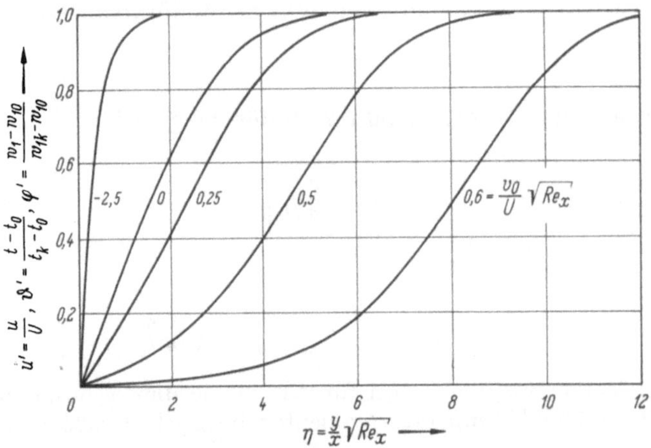

Abb. 167. Geschwindigkeits-, Temperatur- und Massenverhältnisprofil in der laminaren Grenz-schicht an einer ebenen Platte ($Pr = Sc = 1$).

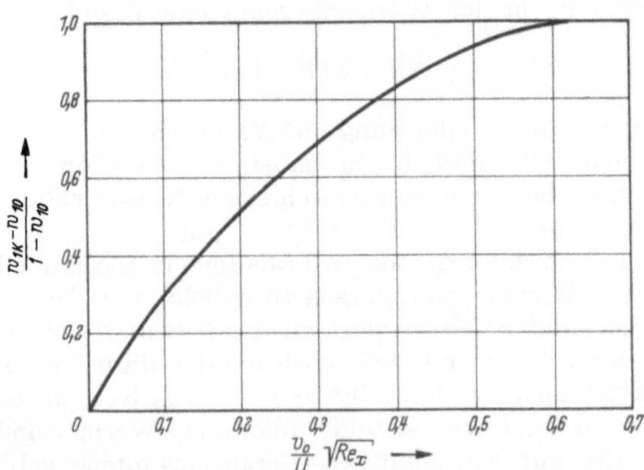

Abb. 168. Parameter für die Geschwindigkeit an der Wand als Funktion der Massenverhältnisse.

lich in Gl. (504). Nur für kleine Geschwindigkeiten v_0 kann der Einfluß dieser Größe auf die Wärme- und Stoffübergangszahl vernachlässigt werden. Bei vielen technisch wichtigen Stoffaustauschvorgängen ist allerdings die Geschwindigkeit recht klein, und ihr Einfluß auf die Wärme-

und Stoffübergangszahlen kann vernachlässigt werden. Dann lassen sich
aus allen im Kap. III angeführten Beziehungen für die Wärmeübergangszahl sofort entsprechende Stoffübergangszahlen berechnen, wie dies in
Abschn. 65 und in diesem Abschnitt besprochen wurde. – 3. Es ist vielleicht auch zweckmäßig, darauf hinzuweisen, daß bei konstanten Stoffwerten Impulsaustausch, Wärmeaustausch und Stoffaustausch sich nicht
gegenseitig beeinflussen, so daß die Beziehungen für Reibungsbeiwerte,
Wärmeübergangszahlen und Stoffübergangszahlen gelten gleichgültig,
ob die entsprechenden Vorgänge einzeln oder gleichzeitig stattfinden.

Es läßt sich stets ein Zusammenhang zwischen der Geschwindigkeit v_0
und dem Massenverhältnis w_{10} an der Plattenoberfläche ableiten, diese
Beziehung hängt jedoch von der Art des Stoffaustauschvorganges ab. Ist
die Grenzfläche nur für eine Komponente des Zweistoffgemisches durchlässig, dann gilt die in Abschn. 66 abgeleitete Beziehung

$$v_0 = - \frac{D}{w - w_{10}} \left(\frac{\partial w_1}{\partial y}\right)_0 \tag{505}$$

oder in dimensionsloser Schreibweise

$$\frac{v_0}{U} \sqrt{Re_x} = \frac{1}{Sc} \frac{w_{1k} - w_{10}}{w - w_{10}} \left(\frac{\partial \varphi'}{\partial \eta}\right)_0 . \tag{506}$$

Eine nur für eine Komponente durchlässige Grenzfläche ist beispielsweise
bei der Verdunstung von Wasser in einem Luftstrom vorhanden. Da der
Wandgradient $\left(\frac{d\varphi'}{\partial y}\right)_0$ in eindeutiger Weise von $\frac{v_0}{U}\sqrt{Re_x}$ abhängt – er
kann beispielsweise für $Sc = 1$ aus Abb. 167 entnommen werden –, be-
steht für einen vorgegebenen Wert der SCHMIDTschen Kennzahl eine ein-
deutige Beziehung zwischen
$\frac{v_0}{U}\sqrt{Re_x}$ und $\frac{p_{1k} - p_{10}}{p - p_{10}}$. Dieser
ist für $Sc = 1$ in Abb. 168 dar-
gestellt. Von Interesse ist auch
die Reduktion des Wärmeflusses q_0 an einer Wand durch
den Einfluß der konvektiven
Geschwindigkeit v_0, wie sie aus
Abb. 169 hervorgeht. In Abb.
169 ist das Verhältnis der nach
den Gln. (499) und (502) definierten Wärme-bzw. Stoffübergangszahlen zu den entsprechenden Werten für $v_0 = 0$
über der Kennzahl $\frac{v_0}{U}\sqrt{Re_x}$
aufgetragen. Für negative
Werte dieser Kennzahl, d. h.
für eine konvektive Geschwin-

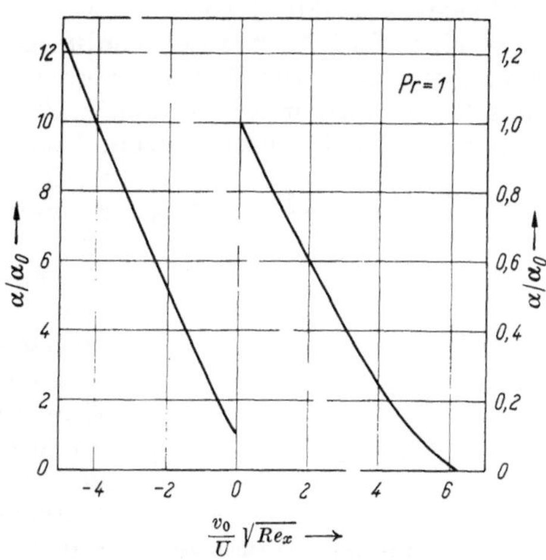

Abb. 169. Veränderung der Wärmeübergangszahl
durch die konvektive Geschwindigkeit an der Wand.

digkeit v_0, die auf die Wand zu gerichtet ist, ergibt sich nach Abb. 169
eine Vergrößerung der Wärme- bzw. Stoffübergangszahl. Die Verringe-

rung der Wärmeübergangszahl bei positivem v_0 wird beim sogenannten Ablationskühlverfahren ausgenutzt. Bei diesem Verfahren ist die zu kühlende Oberfläche mit einem Material überzogen, das unter dem Einfluß eines heißen darüber hinstreichenden Gasstromes chemisch zersetzt wird und einen von der Oberfläche weggerichteten Gasstrom erzeugt. Dieses Verfahren findet zur Kühlung von Raumfahrzeugen beim Wiedereintritt in die Atmosphäre Anwendung.

Die Grenzschichtgleichungen für eine turbulente Grenzschicht mit konstanten Stoffwerten sind nach den Betrachtungen in Abschn. 37 von den Gln. (481) bis (484) nur dadurch verschieden, daß auf der rechten Seite der Gl. (482), (483) und (484) additiv zu v, D und α die turbulenten Austauschgrößen ε_M, ε_D und ε_W erscheinen. Aus Versuchsergebnissen kann man schließen, daß ε_D und ε_W gleich oder nahezu gleich sind. Damit gelten die im vorstehenden für laminare Strömung aufgestellten Ähnlichkeitsbeziehungen auch für eine turbulente Grenzschicht.

69. Die integrierten Grenzschichtgleichungen des Wärme- und Stoffaustausches

In diesem Abschnitt sollen die Grenzschichtgleichungen für Stoffaustausch in integrierter Form aufgestellt werden. Diese Gleichungen können zu einer angenäherten Berechnung von Stoffübergangsproblemen verwendet werden in der gleichen Weise, wie das in den Abschn. 24 und 29 für Strömungs- und Wärmeübergangsprobleme der Fall war.

Bei der Aufstellung dieser Gleichungen muß man eine Grenzschicht des Geschwindigkeitsfeldes, eine solche des Stoffeldes und eine solche des Temperaturfeldes unterscheiden. Die Dicke dieser Grenzschichten kann verschieden sein. Meist ist mit einem Stoffaustausch auch ein Wärmeaustausch verknüpft, bei der Verdunstung schon deshalb, weil für den Verdampfungsvorgang Wärme erforderlich ist, die an die Oberfläche des Gutes herantransportiert werden muß. Wir wollen daher im folgenden gleich den Fall betrachten, daß ein Wärme- und ein Stoffaustausch gleichzeitig stattfinden. Zur angenäherten Berechnung des Stoffaustausches läßt sich wieder vorteilhaft eine Grenzschichtgleichung für den Massenstrom heranziehen, in der gleichen Weise wie in den vorhergehenden Abschnitten die Berechnung des Wärmeaustausches mit Hilfe der Wärmestromgleichung (197) erfolgte. Durch den Stoffaustausch findet aber auch eine Beeinflussung der Strömungs- und der Temperaturgrenzschicht statt, so daß auch die Impulsgleichung der Grenzschicht und ihre

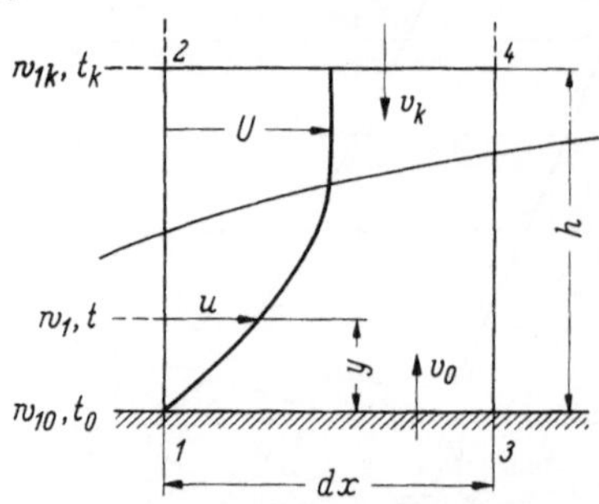

Abb. 170. Grenzschicht vor einer festen Oberfläche bei Verdunstung.

Wärmestromgleichung zu berichtigen sind. Wir betrachten nur den Fall einer ebenen stationären Strömung bei erzwungener Konvektion einer Flüssigkeit mit nahezu konstanten Stoffwerten. Aus dem durchströmten

Raum denken wir uns nach Abb. 170 einen kleinen Quader unmittelbar an der Oberfläche herausgeschnitten, der die Länge dx, die Höhe h und die Breite (senkrecht zur Zeichenebene) 1 hat. Die Höhe h soll wieder größer sein als die größte der Grenzschichtdicken für das Stoffeld, das Temperaturfeld und das Geschwindigkeitsfeld. Der Anschaulichkeit halber wollen wir wieder den Stoffaustausch zwischen Luft und Wasserdampf betrachten. Die abgeleiteten Gleichungen gelten aber allgemein für Zweistoffgasgemische. Der Zustand der Luft außerhalb der Grenzschicht ist durch folgende Angaben festgelegt: die Geschwindigkeit U, die Temperatur t_k und das Massenverhältnis des Wasserdampfes w_{1k}. An der Oberfläche des Körpers ist die Geschwindigkeit $u = 0$, die Temperatur t_0 und das Wasserdampfmassenverhältnis w_{10}. In der Entfernung y von der Wand innerhalb der Grenzschichten sollen die Werte u, t und w_1 gelten. Der Gesamtdruck p ist innerhalb des Quaders wegen der kleinen Dicke der Grenzschicht als konstant anzusehen. Zunächst soll die Kontinuitätsgleichung für den betrachteten Quader aufgestellt werden. Der Massenstrom durch die Fläche 1–2 ist durch das folgende Integral geben: $\int_0^h \varrho\, u\, dy$. Auf dem Wege dx ändert sich dieser Massenstrom um

den Betrag $\left(\dfrac{d}{dx} \int_0^h \varrho\, u\, dy \right) dx$. Dieselbe Menge muß im Beharrungszustand durch die Grenzflächen 1–3 und 2–4 in den Quader hereinströmen. An der Oberfläche des Körpers (in der Fläche 1–3) ist nunmehr beim Verdunstungsvorgang eine Normalgeschwindigkeit v_0 vorhanden, deren Größe im vorhergehenden Abschnitt berechnet wurde. Die Geschwindigkeit durch die Grenzfläche 2–4 sei v_k. Damit ergibt sich die Kontinuitätsgleichung

$$v_k = \frac{d}{dx} \int_0^h u\, dy - v_0 \,. \qquad (507)$$

Die Dichte ϱ ist hierbei als nahezu konstant vorausgesetzt, so daß sie aus der Gleichung herausgekürzt werden kann. Die Impulsgleichung (Abschn. 23) lautet nunmehr

$$\frac{d}{dx} \int \varrho\, u^2\, dy - \varrho v_k U = - \tau_0 - h \frac{dp}{dx} \,.$$

Führt man die Kontinuitätsgleichung ein, so erhält man

$$\varrho \frac{d}{dx} \int_0^h (U - u)u\, dy - \varrho \frac{dU}{dx} \int_0^h (U - u)\, dy - \varrho v_0 U = \mu \left(\frac{du}{dy} \right)_0 \,. \qquad (508)$$

Die Dichte ist wieder als konstant vor das Integralzeichen gezogen. Die Schubspannung τ_0 an der Wand ist durch den Ausdruck $\tau_0 = \mu \left(\dfrac{du}{dy} \right)_0$ ersetzt. Die Impulsgleichung (508) hat sich wegen des Vorhandenseins

eines Stoffaustausches gegenüber der Gl. (151) durch das Hinzutreten des
Gliedes $\varrho v_0 U$ geändert. Die Dichte wurde bei der Aufstellung der beiden
Gln. (507) und (508) als konstant vorausgesetzt. Diese Annahme ist erfüllt, solange die beiden ineinander diffundierenden Stoffe sich in ihrem
spezifischen Gewicht nicht zu sehr unterscheiden. Für die Mischung von
Wasserdampf und Luft trifft dies einigermaßen zu. Im anderen Fall wird
die Rechnung recht verwickelt.

Zur Aufstellung der Massenstromgleichung der Grenzschicht haben
wir wieder zum Ausdruck zu bringen, daß die Differenz zwischen der mit
der Strömung durch die Grenzflächen 3–4 aus dem Quader heraustreten-
den Wasserdampfmasse und der mit der Strömung durch die Grenzfläche 1–2 hereinkommenden Wasserdampfmasse durch die Grenzfläche
1–3 und 2–4 zuströmen muß. Die Dichte des Massenstroms an der Oberfläche des Körpers (durch 1–3) nennen wir $\dot{m}_{10}$. Man erhält damit die
Gleichung

$$\dot{m}_{10} = \frac{d}{dx} \int\limits_0^h \varrho\, w_1\, u\, dy - \varrho w_{1k} v_k\,.$$

Führt man darin wieder die Geschwindigkeit v_k aus der Kontinuitätsgleichung (501) ein, so wird daraus

$$\frac{d}{dx} \int\limits_0^h (w_{1k} - w_1)\, u\, dy - v_0 w_{1k} = -\dot{m}_{10}\,.$$

Ersetzt man in der letzten Gleichung noch den Stoffstrom $\dot{m}_{10}$ aus
Gl. (467), so ergibt sich

$$\frac{d}{dx} \int\limits_0^h (w_{1k} - w_1)\, u\, dy = D\left(\frac{dw_1}{dy}\right)_0 + v_0(w_{1k} - w_{10})\,. \tag{509}$$

Wenn die Geschwindigkeit der Luft durch die feste Oberfläche Null ist,
dann gilt mit der Geschwindigkeit v_0 aus der Beziehung (460)

$$\frac{d}{dx} \int\limits_0^h (w_{1k} - w_1)\, u\, dy = D\,\frac{1 - w_{1k}}{1 - w_{10}}\left(\frac{dw_1}{dy}\right)_0\,. \tag{510}$$

Die Wärmestromgleichung erhält man in der gleichen Weise durch
Aufstellung der Wärmebilanz für den betrachteten Quader. Ist die
Wärmestromdichte an der Oberfläche des Körpers q_0, so erhält man

$$\frac{d}{dx} \int\limits_0^h C_p\, t\, u\, dy - C_p t_k v_k = q_0\,.$$

Beim Stoffübergang wird Wärme von der Körperoberfläche nicht nur
durch Leitung, sondern auch mit dem Stoffstrom durch Konvektion ab-

geführt. Es gilt daher

$$q_0 = - \lambda \left(\frac{dt}{dy}\right)_0 + C_p\, t_0\, v_0\,. \tag{511}$$

Im Gegensatz zur Aufstellung der Gl. (197) in Abschn. 28 ist hier mit der spezifischen Wärme C_p je Volumeneinheit gerechnet. Sieht man diese spezifische Wärme als konstant an, was stets einigermaßen erfüllt ist, und führt wieder die Geschwindigkeit v_k aus der Kontinuitätsgleichung ein, so erhält man die Wärmestromgleichung in der folgenden Form:

$$\frac{d}{dx}\int_0^h (t_k - t)\,u\,dy = a\left(\frac{dt}{dy}\right)_0 - (t_k - t_0)\,v_0\,. \tag{512}$$

Die Grenzschichtgleichungen (509) und (512) bei Stoffaustausch unterscheiden sich also von denen für Wärmeübergang ohne Stoffaustausch durch Hinzutreten der Glieder mit der Geschwindigkeit v_0. Diese berücksichtigen den Umstand, daß an der Körperoberfläche beim Stoffaustausch eine Normalgeschwindigkeit vorhanden ist. Die Gleichungen können ebenso wie bei der Behandlung des Wärmeübergangs im Abschn. 29 dadurch gelöst werden, daß man für das Geschwindigkeitsprofil, das Temperaturprofil und das Teildruckprofil einen geeigneten Ansatz macht. der die Grenzschichtdicke des Profils als Parameter enthält, und mit diesem Ansatz die Grenzschichtdicken aus den drei Gln. (508), (509) und (512) berechnet. Um die Genauigkeit dieser Näherungslösung zu steigern. ist es zweckmäßig, daß die angenommenen Profile gewisse Randbedingungen befriedigen, die auch die wirklichen Profile befolgen. Im Abschn. 29 war aus der Bedingung, daß die Wärmestromdichte q_0 in unmittelbarer Wandnähe konstant sein muß, abgeleitet worden, daß an der Wand die zweite Ableitung des Temperaturprofiles verschwindet. Bei Stoffaustausch gilt für die Wärmestromdichte die erweiterte Gl. (511). Nahe der Wand muß wieder die Wärmestromdichte q konstant sein, daher erhält man durch Differenzieren dieser Gleichung

$$\left(\frac{dq}{dy}\right)_0 = v_0\, C_p\left(\frac{dt}{dy}\right) - \lambda\left(\frac{d^2 t}{dy^2}\right) = 0\,. \tag{513}$$

Die Krümmung des Temperaturprofiles an der Wand muß daher mit dem Temperaturanstieg entsprechend dieser Beziehung verknüpft sein. Für die Dichte des Massenstromes gilt die Gl. (467). Auch dieser Massenstrom $\dot{m}_1$ ändert sich in unmittelbarer Wandnähe nicht. Durch Differenzieren erhält man

$$D\left(\frac{d^2 w_1}{dy^2}\right)_0 - v_0\left(\frac{dw_1}{dy}\right)_0 = 0\,. \tag{514}$$

Für die Schubspannung τ ohne Diffusion gilt die Beziehung (146). Auch diese Beziehung erweitert sich bei Vorhandensein eines Diffusionsstromes. Denken wir uns nämlich in Wandnähe eine Ebene parallel zur Oberfläche gelegt, so tritt in dieser Ebene eine Schubspannung nicht nur infolge der Zähigkeit des parallel zur Wand strömenden Mittels auf, die durch

Gl. (146) gegeben ist, sondern eine weitere scheinbare Schubspannung dadurch, daß durch die betrachtete Fläche je Flächen- und Zeiteinheit die Dampfmenge $\dot{m}_1$ hindurchtrittt und damit an eine Stelle kommt, wo die Geschwindigkeit u einen anderen Betrag hat. Die Größe der auf diese Weise zustande kommenden Schubspannung ist die gleiche wie die durch turbulenten Austausch entstehende Schubspannung, die in Abschn. 34 abgeleitet wurde. Die gesamte Schubspannung ergibt sich daher zu

$$\tau = \mu \frac{d\,u}{d\,y} - \dot{m}_1\,u\,.$$

Auch diese Schubspannung muß wieder in unmittelbarer Wandnähe konstant sein, so daß man durch ihre Ableitung nach y und Nullsetzen des Differentialquotienten eine Beziehung für die Gestalt des Geschwindigkeitsfeldes an der Wand erhält

$$\mu \left(\frac{d^2\,u}{d\,y^2}\right)_0 - \dot{m}_{10} \left(\frac{d\,u}{d\,y}\right)_0 = 0\,. \tag{515}$$

Berechnungen des Stoffaustausches unter Verwendung der vorstehenden Gleichungen wurden von E. ECKERT und V. LIEBLEIN [Forsch. Ing.-Wes. 16 (1949) 33–42] sowie von D. B. SPALDING [Proc. Roy. Soc. A 221 (1954) 78–99] durchgeführt.

Anhang

1. Bezeichnungen und Umrechnungszahlen auf angelsächsische Maße

l	Länge	1 m	=	3,28084 feet (ft.)
f	Fläche	1 m²	=	10,7639 square feet (sq. ft.)
V	Volumen	1 m³	=	35,3148 cubic feet (cut. f.)
M	Masse	1 kg	=	2,20462 pound mass (lb.)
K, G	Kraft (Gewicht)	1 kp (Gewicht)	=	2,20462 pound weight (lb. wt.)
t, ϑ	Temperatur	1 grd	=	9/5 °Fahrenheit (°F.)
T	absolute Temperatur	1 °K	=	9/5 °Rankine (°R.)
Q	Wärmemenge	1 kJ	=	0,9478 Brit. thermal unit (Btu.)
w, v	Geschwindigkeit	1 cm/s	=	1,9685 ft./min.
N	Leistung	1 kW	=	1,3410 horsepower (hp.)
p	Druck	1 b	=	14,503 lb./sq. in.
ϱ	Dichte	1 kg/dm³	=	62,428 lb./cu. ft.
v	spezifisches Volumen	1 m³/kg	=	16,018 cu. ft./lb.
Q	Wärmestrom	1 W	=	3,4121 Btu./h.
q	Wärmestromdichte	1 W/m²	=	0,3170 Btu./sq. ft. h.
H	Heizwert	1 kJ/kg	=	0,4299 Btu./lb.
c, c_p	spezifische Wärme	1 kJ/kg grd	=	0,2388 Btu./lb. °F.
λ	Wärmeleitzahl	W/m grd	=	0,5778 Btu./ft. h. °F.
a	Temperaturleitzahl	1 m²/h	=	0,0029900 sq. ft./sec.
α	Wärmeübergangszahl	1 W/m² grd	=	0,1761 Btu./sq. ft. h. °F.
μ	dyn. Zähigkeit	1 g/cm sec	=	0,06720 lb./ft. sec.
v	kinemat. Zähigkeit	1 cm²/sec	=	0,001076 sq. ft./sec.

2. Umrechnung von Größen aus dem m-kg-s-System in das MKSA-System

$$Q \qquad 1\,\frac{\text{kcal}}{\text{h}} = 1,1630\ \text{W}$$

$$q \qquad 1\,\frac{\text{kcal}}{\text{m}^2\text{h}} = 1,1630\,\frac{\text{W}}{\text{m}^2}$$

$$\alpha \qquad 1\,\frac{\text{kcal}}{\text{m}^2\text{h grd}} = 1,1630\,\frac{\text{W}}{\text{m}^2\,\text{grd}}$$

$$\lambda \qquad 1\,\frac{\text{kcal}}{\text{mh grd}} = 1,1630\,\frac{\text{W}}{\text{m grd}}$$

$$c \qquad 1\,\frac{\text{kcal}}{\text{kg grd}} = 4,1868\,\frac{\text{kJ}}{\text{kg grd}}$$

$$p \qquad 1\ \text{at} = 0,980\,665\,\text{b} \qquad 1\,\text{b} = 1,0197\ \text{at}$$

$$1\ \text{kp} = 9,80665\ \text{N}$$

3. Wärmetechnische Eigenschaften verschiedener Stoffe [1]

a) Feste Körper

Stoff	t °C	ϱ kg/m³	c kJ/kg grd	λ W/m grd	a m²/h
Metalle					
Silber	20	10 500	0,234	411	0,602
Kupfer, sehr rein .	20	8 930	0,383	395	0,416
Handelsware . .	20	8 300	0,419	372	0,37
Gold, rein	20	19 290	0,1294	313	0,448
Aluminium 99,75 Al	20	2 700	0,896	229	0,341
Duraluminium . . .	20	2 700	0,913	165	0,241
94–96 Al, 3–5 Cu	100	–	–	181	–
0,5 Vg	200	–	–	194	–
Magnesium, rein . .	20	1 740	1,017	143	0,291
Elektron 96,5 Mg,					
4 Zn, 0,5 Cu . . .	20	1 800	–	116	–
Messing	20	8 600	0,381	80–115	0,09–0,13
Zink	20	7 130	0,385	113	0,148
Zinn	20	7 280	0,227	66	0,145
Eisen					
Schmiedeeisen, rein	0	7 850	0,465	59	0,0585
	200	–	–	52	–
	400	–	0,628	44	–
	600	–	–	37	–
	800	–	–	29	–
Gußeisen 3 a C . .	20	7000–7700	0,54	58	0,053
Chromstahl 0,8 Cr,					
0,2 C	20	–	–	40	–
Chromnickelstahl,	20	7 900	0,477	14,5	0,0139
nichtr. 17–19 Cr, .	200	–	–	17,2	–
8 Ni, 0,1–2 C . .	500	–	0,067	21	–
V2A-Stahl, verg. .	20	8 000	0,477	15	0,0143
Blei, rein	0	11 340	0,128	35,1	0,0870
	100	–	0,134	83,4	–
	300	–	0,142	29,8	–
Verschiedene, anorganische, feste Körper					
Graphit, fest . . .	20	–	–	10–150	–
Silikasteine	100	1700–2000	–	0,8–1,34	–
	500	–	–	1,1–1,5	–
	1000	–	–	1,4–1,9	–
Schamottesteine . .	100	1700–2000	0,84	0,5–1,2	0,0012–0,0025
	500	–	1,13	–	–
	1000	–	–	0,7–1,4	–
Kesselstein	100	300–2700	–	0,08–2,3	–
Beton	20	1900–2300	0,88	0,8–1,4	0,0018–0,0025
Ziegelstein, trocken	20	1600–1800	0,84	0,38–0,52	0,0010–0,0012
Ziegelmauerwerk . .	20	–	–	0,70–0,81	–
Verputz	20	1 690	–	0,79	–
Spiegelglas	20	2 700	0,8	0,16	0,0012
Kies (Schotter) . .	20	1 850	–	0,37	–
Erdreich, grobkiesig	20	2 040	1,84	0,59	0,00050
Sandboden	20	1 600	–	1,67	–
Tonboden	20	1 450	0,88	1,28	0,0036
Sandstein	20	2150–2300	0,71	1,6–2,1	0,0038–0,0046

[1] Nach E. SCHMIDT: Einführung in die Technische Thermodynamik, 10. Aufl., Berlin/Göttingen/Heidelberg: Springer 1963, S. 392–395 (umgerechnet in MKSA-Einheiten).

a) *Feste Körper* (Fortsetzung)

Stoff	t °C	ϱ kg/m³	c kJ/kg grd	λ W/m grd	a m²/h
Marmor	20	2500–2700	0,808	2,8	0,0050
Schnee (Reif) . . .	0	200	–	0,15	–
Eis	0	917	1,93	2,2	0,0045
	–60	924	–	2,9	–
Organische feste Stoffe					
Bakelit	20	1270	1,59	0,233	0,00041
Gummi	20	1100	–	0,13–0,23	–
Gummischwamm .	20	224	–	0,055	–
Leder	20	1000	–	0,14–0,16	–
Papier	20	–	–	0,14	–
Plexiglas	20	–	–	0,184	–
Zelluloid	20	1400	–	0,215	–
Buche, axial. . . .	20	700	–	0,35	–
Eiche, radial. . . .	20	600–800	2,39	0,17–0,25	0,00040–0,00044
Eiche, axial	–	–	–	0,37	–
Eiche, tangential . .	–	–	–	0,12	–
Tanne(Fichte),radial	20	410–420	2,72	0,14	0,00045
Tanne, axial. . . .	–	–	–	0,26	–
Tanne, tangential .	–	–	–	0,108	–
(20% Feuchtigkeit)					
Steinkohle	20	1200–1500	1,26	0,26	0,0005–0,0006
Kohlenstaub . . .	30	730	1,30	0,12	0,00044

b) *Flüssigkeiten* (bei 1 b)

Stoff	t °C	ϱ kg/m³	c_p kJ/kg grd	ν cm²/s	λ W/m grd	$10^4\,a$ m²/h	Pr	β 1/grd
Hg	20	13,550	0,139	0,00115	9,3	180	0,023	0,00018
$p_k = 1056$ b								
$t_k = 1460$ °C								
Wasser	20	998,2	4,183	0,01006	0,598	5,16	7,03	0,00020
$p_k = 211,1$ b	40	992,1	4,178	0,00658	0,627	5,44	4,35	0,00038
$t_k = 374,2$ °C . .	60	983	4,191	0,00479	0,651	5,71	3,01	0,00054
	80	972	4,149	0,00364	0,669	5,90	2,22	0,00065
	100	958	4,216	0,00294	0,682	6,08	1,75	0,00078
	150	917	4,271	0,00201	0,683	6,28	1,15	0,00113
	200	865	4,501	0,00160	0,665	6,16	0,97	0,00155
	250	799,2	4,86	0,00140	0,625	5,80	0,87	0,00229
CO_2	20	771	3,64	0,00062	0,087	1,12	2,00	0,0066
$p_k = 74,3$ b	30	596	–	0,00054	0,071	–	–	0,0147
$t_k = 31,0$ °C . .								
NH_3	0	639	4,65	0,00376	0,540	6,54	2,07	0,00211
$p_k = 113,0$ b	20	610	4,77	0,00361	0,494	6,11	2,12	0,00244
$t_k = 132,4$ °C. .								
SO_2	–20	1485	1,273	0,00313	0,223	4,25	2,65	0,00178
$p_k = 78,8$ b	0	1435	1,357	0,00257	0,212	3,91	2,36	0,00172
$t_k = 157,3$ °C	20	1383	1,390	0,00220	0,199	3,72	2,14	0,00194
Benzol	20	879,1	1,738	0,00740	0,154	3,62	7,33	0,00106
$p_k = 48,8$ b								
$t_k = 288,6$ °C								

p_k kritischer Druck, t_k kritische Temperatur.

b) *Flüssigkeiten* (Fortsetzung)

Stoff	t °C	ϱ kg/m³	c_p kJ/kg grd	ν cm²/s	λ W/m grd	$10^4 a$ m²/h	Pr	β 1/grd
Äthylenglykol .	20	1113	2,382	0,1915	0,250	3,39	203	0,00064
	40	1099	2,474	0,0879	0,256	3,39	93,2	0,00065
	60	1085	2,562	0,0489	0,259	3,36	52,4	0,00065
	80	1070	2,65	0,0308	0,262	3,32	33,4	0,00066
	100	1056	2,74	0,0227	0,263	3,28	24,9	0,00067
Spindelöl . . .	20	871	1,851	0,150	0,144	3,22	168	0,00074
	40	858	1,934	0,0793	0,143	3,10	92,0	0,00075
	60	845	2,02	0,495	0,142	3,00	59,4	0,00075
	80	832	2,10	0,0340	0,141	2,90	42,1	0,00076
	100	820	2,19	0,0244	0,140	2,80	31,4	0,00077
	120	807	2,27	0,191	0,138	2,72	25,3	0,00078
Transforma- torenöl . . .	20	866	1,892	0,365	0,124	2,73	481	0,00069
	40	852	1,993	0,167	0,123	2,61	230	0,00069
	60	842	2,09	0,087	0,122	2,49	126	0,00070
	80	830	2,27	0,052	0,120	2,36	79,4	0,00071
	100	818	2,29	0,038	0,119	2,27	60,3	0,00072
Flugmotorenöl Rotring . . .	20	893	1,838	89,2	0,145	3,18	10100	0,00068
	40	881	1,922	23,1	0,143	3,04	2740	0,00069
	60	868	2,01	8,20	0,141	2,92	1011	0,00070
	80	856	2,09	3,67	0,140	2,81	471	0,00071
	100	844	2,18	1,97	0,137	2,70	262	0,00072
	120	832	2,27	1,19	0,136	2,59	166	0,00073
	140	819	2,36	0,795	0,134	2,50	115	0,00074
Sole	20	1184	3,08	0,0241	–	–	–	–
20% Mg Cl₂	0	1184	3,04	0,0464	0,452	4,53	36,9	–
	−20	1184	2,99	0,1094	0,392	3,98	98,8	–

c) *Gase* (bei 1 b)

Stoff	t °C	ϱ kg/m³	c_p kJ/kg grd	ν cm²/s	λ W/m grd	a m²/h	Pr
Luft[1]	−173	3,672	1,026	0,0190	0,0092	0,0089	0,770
$p_k = 37{,}8$ b	−73	1,803	1,005	0,0737	0,0181	0,0361	0,739
$t_k = -140{,}7$ °C	27	1,200	1,005	0,154	0,0263	0,0785	0,708
	127	0,900	1,013	0,254	0,0336	0,132	0,689
	227	0,719	1,039	0,372	0,0404	0,196	0,680
	327	0,600	1,055	0,504	0,0466	0,266	0,680
	427	0,513	1,076	0,650	0,0523	0,341	0,684
	527	0,450	1,097	0,870	0,0578	0,422	0,689
	627	0,401	1,112	0,974	0,0628	0,503	0,696
	727	0,359	1,143	1,16	0,0676	0,592	0,702
	927	0,301	1,176	1,54	0,0763	0,776	0,714
	1127	0,257	1,214	1,97	0,0844	0,974	0,726
	1327	0,225	1,248	2,42	0,0926	1,19	0,741
	1527	0,201	1,285	2,90	0,0995	1,39	0,759
	1727	0,179	1,340	3,45	0,1059	1,59	0,783
	1927	0,163	1,419	4,01	0,1118	1,74	0,831
	2127	0,149	1,574	4,62	0,1175	1,80	0,916

[1] Die Stoffwerte für Luft wurden unter Benutzung des Werkes J. HILSENRATH, C. W. BECKETT et. al., „Tables of Thermal Properties of Gases", National Bureau of Standards Circular 564, 1955, berechnet.

c) *Gase* (Fortsetzung)

Stoff	t °C	ϱ kg/m³	c_p kJ/kg grd	ν cm²/s	λ W/mgrd	a m²/h	Pr
Wasserstoff H$_2$.	−50	0,185	−	0,68	0,147	−	−
$p_k = 12,9$ b	0	0,0886	14,24	0,95	0,176	0,501	0,68
$t_k = 239,9$ °C	50	0,0748	14,36	1,26	0,202	0,678	0,67
	100	0,0649	14,44	1,59	0,229	0,881	0,65
	200	0,0512	14,53	2,36	0,276	1,33	0,64
	300	0,0423	14,57	3,30	0,297	1,74	0,64
Wasserdampf	100	0,589	2,135	0,217	0,0292	0,0692	1,12
H$_2$O	200	0,461	1,926	0,361	0,0328	0,1330	0,98
$p_k = 211,1$ b	300	0,397	2,010	0,531	0,0427	0,2015	0,95
$t_k = 374,1$ °C	400	0,322	2,052	0,730	0,0551	0,300	0,88
	500	0,280	2,177	0,956	0,0752	0,445	0,78
Kohlendioxyd	−50	2,420	−	0,047	0,0109	−	−
CO$_2$	0	1,950	0,829	0,071	0,0143	0,0319	0,80
$p_k = 74,3$ b	50	1,648	0,875	0,098	0,0178	0,0444	0,80
$t_k = 31,0$ °C	100	1,428	0,925	0,124	0,0213	0,0580	0,80
	200	1,125	0,996	0,204	0,0283	0,0908	0,81
Schwefeldioxyd	0	2,89	0,624	0,040	0,0084	0,0186	0,86
SO$_2$	50	−	0,649	−	−	−	−
$p_k = 78,8$ b	100	−	0,674	−	−	−	−
$t_k = 157,3$ °C	200	−	0,720	−	−	−	−
Ammoniak NH$_3$	0	0,761	2,168	0,123	0,0220	0,0480	0,92
$p_k = 113,0$ b	50	0,638	2,198	0,174	−	−	−
$t_k = 132,4$ °C	100	0,551	2,232	0,236	0,0300	0,0879	0,97
	200	0,433	2,395	0,383	−	−	−

4. Wärmetechnische Werte von Wasser und Wasserdampf in Abhängigkeit vom Druck- und der Temperatur[1]

Bei Dämpfen und Flüssigkeiten hängen die wärmetechnischen Stoffwerte auch vom Druck ab, in um so stärkerem Maße, je näher man dem kritischen Punkt kommt.

In den folgenden 6 Abbildungen sind die dynamische Zähigkeit μ, die Wärmeleitzahl λ, die spezifische Wärme c_p und der Ausdehnungskoeffizient β jeweils über der Temperatur aufgetragen mit dem Druck als Parameter. Die Werte für Flüssigkeit und Dampf sind jeweils in einer Abbildung vereinigt, in der auch die untere und obere Grenzkurve eingetragen sind. Für λ und μ sind je zwei Abbildungen angegeben, eine für den ganzen Zustandsbereich und eine in größerem Maßstab für Dampf.

[1] Nach B. Koch: Grundlagen des Wärmeaustausches (Stoffwerte), Dissen Teutoburger Wald): H. Beucke und Söhne 1950.

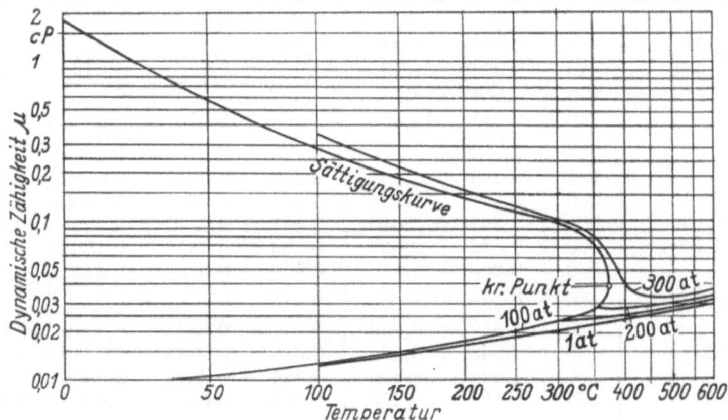

Abb. 171. Abhängigkeit der dynamischen Zähigkeit μ des Wassers und Wasserdampfes in Centipoise von Temperatur und Druck $\left(1\,cP = 0,01\,\dfrac{\text{g}}{\text{cm s}}\right)$.

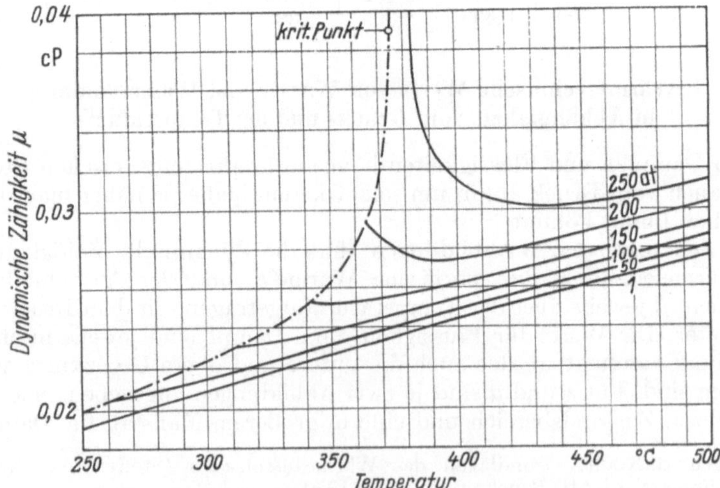

Abb. 172. Genauere Darstellung der Abhängigkeit der dynamischen Zähigkeit μ des überhitzten Wasserdampfes von Temperatur und Druck $\left(1\,cP = 0,01\,\dfrac{\text{g}}{\text{cm s}}\right)$.

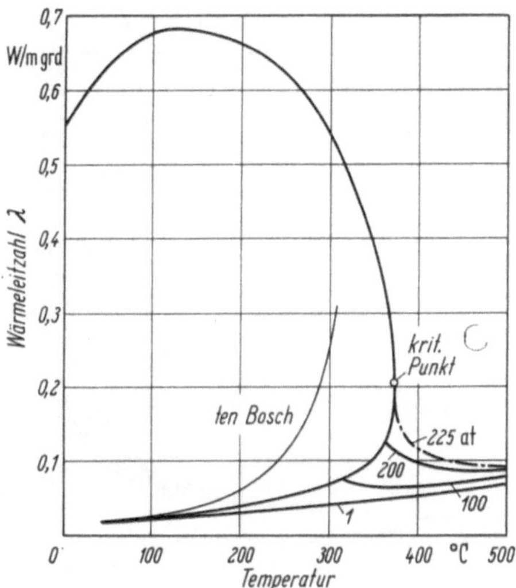

Abb. 173. Wärmeleitzahl λ von Wasser und Wasserdampf.

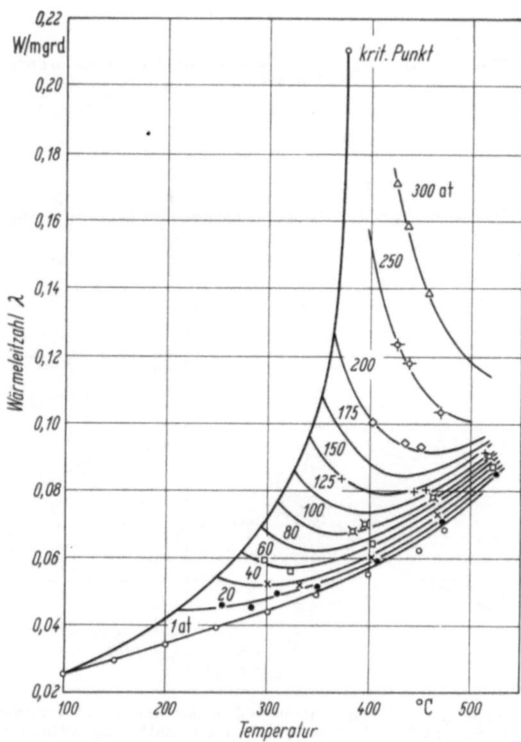

Abb. 174. Genauere Darstellung der Wärmeleitzahl des überhitzten Wasserdampfes in Abhängigkeit von Druck und Temperatur (Versuchspunkte nach VARGAFTIG und TIMROT).

20 U   Eckert, Wärme- und Stoffaustausch, 3. Aufl.

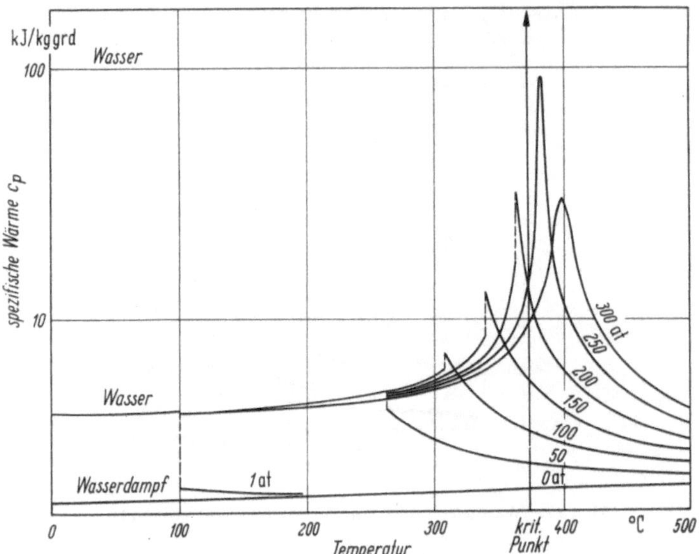

Abb. 175. Spezifische Wärme c_p von Wasser und Wasserdampf bei verschiedenen Temperaturen und Drücken.

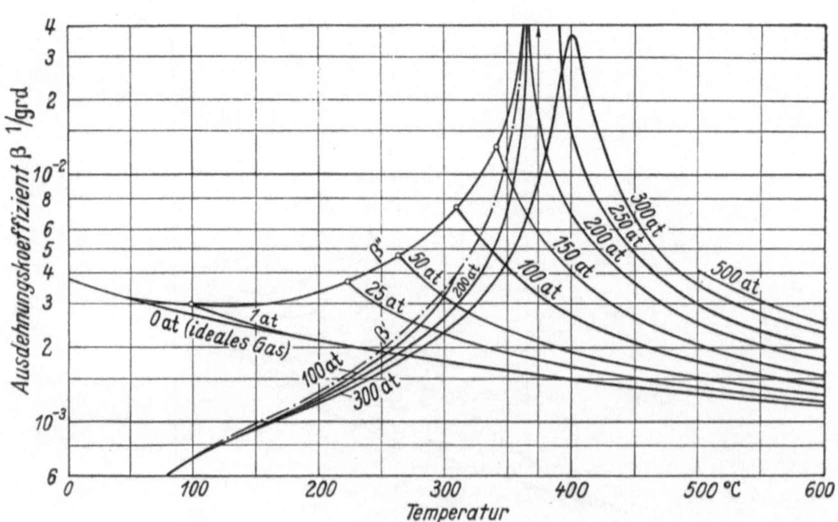

Abb. 176. Ausdehnungskoeffizient β von Wasser und Wasserdampf bei verschiedenen Drücken und Temperaturen. Die Kurven β' und β'' entsprechen dem Sättigungszustand des Dampfes und der Flüssigkeit.

5. Wärmeleitzahlen von anorganischen Stoffen und Isoliermitteln in Abhängigkeit von der Raumdichte R und der Temperatur bei Atmosphärendruck

Feuerfeste und keramische Steine

Steinart	Hauptbestandteil	Anteil %	R kg/m³	λ bei der Temperatur in °C W/m grd						
				0	200	400	600	800	1000	1200
Chromit	Cr_2O_3	40–45	2750	1,3	1,4	1,5	1,6	1,6	1,69	1,69
Karborund . .	SiC	50	2200	6	5,2	4,7	4,3	4,0	3,6	3,3
		75	2300	16,3	13,0	11,0	9,9	8,8	7,9	7,2
		100		72	49	37	29	23,8	20	17
Kohlenstoffstein	C	89	1200	0,7	0,9	1,05	1,3	1,45	1,65	
Korund	Al_2O_3	80	2700	2,33	2,14	2,09	2,00	2,00	1,98	1,95
		100	3750	21	10,7	7,9	6,5	5,7	5,1	4,8
Magnesit	MgO	50	2000	2,7	2,6	2,3	2,1	1,9	1,7	1,5
		75	2600	5	4,5	4,1	3,6	3.1	2,8	2,4
		100	3500	43	26	16	12	8,7	6,4	5,2
Porzellan . . .	Al_2O_3	55	2350	0,95	1,4	1,75	2,05	2,25	2,45	
	SiO_2	45								
Schamotte . . .	SiO_2	50–75	800	0,21	0,24	0,28	0,31	0,35	0,38	0,42
	Al_2O_3	20–50	1000	0,29	0,33	0,36	0,41	0,44	0,49	0,52
			1200	0,38	0,41	0,44	0,48	0,52	0,56	0,60
			2000	1,07	1,13	1,20	1,26	1,34	1,41	1,49
			2200	1,56	1,65	1,74	1,84	1,94	2,05	2,15
Silika	SiO_2	95	1900	1,04	1,16	1,30	1,40	1,54	1,69	1,86
Sillimanit . . .	Al_2O_3	60–80	1000	0,17	0,21	0,23	0,27	0,30	0,34	0,37
			1500	0,47	0,49	0,52	0,56	0,56	0,63	0,66
			2000	1,10	1,10	1,10	1,10	1,10	1,10	1,10
			2500	2,15	2,05	1,95	1,88	1,83	1,78	1,74
Zirkonstein . .	ZrO_2	62	3600	2,4	2,35	2,2	2,1	2,0	1,9	1,9

6. Diffusionskoeffizienten einiger Stoffe in Luft als Aufnahmestoff

Diffundierender Stoff	Temperatur (°C) der Luft	Diffusionskoeffizient m²/h	Diffundierender Stoff	Temperatur (°C) der Luft	Diffusionskoeffizient m²/h
H_2	0	0,25	H_2O	15	0,095
NH_3	0	0.071		50	0,112
CO_2	0	0,05		100	0,146

7. Oberflächenspannung σ einiger Flüssigkeiten gegen ihren Dampf[1]

Stoff	Temp. °C	σ N/m	Stoff	Temp. °C	σ N/m
CO_2	$-52,2$	0,166	Benzol	50	$0,240 \cdot 10^{-3}$
	0,0	0,0462	Essigsäure . .	50	$0,221 \cdot 10^{-3}$
	20	0,0137	Glycol	50	$0,441 \cdot 10^{-3}$
	25	0,0059	Methylalkohol .	50	$0,191 \cdot 10^{-3}$
SO_2	50,6	0,372	Wasser	20	$0,727 \cdot 10^{-3}$
	20	0,228		50[2]	0,678
	50	0,169		100[2]	0,588

[1] Nach J. D'Ans und E. Lax: Taschenbuch für Chemiker und Physiker, Berlin/Göttingen/Heidelberg: Springer 1949. – [2] Gegen feuchte Luft.

8. i,x-Mollier-Diagramm feuchter Luft

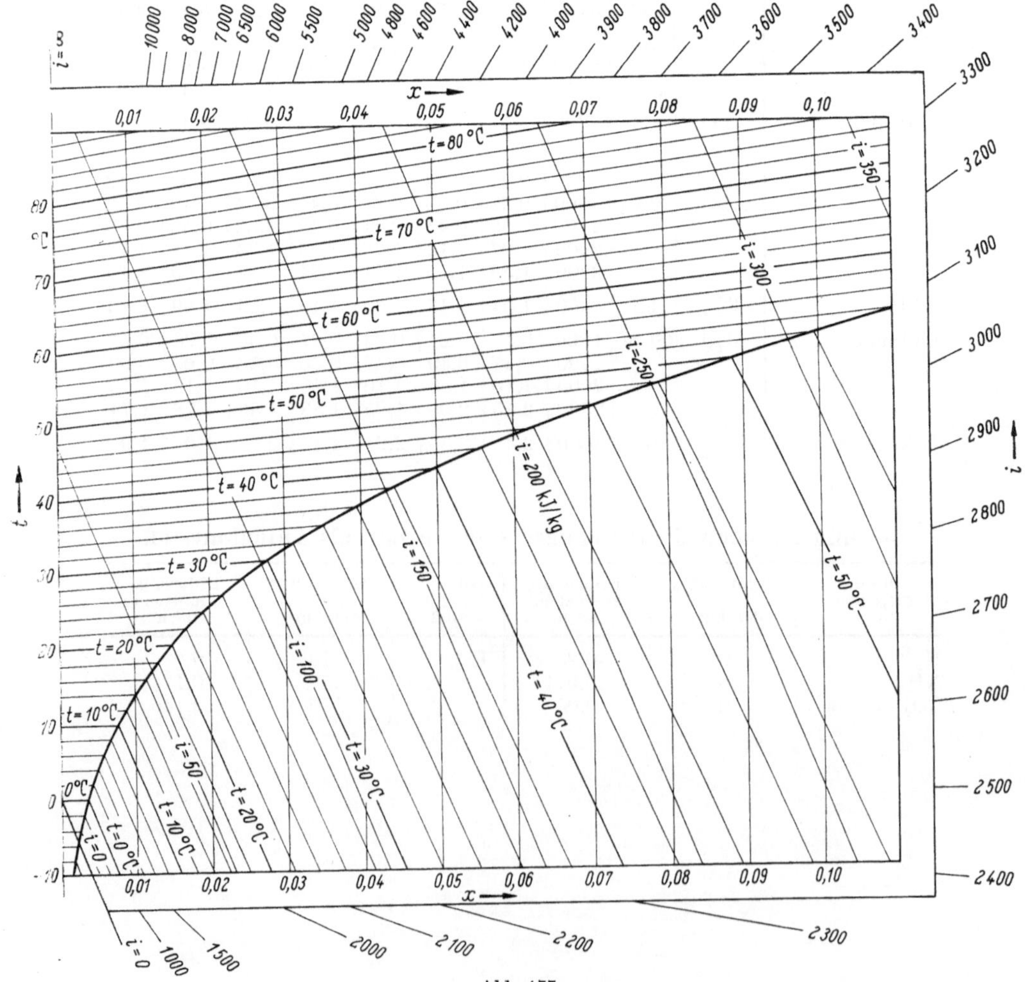

Abb. 177.

Namen- und Sachverzeichnis